安徽省"十一五"省级规划教材

电子商务技术教程

（修订版）

王　钊　蒋哲远　胡　敏　编著

合肥工业大学出版社

图书在版编目(CIP)数据

电子商务技术教程/王钊主编. —合肥:合肥工业大学出版社,2004.10(2017.1重印)
ISBN 7-81093-145-8

Ⅰ.电… Ⅱ.王… Ⅲ.电子商务—高等学校:技术学校—教材 Ⅳ.F713.36

中国版本图书馆CIP数据核字(2004)第111521号

电子商务技术教程(修订版)

王钊 蒋哲远 胡敏 编著 责任编辑 权怡

出 版	合肥工业大学出版社	版 次	2004年11月第1版
地 址	合肥市屯溪路193号	印 次	2017年1月第4次印刷
邮 编	230009	开 本	787毫米×1092毫米 1/16
电 话	总编室:0551-62903038	印 张	22
	发行部:0551-62903198	字 数	546千字
网 址	www.hfutpress.com.cn	印 刷	合肥星光印务有限责任公司
E-mail	press@hfutpress.com.cn	发 行	全国新华书店

ISBN 7-81093-145-8 定价:36.00元

内容简介

本书系统地介绍了电子商务的基本概念和电子商务系统涉及的基本技术、设计思想和一般实现方法。通过对电子商务系统的概念模型、整体框架及其产生影响的描述,使读者对电子商务有一个较为全面的认识。在此基础上,简单介绍了电子商务系统所依赖的网络环境,包括 Internet、Intranet 和 Extranet;讲解了电子数据交换标准的概念、特点和主要功能;讨论了电子商务活动中涉及的安全技术,包括密码技术、PKI、防火墙、防病毒等问题;阐述了电子商务环境下的数据管理技术;引入了客户关系管理、现代物流和供应链管理的概念;对于 CRM 和 SCM 的设计思想和一般构成作了比较深入地分析;描述了电子商务系统分析与设计的方法、思想和过程。最后,讲述了电子商务系统的集成技术,并对重要的基础应用软件 ERP、CRM 和 SCM 之间的关系作了大致介绍,以便读者对企业电子商务的应用系统有一个更加深刻的认识。

本书内容全面、概念清晰,可作为大学计算机专业、电子商务专业和其他相关专业的高年级本科生或研究生教材,也可供从事电子商务系统开发的技术人员参考。

修订说明

电子商务是网络化的新型经济活动，正以前所未有的速度迅猛发展，已经成为主要发达国家增强经济竞争实力，赢得全球资源配置优势的有效手段。几年来，我国电子商务经历了探索和理性调整后，步入了一条务实的发展轨道。电子商务的应用初见成效，经常性应用电子商务的企业数量和网上成交金额大幅度提高，基于网络的数字化产品和服务不断涌现，网络化生产经营与消费方式已逐步形成。电子商务支撑体系建设取得了重要进展，电子认证、电子支付、现代物流、信用体系、标准化工作逐步展开，电子技术和信息技术在商务过程中的应用更加深化。因此，对于高等学校的电子商务技术课程的内容提出了新的要求。

由于原教材已经使用了近四年，部分内容显得陈旧。根据电子商务技术的发展状况以及对电子商务系统构架的最新认识，我们对原书内容做了比较大的调整、充实，将一些新思想和技术充实到教材之中，以使本课程有一个更加合理的知识体系。修订后的教材主导思想仍然是力求导入正确的电子商务概念，比较全面地阐述电子商务这种新的经济形态的技术构架，突出各种相关技术的综合应用。

本教材的内容组织围绕着广义电子商务概念和企业电子商务应用来展开，对当今电子商务技术领域中的主要问题做了较深入地分析。同时，本着有所侧重的原则，着力处理好单元技术与综合应用的关系、相关课程与本课程的关系。全书共分 10 章，包括电子商务概述、Internet 基础及其接入技术、电子数据交换标准、电子商务安全交易技术、电子支付技术、电子商务环境下的数据管理技术、电子商务系统设计的软件工程方法、客户关系管理系统、现代物流与供应链管理系统、电子商务系统集成。这些章节的内容较好地把握了电子商务系统构建的脉络，而且是以新的技术和应用为主。本书的第 1、3、4、5 章由王钊编写，第 2、6、10 章由胡敏编写，第 7、9 章由蒋哲远编写，第 8 章由王晓华编写，全书最后由王钊通稿。

本教材在阐明基本概念的基础上，着重介绍系统设计的思想与方法，强调技术的实用性，由浅入深，循序渐进。对于涉及的其他相关课程的内容，本教材尽量避免重复介绍，而是将其融入电子商务系统的应用之中。这样，通过本课程的学习，为学生提供了综合运用先修课程和扩展知识面的机会。

在全书的修订过程中，我们从同行撰写的书籍、论文中获取了大量有价值的论述和观点，这些资料已在参考文献中列出。同时，相关网站也为教材编写提供了丰富的信息资源。在此，谨向各位学者、专家及有关方面深表谢意！由于电子商务技术在不断发展和进步之中，而作者水平有限，书中难免出现疏漏，甚至有错误，敬请广大读者批评指正。

作　者
2008 年 9 月

前　言

2004年8月28日，在十届全国人大常委会第十一次会议上，表决通过了我国电子商务领域的第一部国家级法律——《中华人民共和国电子签名法》。这部真正意义上的信息化法律，使中国的电子商务应用迈出了重要而坚实的一步。通过该法律的制定，我们可以得到一个明确的信息，我国政府高度重视电子商务这种新的经济形态，各方专家长期关心并促进着电子商务的发展。随着信息技术和网络技术的发展，Internet已成为我们生活的一部分，人们对于电子商务已经不再陌生。

曾经有人向我提出这样的问题："电子商务是否已经过时？"答案当然是否定的。首先，电子商务是一种先进的商务模式，是信息化时代的重要标志；第二，在电子商务实现的过程中还有许多人文的、技术的问题需要解决，其方法只能是当代先进的思想和科学。就我国而言，电子商务的应用才刚刚开始，还远没有进入快速发展阶段。可以肯定地说，对电子商务的认识与电子商务的现实应用存在着巨大差距。我们对电子商务的认识经历了春夏秋冬，从初识到火热，以至产生了世界范围内的泡沫经济，现在是激情四溢后的冷静与成熟。而电子商务的应用却处于初春时节，在明媚的阳光里透出一丝丝寒意。"成熟"意味着有一个正确的方向和思路；"阳光"意味着有一个光明的前途和希望；"寒意"意味着有许多需要克服的困难和挑战。

电子商务系统应用主要解决两方面的重大问题：一是运营环境的法律法规方面的问题，包括网络环境下事务处理有效性、合法性的判断和信任机制的建设等等；二是复杂系统实现的技术方面问题。本书侧重于电子商务系统的实现技术，在阐明基本概念的基础上，帮助读者了解电子商务系统所涉及的技术及其实现方法。电子商务技术是一门跨度非常大的课程，几乎涵盖了网络和信息技术的全部，包括网络通信技术、电子数据交换技术、数据库技术、网络安全技术、电子支付技术、软件工程技术、系统集成技术等。由于这些技术都是独立的一门课程，所以我们的着力点是怎样将多种技术综合运用到电子商务系统的设计之中。另外，由于计算机技术的发展日新月异，导致电子商务系统的实现技术更新快，今天的前沿技术可能再过两年就变得陈旧了。因此，电子商务技术课程不仅给大学高年级学生提供了综合训练的机会，也对教师的知识综合能力提出了更高的要求。

本书共分九章。第1章从基本概念出发，描述了电子商务的概念模型和系统框架，使读者对电子商务产生的影响和主要涉及的技术有一个清晰的轮廓。第2章主要介绍了电子商务所依赖的网络环境，包括Internet、Intranet和Extranet，以及通过现有通信网接入Internet的方法。第3章比较系统地介绍了电子数据交换(EDI)的概念、标准，对基于VAN的EDI系统和基于Internet的EDI系统的实现过程进行了一般性分析。第4章从电子商务安全交易的需求出发，介绍了对称加密体制和非对称加密体制，在此基础上叙述了公开密钥基础设施(PKI)的概念和构成。比较详细地介绍了防火墙的防护机制和系统构成，提出了病毒检测和防治的一般性方法。第5章首先分析了四种电子支付方式，即信用卡、电子现金、电子支票和微支付，并给出了典型的支付流程。另外，详细描述了对电子商务系统具有重要影响的SSL协议和SET协议，以帮助读者了解B2B和B2C模式的支付过程。最后介绍了网上银行的概念。第6章主要介绍基于Web的数据库访问技术，以先修课程数据库原理为基础，引入数据仓库、数据挖掘和联机数据分析的概念，这些都是设计大型电子商务系统的必备技术，也为大数量级的数据组织提供一个科学的方法。第7章是电子商务系统的开发基础，描述了标记语言、脚本语言、动态网页开发和中间件技术，对J2EE和.NET平台作了较详细的分析。当然，这些内容仅仅是概念和特点的介绍，并不涉及语言的深层和编程技巧，其目的是为了让读者在系统开发过程中有一个相对正确的选择。第8章按照软件工程的方法，对电子商务系统进行了比较完整的分析，给出了设计的基本原则。最后介绍了基于UML的电子商务系统建模。本章内容可以帮助读者掌握大型应用软件的开发方法。第9章分三个主要层次叙述了系统的集成方法，即网络层、服务器层和应用系统层。特别介绍了电子商务系统的重要基础——企业的ERP、CRM和SCM系统，以进一步开阔眼界。

本书是几位具有丰富系统设计经验的老师的合作成果。第1章、第3章、第4章、第5章由王钊编写；第2章、第6章、第9章由胡敏编写；第7章、第8章由蒋哲远编写；褚先森帮助收集了部分资料；全书由王钊最后进行统稿。

在本书的编写过程中，我们参考了大量的非常有价值的资料，已在最后的参考文献中列出，并得到国家863计划课题(2002AA415280)和合肥工业大学科学研究基金的支持。在此，谨向各位学者、专家及有关方面深表敬意和感谢！由于电子商务技术的知识跨度大、发展快，加之我们的水平有限，难免会出现一些不妥之处，欢迎读者批评指正。

王　钊

2004年10月22日

目　　录

第1章　电子商务概述

本章描述了电子商务系统的基本概念、内涵，初步分析了电子商务的特点以及对人类社会发展的影响。从社会大系统的视角清晰地勾画出电子商务的基本轮廓，对电子商务系统的历史和发展做了回顾和展望，并简要介绍了移动商务的概念。

1.1　电子商务的基本概念

当今社会，电子商务已不再是一个陌生的名词，它是计算机技术、网络通信技术以及现代管理理念带来的一场新的工业革命，正影响着人类社会历史的进程。特别是 Internet 的出现，让我们在一个全新的信息空间里完成日常生活中最频繁的商业活动。所以，我们必须以全新的时空观来理解电子商务的基本概念。

1.1.1　电子商务的内涵

随着 Internet 的普及应用，电子商务离我们的生活越来越近，最直接的感受是网络购物、查询资料，而这仅仅是对电子商务认识的表象。实际上，电子商务对社会各层面都产生了深刻的影响，使得政府和相关学科的专家从不同视角对其进行研究探索。但至今没有一个权威性的定义，各个国家和许多相关组织对此都有自己的说法和理解。

1.联合国经济合作与发展组织的定义

电子商务是发生在开放网络上的，包含企业之间(Business to Business)、企业与消费者之间(Business to Consumer)的商业交易。

2.全球信息基础设施委员会的定义

电子商务是运用电子通讯作为手段的经济活动，通过这种方式人们可以对带有经济价值的产品和服务进行宣传、购买和结算。

3.加拿大电子商务协会的定义

电子商务是通过数字通信进行商品和服务的买卖以及资金的转账，它还包括公司间和公司内利用 E-mail、EDI、文件传输、传真、电视会议、远程计算机联网所能实现的全部功能，如市场营销、金融结算、销售以及商务谈判。

4.美国政府《全球电子商务纲要》中的定义

电子商务是通过 Internet 进行的各项商务活动，包括广告、交易、支付、服务等活动，全球电子商务将会涉及全世界的各个国家。

5.IBM 公司的电子商务概念

电子商务是在计算机网络环境下的商业化应用，交易的参与各方、生产企业及其合作伙伴通过 Internet、Intranet、Extranet 结合在一起，并且在这三个层次上实现广义商务活动。IBM

公司给出的更加精练的定义是,电子商务＝信息技术＋Web＋业务。

6.HP公司的电子商务概念

电子商务是通过电子化的手段完成商业贸易活动的一种方式,它使我们能够以电子交易为手段完成物品和服务的交换,是商家和客户的联系纽带。HP公司将这种活动分成两种基本形式,即商家之间、商家与最终消费者之间的电子商务。

上述定义和概念都对电子商务做了高度概括地描述,由于受到当时技术发展和社会背景的局限,从早期国际组织的定义中很难看到电子商务的清晰轮廓,而几家跨国公司的说法则比较接近于目前的解决方案。尽管这些说法不是完全一致,但我们可以提炼出电子商务的两个基本要素:

(1)活动具有商业背景;

(2)手段是网络化、数字化。

为了对电子商务的定义有一个统一认识,我们给出一个较为通俗的理解:电子商务是一种以计算机技术和网络通信为基础、以交易双方为主体、以电子支付和结算为手段、以现代物流系统为依托的全新商务模式。从宏观上讲,电子商务是计算机网络带来的一场革命。但它并不是一个全新的商务活动,而是要疏通现有商务的各个环节,提高现有商务的运作效率,建立一个全新的经济秩序,开辟一个全新的交易场所。

与传统商务活动一样,电子商务仍然是以商品(产品或服务)交易为中心,也是将商品从生产经营单位转移到消费领域的所有活动总和。它与传统商务的内涵很相似,包括了市场开发、商品销售、资金结算和客户服务这些活动,以及买卖双方和中介方的有效参与。但是,由于电子商务所采用的手段不同,以及时空观的变化,使电子商务具有独特的内涵。主要体现在以下几点。

(1)系统的集成性

电子商务系统的集成性包含了丰富的内容,但主要有两个方面:一是商务活动中的事务处理是集成的;二是系统组成是集成的。

电子商务系统可以将产品的宣传、订购、支付、服务,以至生产计划作为整体考虑,使企业的销售、生产、供应和财务在统一的大系统中运作,各种事务的处理也是协同的。不仅如此,我们还可以将这种集成的外延进一步扩展,使其和政府的相关部门,如税务、海关等,以及中介机构,如银行、其他第三方的相关功能集成在一起,形成一个方便、快捷的电子化购物环境。

一个完善的电子商务系统是非常复杂的。在硬件上不仅包含了多种服务器,如Web服务器、数据库服务器和各种应用服务器,还需要许多外围设备,如POS机、条码设备等等。经过合理的配置,将它们集成在同一个网络系统平台下。在软件上要把各种应用系统,如电子邮件系统、传真系统、财务系统、企业资源计划(ERP)、客户关系管理(CRM)、供应链管理(SCM)等集成在一起,使用户在一个计算机桌面上能够完成多项任务。

(2)市场的虚拟性

电子商务所涉及的市场是无形的,它由众多商业零售网站、生产企业网站、相关政府网站构成,商业事务处理依托于Internet、Extranet和Intranet。许多工作都是在虚拟环境下完成的,其市场虚拟性的重要特征是无店铺、无实物和电子化货币。买卖双方以互动方式沟通信息,他们可以不受地域的限制,在不见面的情况下完成一笔交易的全过程。

一般来说,电子化商场或企业所面向的消费者并不局限于某一区域,从理论上讲它可以辐射全球。在现代物流系统的支持下，实物商品配送可及的地方就是电子化商场或企业的销售区域，而电子化商品可直接配送到网络延伸的地区。另一方面，这种市场的购物环境和商品可以用多媒体的方法加以表现，在视听效果上尽量做到使消费者有身临其境的感觉，人们可以在计算机上了解商品的内在性能和外在形态。在电子化商场或企业里，商品目录、购物车和收银台是主要软件模块，没有售货人员和保安人员，消费者自选商品，利用电子化货币进行支付，并享受送货上门的服务。

(3)信息资源丰富

信息资源对传统的商务活动是不可缺少的，但其可利用的数量有限。随着 Internet 的发展，为人类打开了一个全新的信息空间，信息的发布、传递和利用都发生了根本性变化，导致信息量的爆炸性增长。这种量变使得电子商务中的信息流对物流和资金流起到了一种控制作用，大大提升了信息在商务活动中的地位。

目前，Internet 已成为大众传媒工具，其中的信息门类齐全，包括商品信息、新闻、教育信息、科研信息、服务信息、娱乐信息、政府公文等等，信息含量超过了任何一种其他媒体。由于信息发布和传递方式的改善，各个企业、单位，甚至个人都可以很方便地将新产品、新技术和服务信息发布到自己的 Web 服务器上，并通过 Internet 传递到世界各地。因此，相比传统商务环境，电子商务环境下的可用信息要丰富得多。此外，数据仓库技术使得信息利用深度有了很大突破。我们可以从客户购买数据库中挖掘出消费者的嗜好，形成新的有价值信息，为管理层提供决策支持。

(4)特有的安全措施

由于电子商务的活动很多是在开放、虚拟的网络环境下进行，各种善意的、恶意的人员都能参与其中，可以说，既方便了好事，也方便了坏事。因此，身份识别、信用认证、合同有效性的认定和安全电子支付是电子商务应用中必须解决的关键问题。我们需要在技术和法律两方面建立完备的安全体系。

首先，我们要保护这种基于 Internet 的交易场所，解决网络带来的新问题，即计算机病毒和黑客攻击。所以，电子商务系统中的防火墙和防病毒软件都是必需的，而且要在技术上及时升级，性能上不断提高，做到魔高一尺，道高一丈；第二，保证重要信息传递的安全性，不断研究新的加密算法，并应用于各商务环节；第三，建立交易各方都信赖的认证机构，它是电子商务系统的重要组成部分，可以保证参与者身份的真实性；第四，逐步完善与电子商务相关的法律法规，使买卖双方有法可依，有章可循。

1.1.2 电子商务的概念模型

电子商务的概念模型是对现实世界中电子商务活动的一般抽象性描述。它由电子商务实体、电子市场、交易事物和信息流、资金流、物流等基本要素构成。模型如图 1-1 所示。

在电子商务的概念模型中，电子商务实体(EC 实体)是指从事电子商务活动的客观对象，它可以是生产企业、销售公司、金融机构、政府机构、科研教育机构和个人；电子市场是指 EC 实体从事商品和服务交易的场所，它是由网络、各种通信设备、计算机软件和各种约束 EC 实体行为的规则构成的一个操作平台；交易事物是指 EC 实体从事电子商务活动的具体内容，包含了广告宣传、信息查询、网上招标、合同洽谈、资金支付、商品配送和技术服务等活动。

在电子商务活动中，任何一笔交易都包含了“三流”，即信息流、资金流和物流。其中的信息流是特指与商务活动相关的信息，包括商品的营销信息、EC实体的信誉和能力信息、生产和服务的管理信息、资金控制的财务信息等等；资金流是EC实体之间的货币流动，但这里的货币已不再是实物货币，而是电子货币；物流是商品从卖方向买方的物理转移，在电子商务中有两种配送渠道，一种是传统商务中的运输渠道，另一种是通讯网络的传输渠道，例如，电子出版物、有偿技术服务等。

实际上，传统商务活动也存在这"三流"，但是电子商务强化了信息流的作用。所以，信息流对资金流和物流具有指导、控制作用，反映了它们的流动过程。通常，资金流与物流的方向是相反的。前者是通过中介机构完成资金的转移，而后者或是通过中介机构完成商品的转移，或是由买卖双方直接完成。信息流、资金流、物流是电子商务活动中的一个整体，共同完成商品交易的全过程。

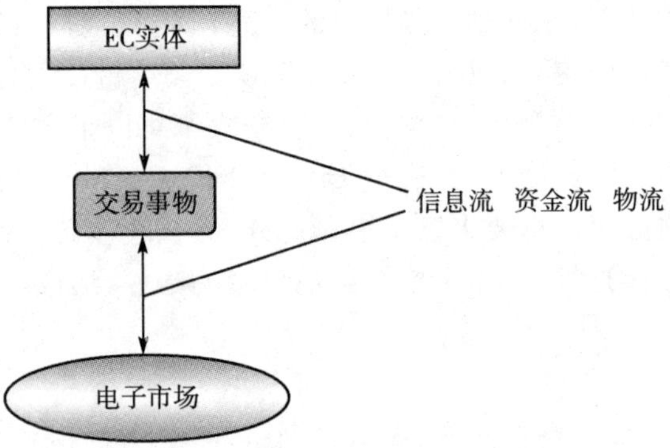

图 1-1 电子商务的概念模型

1.1.3 电子商务的交换模型

我们可以对商品交换的基本过程和其中的一些背景因素进行抽象，概括出电子商务的基本交换模型，如图 1-2 所示。

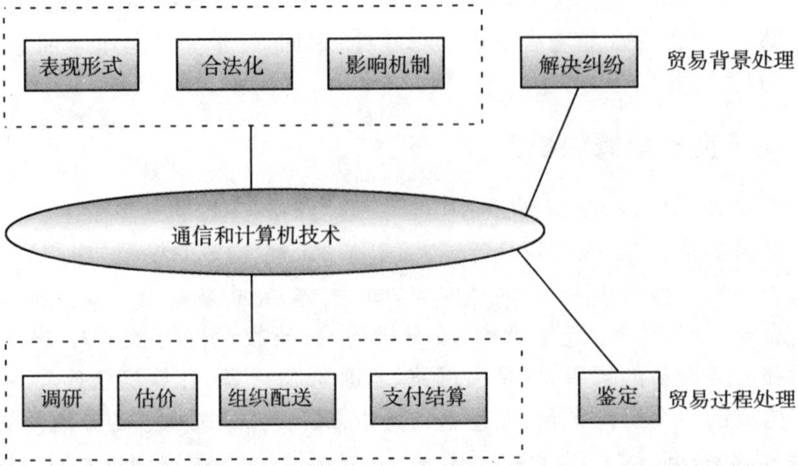

图 1-2 电子商务的交换模型

在电子商务交换模型中，通信和计算机技术是作为整个交易过程的基础，因为我们所讨论的贸易过程处理和贸易背景处理大都是基于网络的。同传统商务活动相比，贸易过程处理的本质是没有改变的，只是完成这一过程的方式和信息的载体发生了变化。贸易背景处理则显得更加复杂，它将传统商务活动约束的范围向外进一步延伸，以保证这一新的交易场所的有序和安全，并减少交易过程中的不确定因素。

1.贸易过程处理

(1)调研

电子商务活动中的调研手段主要是两种，即商品描述信息的发布和需求信息的搜索。这两种手段是买卖双方都需要使用的。对于卖方而言，他们可以通过网络以多媒体的形式宣传自己的商品，收集潜在客户的嗜好信息，以便改进提高产品的性能；对于买方而言，他们可以利用搜索引擎从网络上寻找商品的描述信息，也可以将自己的需求发布到网上，以获取市场的反映。

(2)估价

估价是商务活动中不可缺少的环节。通常，卖方会依据生产成本和市场上多种因素确定一个初步价格，然后根据市场的反映在一定范围内进行调整，以获得商家与消费者之间的利益平衡。然而，在电子商务模型下，我们可以利用 Internet 良好的交互性、低廉的通信费，以及智能软件代理技术，为人们提供一个动态的价格搜索机制。因此，这种估价较传统商务模型下的估价有两个优点：一是估价的取样范围宽；二是估价的实时性好。

(3)组织配送

电子商务中的配送存在三种组织形式：卖方送货、买方提货和第三方物流公司代理。商家和消费者经过协商选择其中的一种。在电子商务模型下，对于实物商品可以采用传统的运输载体进行配送，而对于非实物商品，如电子音像出版物、有偿技术服务、有价信息等，可以采取电子信息载体进行配送。由于电子商务环境下强化了信息流对物流的控制作用，以及企业生产组织方式的变化，导致物流加快。所以，这种配送应当得到更好的网络支持，并且有一个良好的响应速度，以加快商品的交易过程。

(4)支付与结算

电子商务中的支付和结算采用电子化的工具和手段进行，取代了传统商务中的实物货币和纸张单证。与传统的商品交换模型一样，支付和结算可以分成两步，也可以一次完成，即采用预支付后结算的方式或后支付并结算的方式。

(5)鉴定

一般来说，消费者在购买商品时都会进行不同程度的鉴定，而这里所指的鉴定是第三方的职责，包括检验产品的质量、规格、检查 EC 实体的合法性、监督贸易伙伴是否严格遵守了合同条款等等。这一过程对于电子商务而言是非常复杂的。因为，在网络虚拟环境下鉴定交易双方的身份需要得到许多技术支持。

2.贸易背景处理

(1)表现形式

电子商务交换模型中的表现形式主要是指产品的展示形式和贸易协议的表达形式，这种形式应当是标准的，以便不同系统之间的信息传递。使用多年的 EDI 制定了严格的标准，形成了企业与企业或部门与部门之间传递报文的文字模板。面对基于 Internet 的电子商务系统，其网络的开放性和信息的丰富表现力，要求我们制定严格的、统一的标准。目前，XML 以其卓越的性能得到众多大公司的支持和认可，成为 Internet 上的形式化标准。

（2）合法性

电子商务中的合法性确认主要包含两方面内容，一是 EC 实体的合法性；二是贸易合同的合法性。这一问题是影响电子商务发展的门槛之一，各国政府都在制定相应的法律法规，研究各种技术手段，一旦跨过它，电子商务将会得到飞速的发展。

（3）影响机制

电子商务中的影响是对 EC 实体信誉、品牌的评判，其建立机制应当是 EC 实体自主创立，政府立法保护。由于电子市场是一种虚拟的环境，买卖双方的信任关系是很脆弱的。因此，形成良好的信誉和品牌对于商品的成交至关重要。

（4）解决纠纷

解决纠纷的手段有直接谈判、诉诸法律或者采用武力等。传统的纠纷解决机制和纠纷带来的影响是局部的，而基于 Internet 的电子商务所产生的纠纷有可能是世界范围的，解决问题的难度大，带来的影响广。

1.1.4 电子商务系统的一般框架

电子商务活动并没有改变传统商务活动的本质，也就是说，它仍然是买卖双方的一种商品交易。但电子商务系统强化了信息流的作用，使各贸易环节中所依附的载体发生了变化，建立了与传统商务完全不同的交易场所。因此，市场结构在形式上发生了很大变化。这种变化不仅影响了经济，也影响了社会政治和人类的文明进步。所以，我们应当从社会大系统的角度认识电子商务，图 1－3 是系统的一般框架，它对于把握电子商务的发展有着重要意义。

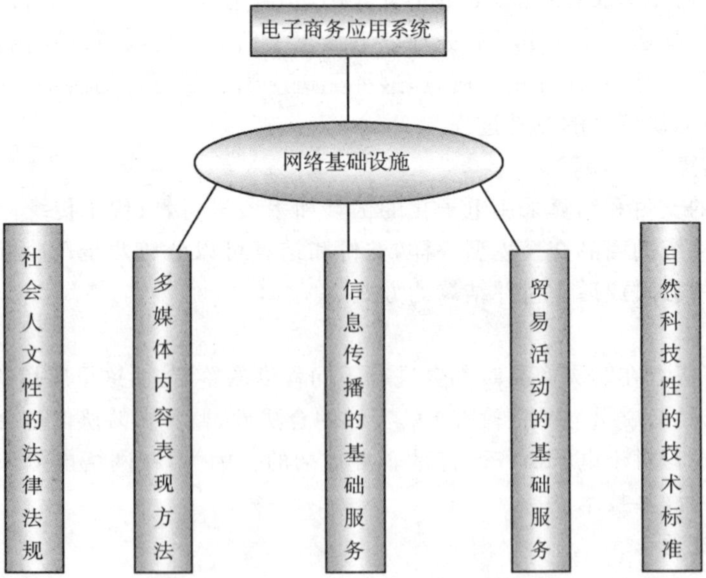

图 1－3　电子商务系统的一般框架

1. 电子商务的重要支柱

电子商务的框架有两个重要支柱：社会人文性的法律法规和自然科技性的技术标准。前者是对商务活动的参与者行为和交易内容的约束,后者是对构成电子商务系统平台软件、硬件的约束。

(1)法律法规

与传统商务活动一样,电子商务活动也是在复杂的社会系统中进行,它涉及了不同阶层的人和方方面面的事,对政治、经济发挥了日益重要的影响。所以,规范所有主体的行为当然是保证有序的交易场所的唯一选择,也是推动电子商务健康发展的重要保证。由于电子商务是一个庞大的综合系统,几乎与所有的法律相关,特别是合同法、知识产权法、金融法、税法、国际贸易法、法院管辖权等等,并涉及了商务和计算机网络等诸多方面问题,使得它的法律体系建设更加复杂,任务也相当繁重。

关于电子商务的立法工作,各个国家都很重视,只是起步时间和推进进程不同而已。美国政府在《全球电子商务的政策框架》中对法律方面的问题做了专门论述。俄罗斯、德国、英国也先后颁布了多项有关法规。1996 年联合国贸易组织通过了《电子商务示范法》,为各国电子商务立法提供了一个标准范本。我国的电子商务发展还处在初级阶段,政府和业界讨论的问题主要在技术层面上,而对于行为规则却涉及不多。但随着 Internet 的快速普及,我国政府开始重视电子商务的立法工作。1998 年 11 月 18 日,江泽民同志在吉隆坡举行的亚太经合组织领导人非正式会议上指出,电子商务代表着未来贸易的发展方向,应加强政府部门对发展电子商务的宏观规划和指导,并为电子商务的发展提供良好的法律法规环境。1999 年我国颁布的合同法中已经涉及电子商务的条款,一些省市先后出台了相关的地方法规。2005 年 4 月 1 日,《中华人民共和国电子签名法》颁布实施。该法律确立了电子签名的法律效力,规范了电子签名的行为,明确了认证机构的法律地位及认证程序,规定了电子签名的安全保障措施。

(2)技术标准

技术标准主要是定义用户接口、传输协议、信息发布标准等技术细节,使不同企业生产的外设可以方便地接入网络,使不同地区的信息可以穿越不同的网络畅通无阻,保证网络环境的兼容性和通用性。我们很难想象,如果没有总线标准的概念,能有现在的 PC 机吗?所以,这种技术层面的问题从电子商务诞生时业界就开始考虑了,并且做出了卓有成效的工作。例如,RJ45 网络接口标准、用于电子数据交换的 EDI 标准、VISA 和 MasterCard 共同推出的用于安全电子支付的 SET 协议、用于电子邮件系统的 SMTP 和 POP3 协议等等。这些技术标准规范了硬件、软件的设计,是电子商务系统的重要基础。

2.网络基础设施

网络基础设施是实现电子商务系统最基本的硬件环境,它是一个分层的结构,底层是国家的主干网,中间是城域网,上层是局域网。传输介质主要有光纤、双绞线、同轴电缆和无线通信介质(微波/卫星通信)。另外,还有各种交换、接入设备和通信处理软件。这一庞大的网络覆盖了全国,深入了千家万户,也连接了世界各地。一般来说,网络基础设施应当具备以下几个特点:

(1)合理的网络布局。应当具有足够网络的覆盖范围,采用可行的网络方案,实现有线介质和无线介质互补,多种网络互为备份。

(2)开放的体系结构。不同软硬件环境、不同的网络协议都可以互连,真正达到资源共享、数据通信和分布式处理的目标。

(3)优良的网络性能。主要表现为高速度、高可靠性、高安全性,支持智能负载均衡,提供多媒体信息服务。

(4)方便的用户接口。无论是局域网还是个人终端,无论是固定状态还是移动状态都能以多种方式接入 Internet。

3.多媒体内容的表现方法

研究多媒体内容的表现方法对于电子商务环境的形成也是很有必要的。因为我们要在虚拟的环境下表现现实世界,包括商场、产品、辅助设施等等,并以文本、图形、图像、声音等多种格式来综合描述这些丰富的信息。目前,最流行的方法是利用 HTML、XML 将这些信息发布到 WWW 上。今后,我们还会将气味的信息通过间接的方式表现出来,使电子商务环境下的信息表现更加完美。

除了将数字信息用丰富的形式表现出来外,我们还要将外部世界的多样化信息用规范的格式加以表示,以适合数据库系统的存储和处理。因此,一方面要开发多种多样的数据接口,将这些信息统一在同一系统中,并且不丢失各自的重要属性;另一方面,加强数据库技术的研究,使电子商务系统不仅仅依赖于关系型数据库,而能够辅以多维数据库和多媒体数据库。

4.信息传播的基础服务

在传统的商品交易过程中,几乎每个环节都离不开信息传播,电子商务也是如此。因此,我们除了构筑好信息传递的渠道外,还需要有一定的传播方法。至今仍然使用的电话、传真可以算是信息传播的传统方法,它们传播的是非格式化数据,是直接面向人的。电子数据交换(EDI)传播的是格式化数据,是直接面向机器的,可以实现计算机的自动处理。而这些方法都不能完全满足现代电子商务的要求,但仍是一种有效的辅助手段。目前,超文本传输协议(HTTP)是 Internet 上通用的消息传播工具,它以统一的方式在多种环境下显示非格式化的多媒体信息,通过它可以存取世界各地的超文本文件,包括文字、图形、声音、动画、资料库以及各类软件。此外,E-mail 和 FTP 也是常用的信息传播方法。综合运用这些方法便可为电子商务的信息传播提供基础服务。

5.贸易活动的基础服务

对于电子商务来说,贸易活动的基础服务主要包含两个体系的建设:一是安全保障,二是物流配送。这些都是第三方或者说中介机构的职能。

安全保障体系是为了保证网上电子交易和网上支付的安全性,即数据的完整性、机密性、真实性、和不可抵赖性。所以,除了采用密码技术保证信息传输的安全外,还需建立一种网络信任机制,由政府协调建设公正的、有权威性的、非盈利性的公钥基础设施(PKI),为交易参与者提供认证服务、签发数字证书,并有一套科学的管理方法。

在电子商务活动中,除了信息化产品如电子出版物、游戏软件、音频产品、视频产品、网络技术服务等等可以通过网络直接配送,其他商品一般都采用传统的配送方式,既可以由消费者自己提货,也可以由商家送货上门。随着电子商务系统的普及应用,以及人们购物观念的变化,消费者应当在所有的商务环节享受更加方便的服务,包括交货这一环节。因此,物流配送体系也是电子商务系统中的重要组成部分。由于电子商务活动中的消费者在地理上是很分散的,所以,理想的物流配送体系应该能够延伸到电子商务网络覆盖的任何地区。

6.电子商务应用系统

电子商务应用系统是面向用户的窗口,建立在网络基础之上,几乎出现在每个商务环节。它包含了丰富的内容,可根据客户的需求和商务流程的需要设计各种应用软件,如供应链管理

(SCM)、客户关系管理(CRM)、电子邮件系统、电子商场、电子公告牌、网上娱乐、视频点播、有偿信息服务等等。当然,这些软件并不是固定的模式,而是电子商务系统中最具表现力、最富个性化的工作,为软件设计人员提供了广阔的创造空间。

1.1.5　电子商务的应用模式

电子商务应用模式是通过对市场业务特点和系统运行环境的分析后得出的,它是实现电子商务系统的重要理论依据,并且是随着电子商务应用向其他业务的渗透而发展的。我们知道,任何企业都与市场存在着千丝万缕的联系,与市场系统保持着输入输出关系,进行着物质、劳动力和信息的交换。市场不仅是企业经营活动的起点,也是其终点。这些活动涉及市场大系统中的两个不同部分,我们将其分为消费市场和产业市场。电子商务的市场环境如图1－4所示,它反映了以企业为中心,在消费市场和产业市场的应用模式。

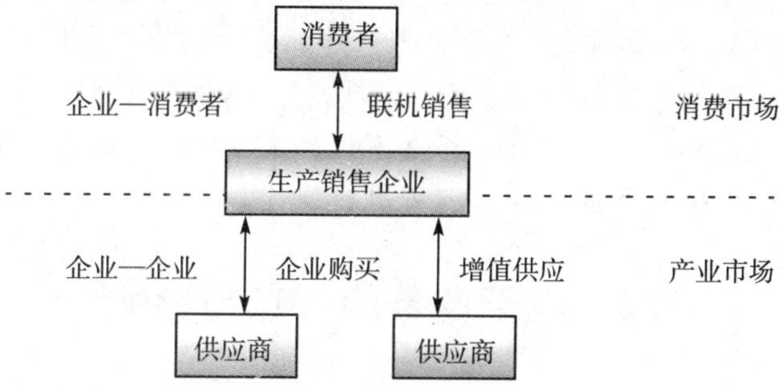

图 1－4　电子商务的市场环境

1. 企业—企业模式(B to B)

这种模式存在于产业市场中,供求企业或协作企业之间利用网络交换信息、传递各种票据、支付货款,实现商务活动的电子化。这一过程可以描述为:网络环境下的需求调查→网上招标采购→生产→电子广告宣传→网上销售→电子支付与结算→商品配送。

在 B2B 商务活动中,EDI 是常用的一种手段。它利用专用的增值网(VAN),遵循统一的报文标准,实现企业间的数据交换。由于 EDI 在信息表现上受到技术上的局限,在产品宣传方面基本上无能为力,且使用费用昂贵。所以,一般是大型企业采用 EDI 方式进行电子商务活动,主要用来与客户交换文件、报关、订货、电子竞标等等。

随着互联网技术的出现和发展,为电子商务活动创造了更好的条件,它将一些专用网上的工作搬到 Internet 上,使企业间的数据交换更加方便、便宜,用户群由此扩大到中小型企业。现在比较好的方式是将 Internet 与 EDI 相结合,做到优势互补。

2. 企业—消费者模式(B to C)

这种模式存在于消费市场,企业与消费者利用 Internet 进行信息交流,签订购买合同,完成产品和服务向消费者的转移,以及电子支付。通常,企业采用多媒体技术在网站上宣传自己的商品,将其做在电子目录中,用文字、图片描述产品信息。消费者在一个虚拟的商场选购,利用鼠标将选中的商品拖入“购物车”,按规定格式填写消费者信息和信用卡号码。通过银行完成支付结算,商家进行商品配送。目前,该模式受到多种因素制约,包括法律的、技术的和商务环境的。因此,业务量还不大,涉及的商品品种和服务也不太多。

3.企业—政府模式(B to G)

政府在电子商务应用中扮演了很特别的角色,它既是电子商务的使用者,也是电子商务的宏观管理者。B2G模式涵盖了政府与企业的相关业务,包括政府采购、收税、报关、商检和管理条例发布等等。政府采购很类似于B2B模式,其过程可以描述为:政府在网上发布采购招标书→企业以电子方式投标回应→签订购买合同→电子支付结算→商品配送。但是,这种政府采购并不是B2G的全部内容,还应该包含政府通过Internet为企业提供的各种服务。随着我国企业上网工程和政府上网工程的实施,信息渠道会更加畅通,B2G模式将会得到更好的应用。

4.企业内部电子商务

企业内部的电子商务是一种很特别的模式,它借鉴了商务活动的思想,将部门之间的供应与被供应关系引申为广义的买卖关系,以便在企业实现现代化管理思想。这种模式在Intranet上实施,通过管理信息系统自动处理作业流程,保持职工与企业、职工与职工之间的信息沟通。同时,它又与Extranet相连,将企业生产与外部的合作伙伴衔接起来。

企业内部的管理流程是非常复杂的,而且不同的行业,如贸易型企业与生产型企业,其流程有很大的差别。因此,企业内部电子商务就不可能象B2B、B2C模式那样,有一个比较固定、规范的流程,而只能根据具体的企业对流程进行优化。

1.2 电子商务的特点与影响

电子商务相对于传统商务而言是一种新的交易方式,是在网络化、数字化的平台上完成传统意义上的商品交易。此外,电子商务疏通了传统商务活动中的各个环节,并大大提高了工作效率。因此,它的作用与传统商务活动的作用没有本质区别。但是,它的出现对企业、社会的活动,乃至世界的经济都产生了巨大的影响。

1.2.1 电子商务的特点

虽然电子商务活动也是完成商品的交易,但由于各商务环节的信息载体和交易场所的结构都发生了很大变化,信息流的作用大大加强。所以,它与传统商务活动相比还是具有很鲜明的特点。

1.电子商务的交易特点

(1)方便。在电子商务环境中,许多商品交易功能集成在一个系统中,人们可以一次完成传统商务活动中几个环节的工作。可以从寻找客户或商家开始,一直到洽谈、订货、在线支付、开具电子发票,以至到电子报关、电子纳税等,通过Internet一气呵成。另外,可以做到在任何地点、任何时间进行交易活动。

(2)快速。虚拟的电子市场以网络通信为基础,信息流、资金流和部分物流以比传统方式快得多的速度交互,买卖双方对事件响应的速度都大大加快。因此,商品成交的完成速度明显加快。

(3)交易范围大。Internet突破了地域的限制,各种相关交易信息,包括EC实体、商品和需求的描述都可以在上面发布,同时,也可以在更宽的范围寻找合作伙伴和商品。因此,交易范围扩大导致了优质交易的增加,也促进了全球经济一体化的进程。

2.电子商务的市场结构特点

(1)市场主体电子化。电子商务必须有个畅通的网络通信平台,它以Internet和接入设备为基础,与企业或商家的Intranet连成一体,网上开设了众多的虚拟商场,以多媒体形式展示产品的各种信息,使用电子货币支付,构成了完全电子化的商品交易环境。

(2)特有的基础服务平台。电子商务活动需要有特别的设施支持,主要包括公钥基础设施、支付网关等。以解决虚拟环境下的身份认证、公网与银行网的连接等关键问题,完成电子商务活动中第三方机构的特别职能。

(3)交易链扁平化。由于网络拉近了商品流通领域中最终消费者与生产商之间的距离,使得电子商务市场上的中间商变得越来越少,产品从出厂到客户手中只需经过很少的中间环节,甚至根本不需要中间环节,形成了所谓网上直销模式。

(4)安全措施复杂。在电子商务中,要求网络能提供一种端到端的安全解决方案,如加密机制、签名机制、安全管理、存取控制、防火墙、防病毒保护等等,确保交易双方的商业利益、信息私密性和真实性,以及交易场所的秩序。完成这些功能需要大量的相关设备和技术支持,这是传统意义的市场结构中所没有的。

1.2.2 电子商务给社会带来的影响

随着电子商务的技术不断完善,它的魅力日渐显露。虚拟企业、虚拟银行、网络营销、网上购物、网上支付、网络广告等一大批前所未闻的新词汇正在为人们所熟悉和认同,这从一个侧面反映了电子商务正在对社会和经济产生了重要影响。

1.电子商务对宏观经济的影响

电子商务给世界经济注入了新的活力。第一,促进了传统产业的发展。电子商务强化了信息流的作用,通过面向客户和配件供应商的网络化、数字化服务,将合作伙伴、配件供应商、客户和企业联系在一起,实现即时信息共享,提高了企业内外部的管理水平和资金的使用质量;第二,形成了新的产业链。电子商务催生了一批网络设备制造商、信息服务提供商和物流配送企业,为新型的交易场所和商务环境提供了物质保障;第三,给企业创造了新的商机。电子商务降低了市场准入门槛,使中小规模的企业和大型企业一样,直面全球范围内的大市场。同时,电子商务的应用必将加快全球经济一体化的进程,并对传统文化带来一定的冲击。

2.电子商务对市场营销的影响

首先,电子商务系统的应用促进了营销观念的变化。随着市场竞争日趋激烈,个性化消费需求的增加,营销工作逐步从围绕产品进行转变成围绕消费者进行,营销组合逐步从4P(Product、Price、Place、Promotion)转变成4C(Customer、Cost、Convenient、Communication),即从产品、价格、渠道、促销转变到客户、成本、方便、交流。电子商务平台充分利用了网络、计算机等先进技术,加强了与客户、供应商的信息沟通。同时,先进制造技术使大批量定制生产和柔性加工得以实现,这一切为营销观念的转变奠定了坚实的基础;第二,电子商务的应用使营销市场拓展到全球。Internet为市场营销突破了区域限制,数亿网民都将成为商家的潜在客户,在现代物流系统的依托下,产品的交换将在世界范围内进行;第三,电子商务的应用使交易链进一步扁平化。"无店铺"的网上营销模式使买卖双方更加贴近,有些中间环节的经济体将从社会经济链中消失。

3.电子商务对传统商务活动方式的影响

电子商务几乎改变了商务活动中的所有环节,包括市场开发方式、贸易磋商方式、资金结算方式和售后服务方式。销售人员可以利用网络和多媒体技术在很大范围内宣传自己的商品,并及时与用户交流,而不一定是面对面的促销、洽谈。消费者可以足不出户享受轻松的自助服务,也可以得到在线帮助。采用电子支付手段进行货款结算。人们将会越来越多地享受送货上门的服务。同时,售后服务将更加快速、直接。

4.电子商务对企业传统生产管理方式的影响

对于企业来讲,电子商务是一种业务转型,或者说是一场重大革命。它要求企业变换业务运作模式、改变竞争策略、加强与合作伙伴的关系。随着电子商务的普及应用,必然导致供应链的缩短、市场重心的转移,以及各方面的管理成本大幅下降,这些因素直接影响了企业内部的机制。其主要表现有以下几个方面:

(1)迫使企业重新考虑软硬件环境的建设。首先是要进行业务流程重组,对不适合现代化管理方法以及不适合信息化的流程进行修正、优化,将传统的职能管理改造成流程管理。然后,构造一个开放体系结构的硬件平台,将企业内部的信息系统和EDI系统集成到全球的网络之中。

(2)促进了现代化生产方式的实现。电子商务既是一种新的经济形态,也是信息技术与现代企业管理技术结合的产物。因此,它的应用必然为企业导入了现代化的管理方法。例如,ERP、CRM、SCM系统的实施,将以客户为中心的理念和零库存等先进思想融入了企业生产的全过程。

(3)疏通了企业对外的信息沟通渠道。第一,改变与下游消费者的信息交流方式。企业可以在公共的网络上和消费者直接对话,并且通过网站的主页向消费者介绍企业状况、产品性能等等,更好地满足、引导消费者的需求。第二,加强了与上游供应商的联系。企业之间的合作更加协同,甚至形成基于产品的虚拟企业,增强企业自身和价值链的竞争能力。

5.电子商务对金融机构的影响

电子商务要求金融机构采用更有效的技术和政策手段,保证全球贸易的资金汇兑安全。同时,加强自身信息系统的建设,以便与贸易环节中的其他系统进行数据交换。随着电子商务基础条件的改善,金融机构将提供全新的服务项目,如网上银行、电子支票、电子现金等。

6.电子商务对政府机构的影响

(1)对政府政策的影响:电子商务建立在Internet基础上,是面向全球的,其结果必然带来贸易环境的开放、全球经济一体化进程的加快。所以,政府必须优先发展与电子商务相关的一些产业,并且在贸易政策上做些调整。

(2)对政府机构的影响:电子商务的发展,使得政府机构中的一些相关部门成为其中的一个环节。因此,这些部门的业务需要转型。例如,工商、税务、海关、商检等部门都需要根据电子商务的要求建立相应的业务机构或对现行机构进行改革。我国实施的金字系列工程,使得相关单位的业务流程发生了重大变化。

(3)对政府职能的影响:为了保证电子商务活动的有序进行,政府需要创造一个与之相适应的人文环境,包括制定法律法规、建立安全认证中心,保证安全通信和提供电子签名服务等等,承担起电子商务管理的职责。

总而言之,作为一种经济形态,电子商务将带来一场史无前例的革命。它对社会经济产生的影响远远超过商务的本身。除了上述这些影响外，它还对就业、法律制度以及文化教育等带来巨大的影响。电子商务将会把人类真正带入信息化社会。

1.2.3 电子商务给企业带来的效益

电子商务不仅仅是在网上做生意，而是对企业传统的营销、管理和生产模式的一场变革。它给企业带来的效益主要体现在以下几个方面：

1.缩短了产品的生产周期

生产周期是制造产品所需的总时间。通常包括设计、零部件加工、采购、组织生产等过程，缩短这些过程的时间不仅节约了产品开发成本，还可以及早投放市场，产生经济效益。

通过建立企业与合作伙伴之间的电子网络，可以在很短的时间内发送和接收采购订单、发货单和其他交互信息。企业可以利用 Internet 和 Extranet 实施并行工程，将同一产品的多项设计生产任务交由多部门、多单位同步进行，最大限度地减少因信息封闭而出现的等待时间，提高了外部协作效率，缩短了生产周期。我们还可以在电子商务环境下共享智力资源、技术参数和标准图纸，提高设计质量和速度。例如，异地 CAD 协同设计系统能使企业获得外地同行专家的实时技术支持，甚至直接由他来画出图纸。同样，企业内部的 Intranet 使生产过程的信息流更加畅通、快捷，除了提高了内部过程效率以外，还为现代化的生产方式和管理提供了手段和保障。

2. 降低了材料的采购价格

企业的物资或劳务采购是一个复杂的过程，从做采购计划到材料入库需要大量的信息交流。所以，除了材料本身价格外，信息量和信息交流方式就是最主要的采购成本。

采购作业的过程一般为申请、选择供应商、签订供货合同、制定运输计划、支付货款。企业从选择供应商开始就需要大量的信息交流，调查他们的产品在数量、质量、价格上是否能满足要求。当确定了某个供应商后，企业必须将产品的技术要求、计划进度传递给供应商，并交换合同文本。交货之前双方进行运输计划方面的信息交流。如果使用传统手段完成这一过程，最大成本构成就是人力、印刷、邮寄的费用。如果借助于电子通信手段，在专网上使用 EDI，就可以有效地降低这部分的费用。据统计，利用 EDI 的企业可以节省 5%～10%的采购费用，而在 Internet 上的采购活动有进一步降低采购费用的潜力。因为，它的接入费用和传输费用更加低廉，纸质材料和人力资源使用的更少。另外，利用 Internet 的电子采购方式将给企业带来更多选择供应商的机会，使采购商品的价格下降。

3. 减少了库存和产品积压

企业为应付变化莫测的市场需求，不得不保持一定的产品库存量。而且由于企业很难把握原材料的市场，需要保持一定量的零部件。在传统的生产模式下，这种库存积压不仅占用了大量的场地，还占用了大量的资金，其根本原因是信息不畅和滞后。以信息技术为基础的电子商务则改变了企业决策中信息不确切和不及时的问题，通过 Internet 将市场的需求信息及时传递给生产决策层，同时，原材料的需求信息也可以立刻传递给供应商，做到适时补充，从而实现“零库存”管理，提高资金周转率。例如，一般美国的有形书店必须保持 160 天的库存量才能保证供人选购，而著名的 Amazon 网上书店只需保持 15 天的库存量。

4. 降低了销售成本

产品从生产领域进入消费领域首先要广泛宣传，然后要建立某种分销渠道，这两部分的开销构成了主要的销售成本。电子商务系统以 Internet 作为传媒工具,不仅在空间和时间上突破了其他媒体的限制,而且发布成本相对低得多,宣传效果也因上网人数的增加越来越好。分销渠道一般分为两种:直接渠道和间接渠道。无论是哪一种,当销售区域扩展到一定大的范围时,就需要形成管理控制、客户服务、物流配送协同工作的渠道,使用传统方法建立这种渠道都将花费大量的人力、物力。企业可以利用 Internet 的广泛性、互动性,加强与消费者、分销商的信息交流,改变传统的销售组织形式,减少分级批发的中间环节和销售人员,从而降低销售成本。

5. 提供了更有效的客户服务

Internet 上的多媒体信息处理和互动式交流有助于客户对企业及其产品进行全面、深入地了解,而且也能够接受生产商在网上提供的技术支持和服务。电子商务系统将呼叫中心(Call Center)、短信息系统、电子邮件系统(E - mail)、电子公告牌(BBS)等集成在一起,构成了一个多元的互通方式,使消费者始终感觉到商家服务更加人性化。另外,Web 上的软件下载、技术支持信息发布让商家和消费者都感觉到非常方便。有些软件系统的升级不用开发商直接到现场,由客户自助完成,既节省了人力,又节省了资金,从而提高了客户的满意度。

1.3 电子商务的产生与发展

电子商务是在激烈的市场竞争中成长发展起来的,它是传统的商务过程与信息技术、网络技术的完美结合,是一种全新的经营方式。它的发展给人类社会生活带来巨大影响,给各个企业带来了机遇与挑战,并且必将加快全球经济一体化的进程。

1.3.1 电子商务产生和发展的条件

在商品经济的条件下,经济发展要求资源在世界范围内进行优化配置。社会化大分工和产业结构的调整导致了资金流、信息流和物流的大范围转移,推动了世界经济的发展。特别是在第二次世界大战以后,国际贸易发展迅速,成为世界经济增长的发动机。然而,企业之间的协作和贸易活动的增加造成了纸质单证和文件数量的激增,使传统的人工处理方式存在明显的弱点,如工作效率低、出错率高、处理费用高等。因此,生产力的发展在客观上要求利用更加先进的技术参与商务活动,使这些数据能够自动交换。

20 世纪 60 年代末期,在美国出现了电子数据交换技术(Electronic Data Interchange, EDI),可以使异地的计算机之间交换信息和各种单证,实现了简单的"无纸贸易",由此产生了电子商务的概念。这是电子商务的萌芽时期。

随着计算机技术、通信技术的发展,为电子商务的产生提供了良好的物质基础。而互联网的出现和各种软件方法的成熟更是促使其快速发展的一针强行剂。在 20 世纪 90 年代,美国、加拿大等发达国家兴起一种崭新的企业经营方式,在整个的商务活动中实现了无纸化、直接化和智能化。这主要得益于以下几方面工作的进展。

1. 计算机的广泛应用

伴随着集成电路、大规模集成电路和超大规模集成电路技术的发展,计算机的性能得到大幅度提高。CPU 的运算速度越来越快,内存的容量越来越大,而它们的体积却越来越小。特别是目前广泛使用的 PC 机,其性能甚至超过早期的小型机、大型机。同时,计算机的价格趋于下降,人们可以根据经济条件选择性价比更加合理的计算机。相比硬件技术的发展,软件技术似乎跑得更快。我们在短短的20多年里经历了几代典型的操作系统,如DOS、Windows 3.x、Windows 9x、Windows 2000、Windows XP。计算机应用则从早期的科学计算迅速扩展到办公自动化、企业管理、生产过程控制、人工智能和各种多媒体信息处理等。软件的可靠性和可操作性得到用户的认可,使许多单位从"试试看"转变到对计算机产生了极强的依赖性。计算机技术这种超强的渗透力改变了我们的社会,也同样改变了传统的商务过程。因此,计算机的广泛应用是开展电子商务活动的重要基础。

2. 网络的普及和成熟

计算机网络将不同地理位置的计算机连接在一起,更加方便了人们的信息交流与资源共享。特别是从20世纪90年代初开始,Internet的商业化应用将计算机网络延伸到千家万户,逐步改变着我们的信息交流方式以及时空观念。电子工业的飞速发展、多媒体技术的日趋成熟、光纤通信和宽带技术的广泛应用使计算机网络的性能迅速提高。各种互联设备将不同的局域网或终端设备接入通信网络,如PSNT电话网、ISDN网、DDN网、X.25网和帧中继网。光缆、双绞线、同轴电缆和无线通信介质(微波/卫星通信)共同编织了世界范围内的信息交流平台。计算机网络的发展逐步走向成熟,并显示出如下特点:

(1)开放式的网络体系结构。我们可以将不同的软硬件环境、使用不同协议的网络互联起来,达到资源共享、数据通信和分布处理的目标。

(2)采用多媒体技术,在网络上提供文本、声音和图像等综合性服务,并能够保证其可靠性和安全性。

(3)网络交换智能化,自动均衡负载,优化路由选择。

(4)光纤成为广域网,甚至局域网的主要介质,网络带宽进一步增大。提供更多的大信息流量的服务。

目前,Internet已成为通信、传媒和交易的重要媒体,且覆盖了160个国家和地区,连接着360多万个不同的网络、500多万台计算机主机。全球上网人数快速增长,人们在各个地方都可以合适的方式进入Internet,使信息传递变得更加方便快捷。这是开展电子商务活动的重要条件。

3. 信用卡的普及应用

信用卡是银行或其他财务机构签发给那些资信状况良好的人士,用于在指定的商家购物、消费或在指定银行机构存取现金的特制卡片,是一种特殊的信用凭证。信用卡于1915年起源于美国,已经有80多年的历史,它从根本上改变了银行的支付方式、结算方式,以及人们的消费方式和消费观念,是当今发展最快的一项金融业务之一。信用卡在一定范围内替代了传统现金的流通,同时具有支付和信贷两种功能,持卡人可用其购买商品或享受服务,还可用其从发卡机构获得一定的贷款。

信用卡的方便、快捷优点已为人们接受,并在计算机技术的推动下形成了跨地域的信用卡计算机网络支付与结算系统,使得"一卡在手,走遍全球"成为可能。它已成为电子商务活动的重要支付手段。

4. 安全交易协议的制定

随着计算机网络应用的普及,人们的活动更加依赖于各种网络,如Internet、Intranet和Extranet,信息交流也会越来越多。所以,保证网络安全,以及信息传输的可靠性、机密性是影响计算机网络普及应用的最重要问题之一,而实现安全电子支付是电子商务系统最重要的环节之一。网上交易是在虚拟世界进行的,双方身份的鉴别和传输数据的安全性、真实性、完整性,以及有序的交易步骤都是我们要解决的具体问题。安全交易协议以密码技术为基础,规定了交易过程的行为规范,保证了双方在互信、平等的环境下实施交易。

在电子商务系统的应用过程中,人们也制定了许多协议,其中最有影响的应当是安全套接层协议(SSL)和安全电子交易协议(SET)。SSL 协议由美国 Netscape 公司推出,主要解决客户机与服务器之间的认证问题,利用加密技术进行信息传输;SET 协议由全球著名的信用卡集团 Visa 和 Master Card 联合推出,主要解决在线交易的信用卡安全支付问题。所以说,安全交易协议是电子商务活动安全的重要保障。

5. 政府的支持与推动

电子商务系统是一个复杂的系统工程,除了要有强大的技术支持外,还需要一个与之相适应的人文环境。它的出现给当今社会带来巨大变革,包括经济结构、产业结构、信息交流平台等等,完成这些具有挑战性的工作必须有政府的参与和各行业的通力合作。自 Internet 对公众开放以来,一场具有划时代意义的商业革命便拉开序幕,它在很大程度上是依靠政府引导、推动的。1994 年 1 月,美国政府宣布国家信息基础设施计划。1997 年 7 月 1 日,正式颁布了《全球电子商务纲要》,为系统地发展电子商务制定了方针政策。1998 年月 10 月,联合国经济合作与发展组织(OECD)公布了三个重要文件:《OECD 电子商务行动计划》、《有关国际组织和地区组织的报告:电子商务的活动和计划》、《工商界全球商务行动计划》作为 OECD 发展电子商务的指导性文件。欧盟于 1997 年提出《关于电子商务的欧洲建议》,1998 年又发表了《欧盟电子签字法律框架指南》和《欧盟关于处理个人数据及其自由流动中保护个人的指令》(或称《欧盟隐私保护指令》),1999 年发布了《数字签名统一规则草案》。这些政策和文件对全球的电子商务发展产生了积极的影响。

除此以外,政府直接参与了电子商务市场的培育,并推动了相关技术的研究工作。为电子商务的发展提供了有力的支持。

1.3.2 电子商务的三个发展阶段

电子商务的发展是一个循序渐进的过程,计算机技术、网络通信技术、Internet 技术,以及社会基础设施、人们的信息化意识都对其有着重要影响。我们综合这些因素将电子商务的发展划分为三个大的阶段。

1. 基于 EDI 的电子商务

EDI 被看成是电子商务的雏形,也可以认为是萌芽阶段。利用 EDI 技术完成了计算机之间数据的自动交换工作,并建立了 EDI 系统。但它传输的数据类型是非常有限的,仅仅适用于在专用网上传输标准文件格式的单证。

在这一阶段,计算机软件、硬件技术都还不够成熟,用户数量有限,异地之间的电子数据交换主要通过专用网络实现,使用费用昂贵。因此,基于 EDI 的电子商务仅仅是大型企业或机构的奢侈品,中小企业不敢问津;在功能上也很难覆盖整个商务环节,在产品宣传上几乎无所作为。尽管如此,有关组织还是做出了大量的工作和成绩。美国国家标准局制定了 ANSI X.12 标准,联合国主持制定了关于行政、商业及交通运输的电子数据交换标准——UN/EDIFACT。这些工作为电子商务奠定了一个良好的应用基础。

2. 基于 Internet 的电子商务

随着计算机软件、硬件技术和网络通信技术日益成熟，特别是 Internet 对全球公众的开放，它从大学和科研机构的殿堂走进了企业和普通百姓家中，使电子商务获得了全新的载体。同时，Internet 蕴涵着巨大的商业价值。例如，以网络直销而闻名的美国 Dell 公司、网络新贵 Amazon 网上书店和个人拍卖网站 eBay 都是利用基于 Internet 的电子商务获得了巨大成功。

在这一阶段，社会的基础设施、信息化意识和安全观念都发生了很大变化。城市的广域网、企业的局域网，以及企业信息化、商业信息化和金融信息化都有了初步规模，为商务过程的信息流、资金流提供了快速通道；各种安全措施，如数字加密、数字签名、身份认证、防火墙等技术逐步走向成熟，有的正在形成标准，使得商业机密信息交流摆脱了专网的束缚；为保证商务过程的安全，PKI 有了比较完备的技术体系。但是，信用体系建设涉及人文的和技术的两个层面，所以其形成有一个较长的过程。由于人们信息化意识的提高，许多电子支付方式，特别是信用卡正被越来越多的人接受，形成了传统支付方式与电子支付方式共存的局面，信用卡的信息载体也由磁卡发展到 IC 卡。由此可以看出，Internet 对电子商务产生了巨大的影响。

基于 Internet 的电子商务比传统的基于 EDI 的电子商务具有明显优势：

(1)费用低廉。Internet 是面向全球的开放性网络，其通信费用非常便宜，一般不到电信部门提供的增值网(VAN)的 1/4；在产品宣传方面也有明显的优势。目前，Internet 上的广告宣传费用很低，有的网站甚至是免费的。而使用专网的 EDI 在产品宣传上几乎是无能为力，需要依赖于价格更高的纸质和电视广告。所以，中小企业和普通百姓都可以使用 Internet 进行商务活动。

(2)覆盖面广。Internet 几乎遍布全球，可以深入千家万户，无论在地域上还是在用户群体上都远远超过 VAN 的覆盖范围。

(3)功能齐全。Internet 可以支持各种层次的商务活动，如发布电子商情、在线洽谈、建立虚拟商场或网上银行等。由于基于 Internet 系统的信息表现能力极强，所以，它可以将商务活动中的各个环节的功能有效地集成在计算机的桌面上。

(4)使用灵活。基于 Internet 的电子商务在文件传输上可以不受特殊数据交换协议的约束，任何商业文件或单证都可以方便地传输、处理。另外，Internet 具有多种接入方式，为用户提供了更多的入网选择，大大方便了使用。

结合 Internet 的载体优点和 EDI 的标准，在这一阶段产生了 Internet EDI 系统。这些技术成果将许多中小企业带入电子商务世界，使得 Internet 显示出极高的商业价值。

3. E 概念电子商务

E 概念电子商务就是将电子商务技术的应用扩展到非商务领域，如政府、教育、医疗卫生、军事等等，形成电子政务、远程教育、远程医疗、远程指挥等应用系统，并且在一定程度上与电子商务系统衔接。在这一阶段，电子商务的内涵更加深刻，外延进一步扩大，人们真正进入了信息化社会。

1.3.3 电子商务发展过程中的重大事件

1991 年美国政府向社会开放了 Internet，允许在网上开发商业应用系统。从此，电子商务活动主要是基于 Internet 的。随着计算机及其应用技术的发展，1993 年万维网(World Wide Web，WWW)在 Internet 上出现，使得 Internet 具备了处理多媒体信息的功能，并从信息共享演变为一种大众化的传媒工具。1995 年 Internet 上的商务信息量首次超过了科教信息量，显示出了巨大的商业价值，成为电子商务快速发展的重要标志。

1994 年美国网景(Netscape)公司开发了安全套接层(SSL)协议，对 TCP/IP 这个 Internet 上的主要协议进行了改进。SSL 支持按 X.509 规范制作的数字证书，可以识别通信双方的身份，支持 B to B 交易方式。

1996 年，VISA 和 Master 两大信用卡组织共同制定了安全电子交易的 SET 协议，得到了包括 IBM、Microsoft、Netscape 等一批大公司的支持。这一协议确保了 B to C 交易的安全支付。

至此，电子商务在技术上的准备初步完成。同时，网上交易特别火暴，电子商务交易额增长迅猛。1995 年全球电子商务交易额仅为 5 亿美元；1996 年为 26 亿美元；1997 年为 70 亿美元；1998 年猛增到 480 亿美元；2000 年为 3770 亿美元；2001 年达到 7170 亿美元；2002 年以后，年交易额就超过万亿美元了；2007 年达到了 8.3 万亿美元。

1.3.4 全球电子商务的发展状况

在 1997 年底世界瞩目的亚太经合组织非正式首脑会议(APEC)上，美国总统克林顿提出议案，敦促世界各国共同促进电子商务的发展，这个议案引起全球首脑的关注。IBM、HP 等国际著名公司先后宣布 1998 年为“电子商务年”。他们投入大量的资金对相关产品和系统解决方案进行研究，推动了世界范围内的电子商务建设热潮。在发达国家，已形成了基于电子商务的商品交易系统方案、金融电子化方案、信息安全方案、企业生产管理方案，并给信息产业带来了许多新的机会。由于电子商务对通信技术、计算机技术的依赖性，所以在发达国家与发展中国家的应用是极不平衡的。

1. 北美地区

北美地区是电子商务应用最发达的地区，特别是美国，在电子商务方面起步早、投入大、发展快，始终扮演着电子商务革命的领导者。美国具有开展电子商务的一切必备条件，即电子商务发展的应有推动力、成熟的电子商务技术、配套的基础设施。20 世纪 60 年代，美国开始信息化建设，并于 80 年代基本完成了政府和企业的信息化工作。90 年代，克林顿政府提出了国家信息高速公路的计划，并出台了一系列刺激电子商务的优惠政策，如电子交易暂不交税、政府采购全部采用网上在线采购方式。美国垄断了全球信息设备、计算机软件、网络运营的 80%市场，掌握了多种关键的加密算法，包括对称加密算法、公钥加密算法和数字签名算法。同时，美国最早制定了有关电子商务的立法。

美国拥有实施电子商务的所有基础设施，包括全球最发达的高速公路、航空网络、信息高速公路、电信网、邮政系统和物流配送体系。另外，还有完善的金融服务体系，人们已经习惯采用信用卡进行支付货款，并有足够的信任度。

2. 欧洲地区

欧盟是世界上较大的经济体，各国之间的联系和经济往来相对比较密切。但由于内部的币种不同，增加了跨国电子商务的货币兑换成本，因而受到很大的限制。1999 年 1 月 1 日开始启动的欧元对世界经济产生了重大影响，也给欧盟的电子商务市场带来了前所未有的机遇。虽然在 20 世纪 90 年代欧洲电子商务的发展落后于美国，但现在已经进入快车道。人们越来越多地利用 Internet 进行商务活动，包括网上购买杂货、订购机票、营销广告、网上娱乐等。

1999年英国政府花费20亿英镑鼓励企业和个人上网，从2002年开始，中央政府的所有采购都以电子形式发布与接收。另外，欧洲的电子商务发展很不平衡，其中英国、法国、德国的网民最多，所以市场规模相对大一些，而像西班牙、意大利等国家的电子商务市场还有很大的发展空间。

3. 亚太地区

亚太地区是全球经济最具活力的，特别是中国经济的高速增长，不仅使全国人民的生活发生了巨大变化，同时也给周边地区提供了庞大的市场和发展机遇。在电子商务应用方面，亚太地区各国的发展水平也有相当大的差距。韩国、日本、新加坡紧跟时代潮流，是该地区电子商务应用的先行者。

早在1999年韩国政府就发表了《21世纪e-韩国》报告，对国家的信息化发展做了战略规划，提出了主要政策任务：增强、利用和依靠信息基础实施，提高各行各业的生产和工作效率，推动网络企业和电子商务的发展，创造一个以知识为基础的网络化信息社会，使韩国成为世界十大信息强国之一。按照这一规划，2005年在全国范围内建成了超高速信息通信网，对传统产业进行数字化、网络化，推进企业间的电子商务和国际电子贸易。目前，韩国的中小企业都可以在网上完成进出口许可、报关、结算、物流计划等业务，并扩大"综合贸易自动化系统"，以促进韩、中、日三国的电子贸易合作，实现"无纸贸易"。

日本作为世界上的第二大经济强国，在新产品、新技术上也是一向不落后的，但在互联网发展中却不尽如人意。主要原因是上网费用昂贵、国营垄断。尽管如此，Internet的发展还是给日本经济带来了很大震动，迫使其进行经济重组，推进了"中年人经济"的结构调整。为了加快Internet的发展和电子商务的应用，日本政府采取了相应的措施：内阁成立了电子商务促进会，开放了电信业和金融业的管制，扩大开放和引入竞争，降低电信服务费，投入近10亿美元支持电子商务的技术开发和实验。

新加坡政府将推广电子商务作为国家意志，其策略是政府示范，企业跟进，国民响应。继成功建设"智能岛"后，开始实施"连城"战略，进而将自己建成亚太地区电子商务中心。

4. 中国电子商务的发展状况

中国电子商务开始于1997年。中国商品订货系统、中国商品交易中心、虚拟广交会等大型电子商务项目相继推出，拉开了中国电子商务系统应用的序幕。1998年"首都电子商务工程"的启动和1999年"8848网上超市"的出现，标志着中国电子商务进入了快速发展时期。我国的电子商务应用虽然起步较发达国家晚，但在富有时代特征的计算机、通信技术的推动下，我们的起点比较高，走出了一条跨越式发展的道路。

(1)政府推进应用环境的改善

我国政府正全面、积极、稳妥地推进电子商务的发展。1998年以来对电子商务的支持与协调力度明显增大，在电子商务的总体战略、发展规划、发展措施、技术标准及相关法律法规方面都做了大量的开拓性工作，在产业结构的调整和科研资金的投入上做出了有利于电子商务发展的倾斜，不少地方政府也对电子商务的发展给予了前所未有的关注和支持。特别是我国政府实施的"金字系列"工程，为电子商务的应用创造了良好的条件。

①金桥工程。金桥工程的主要任务是：建成国家公用经济信息通信网覆盖全国，与国务院各部委专用网相连，并与31个省市自治区、500个中心城市、12000个大中型企业、100个重要企业集团连接。金桥网的主要特点如下：

■ 金桥网是多媒体的综合业务数字网,可以传输数据、文字、语音、图像。它也是一种增值网,提供电子邮件、电子数据交换、电子公告牌、电视会议系统、分布式数据库联机业务等增值服务。

■ 金桥网采用了"天地一体"的网络结构,利用光纤、卫星、微波、程控、无线移动技术,与现有的中国公用分组交换数据网(CHINAPAC)、中国公用数字数据网(CHINA DDN)、公用电话网(PSTN)互联互通,并可与金融网相连。

■ 金桥网采用开放式网络体系和交换平台,以智能网结构和智能网管系统为基点。随着滚动式建设,可以进行扩充和技术升级。

②金卡工程。金卡工程的正式名称是"电子货币工程"。该工程的目标是:建成我国现代化的、实用电子货币系统;在 400 个城市、3 亿人口中普及信用卡的应用;建立和完善以金融部门为主体的信用卡管理系统;提高信用卡结算在社会资金结算中的比重;实现信用卡业务电子化。

金卡工程的主要任务:建立全国统一的金融交易卡发行体系和金融交易卡信息服务协会,负责审定重要的规章、注册商标及其授权,协调各成员之间的关系;建立信用卡全国信息服务中心和现金卡全国信息服务中心,负责建立并维护金卡专用网,为金融和商业机构的 EDI 提供技术服务和支持;推广信用卡和现金卡的应用,保证磁卡和 IC 卡的并存,实现 ATM 机和 POS 销售终端的跨行使用。

③金关工程。金关工程的正式名称是"国家对外经济贸易信息网工程"。该工程的目标是:将全国的外贸管理机构、大多数进出口公司、大中型骨干企业联网,逐步建立增值服务系统,推广电子数据交换应用,实现通关自动化,并与国际贸易业务接轨。与此同时,将相关业务的专用网也连接起来,包括海关总署、中国银行、国家税务总局、国家商检局、国家外汇管理局、国家统计局、远洋运输公司。

金关工程属于应用系统,主要任务是软件建设。它利用了金桥工程所建设的基础设施,与金桥网共用一个网控中心和增值业务服务中心。

④金税工程。金税工程的正式名称是"增值税专用发票计算机稽核系统工程"。它是财税体制改革的配套工程,以求最大限度地减少税收流失,使税收征管工作真正纳入科学化、法制化的轨道。该工程的主要任务是:建立增值税征管信息系统,形成全国税务综合信息管理系统;建立以北京为中心的全国和区域两级复核中心,分别解决异地和辖区票据复核问题;推广 IC 卡增值税票,加强防伪能力,提高税收自动化程度。金税网以人民银行的卫星清算网为主网,以电信的分组交换网为备份。

但是,中国电子商务的法律环境亟待健全和完善。首先,要解决电子商务法律中的紧迫问题,如电子合同、电子签名的法律效率。第二,要加快认证机构的体系建设。

(2)制约瓶颈有所突破

电子商务是一个复杂的系统工程。可以说,在任何一个环节出现障碍都是对其发展的制约。我们认为,安全体系和电子支付是电子商务活动最大的制约瓶颈。在防病毒、防黑客方面,我国已经有了一套比较成熟的方法和手段。专业化防病毒软件公司应对新病毒的能力有很大提高,他们可以在很短的时间里拿出杀病毒的方案,并通过网络发布给用户。国家计算机病毒应急处理中心也有定期公告制度,提前公布病毒的发作时间和特征。在信用体系建设方面需要有一个渐进的过程,目前大部分地区已着手建设公钥管理基础设施(PKI),使身份认证得到了技术上的保障。我国的支付清算系统发展迅速,中国国家现代化支付系统取得了很大进展,各商业银行也建立了内部电子汇兑系统和银行卡授权系统,人民银行电子联行系统已在全国大中城市得到普及,全国银行卡信息交换网络已初具规模,这些都为电子支付提供了必备的条件。

(3)应用领域不断扩大

我国电子商务的应用领域正在逐步扩大。众多的传统大型企业很快发现了 Internet 的商业价值和电子商务的美好前景,更看到了自身在资产、品牌、市场、物流配送、维修等方面的诸多优势。一大批知名企业,如海尔、美的、春兰等相继建立了自己的网站,很快将产品、服务投入网络市场,带动了一大批传统企业加入到电子商务应用的行列。各种电子商务网站,如网上商店、网上商城、专卖店、拍卖店等不断涌现出来,在商业、金融业、制造业、旅游业、航空业、农业等方面都得到了不同程度的应用。

近几年来,传统企业对电子商务的认识进一步深化。电子商务强调在计算机网络环境下的商业化应用,不仅仅是单纯的商品交易,而是将消费者、商家、合作伙伴、生产企业通过 Internet、Extranet、Intranct 全面结合在一起,将需求、供应、销售、生产等的各个环节协调在一个大系统中。企业可以在增强市场应变能力的同时,提高其内部商务活动的水平,包括生产、管理、财务以及企业间的协作,使电子商务的应用向社会纵深发展。

1.3.5 中国电子商务发展中的问题与基本对策

电子商务的发展前景无疑是非常光明的,而在实施上还是面临许多问题。虽然我国在基础设施方面的起点比较高,但是起步晚,信息化、网络化程度还不高。特别是,我国的市场经济是从计划经济脱胎而出,需要进一步完善社会主义市场经济体制,所以,在电子商务发展的过程中遇到的问题、需要克服的障碍远比发达国家多得多。

1. 安全问题

安全问题始终是电子商务应用的核心问题,也是消费者和企业最关心的问题。在电子商务发展的过程中可以说是几经波折,究其原因,主要是我们一直未能从技术上保证电子交易的绝对安全。这是全球电子商务发展中的难题,也是我国不可回避的问题。

(1)数据传输过程的安全问题

简要地说,电子商务的数据传输安全主要包括通信信道、客户端和服务器端。由于美国军方在设计互联网时只考虑到各计算机节点的有效通信,并没有重视数据传输的安全性。所以,至今也没有一个很好的解决办法;在信息化程度很高的社会里,人们对客户端有着相当苛刻的要求,因为稍不留意,个人隐私权就难以得到保证;相对于客户端来说,服务器端的安全措施较为严密,操作人员的素质也比较高。但其中的内容丰富而重要,一旦出现安全漏洞,将会带来灾难性的后果。人们面对的问题是如何防范黑客和病毒对服务器的攻击。此外,对中国而言,进口的通信设备和网络操作系统也存在不安全的隐患。

(2)电子支付过程中的安全问题

在电子支付过程中,不但要保证数据传输的安全性,还要保证支付方法的安全性。例如,由于电子现金的特殊性使其复制过程很简单,那么,如何防止它的重复使用就是我们面临的课题之一。在安全电子交易上,我国大都处于 SSL 协议的应用阶段,SET 协议只是初步使用。如果要完全实现 SET 协议安全支付,同时解决电子签名和身份认证的问题,就需要建立一个完善的CA认证体系。而目前我国的CA认证中心的建设处于一种无序状态,已有37个中心,重复建设现象严重,中间环节多,形成了信息孤岛效应。

2. 开发问题

电子商务系统是一个复杂的工程,涉及整个商务过程,任务相当繁重,我们将其归结为三个方面的问题:企业信息化建设、商业信息化建设和物流信息化建设。

(1)企业信息化建设

企业信息化是电子商务的基础性工程,通过统一的数字化信息平台管理企业的最核心业务流程和管理流程。否则,就没有e化的企业,电子商务也就丧失了最重要的行为主体。目前,我国企业成功实施ERP系统的还为数不多。造成这种情况有两方面原因:一是用户的管理水平不高,使软件的应用环境很差;二是国内的软件产品不成熟,软件的通用性与用户的个性化需求矛盾较大。CRM系统是集成的前端管理工具,提供了与客户交流的渠道,并与后台ERP结合在一起,实现了企业内外资源的整合,构成企业电子商务基础平台。但我国的具有自主知识产权的分析型CRM软件的开发能力不强,软件企业的行业经验不足,在软件升级、系统维护等方面还不够规范。

(2)商业信息化建设

我国的商业信息化市场很大,拥有1500万个零售企业,而面积超过10000平方米、营业额在亿元以上的商业企业有1000家。经过"九五"期间的工作,这些大型企业已经有了一个较好的信息化基础,但中小企业相对要薄弱些。针对我国商业信息化的状况,应当着手解决两方面的问题:一是开发面向中小企业的电子零售系统,使得POS-MIS系统的覆盖率达到100%;二是系统研究信息技术的标准化。以前仅对一些单项技术的标准进行研究,缺乏完整的考虑,当将多项技术集成于一个大系统中时,又变成非标准的了。导致单项技术标准难以推广,也造成了大量的重复劳动。

(3)物流信息化建设

随着电子商务应用的发展,我国的物流企业在数量上有一定的增长,但能够适合现代电子商务的物流企业仍然是数量少、规模小,服务意识、服务质量和管理水平都不尽如人意。除了技术装备落后外,主要原因是服务网络和信息系统不健全。因此,我们在系统开发上应当解决两个层面的问题。首先,研究物流信息系统的单元技术,开发包括仓库和运输管理系统、订单管理系统、卫星定位系统和条码管理系统等等;其次,建立基本的供应链计划调度系统,与ERP系统进行有效衔接。

3. 通信问题

通信问题属于基础设施建设,我国的起点比较高,企业内部的局域网、大中城市的广域网都有一定的技术水平,并且有多种接入Internet的方式,为电子商务的开展打下了一个良好的基础。但是,大容量、高速度的通信始终是各国追求的目标。目前,新一代互联网,即Internet2已进入实验阶段,它可以使上网速度提高100倍至1000倍。

我国在这方面的研究处于国际先进水平。"中国高速互联研究试验网络(NSFCNET)"是国家自然科学基金项目,由清华大学、中国科学院计算机信息网络中心、北京大学、北京邮电大学、北京航空航天大学等单位承担。研究目标是,建设我国第一个基于密集波分多路复用(DWDM)光传输技术的高速计算机互联学术性试验网络,研究下一代互联网络关键技术和基础理论,开发若干重大应用系统,为开展下一代互联网络技术研究提供实验环境。

4. 标准问题

目前,我国电子商务的建设、产品开发、运行程序和服务的标准体系尚未形成,使推广应用受到很大的限制。因此,制定统一的电子商务技术标准,对加快它的发展具有重要意义。电子商务标准的工作面宽量大,需要世界各国的共同努力,它大致包括以下几个方面:

(1)框架性的标准。用于定义和解释电子商务所涉及的数据和票据。

(2)有关电子商务安全和支付的协议。

(3)电子商务的应用协议。

(4)有关电子商务概念的基础标准。

虽然我国在某些方面做了大量的研究工作,如《电子商务标准化总体规范》、《基于互联网的报文封装规范》、《基于互联网的安全报文交换规范》、《安全证书(CA)管理规范》、《电子商务标准体系》等,但这还不能满足标准体系的完整性、系统性、科学性、前瞻性的要求,需要尽快完成以下几方面工作:

(1)建立电子商务中性基础数据体系,包括可跨异构数据体系的基本术语数据字典、复合语义数据字典、数据源模型、数据源表示格式、数据源代码表等。

(2)制定基于 UN/EDIFACT 的 ebXML 的电子商务信息描述语言,包括电子商务业务流程描述规范、电子商务技术体系、电子商务核心构件描述规范、电子票据的传输、路由和封装规范、电子商务标记字典、电子票据格式字典等。

(3)面向电子商务的商品统一标识,包括商品个体的编码规则、赋码规则等。

5. 人才问题

电子商务所需要的人才可分为三个层次:第一,技术服务支持层。主要研究电子商务技术方面的问题,如网络建设、系统管理、程序开发等。尤其是缺乏系统管理员一级的人才,大部分现有人员只能做一些日常维护工作,像安全性设置、性能调整等高级管理很少能进行。第二,一般管理人员层。他们是电子商务的直接受益者,并不关心技术细节问题,只需要知道如何使用电子商务系统就可以了。所以,培训起来比较简单,但人员的数量是很庞大的。第三,高级管理人员层。他们应当是政府各部门和企业的领导人员,需要掌握电子商务发展中的战略问题,如怎样利用电子商务提高企业的核心竞争力,怎样利用电子商务保持国家的可持续发展,电子商务对国家政策有哪些影响等等。这一层的人员相当缺乏,而且我国在教育培养上并没有一个完整的考虑。

6. 法律问题

自 20 世纪 90 年代以来,Internet 有了飞速发展,使电子商务系统的实现跃上了一个新台阶。虽然各国政府同时也意识到法律环境的重要性,但工作进展相比技术而言要缓慢得多。美国等发达国家在建设适应电子商务的法律环境方面走在前面,我国政府也在加快电子商务法治化的步伐。2003 年初广东省颁布了全国第一个地方性电子交易条例——《广东省电子交易条例》,并于同年 2 月 1 日开始实施。这是一个良好的开端。

电子商务的法律问题比较复杂,涉及电子合同、网上税收、知识产权、个人隐私、消费者权益保护、电子交易的竞争规则、电子资金支付、电子交易安全保障、计算机犯罪、计算机证据等。这些问题是全球共同面对的,但在内容上会显示出不同社会制度、不同利益倾向的个性特征。

7. 信用问题

信用的内涵表现为对契约和承诺的执行能力,属于公共伦理道德的范畴。社会信用体系及其相关的法律法规是市场公平竞争的前提条件，离开了它市场经济就无法健康地发展，就更谈不上电子商务了。

我国的信用体系发育很不成熟，商业风险较大，买方付款后拿不到货、卖方发货后收不到款的事情时有发生。由于我国的市场经济体制脱胎于计划经济，许多资源的配置主要掌握在政府及其国家银行的手中，企业之间的商业信用基础十分薄弱。改革开放以来，市场对信用提出了越来越高的要求，但信用制度和管理体制还没有跟上这种变化，造成信用关系混乱。

建立一套信用管理体系是一个庞大的系统工程，涉及法律和道德两个层面。因此，要力争解决以下三方面的问题：

(1)立法机关制定相关的法律法规，完善商品市场交易规则。

(2)制定严格的认证制度，建立权威的认证体系和信用监管体系。

(3)加强公民的道德品质教育，提高全民的文化素养。

8. 观念问题

观念的转变对电子商务应用有着重要影响。由于我国制定了以信息化带动工业化的发展策略，国家不断强化对国民的信息化教育，因此，从企业到个人都意识到信息化对社会发展的作用。但对于电子商务这种虚拟的市场交易还没有真正被人们接受。“眼看、手摸、耳听”的购物习惯已根深蒂固；生活节奏还不至于快到没有时间购物的地步；电子交易的安全性和商品质量是否能得到保证。这些都对电子商务的应用在心理上造成了障碍。

1.4 移动商务简介

随着移动通信技术的迅速发展，移动通信网络已覆盖了全球许多地区。根据中国移动通信公司公布的数据，全球通网络覆盖全国所有地(市)和98%以上的县(市)，实现了高话务区域的立体覆盖及主要交通干线的连续覆盖，与中国电信、中国联通和中国网通等运营公司实现了互联互通，并与包括美国、日本、韩国在内的世界五大洲141个国家和地区的220个移动通信运营商开通了国际漫游。同时，移动通信的用户数量也在高速增长，目前，全球手机用户超过20亿，其中我国的已达5.5亿多户。这些都为移动商务发展提供了有利条件。

1.4.1 移动商务概念

移动商务是依托于移动通信网络，使用手机、个人数字助理、便携式计算机等移动通信终端和设备所进行的各种商业活动和信息交互。它是对在固定网络上开展的电子商务活动的一种补充手段，也是对传统商务活动电子化的过程，其主要应用特征是消费者位置的随意性和使用的便捷性。

移动商务是建立在移动网络和Internet基础上，通过两者的结合可以实现商务过程所有环节的电子化，包括产品宣传、订货、商品配送、支付等。由于消费者可以随身携带移动终端，商品交易会随时随地发生并完成，如从网上购买一首歌曲、下载电子新闻和小说、交易一笔股票、订票等。所以，移动商务能够提供多种与位置相关的快捷服务，且可以及时交互信息。根据移动商务的应用特点，商家应当建立全新的商务流程和销售渠道。由此可知，移动商务不仅改变了消费者的购买方式，对商家也提出了新的要求。

1.4.2 移动通信技术基础

Internet应用和无线数据通信技术的发展为移动商务的开展奠定了坚实的基础，主要涉及无线应用协议（WAP）、移动IP、蓝牙技术（Bluetooth）、通信分组无线业务、移动定位系统、第三代移动通信系统。

1.无线应用协议

无线应用协议是开展移动商务的核心技术之一。它的提出和发展是在移动中接入Internet的需要。通过这一协议，手机可以随时随地、方便快捷地接入Internet，实现移动状态下的不受时间和地域约束的电子商务。WAP提供了一套开放、统一的技术平台，用户使用移动设备很容易访问和获取以统一格式表示的Internet或企业内部网信息和各种服务。WAP定义了一套软硬件的接口，可以使人们像使用PC机一样使用移动电话收发电子邮件以及浏览Internet。同时，WAP提供了一种应用开发和运行环境，能够支持当前最流行的嵌入式操作系统。WAP可以支持目前使用的绝大多数无线设备，包括移动电话、寻呼机、双向无线电通信设备等等。在传输网络上，WAP可以支持目前的各种移动网络，如GSM、CDMA、PHS等，也可以支持未来的第三代移动通信系统。目前，许多电信公司已经推出了多种WAP产品，包括WAP网关、应用开发工具和WAP手机，向用户提供网上资讯、机票订购、流动银行、游戏、购物等服务。WAP最主要的局限在于应用产品所依赖的无线通信线路带宽。对于GSM，目前简短消息服务的数据传输速率局限在9.6kbps。

2.移动IP

移动IP通过在网络层改变IP协议，从而实现移动计算机在Internet中的无缝漫游。移动IP技术使得节点在从一条链路切换到另一条链路上时无需改变它的IP地址，也不必中断正在进行的通信。移动IP技术在一定程度上能够很好地支持移动商务的应用，但是目前它也面临一些问题，如移动IP协议运行时的三角形路径问题；移动主机的安全性和功耗问题等。

3.蓝牙技术

蓝牙技术是由爱立信、IBM、诺基亚、英特尔和东芝共同推出的一项短程无线连接标准，旨在取代有线连接，实现数字设备间的无线互联，以确保大多数常见的计算机和通信设备之间可方便地进行通信。“蓝牙”作为一种低成本、低功率、小范围的无线通信技术，可以使移动电话、PC机、PDA、便携式计算机、打印机及其他计算机设备在短距离内无需线缆即可进行通信。例如，使用移动电话在自动售货机处进行支付，这是实现无线电子钱包的一项关键技术。“蓝牙”支持64kbps实时话音传输和数据传输，传输距离为10～100m，其组网原则采用主从网络。

4.通用分组无线业务

传统的GSM网中，用户除了通话以外最高只能以9.6kbps的传输速率进行数据通信，如Fax、E-mail、FTP等，这种速率只能用于传送文本和静态图像，无法满足传送活动图像的需求。通用分组无线业务（GPRS）突破了GSM网只能提供电路交换的思维定式，将分组交换模式引入到GSM网络中。通过增加相应的功能实体和对现有的基站系统进行部分改造来实现分组交换，从而提高资源的利用率。GPRS能快速建立连接，适用于频繁传送小数据量业务或非频繁传送大数据量业务。GPRS是2.5代移动通信系统。由于GPRS是基于分组交换的，用户可以保持永远在线。

5.第三代移动通信技术

第三代移动通信技术(3G)是宽带移动通信基础,它将手机变为集语音、图像、数据传输等诸多应用于一体的未来通信终端。3G的目标是:在世界范围内形成统一的设计标准;与固定网络各种业务的相互兼容;支持高质量的话音、分组数据交换、多媒体业务和多用户通信;在全球范围内使用小终端;具有全球漫游功能。3G规定了不同环境下的传输速率:高速移动条件下达到144kbps;室外步行条件下达到384kbps;室内环境中达到2Mbps。目前,3G的三大主流应用技术标准都是基于CDMA的,即WCDMA、CDMA2000和TD-SCDMA。

6.移动终端设备

移动终端是移动商务系统中的重要设备,它体积小、携带方便,在商业交易活动中承担着信息表现和交互的任务。随着移动技术的发展,移动终端的功能越来越强大。下面针对目前比较常用的移动终端设备给予一般性介绍。

(1)移动电话

移动电话是现在最常用的移动通信设备,是可以在较广范围内使用的便携式电话终端。通常,移动电话在外观上都包括了至少一个液晶显示屏和一套按键。目前,在全球范围内使用最广的是所谓第二代手机(2G),以GSM制式和CDMA为主。它们都是数字制式的,除了可以进行语音通信以外,还可以收发短消息(SMS)、彩信(MMS)、无线应用协议(WAP)等。我国以GSM最为普及,CDMA和小灵通(PHS)手机也很流行,而整个行业正处于向第三代手机(3G)迁移过程中。

(2)智能手机

在移动电话的基础上,智能手机装载了开放式操作系统,增加了本地存储功能,使手机的功能得到很大扩展,如拍照、编辑Word文档、浏览网页、收发电子邮件、听歌、看动画等。智能手机具有比较大的屏幕尺寸和带宽,因此,适合开展许多增值业务,如股票交易、音乐图片和应用程序下载、商品交易等。

目前,智能手机系统主要包括Symbian、Smart Phone、Pocket PC、Palm、Linux五种。Symbian的很像是Windows和Linux的结合体,有着良好的界面,采用内核与界面分离技术,对硬件的要求比较低,支持C++、VB和J2ME;Smart Phone具有Windows血缘,容易与台式机同步,娱乐方面功能出众,但是对硬件的要求比较高;PocketPC是Windows CE在手机上的一个延伸,功能也十分强大;Palm系统对硬件的要求很低,耗电量也很小,第三方软件极为丰富,商务和个人信息管理方面功能出众,且系统十分稳定;Linux具有源代码开放、软件授权费用低的优势,便于开发个人和行业应用。

(3)个人数字助理

个人数字助理(Personal Digital Assistant,PDA)最初是一种便携式的脱机设备,通过与计算机连接实现文件的下载、上传功能。现在的PDA加入了无线Internet连接功能,通过无线局域网、蓝牙或GPRS接入Internet。相对于普通台式计算机,PDA的优点是轻便、小巧、可移动性强,同时又不失功能的强大,缺点是屏幕过小,且电池续航能力有限。PDA通常采用手写笔作为输入设备,而存储卡作为外部存储介质。此外,许多PDA还具备Wi-Fi(Wireless Fidelity)连接、GPS定位功能。

(4)GPS定位设备

GPS(Global Position System)定位设备是支持人与机器之间进行交互的移动设备之一。GPS设备用于接收并解析太空中数个卫星回传电波中的轨道信息、时刻信息,计算出GPS接收器所在位置的经度、纬度、水平高度和移动速度,每天24小时为全球陆、海、空用户全天候提供三维位置、速度和时间。GPS定位设备的基本配置包含了一个GPS接收器、解析器和一部高效率的微型计算机。

随着技术的不断成熟,GPS的应用领域越来越广泛,其中最为成熟的是导航服务。GPS定位设备主要由接收器和显示装置组成,它可以接收经纬度数据,并换算成对应的点显示在电子地图上。

(5)RFID标签

无线电射频识别(Radio Frequency Identification,RFID)技术支持机器之间的交互,它是一种非接触式的物体识别技术,其核心是RFID标签。这种标签的主要部件是一种集成电路芯片,其中带有天线、存储器和控制电路,使RFID标签具备了数据存储、射频通信和数据处理的能力。芯片工作的电力可以不依靠电池,而是由无线电波供给能源。根据射频通信频段不同,将RFID分为四类:低频、高频、超高频和微波,具体特性如表1-1。

表1-1 RFID标签的分类

名　称	通信频率	中心频段	读写距离	传输速率	典型应用
低频	100～500kHz	125kHz	<50cm	很慢	门禁系统
高频	10～15MHz	13.56MHz	<1m	慢	门禁系统 智能卡
超高频	860～950MHz	915MHz	<3m	快	物流系统 自动收费
微波	2.4～5.8GHz	2.4GHz 5.8GHz	>5m	很快	物流系统 自动收费

1.4.3 移动商务应用平台

目前,移动商务应用平台包含了三种不同功能的系统:移动消息平台、移动网络接入平台和互动式语音应答平台(IVR)。通过移动商务应用平台,用户可以实现多个商务环节中与位置相关的信息服务功能。

1.移动消息平台

移动消息平台可以提供三种不同水平的服务,即短信息服务(Short Message Service,SMS)、增强型信息服务(Enhanced Message Service,EMS)、多媒体信息服务(Multimedia Message Service,MMS)。

SMS是在无线电话或传呼机之间传递小段文字或数字信息的服务,其技术简单、可靠,移动电话基本上都具有接收和发送短信息的功能。每条短信息可以包含160个以内的字母或数字。SMS通过控制频道传输信息,不占用独立的通信频道,在GSM网上它可与语音、数据和传真同时进行而互不干扰,占用资源非常少。另外,SMS支持国内和国际漫游。

EMS是对SMS技术的改进,新增了对声音、图像和动画的支持,接收的信息中可以参照预先加载好的声音、图像等对象,而不需要将其下载。

MMS全面支持多媒体功能,除了基本的文字信息外,还可以配发丰富的图像、声音、动画、震动等多媒体内容。这种技术能使"全球通"的数据速率从9.6kbps提高到384kbps。多媒体短信业务在GPRS网络或CDMA2000 1X网络的支持下,以WAP协议传送视频、图片、声音和文字,实现手机端到端、手机与Internet之间多媒体信息传输。MMS在概念上与SMS、EMS非常相似。但是,MMS对于信息的大小和复杂性几乎没有限制。

2.移动网络接入平台

移动网络接入平台的主要任务就是将移动终端设备顺利地接入Internet。那么,WAP协议毫无疑问的是该平台的核心技术。它既能支持绝大多数的无线移动设备,也能适合多种移动网络,包括第三代移动通信(3G)。目前,市面上推出了多种WAP产品,包括WAP网关、应用开发工具和WAP手机等。同时,也有许多移动运营商为移动状态下的用户提供了网上资讯、机票订购、电子支付、购物、游戏等服务。

3.互动式语音应答平台

互动式语音应答平台(Interactive Voice Response,IVR)是呼叫中心的重要组成部分,完成了引导用户选择、自动语音报读、自动传真收发等功能。IVR不但可以提高呼叫中心的服务质量、节省费用,而且可以使用户24小时随时都能得到信息服务,以及协调用户操作过程。如果在呼叫中心装入IVR系统,大部分呼叫实现了自动化,较原来节省了60%的费用,同时还能减轻座席代表的负担,使座席有足够的时间处理需要人工处理的呼叫。IVR系统使得用户可以随时随地进行访问,得到了用户的普遍认可。目前,很多企业正致力于使用IVR的这一优点来吸引用户。

移动IVR是基于手机的无线语音增值业务的统称。手机用户只要拨打指定号码,就可根据操作提示收听、点送所需的语音信息,或者参与聊天、网上交易、电子支付等互动式活动。移动IVR能够利用手机终端的短信收发功能,通过自动语音识别、语音合成等技术实现短信和语音的互动。

1.4.4 移动商务应用类型

移动商务的应用非常广泛,几乎包含了所有商务活动。我们可以从不同视角对其进行分类,以便全面和系统地认识移动商务应用。但无论如何分类,移动商务应用的典型特征是位置可移动。以下仅就移动商务功能将其分为三大类。

1.移动信息服务

通过移动通信网络为用户提供语音和Internet信息即为移动信息服务。显然,这种服务的手段主要有两种:短信息和WAP应用。

(1)短信息服务

短信息服务通过无线通信系统将信息发送到移动终端上,用户只要在信号覆盖区域都可以及时获得信息。适合短信息发送的内容很多,包括天气情况、各种通知、股票行情、促销信息、订阅消息等等。短信息是一种"推式"服务,可以自动将信息批量发送到移动终端,非常方便、快捷。因此,政府和企业都将短信息服务作为一种重要的信息发布手段,并且运用到相关的政务和商务环节中。

(2)移动导航服务

移动导航服务是基于用户当前的地理位置获得所需要的方向,包括路线导航、路线查询、空间定位等。用户通过在手机终端的简单操作,即可获得位置信息的帮助,甚至还能提供漫游和语音服务。

(3)移动互联网

移动互联网是通过WAP将手机等移动终端与Internet连接,以分组数据交换方式与基于TCP/IP的Internet实现无线数据通信形成的一种综合性网络。它将Internet信息资源导入了移动终端,不仅丰富了移动信息服务的内容,也提高了服务水平。

2.移动商品交易

移动商品交易是消费者在移动状态下完成各商务环节操作的过程。由于移动通信技术的发展和完善,移动商品交易活动已经在许多领域开展,如网上采购、网上支付、电子彩票、电子订票、移动股票交易等,而且实现了从订单到支付、配送(短信息产品)的全过程应用。

(1)销售终端服务

日本移动电话巨头NTT DoCoMo于2004年7月上旬开通使用了内置非接触式IC卡手机结算和认证服务的收款机,随后推出了4款支持该服务的手机。消费者只要将手机对着收款机的电子扫描设备晃一晃,收款机就可以通过无线电射频身份识别技术将费用从手机中扣除。使用的过程像是在使用信用卡,而且完全不需要按键操作。这4款新手机都有上网功能,用户可通过Internet将信用卡上的钱方便地充入手机。

这种移动POS业务是在有线POS业务上的延伸,它利用GPRS制式作为传递交易数据的通讯载体,摆脱了营业场地和通讯线路的限制,随时随地进行刷卡交易。基于GPRS的移动POS系统的出现,满足了移动商务发展的需要,使得各类消费活动不再受到场地和通讯线路的限制,真正做到了“边走边买”,为商家带来了无限的商机。

(2)移动订票服务

移动订票可以通过定位技术将距离手机用户最近的餐馆、电影院或戏院的消息发送到手机上,用户通过手机订电影票或就餐消费。英国市场调查公司JuniperResearch的一项有关手机订票业务未来发展前景的报告认为,2009年移动订票服务的市场规模将扩大到390亿美元。用户开始对手机订票感兴趣,这一倾向在欧洲和日本尤其明显。多数手机订票将用于火车或公共汽车票、电影票或戏票,以及汽车泊车票据。

(3)移动博彩

移动博彩出现在20世纪90年代末的欧洲,流行于荷兰、德国、瑞典、英国、奥地利等国,在这些国家,一般的手机都能用来购买彩票、下注、加入抽彩赌博。2003年,西门子移动业务发展公司与某博彩公司合作开发出赛马博彩专用平台Scaraboo,使用户通过移动设备来进行赛马博彩下注活动,它做到了数字下注、实时赛场状况和结果的实时传输。这一平台为彩民带来全新的互动感受,同时博彩公司和网络运营商也从中受益。

(4)手机银行

手机银行也称移动银行,是利用移动电话办理有关银行业务的简称。它可以认为是金融机构借助移动通信运营商的新技术平台开展的一种“便民业务”。使用这种业务的银行用户可以利用手机办理多种金融业务,突破时空限制,只需使用手机,依照屏幕提示信息,即可享受手机银行服务提供的个人理财服务,实现账户信息查询、存款账户间转账、银证转账、证券买卖、个人实盘外汇买卖、代缴费、金融信息查询等功能。

手机银行产品有SMS和WAP两种形式。SMS类的手机银行业务是由手机、GSM短信中心和银行业务系统构成的。手机与GSM短信中心通过GSM(2代)网络连接,而GSM短信中心与银行系统之间的通信可以通过网络来完成。某些情况下,短信中心还可能通过一个业务增值平台与银行前置机相连,以减轻短信中心的负担。

3.企业管理的移动服务

企业管理的移动服务是将移动通信技术运用于生产管理过程,使管理触角延伸到每一生产环节中的每个人,即把管理过程中的指令从固定的PC终端扩展到全球任何一个有移动信号的地方。由于移动技术的加入,企业的管理模式、工作流程会发生变革,对现有ERP、CRM和SCM系统也将产生很大影响,其结果是使得企业管理更加有效。

随着无线网带宽增加和移动设备改进,越来越多的软件商开发了基于无线网络的移动ERP系统,它支持企业员工、合作伙伴在任何地点、任何时间获取他们所需要的数据,实现企业级移动业务管理。移动通信技术的应用也为企业密切与客户的关系、营销体系的建设提供了新思路,移动CRM系统为客户和销售员实现了定制的、基于现场的实时服务,使订单、产品和服务的反馈信息能够更快地影响管理过程,及时修正管理系统运行参数,提升工作质量和服务水平。GPS与RFID的结合为企业的物流和供应链管理提供了强大的技术保证,使得物流信息传输和业务往来更加有效,实现了从产品生产到最终被消费者使用整个生命周期的物流与信息流的完全匹配,以及运输途中的全程跟踪监控,消除了供应管理的盲区。

1.5 电子商务规范

规范是对重复性事务和概念所作的统一规定,它以科学、技术和经验的综合成果为基础,以促进最大社会效益和获得最佳秩序为目的。电子商务规范是电子商务活动的各种技术标准、协议、政府文件、法律文书等的集合,其中以技术标准最为重要。电子商务规范的绝大多数的内容是以标准的形式存在的,有时规范指的就是标准,而标准也往往被称作规范。我们在电子商务一般框架中介绍过,电子商务的两个重要支柱是社会人文性的法律法规和自然科技性的技术标准。电子商务规范就是这两个支柱的主要内容,同时,它又是实现信息系统的必备条件。所以,制定规范对于电子商务系统的应用具有重要意义。

1.5.1 电子商务规范的作用

1. 规范是电子商务整体框架的重要组成部分

规范是电子商务一般框架中的重要内容,它与法律法规的地位并列,是整个结构中的龙头,对框架中的各个组成部分,如交易的参与者、基础设施、相关产品、电子市场、信息流、资金流、物流和应用系统起到指导与约束作用,是电子商务系统得以建立的前提条件。可以说,没有电子商务规范,社会化的电子商务根本无法形成与开展。制定电子商务规范、建立健全电子商务规范体系是当前电子商务发展对标准化工作的需求,也是进一步推动电子商务发展的具体措施。

2. 规范为实现电子商务提供了统一平台

电子商务的建设是一项庞大的系统工程,不但涉及计算机、通信、信息编码、加密、认证等多种技术手段，还涉及企业、商家、银行、消费者、税务、海关等众多社会领域。为使构成电子商务系统的各组成部分能够协调一致地工作，确保电子商务健康、协调地发展，基础工作就是规范化，即对电子商务各个环节和参与者制定、发布和实施各种规范。可以说，电子商务规范为建设电子商务提供了一个统一平台，它是相关设施的技术标准和参与者的行为准则，是实现电子商务社会化发展的根本保证。

3. 规范是电子商务的基本安全屏障

规范为电子商务提供了最基本的安全保护。通过相关安全规范的制订，可以对影响电子商务活动安全的不利因素加以防范，从而做到未雨绸缪。在电子商务系统中，无论是基础设施还是应用逻辑都可以存在多种形式和过程，经比较、筛选之后，能够确定一个最优化和最可靠的方式，以规范形式固定下来。这样，自然就将一些不稳定的因素排除，有效地避免了其他不稳定性因素的影响，保证系统处于最佳状态。所以，电子商务规范起到了安全屏蔽作用，为电子商务活动提供最基本的安全保障。

4. 规范关系到国家的安全和经济利益

电子商务规范具有主客观两重性。所谓电子商务规范的客观性是指规范的内容在理论上不存在歧视或不平等性，所反映的是具体技术及其指标、性能和要求；主观性则是指规范的制定者（如国家或组织等）由于具有不同的社会背景，从而在制定规范的过程中会或多或少地从本国的利益及安全方面出发，确定规范中具体的指标、参数和性能描述。因此，不同国家、地区间的规范往往成为利益及安全保护的一种隐蔽性手段。此外，电子商务的解决方案已经十分成熟，但未必适合各国的国情；加密算法和公钥长度涉及国家机密，也不能由国外公司或政府控制。所以，制定相应的电子商务规范、研制自主版权的国产电子商务安全产品，对商务活动进行强制约束，可以有效地保护国家的利益和安全。

1.5.2 电子商务规范体系

电子商务规范体系是将电子商务系统中所涉及的所有规范按其内在联系有序地集合在一起，其内容十分广泛。电子商务规范的设计应当遵循系统性、先进性、前瞻性、可扩展性的原则。体系构成大致分为以下四个部分。

1. 基础规范

(1)计算机基础规范：该规范规定了术语、编码、数据元、字符集、存储媒体、数据库、接口标准、多媒体及中文信息处理的标准。虽然它们与电子商务并无直接联系，但对电子商务系统的构成具有相当大的影响。

(2)基础通讯规范：该规范主要涉及了电话交换网标准（PSTN）、分组交换数据网标准（X. 25）、综合业务数字网（ISDN）、宽带网（B - ISDN）标准。

(3)网络规范：该规范主要涉及与电子商务相关的网络平台标准、网络传输标准和网络接入标准。

2. 安全规范

电子商务的安全规范包括加密算法、数字摘要算法、身份认证、安全通信协议和符合性测试方面的内容。

加密算法的规范化工作有三个方面：第一，密码的长度和基本算法；第二，算法的实现过程；第三，体制的建设，包括密码全生命周期的管理。

数字摘要标准有两个：安全 Hash 系列和 MD2 系列。安全 Hash 算法（Secure Hash Algorithm，SHA）已被美国政府确定为标准，即 FIPS 180 - 1 Secure Hash Standard（SHS）。FIPS 规定必须用 SHS 实施数字签名算法。

身份认证是在建立公钥基础设施（PKI）的基础上，利用数字签名和数字证书完成的操作。因此，它涉及上述三个方面的规范。PKI 的核心组织机构是 CA 认证中心，电子商务的 CA 体系已形成了两种标准类型：SET CA 体系（金融 CA 体系）和 PKI CA 体系（非金融 CA 体系）；ISO 数字签名标准化工作小组公布了一个相关标准“A Digital Scheme Giving Message Recovery”。美国国家标准技术研究院也发布了数字签名标准，即美国联邦信息处理标准（Federal Information Processing Standards Publication 186 - 1，FIPS PUB 186 - 1）；国际电信联盟（ITU - T）制定了 X.500 系列标准。其中 X.500 和 X.509 是安全认证系统的核心，前者定义了一种区别命名规则，后者被称为数字证书。

3. 操作规范

操作规范涉及电子交易中的所有行为，其中签订合同、支付货款是每一笔交易的关键过程。所以，我们要对电子合同和电子支付进行规范。

1996 年 6 月，联合国国际贸易法委员会通过了电子商务示范法。该法律支持在国际贸易中使用电子合同，建立了以电子手段形成合同的规则和标准，定义了有效的电子书写和原始文件的特征，支持在法庭和仲裁过程中提供的计算机证据，为电子商务的发展奠定了法律基础。该委员会为起草全球电子商务合同规范制定了以下原则：

(1)参与方可以在自己认为适合的时间签订合同；

(2)制定的规则应在技术上保持中立，并且着眼于未来的发展；

(3)对现存规则做必要的修改，新规则应支持电子技术的使用；

(4)适用范围包括高技术商业部门，以及还未在网上运作的业务。

电子支付的方式比较多，国际通行的网上支付方式主要有信用卡、电子现金、电子支票和微支付。其中有通用的标准，也有针对特别交易而制定的规范化过程。

4. EDI 规范

EDI 标准对单证格式和传送的报文进行了规范。目前主要有联合国颁布的 UN/EDIFACT 国际标准和美国制定的 ANSI X.12 北美标准。

思考题

1. 电子商务的框架结构如何组成？
2. 试述电子商务的深刻内涵。
3. 电子商务活动与传统商务活动相比有哪些特点？
4. 电子商务对社会、企业产生了何种影响？
5. 中国的电子商务发展应该考虑哪些问题？
6. 移动商务的开展主要得到哪些技术的支持？
7. 电子商务规范体系包含了哪些内容？

第2章 Internet基础及其接入技术

Internet是电子商务系统运行的基本环境,它的发展为电子商务的应用插上了腾飞的翅膀。本章对Internet的功能、重要概念及其在企业中的应用做一般性介绍,着重讲述电子商务应用中经常涉及的通信网络,包括数字数据网(DDN)、综合业务数字网(ISDN)、非对称用户数字线(ADSL)和电缆调制解调器,并给出通过这些网络接入Internet的方法。

2.1 Internet简介

Internet从进入商业应用到今天才十几年,但是它已经渗透到人们的日常生活、工作、学习和娱乐当中,正以前所未有的冲击力改变着人们的生活,改变着企业的行为,同时也影响着各国发展贸易往来的政策。电子商务的出现和发展更加促进了Internet规模和应用范围的进一步扩展,各个国家都逐步将Internet纳入到本国信息基础设施和全球信息基础设施的建设当中。目前世界上已有200多个国家和地区接入Internet,网上的用户数量飞速增长。在我国,从1993年中科院高能物理所首次接入Internet以来,Internet得到了飞速发展,网络已经覆盖全国各省市,截止2007年底,我国互联网上网人数已达2.1亿,其中宽带上网用户1.22亿户。

2.1.1 Internet的形成与发展

Internet是一个全球性的计算机网络系统,它利用现代通信技术与现代计算机技术,通过卫星、电缆、光纤等其他媒介将各种不同地理位置、不同规模、不同类型的高速数据通信网络和相应的信息系统连接在一起,以实现国际信息交流和信息资源共享。

Internet,这个人类历史上伟大的工程始于1969年,最初称之为ARPANET,是美国为推行空间计划而建立的。1969年美国国防部研究计划管理局(Advanced Research Projects Agency,ARPA)为了能在战时提供必要的信息资料和资料共享而将几台军事及研究用的电脑连接起来,开发了一种通信协议,数据以密码的形式经可变的路由分组传输,建立了一套相对安全可靠的信息系统,并把该网络及信息系统命名为ARPANET。在随后的发展中建立了以ARPANET为主的国际网。Internet在发展时和在以后的发展中均沿用了ARPANET的技术和协议,也采用了ARPANET的网络连接模式。因此,可以说ARPANET所用的协议就是Internet现在使用的TCP/IP协议的前身。

1986年美国国家科学基金委员会(National Science Funds,NSF)为了更充分地利用资源,采用TCP/IP协议(Transmission Control Protocol/Internet Protocol)将全美5个用于科研的超大型计算中心网络连为一体,起名为NSFNET,实现了当时的超级计算中心与美国的大学、学术机构的互联。NSFNET成为主要用于科研和教育的网络主干部分,代替了ARPA-

NET的骨干地位。1989年后，许多商业部门从使用ARPANET转向使用NSFNET，等到1990年MILNET(由ARPANET分离出来)实现了和NSFNET连接后，就开始采用Internet这个名称。自此以后，其他部门的计算机网相继并入Internet，ARPANET便宣告解散，致使运行了20年的ARPANET结束了它的使用价值。同时，NSFNET对公众开放，成为Internet最重要的通信骨干网络。

20世纪90年代是Internet发展的黄金时期。90年代初，商业机构认识到Internet在产品销售、大众联系、信息传播和电子贸易上的价值，开始逐步进入Internet，使Internet开始了商业化的新进程，也成为Internet发展的强大推动力。1993年，NSF决定在随后几年中逐步停止对Internet贸易往来的资助，NSF基金只用于为研究目的而创建的高速研究网络和扩展Internet容量方面，而由美国贸易部来管理具有商业化价值的Internet。1995年，NSFNET停止运作，Internet彻底商业化。这种把不同网络连接在一起的技术的出现，使计算机网络的发展进入一个新的时期，形成由网络实体相互连接而构成的超级计算机网络，人们把这种网络形态称为Internet。在很短的时间内Internet就建立了WWW的雏形，提出了URL、HTTP、HTML三个新概念，开发了基于WWW的浏览器，使Internet以前所未有的速度在世界范围内蔓延开来。我国在1994年正式接入Internet之后，已形成5个主要出入干道，它们是：中国公用计算机互联网(CHINANET)、中国教育和科研计算机网(CERNET)、中国科学技术计算机网(CSTNET)、中国金桥信息网(CHINAGBN)和中国联通公用互联网(UNINET)。

Internet的兴起和发展将全球的数字通信网络连为一体，信息资源共享，通信方便快捷，突破了传统信息系统技术的资源拥有能力。Internet在现有的WAN技术的基础之上利用其独特的TCP/IP技术将分布于世界各地的网络站点、数据资源和用户有机地连为一个整体。现在的Internet已成为以WWW服务为主体、多种服务形式并存的比较完善的服务体系，是人们工作、学习、休闲、娱乐、相互交流、从事商业活动的主要工具。

2.1.2 Internet的服务功能

Internet实际上是一个应用平台，上面能够提供很多服务功能。由于技术发展非常迅猛，所以服务项目不断增加，应用领域也在不断扩大，这里列出的仅是一些基本服务与应用的概况。

1. 信息的获取与发布

Internet是一个信息的海洋，通过它您可以得到无穷无尽的信息，其中有科学技术领域的专业信息、与大众相关的知识性信息和商品信息、全球的实时新闻信息、各种娱乐和消遣性的信息等等，它们都分布在世界各地的计算机中。这些信息的形式也是多种多样，包括文档、表格、图形、图像、声音等等。我们坐在家里就可以通过Internet查询到各种不同类型的图书、杂志期刊、报纸、文献资料。例如，输入以下URL就可以获取许多有价值的信息：

http://www.nlc.gov.cn 中国国家图书馆

http://lcwb.loc.gov/homepage/lchp.html（美国国会图书馆）

http://columbianet.ce.columibial.edu（哥伦比亚大学图书馆）

http://www.fiz-karlsrube.de（德国专业信息中心）

http://www.cernet.edu.cn（中国教育科研网）

http://www.china-www.com（中国计算机用户杂志）

http://www.bbcnc.org.uk/bbctv（BBC 广播公司）

很显然，这些包罗万象的信息都是通过某种方式发布在 Internet 上，但信息的物理存储位置是本地服务器，并不存在全球共用的“Internet 服务器”。然而，人们研究并利用了 Internet 的搜索机制，使信息可以被世界各地的用户查询。

2. 电子邮件

电子邮件（E-mail）是 Internet 上历史最悠久、使用最广泛的一种服务程序。它是 Internet 上的一个多功能个人通讯工具，既可以写信、发信、看信、回信、转信，也可以用来当作文件传输工具，或者来订阅电子杂志，甚至可以借助一些 FTP-MAIL 服务系统取得 Internet 中众多的 FTP 文件传输的服务。

电子邮件系统采用 C/S 服务模式，存储转发的工作方式。邮件在服务器端存储管理，发送和接收的操作都在客户端进行。一般来说，邮件服务器运行在 Internet 服务提供商（Internet Service Provider，ISP）的主机上。用户向 ISP 申请一个邮箱账号，就可以拥有一个属于自己的邮箱。

电子邮件系统的客户端和服务器端分别运行各自的软件，并且都遵循一些协议标准，如 SMTP、POP3、MIME。SMTP 是简单邮件传送协议的缩写，它的标准 TCP 端口号是 25，负责邮件的发送；POP3 是邮局协议的缩写，它的标准 TCP 端口号是 110，负责邮件的接收。

在 Internet 或 Intranet 上构建电子邮件系统，需要两个服务器，即 SMTP（Simple Mail Transfer Protocol，简易邮件传送协议）服务器和 POP3（Post Office Protocol Version 3，邮局协议版本 3）服务器。这两个服务器可以运行在同一台计算机上，也可以运行在不同的计算机上。比较流行的服务器端的软件有：面向 Internet 应用的是 Sendmail、Mdaemon；面向企业应用的是 Exchange、Lotus Domino；面向工作组应用的是 Foxmail Server、Easymail。常用的客户端软件有：Foxmail、Outlook Express 等。

3. 新闻服务

新闻服务（New Service）来源于 Usenet（User Network），是世界范围内的新闻网络系统，有成千上万个新闻讨论组，每个讨论组都有一个主题。目前使用最广泛的有七个 Usenet 域的新闻组，另外还有大大小小的几百个次要域的新闻组，每个域中又分为很多小的新闻组。七个域新闻组是：

（1）COMP：与计算机相关的话题；

（2）SCI：与科学和技术相关的话题；

（3）SOC：与社会和人文相关的话题；

（4）NEWS：与新闻组系统本身相关的话题；

（5）Rec：与艺术、业余爱好、娱乐相关的话题；

（6）Talk：一些有争议的专题，永无休止的长篇讨论；

（7）Misc：上述几个域都不涉及的话题。

Usenet 新闻网络系统由新闻服务器（又称 NNTP 服务器）、新闻阅读器软件、新闻组和新闻组成。NNTP 是网络新闻传输协议，用于新闻服务器和客户端软件之间的通信。用户张贴、发布、查询、检索都是通过该协议实现的。NNTP 还支持新闻索引、交叉参照、过期清除、新闻交流。但文章的交换必须在服务器之间相互许可。目前最著名的新闻服务器软件是 Dnews，客户端软件是 Outlook Express 和专用新闻阅读器 Agent。

Usenet 系统采用 C/S 服务模式，当用户利用新闻阅读器（Newsreader）发出一个阅读请求时，服务器就会将处理的结果传送给客户机。当用户发表文章时，会被存储在本网的新闻服务器上，本网的用户可以立刻查阅。新闻服务器有一个很有用的功能，它可以向别的新闻服务器转发新文章，使 Usenet 上的文章可以传遍全球。

4.文件传输

文件传输协议（File Transfer Protocol，FTP）是在 TCP/IP 上层的应用协议，FTP 服务允许 Internet 上两台计算机进行双向传送，即客户端可以从远程服务器下载文件，也可以向远程服务器上载文件。FTP 站点常常是巨大的信息仓库，包括共享软件、免费软件、多媒体文件和文本文件等。对于 FTP 来说，所有文件的格式只有两种，即文本文件和二进制文件。文本文件包含一系列的字符，在传送时被当作字符集来处理，而其他很多格式的文件，如电子表格、可执行文件、图形图像、声音、压缩文件，都被当作二进制文件来处理。

FTP 采用 C/S 服务模式，客户端提出服务请求，服务器响应并将文件传输到客户端。在传输文件之前，客户机必须先接入 Internet，启动本地机上支持 FTP 协议的软件，再与远端计算机建立连接，并激活其中的 FTP 软件。这样，客户机与服务器之间可以利用 TCP 协议进行通信，完成文件传输服务。

FTP 是一种非常有用的文件传输方式。许多操作系统都直接支持 FTP，我们可以在类似 DOS 的界面输入 FTP，计算机就进入接收 FTP 命令的状态。另外，还有在图形界面利用菜单操作的软件，如 Cute－FTP、WS－FTP 等，它们使用起来也是非常方便的。当然，使用 FTP 必须知道一些信息：FTP 服务器的域名或 IP 地址、经过注册的用户名和密码。

5.WWW 服务

WWW（World Wide Web）又称为万维网，是 Internet 的一种最有活力的服务形式，也称为 Web 服务。WWW 凝聚着 Internet 的精华，展示着 Internet 最绚丽的一面，上面载有各种互动性极强、精美丰富的多媒体信息。WWW 服务是建立在 HTML 语言和 HTTP 协议基础上，采用 C/S 服务模式，利用超文本的超级链接技术，提供全球范围内的、具有统一用户界面的多媒体信息服务。

WWW 还可集成电子邮件、文件传输、多媒体服务和数据库服务，成为一种兼容并包容的网络服务形式，通过 WWW 还可进行听广播、看电影、玩游戏、聊天、购物和求职等活动。Internet 上的丰富信息存储在 Web 服务器上，由提供信息的机构进行管理。每个服务器除了提供自己的独特信息外，还可以指向其他 Web 服务器，从而使 WWW 覆盖全球。客户端运行客户程序，负责将用户的查询请求送给 Web 服务器，并将返回的结果显示在界面上。

Web 服务器软件很多。对于 Unix 系统来说，Netscape 系列是主流软件，如 NCS、NCFS、NCES。对于 Windows 平台，是以 Microsoft 为主，它是捆绑发售，在 Windows NT4.0 中包含了 IIS4.0，在 Windows 2000 中包含了 IIS5.0。

6.网上交际

网络可以看成是一个虚拟的社会空间，每个人都可以在这个网络社会上充当一个角色。可以通过 ICQ、OICQ、SINAPAGER 等软件进入网上聊天室与世界各地的人通过键盘、声音、图画等多种方式进行实时聊天；通过客户端网络游戏软件与分布在世界任意角落的人玩在线游戏；利用 Internet Phone 5.0 软件可以在 Internet 上拨打国际长途、视频电话。通过这些方式可以结交世界上任一角落的朋友。ICQ 也非常适合于企业或组织网络内部的实时信息交流和文件传送。

7.语音广播

Real Audio 是 Internet 上一种语音实时压缩的专利技术。当你在 Web 页上遇见一个 Real Audio 声音文件时，系统会在接收到该文件的前几千个字节之后，就开始解压缩，然后播放解开的部分，与此同时，其余部分仍在传送，这样就节约了大量的时间。

8.视频会议

随着网络技术的迅速发展，现在我们可以借助一些软件在 Internet 上实现电视会议。它跟以前意义上的电视会议相比，具有传播范围更广，传输速度更快，价格更低廉的特点。Internet 上视频会议大都采用点对点方式。有的软件也提供了一对多的传输方式，即多台站点可以同时看到一台站点的输出。总之，对于以缩短距离、建立联系为目的的视频会议来说，Internet 视频会议是一个廉价的解决方案。

9.电子商务

在网上进行贸易已经成为现实，而且发展得如火如荼，例如可以开展网上购物、网上商品销售、网上拍卖、网上支付等。它已经在海关、外贸、金融、税收、销售、运输等方面得到了应用。电子商务现在正向一个更加纵深的方向发展，随着社会金融基础设施及网络安全设施的进一步健全，电子商务将在世界上引起一轮新的革命。在不久的将来，您将可以坐在电脑前进行各种各样的商业活动。

2.1.3 Internet 上的域名管理

Internet 是一个信息的海洋，但这些信息存放在什么地方呢？实际上，这些信息是存放在世界各地称为“站点”的计算机上，各个站点都由其拥有者管理维护。

为了区别各个站点，必须为每个站点分配一个唯一的地址，这个地址称为“IP 地址”，也称作网际地址。IP 地址是一个 32 位的二进制无符号数，为了表示方便，国际通行一种“点分十进制”表示法，即将 32 位地址按字节分为 4 段，高字节在前，每个字节用十进制数表示出来，并且各字节之间用点号“.”隔开。这样，IP 地址表示成了一个用点号隔开的四组数字，每组数字的取值范围为 0～255。

Internet 网络结构在概念上分为三个层次，如图 2-1 所示。最上层是 Internet，中间层是分布在不同区域的物理网络，最下层是所有主机。由于 Internet 是唯一的，不需要标识，因此，IP 地址采用一种两级结构，即每个 IP 地址都由两部分组成：网络标识号和主机标识号。网络号表明主机所连接的网络，主机号则标识该网络上某个特定的主机。地址分配的基本原则是：同一网络内的所有主机分配相同的网络标识号，同一网络内的不同主机必须分配不同的主机标识号，以区分主机；不同网络内的每台主机必须具有不同网络标识号，但是可以具有相同的主机标识号。

1.IP 地址分类

为充分利用 IP 地址空间，考虑到不同规模网络的需要，IP 协议将 32 位地址空间分为不同的地址级别，并定义了五类 IP 地址，即 A 类至 E 类。其中 A、B、C 三类是基本类型，由 InterNIC 在全球范围内统一分配，它们根据网络号的最高几位来区分：A 类地址的最高位为“0”，其后 7 位是网络标识，它用于少数主机数量众多的大型网络，主机数可以达 2^{24}(16M)；B 类地址的最高 2 位为“10”，其后 14 位为网络标识，它用于中等规模的网络，每个网络主机数可

达 2^{16}(65536);C 类地址的最高位为“110”,其后 21 位为网络标识,它用于小型网络,每个网络的主机数只能少于 2^{8}(256)。IP 地址的分类方法见表 2-1。

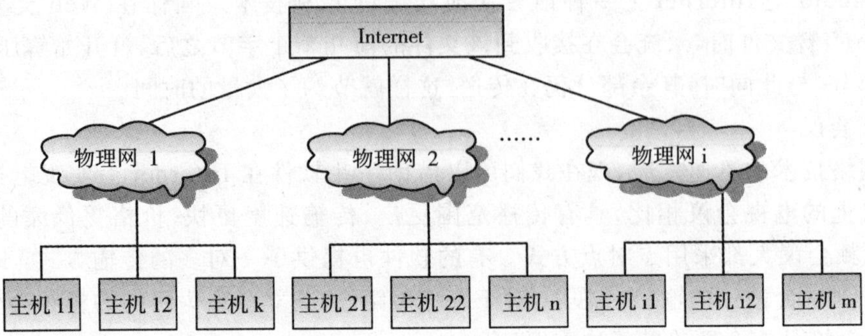

图 2-1 Internet 网络概念层次结构

表 2-1 IP 地址分类

类＼位	0	1	2	3	4～7	8～15	16～23	24～31
A	0	网络 id				主机 id		
B	1	0	网络 id				主机 id	
C	1	1	0	网络 id				主机 id
D	1	1	1	0	多播地址(multicast address)			
E	1	1	1	1	保留地址,目前未使用			

IP 地址的分配必须是唯一的,且遵循如下规则:

A 类地址中以 127 打头的保留作为内部回送地址;

网络号的第一个 8 位组不能为 255,数字 255 作为广播地址;

网络号的第一个 8 位组不能为 0,0 表示该地址是本地主机,不能传送;

主机号部分各位不能为全“1”,全“1”地址是广播地址;

主机号部分各位不能为全“0”,全“0”地址是指示本网络。

根据以上规则,可以得出 A、B、C 类 IP 地址的范围,如表 2-2 所示:

表 2-2 常用 IP 地址范围表

类型	网络数	单网上最多主机数	地址范围
A	126	16 777 214	1.0.0.1～126.255.255.254
B	16 384	65 534	网络号:128～191(K_B) 地　址:K_B.0.0.1～K_B.255.255.254
C	2 097 152	254	网络号:192～223(K_C) 地　址:K_C.0.0.1～K_C.255.255.254

由于A类地址太少，并且比较适合于特别大的网络。因此，只有大型网络才需要A类地址，主要分配给特别大型的组织和国家级网络；B类地址比较适合于中型网络，分配给规模较大的单位；C类地址的每个网络支持的主机数量较少，适用于小型网络，通常将此类地址分配给较小的单位，如公司、院校等。

另外，由于A类地址太少，并且事实上也没有这样大的网络，因此在实际应用中，IP地址还可以分层：将一个网络分为多个子网，例如，我们可以将一个A类网络分成256个B类子网络。同样，B类地址、C类地址也可以分层。同一网络中的不同子网用了网屏蔽码来划分。子网屏蔽码是网际地址中对应网络标识编码的各位为1，对应主机标识编码的各位为0的一个四字节整数，如果两台主机的IP地址和子网屏蔽码的"与"的结果相同，则这两台主机是在同一个子网中。比如说，某校园网是一个C类网络，它分成了几个子网，如计算中心子网由三个C类地址构成，IP地址范围为210.45.240.1～210.45.242.254，其子网屏蔽码为255.255.252.0。某主机的地址为210.45.240.8，它和另一地址为210.45.240.13的主机处于同一子网，而和210.45.242.3的主机则处在不同的子网。

上述IP地址是1978年确定的，称为IP V4版本，从理论上讲人约有43亿个IP地址。随着Internet的迅猛扩展，主机数量急剧增加，IP地址成为紧缺的资源。因此，Internet工程工作组IETF开始了新一代IP地址的研究，提出IP V6版本。IP V6将地址空间扩展到128位，使IP地址数量达到3×10^{38}，并在路由和寻址、保密安全等方面都较IP V4得到了加强。

2.DNS域名服务

IP地址也称为统一资源定位符(Unique Resource Location，URL)，IP地址由四个从0到255之间的数字组成，如166.111.250.2。虽然使用IP地址可以唯一地识别Internet上的一台主机，但是，对用户来说，要记住这一长串毫无意义的IP地址数不是一件很容易的事，而且单纯的数字不能对组织机构进行比较形象、直观地描述，于是就产生了"名称-地址"的映射方案，为主机赋予有意义的名称来帮助记忆和识别，便于网络地址的分层管理和分配。Internet从1984年开始采用域名管理系统DNS(Domain Name System)。DNS采用层次结构，入网的每台主机都可以有一个域名，基本格式如下：

主机名．机构名．网络名．顶层域名

域名通常由英文字符串组成，各段用点号分开，从右到左依次为最高域名段、次高域名段等，最左的一个字段为主机名，每一段字符都有实际的含义，比IP地址好记得多。如www.tsinghua.edu.cn，其中cn代表中国(China)，edu代表教育网(education)，tsinghua代表清华大学(tsinghua University)，www代表万维网，整个域名合起来就代表中国教育网上的清华大学站点。

从域名到IP地址的映射称为正向解析；反过来，从IP地址到域名的映射称为逆向解析。这种解析工作是由域名系统完成的。以正向解析为例，当客户机需要访问某一网站时，首先通过应用程序与本地域名服务器建立连接，将主机名传给域名服务器，请求地址解析。域名服务器从数据库中查到对应的IP地址，将结果回送给应用程序，完成解析工作。一台域名服务器不可能存储Internet上所有的主机名和地址，但它可以自动执行与别的域名服务器的连接，获取所需要的IP地址。因此，我们可以透明地登录到Internet上任何一台主机。

一个单位、机构或个人若想在Internet上有一个确定的名称或位置，便需要进行域名登记。域名的登记工作是由经过授权的注册中心进行的。国际顶级域名(国际域名)的申请由

InterNIC 或经“Internet 国际特别委员会”授权的机构进行受理。国内二级域名(国内域名)的注册申请工作则由中国互联网信息中心(CNNIC)负责受理。

3.国际顶级域

根据 Internet 国际特别委员会 IAHC 的最新报告,将顶级域名定义为两类:机构域和地理域。

(1)机构域名

在机构性域名中,最右端的末尾都是三个字母的最高域字段。由于 Internet 诞生于美国,当时只为美国的几类机构指定了顶级域名,延续至今。所以大多数都是美国、北美或与美国有关的机构。目前共有 14 种,常用的有 com、net、edu、gov、org。

(2)地理域

在地理性域名中,则根据地理位置来命名主机所在的区域。对于美国以外的主机,其最高层次域基本上都是按地理域命名的。地理域指明了该域名源自的国家。在几乎所有的情况中,地理域都是两个字母的国家代码,例如,中国的地理域代码为 cn。如果在一个域名的末尾没有找到地理域,就可以假定该域名是源自美国的。

2.2 Internet 中的重要协议

2.2.1 TCP/IP 协议

TCP/IP 是 Internet 最基本的协议,是目前被普遍接受的通用协议标准,是网络之间进行数据传输和相互沟通所遵守的规则。它规范了网络上的所有通信设备,可以使不同硬件结构、不同软件操作系统的计算机之间相互通讯。TCP/IP 协议是以套件的形式推出的,它包含了一组互相补充、互相配合的协议,这组协议已经超过了 100 个。TCP/IP 这一名字就是来源于该组协议中两个非常重要的协议:传输控制协议 (Transmission Control Protocol,TCP)和网际协议 (Internet Protocol,IP)。

1.TCP/IP 协议的体系结构

同其他分层的通信协议一样,TCP/IP 协议的开发研制人员将不同的通信功能集成到不同的网络层次,形成了具有 5 个层次的体系结构,如图 2-2 所示。

<table>
<tr><td>应用层(5)</td><td>Telnet</td><td>FTP</td><td>SMTP</td><td>DNS</td><td>TFTP</td></tr>
<tr><td>传输层(5)</td><td colspan="2">TCP</td><td colspan="3">UDP</td></tr>
<tr><td>网络层(5)</td><td>IP</td><td>ARP</td><td>RARP</td><td colspan="2">ICMP</td></tr>
<tr><td>链路层(5)</td><td colspan="5">IP数据包交换的分组传输协议</td></tr>
<tr><td>物理层(5)</td><td colspan="5">物理硬件的电气规范</td></tr>
</table>

图 2-2 TCP/IP 的分层结构

第一层,物理层:对应于网络的基本硬件,这也是 Internet 物理构成,即我们可以看得见的硬件设备,如 PC 机、互联网服务器、网络设备等。对这些硬件设备的电气特性必须做一个规范,使这些设备都能够互相连接并兼容使用。

第二层,链路层:定义了将数据组成正确帧的规程和在网络中传输帧的规程,并将 IP 地址映射为网络使用的物理地址。帧是指一串数据,它是数据在网络中传输的单位。

第三层,网络层:定义了互联网中传输的"信息包"格式,以及从一个用户通过一个或多个路由器到最终目标的"信息包"转发机制,包含了 IP 协议、ARP 协议、RARP 协议、ICMP 协议、IGMP 协议。

IP 协议负责完成网络中报文路径的选择,它从 TCP 协议中获得报文及其目的地址,并向网上发送。每个报文都有一个头部信息,内容包括源和目的端的 IP 地址、协议号和 IP 自身的校验码。IP 协议提供了能适应各种各样网络硬件的灵活性,对底层网络硬件几乎没有任何要求,任何一个网络只要可以从一个地点向另一个地点传送二进制数据,就可以使用 IP 协议加入 Internet 。IP 精确地定义了分组怎样组成,以及路由器怎样将每一个分组传送到它的目的地等信息。所有 Internet 服务都必须使用 IP 来发送或接收分组。因此,使用 Internet 的每一台计算机都必须运行一套 IP 软件,使之驻留在内存,以便时刻准备发送或接收分组。

ARP(Address Resolution Protocol)协议:负责 IP 地址到物理地址的解析。

RARP(Reverse Address Resolution Protocol)协议:负责物理地址到 IP 地址的逆向解析。

ICMP(Internet Control Message Protocol)协议:负责网络中传送的控制信息。

IGMP(Internet Group Message Protocol)协议:负责把 UDP 数据多播到多个主机。

第四层,传输层:为两个用户进程之间建立、管理和拆除可靠而又有效的端到端连接,包含了 TCP 协议和 UDP 协议。

TCP 协议是一种面向连接的传输层协议,它保证命令和数据正确无误地到达目的端,因为它跟踪所有发出的信息,并对无法到达目的地或陷入无法识别的报文进行重发。它将数据流分成若干报文组,给每个报文加上头部信息,内容包括源和目的的端口号、报文的顺序号码。TCP 是连接型通信形式,双方应先建立连接,形成逻辑通路,再进行数据传输,最后断开连接。TCP 协议利用重发技术和拥塞控制机制,向应用程序提供可靠的通信连接,使它能够自动适应网上的各种变化。即使在 Internet 暂时出现堵塞的情况下,TCP 也能够保证通信的可靠。TCP 协议还可以识别重复信息,丢弃不需要的多余信息,使网络环境得到优化。

UDP(User Data gram Protocol)用户数据报协议是无连接型通信形式,加在报文头部的信息也很简单,只有一个长度,用来校验错误。因此,它的效率高,但可靠性差。

第五层,应用层:它定义了应用程序使用互联网的规程,包含了各种应用系统的协议,如 Telnet 协议、SMTP 协议和 FTP 协议、HTTP 协议、DNS 协议等。

从上面可以了解到,TCP/IP 协议不仅仅表示两个协议,而是指整个协议套件。IP 只保证计算机能发送和接收分组数据,TCP 协议则提供了一个可靠的、可流控的、全双工的信息流传输服务。虽然 IP 和 TCP 这两个协议的功能不尽相同,也可以分开单独使用,但它们是在同一时期作为一个协议来设计的,并且在功能上也是互补的。只有两者的结合,才能保证 Internet 在复杂的环境下正常运行。凡是要连接到 Internet 的计算机,都必须同时安装和使用这两个协议,因此,在实际中常把这两个协议统称作 TCP/IP 协议。

2.2.2 超文本传输协议(HTTP)

超文本传输协议(Hyper Text Transfer Protocol,HTTP)是 Web 的基础协议,是 TCP/IP 协议簇中的一个应用层协议,支持浏览器与服务器之间的通信,常用来在网上传送 Web 页。当用户以 http://开始一个链接的名字时,就是告诉浏览器去访问使用 http 的 Web 页。

1. HTTP 的工作模式

HTTP 操作采用的是客户端请求/服务器响应的模式,其一次操作由四个不同阶段组成:连接、请求、响应和断开。

(1)客户机与服务器建立连接

在 Internet 和 Intranet 中,采 TCP/IP 协议组实现计算机之间的通信。但通过 HTTP 让客户机与服务器交换信息前,首先必须建立 TCP/IP 连接。通常 HTTP 使用的端口号是 80。

(2)客户机向服务器提出请求

当客户机和服务器间的连接建立后,客户机向服务器发出请求信息,如 Get 请求,消息中含有客户机请求资源在服务器上的位置和使用的请求方法。HTTP1.0 版本的请求信息由多行组成。其中第一行包括方法、URL、协议版本号,其余行依次是一般头、请求头、实体头。在请求头中指明需要的特定文件。

(3)服务器响应客户机的请求即应答

Web 服务器接收并理解了请求消息后,根据客户机请完成操作,然后用 HTTP 响应请求消息,发现客户机请求资源或将出错信息通知客户机,客户机浏览器上可以看到服务器送来的信息。返回的信息包括协议的版本号、状态码和特定文件的内容。

(4)客户机与服务器之间断开连接

服务器响应了客户机的请求后,将马上断开与客户机的 TCP/IP 连接。在 HTTP 操作过程中,客户机和服务器都要管理意外的连接断开。例如,一旦用户单击了浏览器其中的“Stop”按钮,浏览器就必须断开与服务器的连接。另外,无论是浏览器还是服务器出现了意外掉电时,也需要断开连接。

2. HTTP 的特点

(1)客户机/服务器模式。每个服务器都可以为分布在全世界的客户机服务。

(2)HTTP 本身很简单。当客户机与服务器连接时,只需给出请求方法和路径,使服务器的响应程序规模很小。

(3)HTTP 非常灵活,允许传输任意类型的对象。在请求/应答消息格式中可设置多种媒体类型,如 HTML 文档的媒体类型是 text/html,图形文件的媒体类型是 image/gif、image/jpeg、image/tiff。

(4)无状态。浏览器和服务器每进行一次 HTTP 操作,就建立一次链接,然后随即断开此次连接,无论是浏览器还是服务器都不会记忆上次连接的状态。

2.2.3 统一资源定位器(URL)

统一资源定位器(Uniform Resource Locator,URL)是 Web 的地址编码。Web 上所能访问的资源都有一个唯一的 URL。URL 是一种标准化的命名方法,它将庞大的 Internet 上的资源进行统一定位。URL 相当于 Internet 上的地址,使其中的每个资源文件都有一个确切的位置。URL 的通用格式为：

资源类型＋主机名＋端口号(可选)＋子目录(可选)＋文件名

1.资源类型

(1)HTTP:定义访问 Internet 中的 WWW 页面。

(2)HTTPS:定义访问具有安全性 WWW 服务器上的页面。

(3)FTP:定义远程服务器上的文件或目录。

(4)FILE:定义访问本地服务器上的文件或目录。

(5)Telnet:定义去登录一台远程服务器。

(6)NEWS:定义访问一个 UseNet 讨论组。

(7)SNEWS:定义访问具有安全性 NEWS 服务器上的讨论组。

(8)ABOUT:定义程序的信息和一些特殊的资源。

2.主机名

主机名代表服务器在 Internet 上的域名,也就是我们要访问的 Internet 站点名。该主机上存储有我们要找的 WWW 页面。有了这个主机名,Intcrnct 通过域名系统找到与这台主机的英文名相对应的数字地址(IP 地址),就能够在全世界范围找到这台主机。主机的名字是由用小数点分割开的一连串字符组成的,中间不能有空格,且主机名字前面必须加上"//"这一符号。

3.端口号

Internet 上的各种协议都有自己标准的端口号,http 是 80,ftp 是 21,Telnet 是 23。如果使用标准端口号,PORT 可以忽略。

4.子目录

子目录是用来定义信息保存在要访问的主机的什么地方,也就是放在哪一个子目录中。每一个子目录前面有一个斜杠。子目录是可选的,并不是所有 URL 都要用到子目录。

5.文件名

URL 中的最后一项定义了要想访问的某个具体信息的文件名。

2.3 Internet 在企业中的应用

Internet 的丰富功能打开了企业通向世界的信息通道,增强了信息交换和发布能力。许多企业都建立了自己的网站,设立了虚拟环境下的经营场所,永不休息地为客户服务,在形象宣传、产品销售等方面都取得了非常好的效果。此外,Internet 的发展还给我们带来意外的收获,它在技术发展思想上为企业的网络建设、应用开发、管理维护带来了新思路、新观念。因此,将 Internet 的开放性、标准性,以及成熟的技术和应用模式引入企业的信息化建设,就形成了 Intranet/Extranet 的概念。

2.3.1 企业内部网

1.Intranet 的概念

Intranet 是英文(Intra-company networking)的缩写,因此可以理解为企业内部的 Internet。Intranet 的出现可追溯到 1994 年,到目前为止已经经历了四代,Intranet 的概念也随着技术的发展而发生变迁。早期,Internet 刚刚方兴未艾,那时的 Intranet 指所有使用 Internet 技术的内部 TCP/IP 网络,由于当时主要应用于企业,所以叫企业内部网。随着计算机技术应用的不断深入,目前 Intranet 正逐渐替代传统的术语"局域网",而范围延伸到广域网。Internet 所有功能都可以在安全、私有的 Intranet 内部实现,其应用范围早已不再仅仅限于企业,而逐渐渗透到各行各业的信息化建设之中。

从技术角度讲,Intranet 指采用 Internet 技术组件的自治的 TCP/IP 网络。所谓自治,意指有自己相对独立的域名服务、网络通信和管理设备,系统无需依赖外界就可独立运转。同时,Intranet 也是一个逻辑上可递归的概念,即指一个机构中多个相对独立的 Intranet 通过 Internet 互联可形成一个更大规模的私有 Intranet。逻辑上可以依此类推,因此 Intranet 概念是嵌套和自包容的。

Intranet 不是一种产品,而是一种技术思想、技术理念,它利用业已成熟而广泛采用的 Internet 技术,以 TCP/TP 协议为基础,以 Web 应用为核心,构成统一和便利的信息交换平台。从本质上说,Intranet 是网络的一种框架和表现形式。它使用 Web 工具能方便地浏览企业内部和 Internet 上丰富的信息资源,统一甚至融合从 ERP、MIS 到 OA 各类传统系统的应用,将电子邮件、电子新闻、电子表格和各种数据库应用系统集成到浏览器界面上,同时又能较好地与传统的 C/S 系统融合,使传统应用平滑地过渡到 Intranet。

2. Intranet 的特点

由于 Intranet 采用了 Internet 的基本技术,再加之本身构建的灵活性,使得 Intranet 具有一系列显著的优势和特点,具体表现在以下几个方面:

(1)开放性、标准型

它不局限于任何平台和操作系统,并采用标准的网络协议 TCP/IP、HTTP 等,而且用 HTML、Java 和 JavaScript 等开发应用,可以简单地移植到任何平台上,具有跨平台特性。

(2)技术成熟

Intranet 是基于 Internet 的思想建立起来的,技术路线和开发环境都已得到广泛使用,并经过多方验证认可,而且,还将得到今后技术发展的支持。因此,Intranet 在技术上是成熟的,系统性能是稳定的。

(3)开发方便

借助 Internet 中模块化技术和快速原型法,能够很快地构造 Intranet 系统。企业网络规模可以由小到大,应用功能可以由少到多,非常方便企业信息化建设。客户端使用浏览器,不需要专门开发用户界面软件,所以,系统开发相对简单。

(4)使用简单

由于 Intranet 采用 Internet 技术,客户端只需在操作系统上运行浏览器即可,而无需配置其他软件,减轻了用户和维护人员的负担。另外,Web 界面操作简单,无需多加培训客户就可以通过浏览器快速存取信息。

(5)易于升级和集成

不需要改变企业网的物理结构就可以创建企业的 Intranet,只改变目前企业或机构网络的使用方式和界面,允许集成原有信息系统,平滑过渡到 Intranet。

(6)界面统一,支持多媒体

企业内部的数据、声音、图形和图像等多种信息,都可以通过标准浏览器显示出来,界面统

一、友好，降低了培训成本，丰富了沟通手段。

(7)较高的性价比

Intranet 的建设、维护和培训费用相对较低，可以降低企业的运营成本。

(8)以组织机构为边界

与传统网络相比，Intranet 不是按地理范畴划分的，而是以业务上的组织机构来定义范围，所以它不再被局限于“局域网”，而可延伸到广域网。例如，一个大型跨国公司的 Intranet 可以依靠 Internet 和 VPN(Virtual Private Network)技术遍布全球各地。

(9)以内容和实际业务为核心

随着技术的成熟和应用的深入，Intranet 的信息内容得到极大丰富，甚至十分复杂，主要是与企业的经营业务密切结合，并且以业务需求为目标。

(10)安全防卫要求高

Intranet 的安全隐患主要来自两方面，一是黑客，二是病毒。采取的主要措施有：第一，建立统一领导的网络管理机构，这是最重要的一点；第二，使用防火墙，对于出入的站点进行身份验证和数据加密；第三，安装网络版的防病毒软件，并且应当及时升级。

3. Intranet 平台的基本组成

不同的企业可能采用不同的硬件设备和网络结构，安装不同的操作系统，构成不同的 Intranet 应用。但是，Intranet 的基本组成可归结为四个基本平台：网络平台、开发平台、用户平台和服务平台，如图 2-3 所示。网络平台包括操作系统、传输协议、网络拓扑结构等软硬件；开发平台是便于专业人员开发 Intranet 应用的软件平台，例如 Java、FrontPage、VC；用户平台包括用户端操作系统及通用查询工具，例如 Windows XP、IE 等；服务平台包括企业综合数据库与服务器的集成及接口软件，如 JDBC 以及 API。

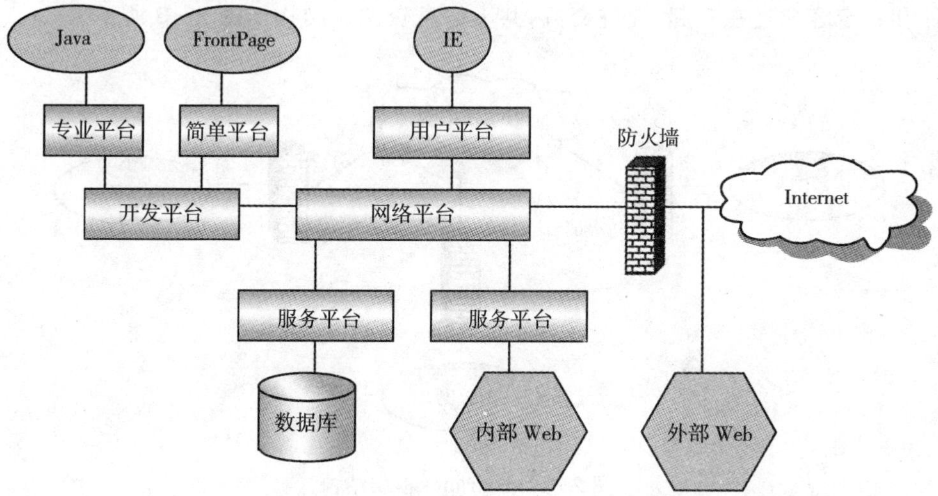

图 2-3 Intranet 平台的基本组成

4. Intranet 的应用软件基本模型

Intranet 网络是通过网络互联设备将多个工作站和服务器连接在一起，他们各自有唯一的 IP 地址。硬件结构可以是星形的，也可以是树形的。应用软件模型通常采用三层 B/W/D 结构，即浏览器/Web 服务器/数据库服务器。结构如图 2-4 所示。

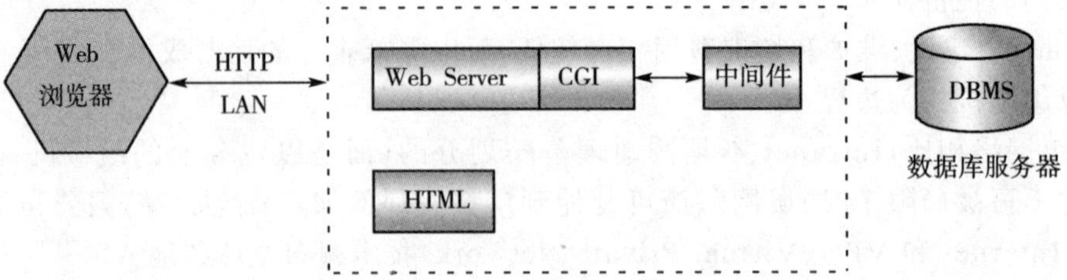

图 2-4　基于 Intranet 的应用软件模型

第一层,客户端:通常是浏览器,其基本功能是 HTML 解释器,实现数据交互、信息浏览、E-mail 和 FTP 服务。

第二层,Web 服务器:接受客户端请求,根据应用逻辑处理数据和相关事物,并将结果返回给客户端。它包含了公共网关接口(CGI),实现与网上其他资源的连接,如数据库资源。在 HTML 中含有数据库访问的检索项,中间件可以将检索项转换为 SQL 语句,访问数据库,而数据库的资源又可通过中间件转换成浏览器可识别的 HTML 页面。

第三层,数据库服务器:存储、维护、管理数据。

2.3.2　企业外部网

企业外部网(Extranet)一词来源于 Extra 和 Network,它是对 Intranet 的扩展和延伸。Extranet 是指基于公共网络(主要是 Internet)的安全专用网络,其目的在于利用公共网络把企业和其贸易伙伴的 Intranet 安全互联起来,组成的一种虚拟专用网。它将供应商、销售商、合作伙伴和特定客户连在一起,促进交流,共享信息资源。结构如图 2-5 所示。

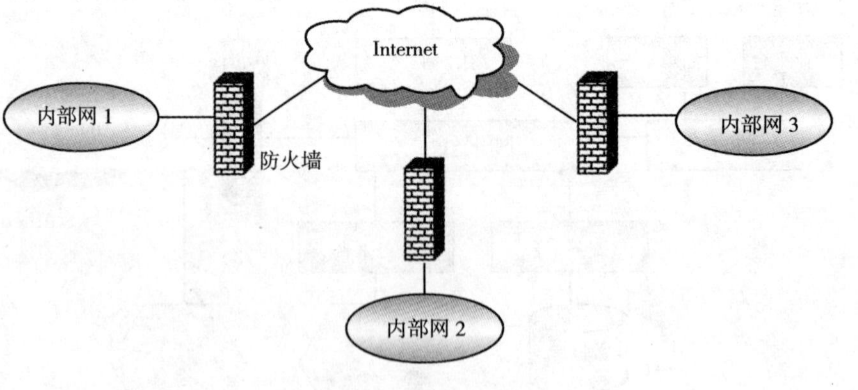

图 2-5　Extranet 框架结构

由于 Intranet 仅适用于企业内部,能否将 Intranet 扩展到商业伙伴,与合作伙伴共享企业的有关信息,快速、及时地交换信息,就是建立 Extranet 的基本目的所在。Extranet 一般可看作企业网络的一部分,它充分考虑企业的自身结构和运营方式,使计算机网络体系结构与企业运营模式相协调。它采用防火墙技术来隔离企业的保密信息。因此,Extranet 使得重要客户和贸易伙伴能有选择地获取以前只供内部员工使用的重要信息。

1.Extranet 特点

(1)Extranet 可同时面向企业内外的组织开放,但又不是毫无选择的全面开放,而是有选择地扩大到与本企业相关联的供应商、销售商和客户等。它通过路由表来连接若干个异地Intranet。

(2)Extranet 同样是采用 Internet 技术。鉴于其考虑的重点是在保证企业核心数据安全的前提下,扩大对网络的访问范围,使以前只有企业内部人员才能访问的信息资源,也能让商业伙伴甚至客户访问,所以要制定特别的应用策略,针对不同的主体、客体,根据不同的协作关系制定不同的访问级别。

(3)Extranet 不涉及软件的开发,它利用了 Internet 和 Web 技术,利用了 Intranet 中的信息资源。它是一种构建虚拟专用网的思想。

(4)像 Intranet 一样,网络安全仍是关键问题,必须保证企业间信息的安全传输,同样需要设置防火墙。

(5)Extranet 除了考虑系统安全性外,还涉及第三方的认证机构以及国家的法律法规。

2.Extranet 为企业带来的好处

(1)便于企业信息的发布和维护。

(2)加强了企业间的有效联系,在网上实现了跨地区项目合作。促进了协同商务系统的开发,成为实现电子商务的重要媒体。

(3) 为用户提供在线帮助和技术支持。

(4) 可有效地进行产品、项目管理和控制。

(5) 相对于 EDI 系统,实现电子数据交换的成本要低得多,而且数据格式多样,用户界面更加友好。

3.Internet/Extranet/Intranet 三者之间的关系及区别

Internet 是一个网际网络。它是由采用 TCP/IP 协议的各个不同物理网络相互连接起来的网络。随着加入 Internet 网络的数目及主机数目不断增加,特别是 WWW 的广泛应用,使得 Internet 发展尤为迅猛,用户数量剧增。Intranet 指采用 Internet 技术建立的企业内部网,使用范围限于企业内部。Extranet 指采用 Internet 技术和特定的 Intranet 建立的企业外部网,是 Intranet 的延伸,使用范围除企业内部外,还扩大到外部的贸易伙伴。Intranet、Extranet 是基于 Internet 的新应用,是现代企业网发展的客观需要,也是网络发展的必然趋势。

Intranet 与 Extranet 两者之间的主要区别是在应用对象的限制上。Intranet 仅限于对组织内部成员的开放互联、资源共享,从而达到改善组织内部信息服务,增强各部门之间信息交流与合作,提高企业整体效益。而 Extranet 则是将企业中一部分业务信息对外部特定用户开放。

Internet 是网络的基础,它为 Extranet 提供了信息传输通道,为 Intranet 提供了实现思想。它强调的是网站及终端的互联;Extranet 强调特定企业之间的联系,包括贸易伙伴、合作对象、消费者和认证机构;Intranet 强调的是企业内部部门之间的联系和协作。因此,从覆盖范围上看,Internet 最大,Extranet 次之,Intranet 最小。

2.4 数字数据网及其接入 Internet 方法

数字数据网(Digital Data Network,DDN)是随着数字通信技术的发展而发展起来的一种新兴网络。它利用数字信道提供永久或半永久性电路,以传输数字信号为主,其中包含了数据通信、数字传输、数字交叉连接、计算机、带宽管理等技术。DDN 的传输介质可以是光纤、数字微波、卫星信道以及用户端的普通电缆和双绞线。它可以为客户提供专用的数字数据传输通道,为客户建立自己的专用数据网提供条件,也是接入 Internet 的途径之一,深受广大客户的青睐。我国的 DDN,即 CHINADDN 于 20 世纪 90 年代初开始建设,目前已覆盖到全国所有的省会城市和绝大部分的地市、县。

2.4.1 DDN 的基本组成

DDN 由用户环路、数字通道、DDN 节点机和网络管理与控制设备组成。

1.用户环路

用户环路是提供用户终端设备到 DDN 节点之间的信息通路。由于 DDN 的数字传输线路是建立在光纤的基础上,所以,用户端必须通过用户环路和光纤进行连接。一般的用户环路由普通的电话线和调制解调器或数字用户环路设备(如 HDSL、SDSL)构成。

在双绞线的情况下,一般配有基带调制解调器,支持的速率有 32kbps、64kbps、128kbps。当需要 2Mbps 速率时,可以选用 HDSL(高比特率数字用户线)或 SDSL(单对线制数字用户线)。前者需要两对双绞线,后者只需一对双绞线。

2.节点机

DDN 节点机一般是放在市级的电信局。主要由数字交叉连接单元、时分复用设备、用户线路终接设备、时钟系统组成。

(1)数字交叉连接单元是节点机的关键部件。它由交叉连接矩阵、同步电路和微处理器构成。它的主要功能是在网管中心的控制下完成某一时隙的交叉连接,建立用户的数字数据专用电路。

(2)时分复用设备对多路数据使用一条物理线路进行控制,它将一个时间片分为多个时隙,轮流地为多个信号使用。

(3)用户线路终接设备用来实现与用户环路的接口,发送和接收信号,并完成线路信号与内部信号的转换。

(4)时钟系统主要是提供系统统一的时钟,校准时隙,并保持与线路信号同步。

3.DDN 数字通道

DDN 数字通道是指节点机之间的中继线,以及用户和节点机的物理信道,其介质有光纤、双绞线和无线传输系统,以及数字传输设备。

4.网络管理中心

网络管理中心是一个管理部门,具有一些管理与控制的职能,包括系统配置、性能管理、故障管理、安全管理等。

我国的 DDN 网络基本覆盖的全国,按照管理的地域划分为一级干线网、二级干线网和本地网。一级干线网由各省级节点组成,主要提供省际长途 DDN 业务;二级干线网由省内各中心城市的节点组成，主要提供省内长途 DDN 业务；本地网是在一个城市区域内的网络，主要提供本地 DDN 业务。

2.4.2 DDN 提供的业务

DDN 以其优质的传输质量、智能化的网络自理以及灵活的组网方式，可以向客户提供多种业务，既可以提供从 2.4kbps 到 2048kbps 速率的数字数据专线业务，又可以提供话音、数据轮询、帧中继、VPN(虚拟专用网)等其他业务。

1.数字数据专线业务

DDN 的基本业务就是向客户提供多种速率的数字数据专线服务，可以提供规定速率，如 2.4kbps、4.8kbps、9.6kbps、19.2kbps、2048kbps、N×64kbps 的双向、对称、全透明的专用电路，在某些限定情况下，还可以提供其他速率，例如：8 kbps、16 kbps、32 kbps、48 kbps、56 kbps 等。这种业务在数据通信领域的应用最为普遍，可以替代在模拟专线网或电话网上开放的数据业务，广泛应用于银行、证券、气象、文化教育等需要用专线业务的行业，适用于 LAN/WAN(局域网/广域网)的互联、不同类型网络的互联以及会议电视等图像业务的传输，同时，为分组交换网用户提供了接入分组交换网的数据传输通路。

除上述的基本专用电路业务外，DDN 还提供有特定要求的多点连接专业电路业务。这种业务有以下三种形式：

(1)一点对多点的广播式专用电路

某一点作为广播用户，其他点作为接收用户。它是单向传输。最典型的应用是证券交易所的行情发布。

(2)双向多点专用电路

某一点作为控制站点，其他点作为辅助站点。控制站点能向任何辅助站点发送信息，而各辅助站点仅能向控制站点发送信息。这种专用电路可以构建轮询—选择方式的数据通信系统，用于集中监控、信用卡验证、数据库服务。

(3)N 向多点专用电路

任何一个站点发送的信息都可以为其他站点接收，这种专用电路主要用于会议系统。

2.帧中继业务

帧中继是一种比较先进的交换技术，能为客户之间提供直到 ITU-TG.922 链路层核心功能的永久性虚电路(PVC)连接。它的主要特点是传输速率高、时延小，其传输速率可达到 45Mbps，可以满足局域网的业务量要求，为局域网的互联提供理想的手段。另外，DDN 还具有定时开放的能力，即在约定的时间或时间段，接通或拆除客户租用的数据电路。

在 DDN 上开放的帧中继业务属于增值服务，需要在节点机上加装帧中继模块。我们可以利用这种服务实现异地的局域网互联。

3.压缩话音/G3 传真业务

DDN 可以提供模拟专线业务，在一条线路上同时支持电话和传真，支持标准的语音压缩。在 DDN 节点机中加装话音服务模块(VSM)就可以提供这种业务，也可以将其装在用户端。VSM 之间是通过 DDN 专线连接的。VSM 的主要功能如下：

(1)提供与程控小交换机(PBX)和话机连接的模拟接口；

(2)提供话音模数变换、压缩与解压缩，以便在有限的带宽内传送较多的话路；

(3)提供用户模拟接口的信令与数字通道上的信令转换；

(4)提供 G3 传真机所需的数字通道。

这种业务可应用于大公司集团的电话、传真，以及长距离的交换机联网等场合，将分布在远地的分公司的 PBX 连接在一起，实现集团内部的电话呼叫。例如，一个集团总公司地点在北京，分公司在外地。利用 DDN 的话音/传真业务，分公司可以把自己的用户交换机与总公司的交换机连接起来，实现区域内拨号。

4.虚拟专用网业务

虚拟专用网(Virtual Private Network，VPN)是经 DDN 网管中心授权，对外开放部分网络资源，而形成的一种虚拟网络。所谓"虚拟"是指客户并没有真正拥有一个物理网，而是基于 DDN 智能化的特点，利用 DDN 的部分网络资源所形成的一种网络，这种专用网络可根据客户需要而设置。VPN 可以支持数据、语音及图像业务，也可以支持 DDN 所具有的其他业务。在 DDN 网管中心的授权下，VPN 可以有自己的网络管理站，客户利用 VPN 网络管理站可以对其租用的 VPN 进行灵活的调度和管理。

该业务主要适用于部门、行业或集团客户，如银行、铁路、民航、统计局、石化公司等。它们可以利用 VPN 组建自己的专用计算机网络，不仅保证了通信质量和系统安全，而且避免了重复投资，节省远距离联网费用。

2.4.3　DDN 接入方式

按照我国 DDN 技术体制的要求，用户接入 DDN 可以根据自身的条件采取以下方式：

1.二线模拟传输方式

在交换方式下，二线模拟传输方式需要一对用户线、直流环路、PBX(Private Branch Exchange)。这种方式主要适用于电话机、传真机和用户交换机(PBX)，经模拟电路传输后直接接入 DDN 音频接口的情形。

2.二线或四线话带调制解调器传输方式

该方式需要一对或二对用户线、Modem，支持的用户速率由线路长度、调制解调器的型号而定。

3.二线或四线基带传输方式

二线基带设备可进行 19.2kbps 全双工传输。在二线或四线基带传输的基础上，可以加上 TDM(Time Division Multiplexing)复用设备，使这种方式具有时分多路复用功能，为多个用户入网提供连接。

4.话音/数据复用传输方式

在现有的市话用户线上，采用频分或时分的方法实现电话/数据独立的数据复用传输。在话音数传设备(Data Over Voice，DOV)中，还可加上 TDM 复用，为多个用户提供入网连接。

5.2B+D 的 DTU 传输方式

用户直接利用 DDN 提供的远程数据终端设备(Data Terminal Unit ，DTU)接入 DDN，而无需增加单独的调制解调器。DTU 采用 2B+D 速率，二线全双工传输方式，为多个用户提供入网。

6.PCM 数字线路传输方式

直接使用光缆或数字微波高次群设备，需要 PCM(Pulse Code Modulation)设备。这种方式是当用户直接用光缆或数字微波高次群设备时，可与其他业务合用一套 PCM 设备，其中一路 2048kbps 进入 DDN。在这种接入方式中，数据业务所需的数字传输电路可以和其他的通信业务统一进行建设，如合建 PCM 电缆传输系统、光传输系统；在线路条件比较差的地区，还可以采用合建数字微波、数字特高频等方式。

7. DDN 节点通过 PCM 设备的传输方式

在用户业务量大的情况下，DDN 节点机可放在用户室内，将所传的数据信号复用到一条 2048kbps 的数字线路上，通过 PCM 的一路一次群信道进入 DDN 骨干节点机。

2.4.4 利用 DDN 的组网技术

在计算机网络发展的初期，利用 DDN 构建广域网的很多，随着公用分组数据网和帧中继网的发展，这种方式逐步减少，但还是有相当的比例。这主要是因为 DDN 的网络覆盖面比帧中继网要大，传输速度比公用分组数据网要快。

1. DDN 组建电话交换网

某个大企业在外地设有办事机构，而且都有自己的 PBX。我们可以将两个 PBX 连接起来，以便实现内部电话拨号。结构如图 2-6 所示。

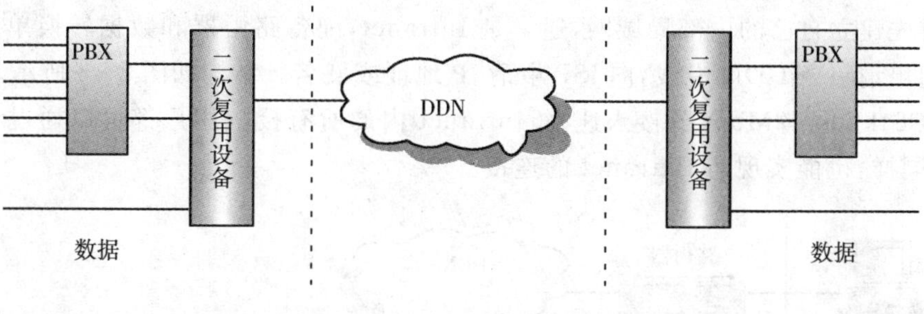

图 2-6　DDN 组建电话交换网

二次复用设备一般是由用户自己配备，安装在用户端。它提供了以下功能：

(1)与 PBX 的接口，既可以传送模拟信号，也可以传送数字信号；

(2)与 DDN 的接口，传送数字信号；

(3)话音数字化，压缩与解压缩；

(4)复用功能，包括多路数字话路复用、数字话路与数据通路的复用、数字话路与信令通路的复用。

在二次复用设备与 DDN 之间使用一对普通的双绞线，加装 SDSL 设备，可以提供全双工的 2Mbps 的信道。一般来说，一个 64kbps 的数字信道可以开通 6 路～8 路的压缩话音电路。在带宽允许的情况下，还可以同时传送数据信号。

2. DDN 组建的计算机网

局域网利用 DDN 互联可通过网桥或路由器等设备，其互联接口采用 ITU-TG.703 或 V.35、X.21 标准，这种连接本质上是局域网与局域网的互联，如图 2-7 所示。

路由器将网络上接收的报文存储、转发到其他网络上，由 DDN 实现局域网之间的互联。路由器具有网际路由的功能，通过路由选择转发不同子网的报文，实现多个局域网互联。一般来说，在大型企业具有 2 个～3 个小局域网时可以采用这种方案。如果有更多的局域网连在一起，则应该构成一个路由器交换网，而不能将路由器两两固定连接。但是，更多的局域网相连则要租用很多专线，使用成本太高。

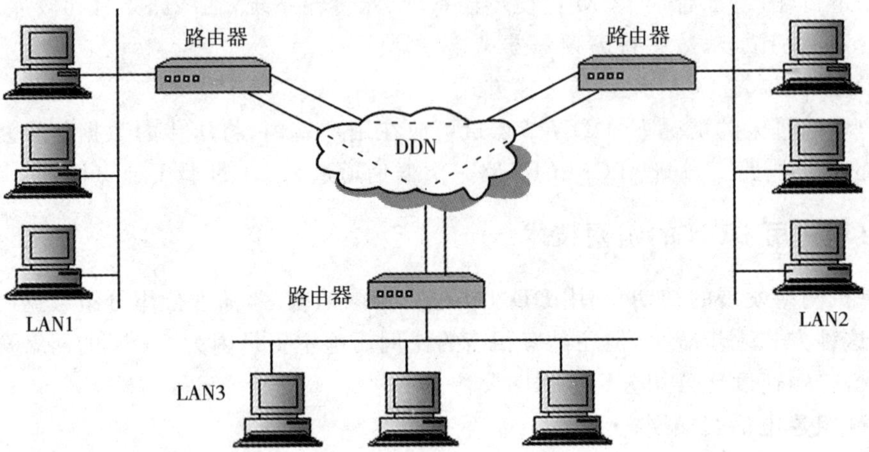

图 2－7　局域网通过 DDN 的互联

3.通过 DDN 接入 Internet 解决方案

用户首先建立自己的内部局域网，通常是 Intranet，配备路由器和数据转换单元(DTU)。向电信部门申请一条 DDN 专线，向 ISP 申请 IP 地址或域名。结构如图 2－8 所示。这种方案向用户提供 64kbps～2Mbps 的接入速率，Intranet 内的所有授权用户都可以通过 DDN 进入 Internet。同样，也能实现与 Extranet 的连接。

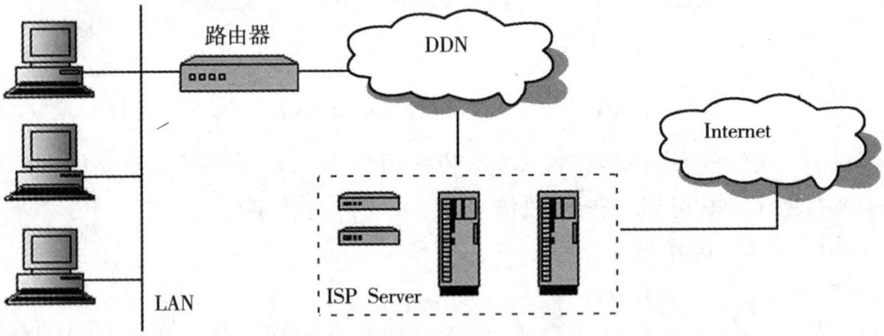

图 2－8　通过 DDN 接入 Internet

2.5　综合业务数字网及其接入 Internet 方法

ISDN 是英文 Integrated Service Digital Network 的缩写，中文名称为综合业务数字网络。国际电报电话咨询委员会 CCITT 对 ISDN 作了如下定义：ISDN 是由综合数字电话网(Integrated Digital Network，IDN)演变而来的，能够提供端到端的数字连接，并广泛支持话音、数字、图像、传真等电信业务，用户可以使用一组有限的、标准的、多用途的网络接口接入网内，实现多种综合业务功能。ISDN 分为窄带(N－ISDN)和宽带(B－ISDN)。后者的接口速率可达到几百 Mbps，传输介质必须是光纤。我们在这里仅就 N－ISDN 进行讨论。

2.5.1 ISDN 的基本概念

N－ISDN 是窄带综合业务数字网，中国电信将其称为“一线通”。它是在现有公用电话网的基础上建立起来的，支持多种话音与非话音业务。N－ISDN 有两种速率的接口标准：

1.基本速率接口

基本速率接口（BRI）支持两条 64kbps 的全双工 B 信道和一条 16kbps 的 D 信道，即 2B＋D，总有效速率为 144kbps。

2. 基群速率接口

基群速率接口（PRI）支持 30 个或 24 个分立或组合的 64kbps 的 B 信道和一个 64kbps 的 D 信道，即 30B＋D 或 24B＋D。在 PRI 中，几个 B 信道可以合并为一个大信道，称为 H 信道。例如，30 个 B 信道构成一个 1920kbps 的 H 信道。

所谓 B 信道是用来传送话音、数字、图像的通道，1B 就是一个 64kbps 的信道；所谓 D 信道是用来传送 ISDN 控制信号的信道。

2.5.2 ISDN 的基本特征

从 ISDN 的中文名称我们可以知道，ISDN 是通过数字传输方式提供多种电信业务的网络。它具有以下基本特征：

1.端到端的数字传输

ISDN 是一个数字网络，通信双方完全实现了数字化，数据传输速度快，质量高。在这个网络中，一切信号都以数字化形式进行传输和交换。这就是说，不论原始信号是语音、文字、数据还是图像，都先在终端设备中转换成数字信号，然后通过数字信道将信号送到 ISDN 网络，再传送到通信另一方的终端设备。

ISDN 是由程控交换机之间的数字中继线组成的电话通信网。它将数字传输和数字交换技术综合起来，实现了网络内部的数字化。在用户入网接口上，也要实现用户线的数字化，才能提供端到端的数字连接，所以，ISDN 用户端设备要完成从模拟到数字的转换及非标准 ISDN终端的转换。

2.用户接口标准化

ISDN 向用户提供一组标准的多用途的入网接口，如 2B＋D 接口和 30B＋D 接口，不同的业务和不同的终端可以经过一个接口接入网络。这样，当需要将 ISDN 标准终端从一个场所搬到另一场所时，只要简单地拔插头就能完成了。

接口的标准化还简化了网络的管理工作。由于所有终端都按同一标准接入网络，用户可以随意地将不同业务类型的终端组合起来，连接到同一接口上，也可以随时根据需要改换终端类型。

3.提供综合通信业务

ISDN 支持包括话音、数据、文字、图像在内的各种综合业务。从理论上说，任何形式的原始信号，只要能够转变成数字信号，都可以利用 ISDN 来进行传送和变换，实现用户之间的通讯。ISDN 的业务不仅覆盖了现有各种通信网支持的全部业务，而且包括了多种多样的新型业务，如智能用户电报（Teletex）、可视图文（Videotex）、遥测（Telemetry）等。

4.通信业务自动识别

一个 2B＋D 接口利用一对电话线可以连接 8 台不同的 ISDN 终端，3 台终端可在网内与同类终端同时通信。ISDN 适配器能够识别呼叫的类型，并自动选择与主叫终端相匹配的被叫终端。

5.费用较低

N-ISDN 利用了现有电话网，只要增加部分设备即可构成数字化网络。对于通信系统数字化工程具有十分重要的意义，也为用户享受数字化服务减少了费用开销。

2.5.3 ISDN 提供的业务

1.ISDN 的功能

ISDN 具有多种功能，包括电路交换功能、分组交换功能、帧处理功能、专线功能及共路信令功能。在一般情况下，网络只提供低层(OSI 模型 1 层～3 层)功能，当一些增值业务需要网络内部的高层(OSI 模型 4 层～7 层)功能支持时，这些高层功能可以在 ISDN 网络内部实现，也可以由单独的服务中心提供。

(1)电路交换功能

电路交换功能是指两个终端进行通信时建立起电路的即时连接的交换方式。当两个用户之间需要通信时，双方都应该处于空闲状态，一旦建立起连接就形成了“专线”，直到连接释放为止。双方通信时，不允许其他终端共享该线路。

(2)分组交换功能

分组交换功能是一个比较复杂的过程：首先，将要发送的信息分割成若干定长或不定长的数据块(分组)，并在每个数据块的头部加上接收地址和发送地址的标识；然后，选择路由建立虚电路；最后，按顺序发送数据块。这些数据块以“存储转发”的方式在网内传输。分组交换方式不在终端之间建立固定的物理通道，而只是在传送数据块时才占用传输信道，其他时间可用于别的终端之间的数据传输。

(3)帧处理功能

帧处理功能分为两种，即帧中继和帧交换，它可以支持很高的数据传输速率，达到 $N\times 64$kbps($1\leqslant N\leqslant 32$)。帧中继和分组交换的原理类似，但前者在网络的链路层实现，而后者在网络层实现。所以，帧中继的速度更快。

(4)专线功能

在终端之间建立永久性的或半永久的连接通道，不使用网内的交换功能，把分散在各地的程控交换机和局域网连接起来，构成一个内部专用网。

(5)共路信令功能

共路信令是为了在交换网络中建立起信息通路而产生的各种控制信息，包括目标终端的地址、通信的建立和拆除标识、业务类别等等。共路信令中的信令通路与信息通路是相分离的。也就是说，使用专门的、独立的信道来传输信令信息。

2.ISDN 提供的业务

ISDN 提供的业务可以划分为三种类型：

(1)承载业务

承载业务属于单纯的信息传送，载体是通信网络，如现存的公用电话网，其任务是将信息由一个终端或节点移动到另一个终端或节点，而且不作任何处理。这类业务包含了 OSI 模型 1 层～3 层的功能，利用了电路交换或分组交换技术。

(2)用户终端业务

用户终端业务是面向用户的通信和信息处理,需要通信网络和终端设备共同提供。它不仅实现了信息传输,而且还完成了信息处理,如电报、传真、可视图文业务等。显然,用户终端业务是在承载业务的基础上增加了高层功能。

(3)附加业务

附加业务又叫补充业务,是在承载业务和用户终端业务基础上增加的业务性能,目的是为了给用户提供更多更方便的服务。但是附加业务不能单独存在。

2.5.4 ISDN 的接入方法

随着 Internet 的发展,以及良好的公用电话网的基础,使得 ISDN 具有美好的应用前景。目前,ISDN 在很多行业得到使用,如银行、商业、海关,还有许多大企业、公司,甚至在家庭也得到使用。利用 ISDN 接入 Internet 方式比通过普通电话网接入 Internet 的效果要好得多,而且接入方法也不是很复杂。但需要特别的接口设备,即网络终端和用户终端。

1. ISDN 网络终端(NT)

网络终端是程控交换机与用户终端之间的接口设备,是用户接入 N－ISDN 的必备装置。它完成在普通电话线上发送和接收数字信号的任务,安装在用户所在地。网络终端有两种:

(1)支持 2B＋D 的两线双向接口 NT1

在程控交换机一侧使用 RJ－11 标准接插件,在用户终端一侧使用 S/T 接插件。

(2)支持 30B＋D 的四线双向接口 NT2

网络终端有很多种,一般单位使用的 NT1 有如下配置:一个 ISDN 接口,二个 S/T 接口和两个模拟电话接口。

2. ISDN 用户终端

(1)数字电话

数字电话是常用的一种 ISDN 终端设备,通话时占用一个 B 信道。它的保密性和用户功能比普通模拟电话要好得多,还能够提供许多方便的 ISDN 补充业务。数字电话有一个 S/T 接口,直接与网络终端上的 S/T 口连起来就可以了。

(2)外置终端适配器

外置终端适配器是终端适配器(TA)的一种。在 ISDN 一侧有一个 S/T 接口,在非 ISDN 一侧有多种接口形式,如异步数据终端、同步数据终端、传真机和模拟电话。常用的 TA 有一个模拟电话接口和一个 RS－232 串口或并口,可以同时打电话和上网浏览。使用串口时的最高通信速率可达 112.5kbps,使用并口时的最高通信速率可达 128kbps。

ISDN 基本速率接口有两个 B 信道。在没有电话呼叫时,用户的上网速率可达到 128kbps。在有电话呼叫时,一个 B 信道用来上网,速率是 64kbps,另一个 B 信道用来打电话。电话结束后,可以自动恢复 2B 信道上网。

(3)内置终端适配卡

内置终端适配卡(俗称 ISDN 卡)与外置终端适配器是很类似的,只不过它是插在 PC 机中使用的接口卡,有 ISA 和 PCI 总线的,安装非常方便。对外有一个 RJ－45 接口,连接到 ISDN 一侧,还有一个 RJ－11 接口,可以连接模拟电话机或 G3 传真机。ISDN 卡也可以同时支持上网浏览和打电话。但是,关闭计算机后所有通信业务都失效了,而外置终端适配器仍然可以使用电话或传真业务。

(4)ISDN 路由器

ISDN 路由器是一种比较好的构建广域网或接入 Internet 的用户终端。一般小型的 ISDN 路由器支持基本速率(BRI),即 2B+D 的接口,大型的可以支持基群速率(PRI),即 30B+D 接口。在 ISDN 一侧有一个 S/T 接口,在非 ISDN 一侧有 1 个～2 个以太网络接口和模拟电话接口。ISDN 路由器具有 IP、IPX 路由和标准多协议网桥,支持 PPP、MLPPP 拨号,可以将局域网通过 ISP 接入 Internet。

2.5.5　通过 N－ISDN 接入 Internet

我们知道,终端适配器和 ISDN 路由器都可以将计算机接入 Internet。那么,用户所做的工作就是将用户终端正确地接入 ISDN,同样,ISP 也支持 ISDN 的连接。这样,用户的计算机或局域网就通过 ISDN 接入到 Internet。以下给出两种接入方案:一种适合家庭使用,另一种适合小型企业使用。

如图 2－9 所示,利用 NT1 网络终端和 ISDN 卡将 PC 机连接到 ISDN,接入 Internet。

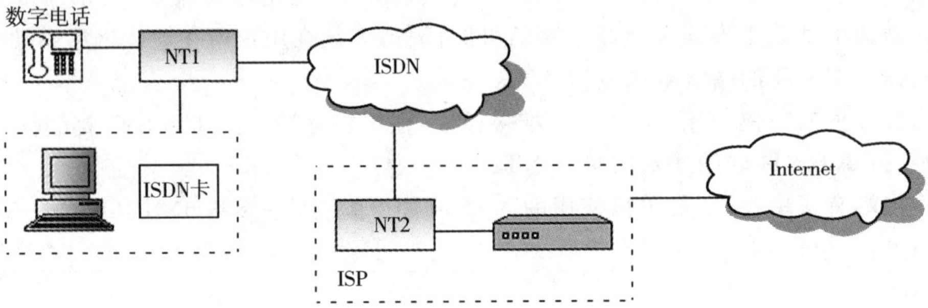

图 2－9　家用 ISDN 接入方案

如图 2－10 所示,利用 NT1 网络终端和 ISDN 路由器将企业的局域网连接到 ISDN,接入 Internet。

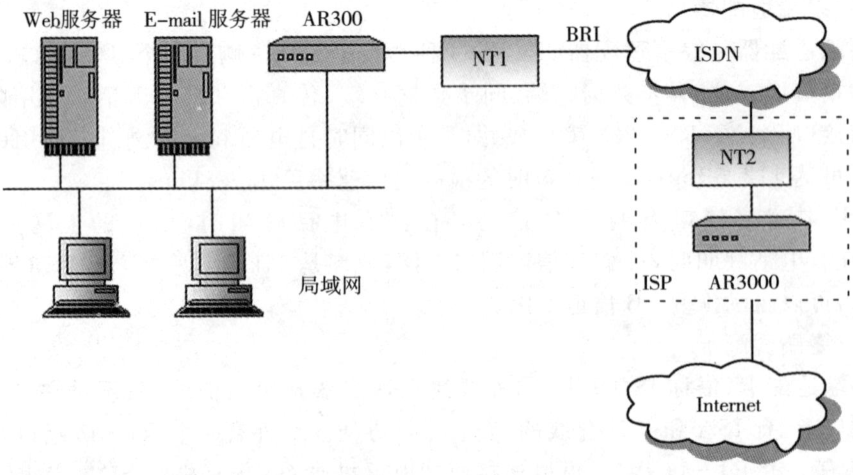

图 2－10　小型企业接入 Internet 的解决方案

在单位一端配置一台的AR300ISDN路由器、WWW服务器、E-mail服务器和FTP服务器。ISP一端配置AR3000ISDN中心路由器。单位路由器以128kbps速率与ISP相连。内部的用户可以通过局域网访问自己的网站，通过ISDN连接ISP进入Internet。Internet上的用户通过ISDN/PSTN/DDN或其他方式先连接到ISP的访问服务器，然后通过ISP和单位之间的ISDN链路访问到企业的站点。

2.6 电缆调制解调器及其接入Internet方法

随着多媒体通信的发展，Internet接入宽带化的需求日益迫切，而有线电视(CATV)网拥有丰富的带宽资源，同时，目前我国有线电视用户已经超过了8000万户，有线电视网络的里程超过了240万公里，中国已经成为世界第一大有线电视用户国。有线电视网络具有巨大的产业开发价值，构筑基于有线电视网的Internet宽带信息网，是广大用户的期盼。目前，我国的城市有线电视网络经过近年来的升级改造，正逐步从传统的同轴电缆网升级到以光纤为主干的双向HFC网，大大提高了网络传输的可靠性、稳定性，而且扩展了网络的传输带宽。HFC的数字通信系统可通过电缆调制解调器(Cable Modem)系统实现，可以使Internet高速接入，由窄带向宽带过渡。通过HFC网络可获得高于电话Modem几百倍的接入速度。

2.6.1 Cable Modem 概述

Cable Modem是一种可以通过有线电视网络进行高速数据接入的装置。Cable Modem通常至少有两个接口，一个用来接有线电视端口，另一个与计算机相连。

Cable Modem与普通Modem虽然在名称上有些相似，传输原理也基本相同，都是在发送时进行调制，接收时进行解调。但是它们存在三方面的差别。第一，内部组成大不相同：Cable Modem在结构上要复杂得多，它由调制解调器、调谐器、加/解密模块、桥接器、网络接口卡、以太网集线器等组成；普通Modem则主要有调制、解调两个部分。第二，应用于不同的网络环境：Cable Modem是在有线电视网中使用，传输介质是光纤同轴电缆混合网络(Hybrid Fiber/Coax Network，HFC网)；普通Modem则是在PSTN中使用，传输介质一般是铜质双绞线。第三，通信线路的使用方法是不一样：Cable Modem将数字信号调制到某一频带，与电视信号共享通信线路，同时传送多种信号；普通Modem在同一时刻是独享通信线路的，也就是说，只能完成数据终端设备之间的数据传送。

Cable Modem不需要拨号上网，不占有电话线，可以建立永久连接，通过HFC可以在网内实现Internet接入、IP电话、视频会议、视频点播等功能。Cable Modem有几种类型。

1.按传输方式分为双向对称式传输和非对称式传输

对称式传输上、下行速率是一样的，一般为2Mbps～4Mbps，最高能达到10Mbps。非对称式传输上、下行速率是不同的，下行速率理论值为41.7Mbps(Euro DOCSIS V1.1标准/640AM)，上行速率为256kbps～10.24Mbps(Euro DOCSIS V1.1标准)。

2.按数据传输方向分为单向传输和双向传输

3.按传输机制分为同步传输和异步传输

同步传输方式是以IP交换的数字通信为基础的以太网技术，网络用户共享同样的带宽，当用户增加到一定数量时，其速率急剧下降。但是，采用有关技术可避免或减少网络拥塞现象。异步方式是基于ATM分组交换技术，其电路实现较前一种复杂，系统造价较前一种高。

4.按用户数量分为个人和多用户

宽带Cable Modem可以具有网桥的功能，可以将一个计算机局域网接入。但宽带共享式存在安全性不好等缺点。

5.按硬件接口分为外置式、内置式和交互式机顶盒

外置式Cable Modem置于PC机外，通过网卡与计算机连接，它提供一个标准的10Base-T/100Base-T以太网接口同用户的PC机或以太网集线器相联，其优点是可以支持局域网上的多台计算机同时上网；内置式Cable Modem是一块PCI卡，其价格比外置式的便宜，缺点是只能用在台式电脑上，不能在便携式计算机上使用；交互式机顶盒的主要功能是在频率数量不变的情况下提供更多的电视频道。通过使用数字电视编码(DVB)，交互式机顶盒提供一个回路，使用户可以直接在电视屏幕上访问网络，收发E-mail和浏览网页等。

6.按功能分为数字电视机顶盒、网络机顶盒和多媒体交互式机顶盒

交互式机顶盒综合了前两种机顶盒的所有功能，可以支持几乎所有的广播和交互式多媒体应用。

Cable Modem是一种允许用户通过有线电视网进行高速数据接入的设备。它发挥了有线电视同轴电缆的带宽优势，利用一条电视信道高速传送数据，主要特点体现在以下几个方面：

(1)速度快。下行速率可高达36Mb/s，上行速率也可高达10Mb/s。

(2)Cable modem只占用了有线电视系统可用频谱中的一小部分，因而上网时不影响收看电视和使用电话。

(3)接入Internet的过程可在一瞬间完成，不需要拨号和登录过程。

(4)计算机可以每天24小时停留在网上，用户可以随意发送和接收数据。不发送或接收数据时不占用任何网络和系统资源。

(5)Cable Modem接入方式具有经济有效、高带宽等优点。

(6)HFC接入方式可以根据技术、经济和市场的发展逐步将光纤推向用户，最终实现光纤到户(FTTH)，是一种适应趋势的接入方式。

2.6.2 Cable Modem的工作原理

Cable Modem本身不单纯是调制解调器，它集Modem、调谐器、加/解密设备、桥接器、网络接口卡、虚拟专网代理和以太网集线器的功能于一身。它无须拨号上网，不占用电话线，可提供随时在线的永久连接。服务商的设备同用户的Modem之间建立了一个虚拟专网连接，Cable Modem提供一个标准的10Base-T或10Base-T/100Base-T以太网接口同用户的PC设备或以太网集线器相连。

Cable Modem的技术实现一般是从42MHz～750MHz电视频道中分离出一条6MHz的信道用于下行传送数据。通常下行数据采用64QAM(Quadrate Amplitude Modulation，正交振幅调制)调制方式，最高速率可达27Mbps。如果采用256QAM，最高速率可达36Mbps。上行数据一般通过5MHz～42MHz之间的一段频谱进行传送，为了有效抑制上行噪音积累，一般选用四相移相键控调制 (Quaternary Phase Shift Keying ,QPSK)，QPSK比64QAM更适合噪音环境，但速率较低。CMTS(Cable Modem Termination System)前端设备从外界网络

接收的数据帧封装在 MPGE－TS 帧中，通过下行数字调制和 RF（Radio Frequency）输出到用户端，同时接收上行出来的数据转换成以太网帧。用户端 Cable Modem 的基本功能就是将上行数字信号调制成 RF 信号，将下行的 RF 信号解调为数字信号，从 MPEG－TS 帧中解出数据，形成以太网的数据，通过 10－BaseT 的端口输出。在 HFC 网是频分复用的，但在某一频率上的信道则是被很多用户所共享，通过 MAC 控制用户信道分配与竞争的问题，同时还支持不同等级的业务。可以通过网络管理系统对 HFC 网络中 Cable Modem 进行配置、状态、流量监控和诊断。

在 Cable Modem 系统中，采用了双向非对称技术，在下行方向有 6MHz 的模拟带宽供系统中的用户共享。但这种共享技术不会降低传输速率。Cable Modem 不同于线路交换的电话网定向呼叫连接，用户在连接时并不占用一固定带宽，而是与其他活动用户共享，仅在发送、接收数据的瞬间使用网络资源。在毫秒级甚至微秒级的时间内，抓住一切利用带宽的机会下载数据包。如果在网络使用的高峰期中有拥塞，可以通过灵活的分配附加带宽来解决。只需简单分配一个 6MHz 频段，就能倍增下行速度。另一种方法是在用户段重新划分物理网络，按照访问频度给用户合理分配带宽，速度也可大大提高。

2.6.3 利用 Cable Modem 接入 Internet

利用 Cable modem 接入 Internet 面临的最大问题是大部分有线电视网不具有双向能力，因而需要改造甚至重建其原有的有线电视系统。

其次，由于 Cable modem 带宽由几百个用户共享，如果同时有很多用户上网的话就会产生拥塞，或者一个用户下载一个大的图形或视像文件时，将占用相当大的带宽，这就会影响同一区内其他用户的速度。因而，在用户较多的地区要缩小节点规模，减少每条共享总线上的用户数。

目前，有线电视系统中普遍采用 HFC 结构。采用光缆将信号传输到小区节点，再用同轴电缆分配网络将信号送到用户家中。HFC 本身是一个 CATV 网络，视频信号可以直接进入用户的电视机，采用新的数字调制技术和数字压缩技术，可以向用户提供数字电视和 HDTV。同时，话音和高速的数据可以调制到不同的频段上传送，以提供电话和数据业务。这样 HFC 支持全部现存的和发展中的窄带和宽带业务，成为所谓的全业务宽带网络。而且，HFC 可以简单地过渡到 FTTH 网络，为光纤用户环路的建设提供了一种循序渐进的手段。

利用 HFC 网络通过 Cable Modem 技术来实现三网（电话网、电视网、数字网）合一的系统结构如图 2－11 所示。Cable Modem 的前端设备采用 10Base－T 或 100Base－T 等接口通过交换型 HUB 与外界设备相联，通过路由器与 Internet 连接，或者可以直接连到本地服务器，享受本地业务。Cable Modem 是用户端设备，放在用户的家中，通过 10Base－T 接口与用户计算机相连。

1. 数据传输的实现

在图 2－11 的 Cable Modem 系统结构中，用户可在 PC 机中运行视频点播软件，通过 HFC 网络到运营商 CMTS 前端设备，由运营商提供视频点播服务。在 Cable Modem 技术中，采用了双向非对称技术，在频谱中分配 90MHz～860MHz 间的一个频段作为下行的数据信道，传输速率达到 27Mbps 和 36Mbps。同时在频谱中分配 5MHz～50MHz 中的一个频段作为上行回传，传输速率达到 0.3Mbps～10Mbps 的速率。通过上行和下行数据信道形成数据传输的回路。用户也可在PC机中运行浏览器软件,实现Internet服务,如Internet网页的浏览、E-mail的收发、视频点播、家用办公等。系统遵照国际标准DOCSIS或DVB/DAVIC的规定,通信协议采用TCP/IP。

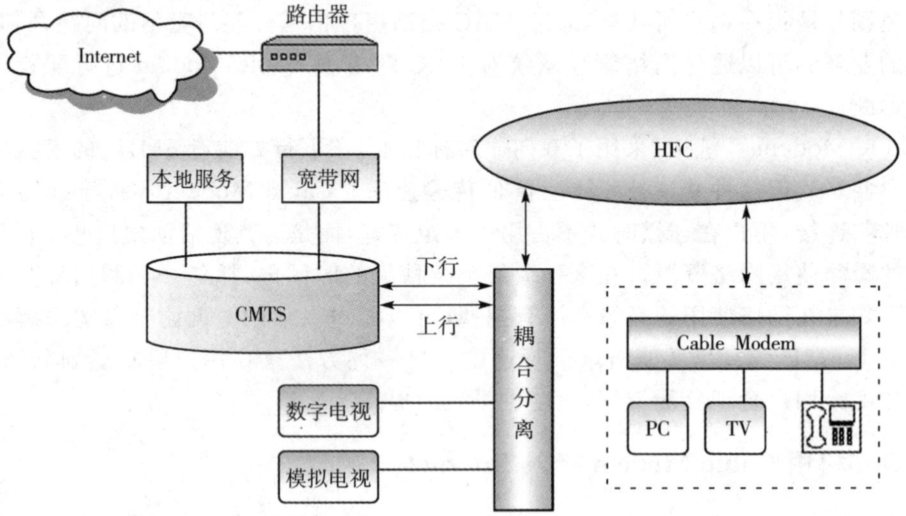

图 2-11 Cable Modem系统结构

2.话音的传输

采用IP技术,提供话音业务,可通过VoIP技术来实现。这时整个系统传送的全是IP数据,用户电话是IP电话。通过Internet网络,可与全球任何的联网用户实现Internet Phone功能。

2.7 非对称用户数字线及其接入Internet方法

数字用户环路(Digital Subscriber Line)是以铜质电话线为传输介质的传输技术组合,是一种高性能的接入技术。它包括了几种不同技术特点的用户数字线,如高比特率用户数字线(HDSL)、对称用户数字线(SDSL)、超高比特率用户数字线(VDSL)、非对称用户数字线(ADSL)、速率自适应用户数字线(RADSL),一般统称为xDSL技术。其中ADSL是比较常用的,是我们本节介绍的主要对象。

2.7.1 ADSL概述

目前,宽带接入技术已经成为IT界日益关注的热点。在各种宽带接入技术中,具有代表意义的一种就是ADSL。这种技术可以通过现有普通电话线,实现远距离的高速非对称数据传输,同时还可以维持原有的电话业务及其质量,是一种集话音与数据一体的、全新铜质双绞线接入技术。

1. ADSL的特点

(1)ADSL支持的上行和下行传输速率是不同的

上行速率是640kbps~1Mbps,下行速率是1Mbps~8Mbps,有效传输距离为3km~5km。

这种上下行传输速率的不同是ADSL名称的由来。非对称性对于普通用户的Internet业务是非常实用的，因为通常我们上载信息的机会少、数据流量小，而下载信息的机会多、数据流量大。

(2)ADSL接入方案在网络拓扑结构上较为先进

每一个ADSL用户都有单独的一条电话线路与ADSL局端相连，其结构可以看做是星形结构，数据传输的带宽可以得到保障，并且由每一用户独享。

(3)ADSL采用了频分复用技术

在同一对双绞线将语音和数字信号一起传输，支持边打电话边上网的应用。但是，数字信号并不通过程控交换机，所以也不会增加现有程控交换机的负载。

2.ADSL提供的业务

(1)高速的数据接入

用户可以通过ADSL宽带接入方式快速地浏览各种互联网上的信息，进行网上交谈、收发电子邮件从而获得所需要的信息。

(2)视频点播

由于ADSL技术传输的非对称性，特别适合用户对音乐、影视和交互式游戏的点播，可以根据用户自己的需要，任意地对上述业务进行随意控制，而不必像有线电视节目一样受电视台的控制。

(3)网络互联业务

ADSL宽带接入方式可以将不同地点的企业网或局域网连接起来，避免了企业分散所带来的麻烦，同时又不影响各用户对互联网的浏览。

(4)家庭办公

随着经济的发展，通信已经越来越影响着人们的生活工作方式。部分企业的工作人员如果因为某种原因需要在家里履行自己的工作职责，则可以通过高速接入方式从自己企业信息库中提取所需要的信息，甚至面对面地和同事进行交谈，完成工作任务。

(5)远程教学、远程医疗等

随着人们生活水平的提高，人们在家里接受教育和再教育，以及得到必要的医疗保证将成为一种时尚，通过宽带接入方式，用户可以获得图文并茂的多媒体信息，或者和老师或医生进行随意交谈。

总之，由于ADSL的高带宽，用户可以通过这种接入方式得到所需要的各种信息，不会受到因带宽不够而带来的困扰，也不会为无休止地停留在网上所付出的附加话费而担忧。

3.使用ADSL的优点

(1)充分利用了现有的电信基础网络，不需要重新铺设线路，所以施工相对简单。

(2)在电话业务的基础上增加了高速数据传输，不需要拨号上网，可以始终在线。用户不需要为上网而另外缴付电话费。

(3)相比Modem拨号上网和"一线通"传输速率更快，下行速率最高可达8Mbps，基本可以满足Internet/Intranet的大部分应用。

(4)用户可以分配到固定的IP地址，更加方便个人网站建设。

由于上述的优点，ADSL的应用前景广阔。它为远程数据库访问、家庭网上购物、交互式游戏、远程教育、视频点播等提供了理想的传输方式。

2.7.2 ADSL的工作原理

传统的电话系统使用的是铜线的低频部分(4kHz以下频段),而ADSL采用DMT(离散多音频)技术,将原先电话线路0Hz到1.1MHz频段划分成256个频宽为4.3kHz的子频带。其中,4kHz以下频段仍用于传统电话业务,20kHz到138kHz的频段用来传送上行信号,138kHz到1.1MHz的频段用来传送下行信号。DMT技术可根据线路的情况调整在每个信道上所调制的比特数,以便更充分地利用线路。一般来说,子信道的信噪比越大,在该信道上调制的比特数越多。如果某个子信道的信噪比很差,则弃之不用。

1. ADSL调制技术

由于ADSL能够很好地适应Internet业务非对称性的特点,所以在众多的xDSL技术中是一种最有希望能够解决高速Internet接入的技术。另外,ADSL采用了先进的数字信号处理技术来减少线路损伤对传输性能的影响。

ADSL采用了离散多音频调制(DMT)技术,又称多载波调制,这是一种正交的频分复用技术。其最大优点是信号的发送和接收均可以利用高效的快速傅立叶变换(FFT)和反变换(IFFT)来完成QAM信号与数字形式的副载波信号之间的变换。DMT的基本方法是将全频道分成256个子信道,并且根据子信道的瞬时衰减特性、群延时特性和噪声特性,把输入数据动态地分配给它们。同时,DMT将不能发送数据的子信道关闭。对可以发送数据的子信道,则按其瞬时特性,在1个码元包络发送2bit～15bit信息,并且使用数字信号处理器在必要的时间调整参数。这种动态分配数据的技术使频带利用率大大提高,将误码和噪声减至最小,提高了系统的传输容量。由于子信道的频带很窄,其电缆特性可以近似地被认为是线性的,所以脉冲混叠可以被减小到最低程度。尽管来自脉冲干扰的能量会影响信号的接收,但是采用FFT可以将这种影响扩展到FFT窗口内的各子信道内,所以其影响大大减轻。

2. ADSL采用了信道估计技术

在开始建立传输时,通过发送双方预知的信道训练序列,在接收端测试误码率或者信噪比,对双绞线线路的性能进行测试,从所测试的数据确定出一个信道模型,再根据信道性能的好坏,决定传输速率。这个测试过程就称作信道估计。

ADSL采用一个较短的时域均衡器,并且在传送信号的每个字符块前加入循环前缀,用以消除信号间串扰。为了更好地抑制脉冲噪声,ADSL不仅采用Reed Solomon前向纠错码,而且还采用附加的格栅编码技术。就性能而言,DMT是一种较理想的ADSL调制方式,它的信噪比最高,抗噪声能力强,传输速率高,传输距离远。

2.7.3 利用ADSL接入Internet

ADSL为人们提供了一种长距离的网络接入方式,但由于ADSL只能够将比特线路的一边传输到另一边,所以要实现用户与网络的通信还需要增加附加设备来实现数据的连接、协议的转换、通道的复用以及网络的管理,如局端设备和用户端设备。

局端设备一般被称作DSL复用器,由ATM复用模块和ADSL调制模块(ATU-C)以及无源分离器组成。目前的局端设备在网络连接侧提供STM-1 ATM接口,对用户线路侧提供多个ADSL线路接口。其中ADSL线路信号在分离器处与电话信号无源合并,并通过用户线传送至用户家中。用户端设备由ATU-R及无源分离器组成。无源分离器将信号分成电话信号和 ADSL 线路信号。ADSL 信号由 ATU－R 接收并通过 Ethernet 10Base－T 接口或者 USB 接口等提供给用户终端设备，例如计算机。参考结构如图 2－12 所示。

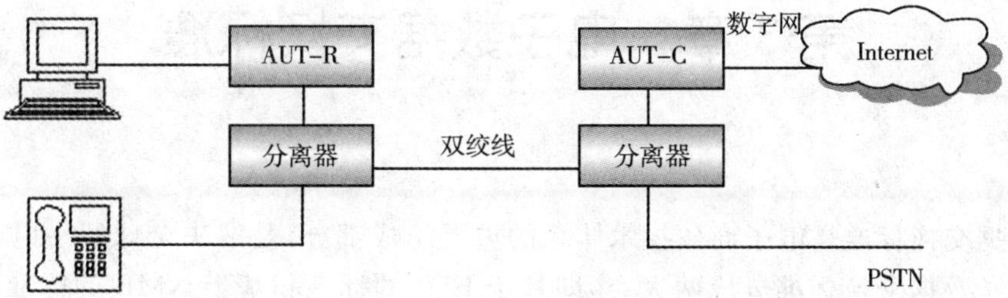

图 2－12　ADSL 的接入方案

与 Cable Modem 相比，ADSL 技术具有相当大的优势。Cable Modem 的 HFC 接入方案采用分层树形结构，其优势是带宽比较大。但这种技术本身是一个较粗糙的总线型网络，意味着用户要和邻近用户分享有限的带宽。当一条线路上用户激增时，其速度将会减慢。有关资料表明，大部分情况下，HFC 方案必须兼顾现有的有线电视节目，而占用了部分带宽，只剩余了一部分可供传送其他数据信号，所以 Cable Modem 的实际传输速率只能达到理论上的一小半。国外公司实验表明，其速率减为 1Mbps～2Mbps，更常见的是 400kbps～500kbps。综合来看，即使在理想状态下，HFC 只相当于一个 10Mbps 的共享式总线型以太网，而 ADSL 接入方案在网络拓扑结构上较为先进，因为每个用户都有单独的一条线路与 ADSL 局端相连，它的结构可以看做是星形结构，它的数据传输带宽是由每一用户独享的。

思考题

1. 什么是 Internet？目前 Internet 具有哪些服务功能？
2. 什么是 TCP/IP？
3. 简要叙述 HTTP 和 URL 的含义和作用。
4. IP 地址与域名的关系是什么？
5. 说明 DNS 体系结构，并举例描述域名解析的过程。
6. 什么是 Intranet？
7. 阐述建立 Intranet 的方法。
8. 阐述接入 Internet 的几种方法及各自的特点。

第3章　电子数据交换标准

电子数据交换标准是电子商务技术体系的重要组成部分，是解决全球贸易电子化的基础性工作。电子数据交换标准分成两大类，即基于 EDI 的标准和基于 XML 的标准。本章介绍了三种具有代表性的电子数据交换标准，重点是引入基本概念、分析组成结构。对于更深入地研究和应用，则需要阅读、理解标准的原文。

3.1　EDI 标准

EDI 是按照一定标准的格式实现计算机之间的信息传递的方式。它采用国际 EDI 标准，完成全球范围内企业之间的数据交换。EDI 实现了"无纸贸易"，在咨询、计划、采购、询价、付款、到货通知等环节都可以完成数据交换工作。随着计算机技术的发展和电子商务的应用，人们对 EDI 进一步深入研究，使它的应用范围正逐步向非贸易领域扩展。

3.1.1　EDI 的基本概念

20 世纪 60 年代～70 年代初，在世界范围内爆发石油危机，西欧北美发达国家结束了使用廉价石油发展工业的阶段，开始从工业化社会向信息化社会过渡。制造、交通和通信业的发展，以及生产社会化促进了经济全球化和产业结构调整，资本的大量转移、跨国公司的涌现推动了国际贸易的发展。全球贸易额的增长率明显高于世界经济增长率，由此带来了各种贸易与单证、纸面文件的激增。70 年代中期，微电子、通信和计算机技术的迅速发展，信息技术逐渐在各个领域开始应用，国际数据传输网及增值网的出现，为 EDI 的产生奠定了技术基础。

EDI 是一种电子化贸易工具，是计算机技术、通信技术和管理技术结合的产物，其作用是实现贸易活动中标准格式数据的交换与处理。以下给出具有代表性的 EDI 定义。

(1)国际标准化组织的定义：将贸易(商业)或行政事务处理按照一个公认的标准，形成结构化的事务处理或信息格式，从计算机到计算机的电子传输。

(2)美国国家标准局 EDI 认证标准委员会的定义：独立组织之间通过电脑以标准的语意结构来传输明确的业务或策略性信息。

(3)国际数据交换协会的定义：使用认可的标准化和结构化处理数据，从一个计算机到另一个计算机之间的电子传输。

从上述描述我们可以看出，计算机应用是 EDI 的条件，通信网络环境是 EDI 的基础，数据标准化是 EDI 的特征，这三个方面的有机结合构成了 EDI 系统的一般框架。其结构模型如图 3-1 所示。EDI 技术除了准确传输数据外，还应当考虑商贸业务的一些特殊性，例如，单证格式、数据、术语、内容、语言的统一问题。否则，即使数据传过去了，也无法开展商贸活动。

为此，国际上制定了报文中信息表示的标准，规定了网络贸易数据交换的几项原则：

(1)交换的数据结构和相应的各种规则与系统、机器和介质无关。

(2)交换所用的字符集以国际字母表2的子集和国际字母表5为标准。

(3)数据元的定义、规格和格式以现行的单证为基准。

(4)标准报文中的数据元或数据组不相关，各部分的数据交换对其他数据不产生影响。

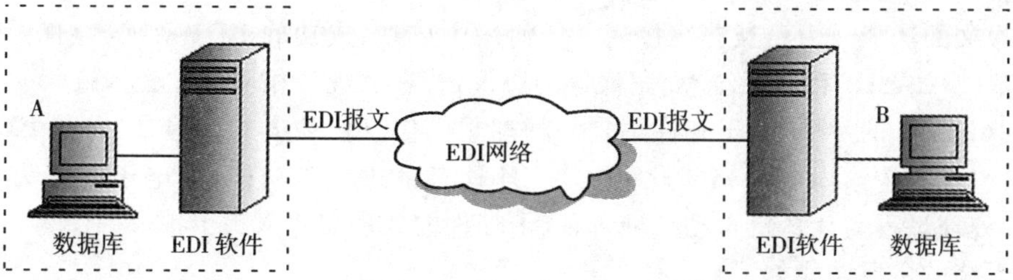

图 3-1 EDI 系统的一般框架模型

目前，EDI 已成为电子商务的关键技术之一，它可以在全世界范围内进行电子商务文件的传递。先进的 EDI 技术具有开放性和包容性，主要有三大组成部分：硬件系统、软件系统和传输系统。其中软件系统包括了翻译软件和标准协议。为了扩大 EDI 的使用范围、丰富其功能，EDI 标准是可以扩充的。最初仅有5项美国国家 EDI 标准，现在已超过了300项。

由于 EDI 是标准的数据格式，所以，它能够和信息管理系统结合，从报文中提取相关数据，直接写入数据库中。这样，不仅提高了数据传输质量，还方便了数据管理。我们并不要求通信实体内部的管理信息系统有完全相同的数据结构，而只要求双方遵守同样的 EDI 报文标准，这种内部格式到 EDI 格式的转换就由 EDI 系统完成的。目前，EDI 在许多行业都得到了广泛应用。

目前，我国的 EDI 应用和基础设施的建设基本都是按照行业划分，但是商业活动是一个链，它需要将银行、交通运输、税收、供应商、零售商结合在一起。如何将不同行业的 EDI 应用连接起来，完成整个贸易链上信息的电子传送，这是 EDI 应用中的重要问题。所以，EDI 应用推广的总体思路应当是“转变经营观念，打破行业封锁”。对于企业而言，当采用变革性的新技术后，必然会对经营方式带来重大影响，需要引进新的管理理念。对于电子商务过程而言，需要整个贸易链上的企业，如生产商、批发商、零售商、运输业、海关、税务、银行等整体运作，共同完成整个贸易过程。这就需要不同行业之间的 EDI 应用能形成一个整体运作模式，通过中间机构把它们连接在一起，实现各行业 EDI 信息的集中管理。

3.1.2 EDI 的特点与主要功能

经过二十多年的发展与完善，EDI 作为一种全球性的电子化贸易手段/工具，具有以下几个显著的特点：

(1)单证格式化：EDI 传输的主要是贸易活动中的格式化数据，如订购单、报价单、发票、货运单、装箱单、报关单等等，这些信息都具有固定的格式与行业通用性，而信件、公函等非格式化的文件不属于 EDI 处理的范畴。

(2)报文标准化：报文是一种数据的组织形式，它有报头、报尾，内容是数据段。EDI 传输的报文符合国际标准或行业标准，这是计算机能自动处理的前提条件。目前广泛使用的EDI标准是事实上的国际标准UN/EDIFACT和北美地区使用的ANSI X.12。

(3)处理自动化：EDI信息传递的路径是计算机到数据通讯网络，再到商业伙伴的计算机。信息的最终用户是计算机应用系统，它自动处理传递来的信息。因此，这种数据交换是机—机或应用—应用的，不需要人工干预。

(4)运作规范化：EDI报文是目前商业化应用中最成熟、最有效、最规范的电子凭证之一，EDI单证报文的法律效力已被普遍接受。任何一个成熟、成功的EDI系统，均有相应的规范化环境作基础，如EDI存证系统、商贸伙伴的协议、管理法规与相应的配套措施。

随着Internet的发展，电子邮件也是一种理想的信息传输方式。但是，它与EDI存在明显的区别：EDI的传输内容为格式化的文件，且具有格式校验功能，而电子邮件为非格式化的；EDI的处理过程为计算机自动处理，而电子邮件的处理需要人工干预。

EDI系统的主要功能如下：

(1)通信服务功能：提供各种不同的接入方式，如DDN、专线、X.25等；支持各种不同的通信协议，EDI用户可选择FTP、WWW、E-mail等各种通信服务来传送报文。

(2)报文翻译功能：系统能对各种报文进行灵活地翻译，可以将EDIFACT报文自由的翻译成ANSI X.12、TRADACOMS、ODETTE或自定义格式中的任一种格式。除完成报文翻译外，系统还对报文的语法错误进行检查。

(3)管理功能：完善的计费系统，可对各类用户按其传输的信息量、传输距离的长短、是否享受优惠等条件按月打印收费通知书；数据备份和日志，对经EDI中心传送的所有报文进行备份，以备日后查阅。同时，对系统处理报文的每一个阶段的状态自动做好日志，并对事先设定的特定事件进行报警；用户授权，系统不但对用户身份进行检查，而且保证用户能正确地发送和接收EDI报文。

(4)安全和保密：使用数字签名和数据加密/解密技术，对通过EDI中心传输的一些敏感数据，系统提供数字签名和数据加密技术，防止数据被未经授权用户非法阅读。

(5)系统监控功能：系统提供分布或集中监控，允许从一点管理多个分系统。使用图形界面，可方便配置系统、维护系统，以及观察日志信息，浏览EDI标准或生成自定义格式。

(6)存证功能：EDI存证是将用户已接收数据及用户在EDI系统的会话记录，加上一些必要的信息，按一定的格式以文件形式保存。在存证文件中包含有单证的发送方、接收方数据类型、单证类型、单证编号、接收/发送/删除时间及单证具体内容等重要信息。凡是发送成功报文的存证即有发送信箱记录，同时提供根据用户身份分级的检索、支持Web界面的浏览及单证计费、统计等功能。

3.1.3 EDI的传输网络结构

EDI信息的传输有两种典型方式：一种是实时收发方式，另一种是存储转发方式。这种传输方式直接影响着EDI系统的网络结构。

1. 基于实时收发的网络结构

这种方式的特点是收发双方通过通信网络直接连接，在一次通信结束前，双方的通信系统一直保持联系，响应时间短，可以及时获取最新信息。该方式支持的网络结构包括一点对一点、一点对多点、多点对多点。当网络中有大量用户时，网络结构过于复杂，所以使用不多。

2. 基于存储转发的网络结构

发送方向电子邮箱系统发出 EDI 报文，然后由邮箱系统转发到接收方的信箱中。接收方可在任何时间、任何地点到信箱中提取报文。这种方式的特点是：信息被成批地交换，需要把所有报文处理完之后才能得到应答，响应时间长。该方式支持以下常用的网络结构。

(1)集中式网络拓扑结构

所谓集中式就是该网络中有 1 个统一管理的邮箱系统，下设通信节点，结构如图 3－2 所示。用户通过节点访问邮箱系统。

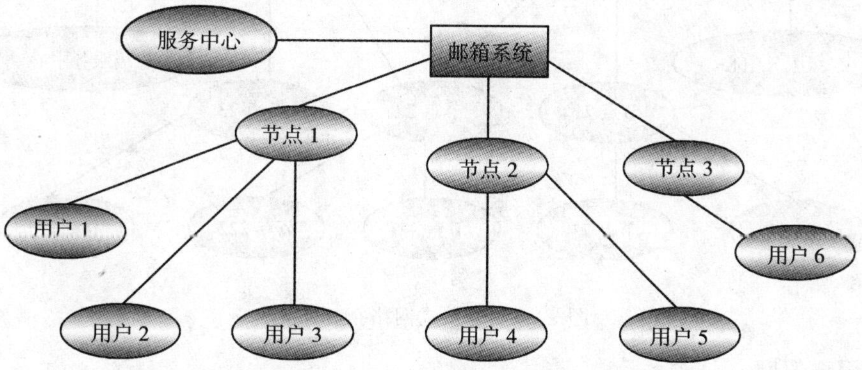

图 3－2　集中式网络拓扑结构

集中式系统中的邮箱数量少、存储容量大，具有以下优点：

①邮箱系统之间的互联相对简单。

②系统软件的升级和开发相对容易。

③系统运行开销小，维护方便。

④便于控制用户信息和报文，组织管理和计费安全相对集中。

⑤能更好地利用网络资源。

集中式也具有以下缺点：

①难以控制和维护远程节点。

②在报文批处理时，由于传输距离过长、输入集中，导致系统响应时间过长。

(2)分布式网络拓扑结构

分布式网络拓扑结构中的邮箱系统分为多级，一级邮箱系统下面设有二级邮箱系统，二级邮箱系统下面设有通信节点，邮箱系统之间在逻辑上又是互联的。结构如图 3－3 所示。

分布式系统具有以下优点：

①吞吐能力强，系统响应时间短。

②可利用二级邮箱系统处理本地区的业务，减少长距离传输，提高了网络性能。

分布式也具有以下缺点：

①邮箱系统互联复杂。

②为克服报文顺序混乱、丢失、抵赖而采取的审计跟踪和安全登录措施复杂。

③软件升级维护困难。

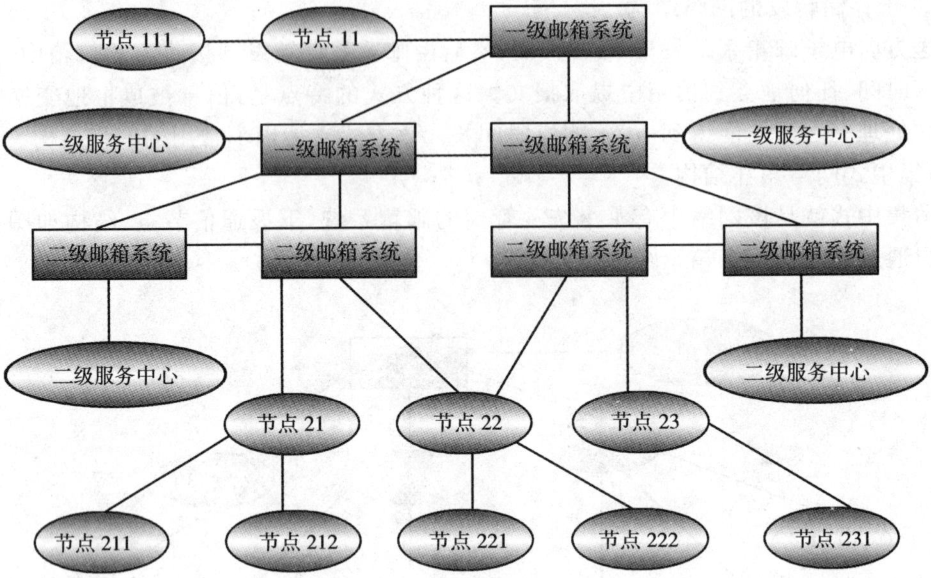

图 3-3 分布式网络拓扑结构

(3)专用增值网

EDI 系统利用了现有的通信网络,包括分组交换数据网(PSDN)、电话交换网(PSTN)、数字数据网(DDN)、综合业务数字网(ISDN)、卫星数据网(VAST)实现电子数据交换。所以说,目前常用的 EDI 系统是指在现有通信网络基础上提供的一种增值服务,并不是构成了真正的 EDI 物理网络。一般是在电信部门建立一个 EDI 网络服务中心,提供公共的数据交换服务,使有关部门都可以利用,不必花费大的价钱建立自己的 EDI 网络。基于 VAN 的电子数据交换如图 3-4 所示。

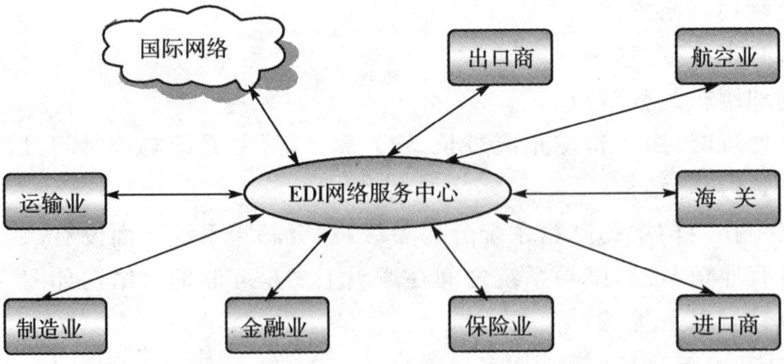

图 3-4 基于 VAN 的电子数据交换网络

为了提供这种增值服务,需要建立或租用邮箱系统,完成不同网络协议和报文格式的转换。由于 EDI 报文的格式有多种,所以,系统必须支持多种 EDI 报文的交换。另外,在进行不同网络之间的报文交换时,要用网关来解决协议之间的转换。

3.1.4 EDI 的软件基本功能及工作过程

从软件方面看，EDI 需要完成两大任务：第一，将数据库系统中的信息，转变成 EDI 的标准格式，以供传输交换。由于不同行业的企业是根据自己的业务特点来设计数据库的表结构和信息格式的，因此，当需要发送 EDI 文件时，应先从企业专有数据库中提取相关信息，并将其转变成 EDI 的标准格式，然后才进行传输。第二，支持各种协议的转换。

1. 转换软件

转换软件可以帮助用户将计算机应用系统中的数据文件转换成翻译软件能够理解的平面文件(Flat file)，或是将从翻译软件接收来的平面文件转换成计算机应用系统中的数据文件。这一过程我们也可以称为映射。所谓平面文件就是从企业的应用文件或数据库中提取的数据，形成一个标准的单据或票据文件，它是一个中间文件，可以直接阅读、打印输出。

2. 翻译软件

翻译软件将平面文件按照 EDI 标准的要求作结构化处理，包括语法上的压缩、嵌套、代码转换，以及加上特定的分割符、控制符和其他信息，即将平面文件翻译成 EDI 标准格式的文件。同样，经过通信软件接收到的结构化的 EDI 报文，也要做非结构化的处理，将标准的 EDI 格式翻译成平面文件，以便转换软件进一步处理。因此，翻译软件进行的格式转换是双向的。与平面文件不同，EDI 标准格式文件是计算机才可识别的 ASCII 码文件。

EDI 翻译软件除了完成数据格式转换外，还要保证数据传输的正确性和完整性，要能够支持不同网络协议标准，使用不同的增值网发送电子单证。EDI 翻译软件大致需要涉及以下几类平面文件，它们应当事先设计好格式。

(1)贸易伙伴文件：其中保存所有贸易伙伴的信息，包括名称、地址、标识、所使用的增值网、联系人、发送和接收的单据。

(2)标准单据文件：其中保存各种标准的单据，还有必备的数据段。

(3)网络文件：其中保存贸易伙伴使用的网络信息，包括电话号码、传输协议和速率。

(4)安全保密文件：规划了各操作员的口令、操作级别。

(5)误差暂停文件：包含了被退回报文的信息、日志文件。当某些数据或报文在传输过程中被破坏或被删除时，可以根据日志文件来恢复，或再造这些数据。

3. 通信软件

通信软件是 EDI 系统与通信网络的接口，它的主要任务是：第一，负责对接收到 EDI 报文进行审查和确认。第二，按照通信协议的要求，将 EDI 标准格式的文件外层加上通信信封，其中包含了发送者和接收者的邮箱地址、安全要求和其他辅助信息。第三，基本的通信功能，包括报文的拆分与拼装、数据输入与输出等。

4. EDI 的工作过程

EDI 的通信方式有多种，如点对点、一点对多点、多点对多点和以第三方网络为中心的增值网。因此，其工作过程也是有较大差异的。目前，最常用的是增值网方式，它有一个 EDI 服务中心，负责资源的监控和协调并提供有关协议标准，建立了一个完备的邮箱系统，通信机制是信息的存储转发，工作流程如图 3-5 所示。理解 EDI 的工作过程对于系统实现是非常重要的，可以让我们从总体上更好地把握软件需求。

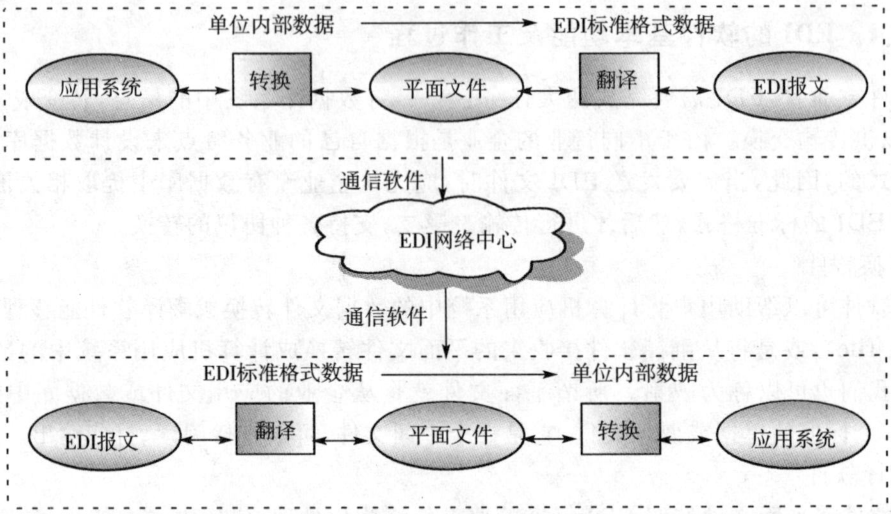

图 3-5　EDI 通信流程图

用户各自申请自己的邮箱，根据业务需求制作电子单证。发送报文就是将其传送到对方的邮箱中，接收报文就是到自己的邮箱中去取。具体过程分成几个步骤：

(1)发送方从自己的应用系统中提取数据，转换成平面文件；

(2)将平面文件翻译成标准的 EDI 报文，形成 EDI 信件；

(3)通信软件将 EDI 信件发送到 EDI 中心的对方信箱；

(4)接收方从自己的信箱中提取信件；

(5)将 EDI 信件翻译成平面文件；

(6)将平面文件转换成应用系统可识别的数据。

3.1.5　EDI 标准体系结构

EDI 标准实际上就是电子报文在网络之间进行传输的标准协议，它是国际社会共同制定的以电子化方式书写商务报文的规范。由于 EDI 标准是要满足全球化的贸易单证交换，所以，标准的内容非常丰富，不仅涉及单证格式和通信规范，还需要考虑不同商务环节的问题。因此，一个 EDI 标准体系是由相互依赖、相互补充的几组标准构成，如图 3-6 所示。

(1)EDI 基础标准：它是 EDI 标准的核心和基础，主要是数据标准，包括语法规则、数据元等。

(2)EDI 管理标准：它是对 EDI 标准进行管理和维护的评审指南，包括技术评审审核表、技术评审组织与程序等。

(3)EDI 报文标准：它规定了各种报文的格式、规范和结构。EDI 报文涉及很多领域，包括商贸、运输、金融、海关、保险、税收、交通、旅游等，有近 200 种报文标准。

(4)EDI 通信标准：EDI 通信标准分为 EDI 信息处理系统标准和 EDI 信息处理业务标准。前者规定了相关的信息客体、客体类型、抽象操作、端口类型、消息内容、用户代理、消息存储的操作和一致性要求；后者规定了消息处理的业务要求、服务要素、业务质量指标、通信安全、EDI 命名与编址等。

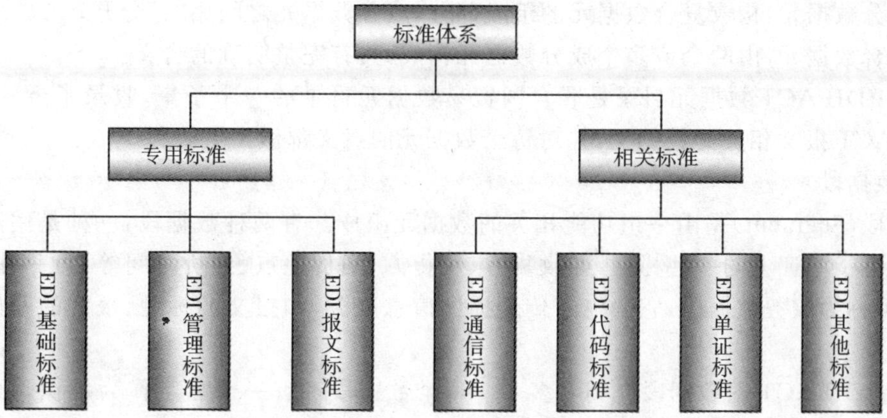

图 3-6　EDI 标准体系框架

(5)EDI 代码标准:EDI 代码标准分为通用代码标准和系统内部代码标准。前者也就是外部代码表,规定了报文中常用信息的代码;后者规定了某些内部代码定义的原则和方法,这些代码在通用代码标准中没有定义,但在 EDI 应用系统中又需要使用。

(6)EDI 单证标准:它规定了单证的种类、格式等。主要单证标准包括单证标准编制原则、贸易单证式样、进口许可证式样、出口许可证式样、外贸出口商业发票格式、外贸出口装箱单格式、外贸出口装运声明标准、集装箱设备交接单标准、原产地证书标准等。

(7)EDI 其他标准:这些标准主要包括 EDI 安全保密标准、EDI 数据元外部维护代码标准和 EDI 通信层次与结构标准。

3.1.6　UN/EDIFACT 标准简介

UN/EDIFACT 标准是指联合国有关组织颁布的几个文件,即联合国贸易数据交换目录(United National Trade Data Interchange Directory ,UNTDID)、电传贸易数据交换统一规则(Uniform Rules of Conduct for Interchange of Trade Data by Teletransmission,UNCID)和适用于行政、商业、运输业 EDI 的联合国规则(United Nations Rules for Electronic Data Interchange of Administration,Commerce and Transport,UN/EDIFACT)。由联合国欧洲经济委员会发布的 EDIFACT 标准和规范已达近 200 个,它们大致分为基础类、报文类、单证类、代码类、管理类等。

UN/EDIFACT 的推出统一了世界贸易数据交换的标准,使得在全球范围内利用电子技术开展商贸活动成为可能。国际标准化组织也在这方面开展了大量的工作,并发布了国际标准 ISO9735。但这两种标准是互相融合的,UN/EDIFACT 标准中的一部分已被纳入到 ISO 标准中。UN/EDIFACT 标准比较偏重当前的应用,而 ISO9735 的标准则侧重未来的发展。

1. EDIFACT 标准三要素

(1)数据元

数据元(Element)是电子单证最基本的单位,在上下文中不可再细分。EDIFACT 标准对数据元的名称、使用范围、数据类型和长度做了详细的规定。每个数据元由一个四位的数字作为唯一标识,数据元的取值可以是字母数字串。数据元分为以下三类:

①基本数据元:含有单值的数据元,无需其他数据元辅助就能明确其含义;

②成分数据元：构成复合数据元的组成部分，成分数据元之间用“：”分开；

③复合数据元：由两个或多个成分数据元构成，具有完整明确的含义。

UN/EDIFACT 数据元目录是联合国贸易数据元目录的一个子集，收录了近 640 个与设计 EDIFACT 报文相关的数据元，并对每个数据元的意义都做出了解释。

(2)数据段

数据段(Segment)是由一组功能相关的数据元组成。有两种数据段：一种是用户数据段，它反映了电子单证上的一些栏目，如收货方、发货方、到货地点、到货时间等；另一种是控制数据段，也可称为服务数据段，它为电子传送提供信息服务，如报文的标题、报文的开始、报文的结束等。

UN/EDIFACT 的数据段有 100 多个。每个数据段都有一个名字作为标识，由三个大写字母组成，数据段结束用“'”表示。

(3)标准报文格式

标准报文应按照 EDI 句法规则书写，其内容是由数据段构成。它分成报文控制和报文内容两部分。大体的标准报文框架如下：

控制数据段	UNH 段——标题 BGM 段——报文开始 DTM 段——日期
用户数据段	段 1：数据元 段 2：数据元 …
控制数据段	UNT 段——报文结束

EDI 标准的语法规则主要描述了两个问题，一是如何将数据元组成数据段；二是如何将数据段组成标准报文。

2. EDIFACT 电子单证结构

电子单证是贸易各方针对特定交易而交换的一组信息，它由一系列数据段组成。一个数据段由段标识、数据元和段终止符组成。数据段相当于纸质单证中的一个栏目，段标识反映了该栏目的含义，即栏目的名称，数据元则是栏目中的内容。EDIFACT 电子单证格式如图 3-7 所示。UNH 是单证头；UNT 是单证尾；每个数据段包含了段标识、基本数据元、复合数据元；“'”是数据段分割符；“+”是段标识与数据元或数据元之间的分割符；“：”是成分数据元分割符。

电子单证中出现的段类型、段数量以及段顺序都是由单证的格式和含义决定的。在电子单证中，有的数据段是必备的，有的数据段是可选的，数据段还可以重复或嵌套出现。一个电子单证从整体上分为头部、细目部和总计部。头部数据段包含了与单证整体相关的信息，如台头、地址等；细目部数据段则描述了具体项目内容，如物品清单等；总计部表明了与交易量相关的数目上的总和。

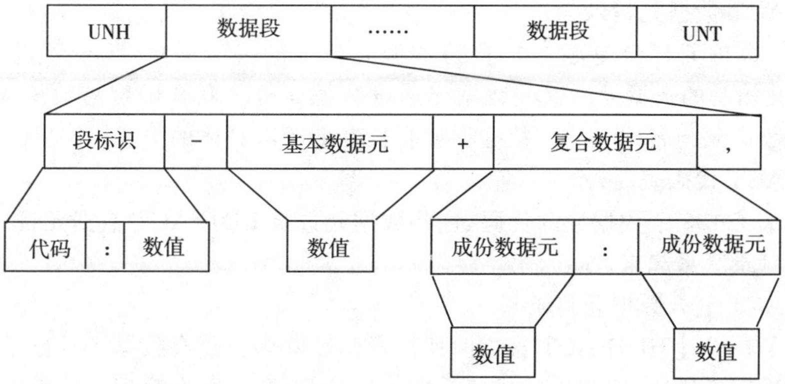

图 3-7 UN/EDIFACT 电子单证结构

3. EDIFACT 标准构成

UN/EDIFACT 标准包括一系列涉及电子数据交换的标准、指南和规则。在联合国推荐的《联合国贸易数据交换指南》中有详细描述，它包括以下十个部分内容：

(1)EDIFACT 语法规则(ISO9735、GB/T14805)

EDIFACT 语法规则包括了十个部分内容和三个附录。它以简略形式表述"用户格式化的数据交换的应用实施"的语法规则。其中，第一部分说明了标准的适用范围；第二部分罗列了相关标准；第三部分说明在此标准中用到的名词定义；第四部分说明了 EDIFACT 标准报文中用到字符集合的级别；第五部分分级列出 EDIFACT 标准的字符集；第六部分定义了 EDIFACT 标准报文的结构；第七部分涉及把单证转换成 EDIFACT 标准报文过程中对标准报文数据元的压缩；第八部分说明了设计 EDIFACT 报文时段重复的可能性；第九部分是关于设计 EDIFACT 报文时段的嵌套；第十部分是数字型数据元使用的规定。附录 A 载录了标准中特有名词术语的定义；附录 B 是 EDIFACT 报文中服务段的描述；附录 C 是段的先后顺序的说明。附录 A 与 B 同正文一道构成了 ISO9735，其中附录 A、附录 B 与正文一样，都具有标准的约束力。

(2)报文设计指南

报文设计指南为开发不同类型的报文提供了一种统一的方法，它的使用对象是联合国标准报文草案设计者、联合国标准报文的修改者和区域性国际标准报文的设计者。

这一指南分成八个部分内容，其中前三部分是对指南的说明介绍；第四部分是报文设计的总体规则，并按照报文的使用范围对报文类型进行划分；第五～第七部分从数据元选择入手，分层次地阐述了报文设计步骤，即数据元分析、段结构设计和报文结构设计；第八部分规定了报文格式的修改步骤，以及得到最新国际报文格式的办法。

(3)语法应用指南

该指南是 EDIFACT 语法规则使用的帮助信息，分成十一个部分内容。第一～第二部分是对指南的总体介绍；第三～第七部分的内容是：交换协议、EDI 专用名词术语、交换字符集的定义，对数据元、段和报文的要求，以及对 UN/EDIFACT 报文标准版本的规定；第八部分介绍了 EDIFACT 基本语法规则，规定了 EDIFACT 报文的结构、功能段组的结构和功能段组的功能；第九部分介绍了段的结构，并阐明了段压缩和嵌套的规则；第十、十一部分介绍了其他标准与 EDIFACT 标准相互转换的必要程序，EDIFACT 标准的支持与维护手段。

(4)EDIFACT 数据元目录

EDIFACT 数据元目录是联合国贸易数据元目录的一个子集,收录了近 640 个与设计 EDIFACT 报文相关的数据元。这些数据元通过数据元号与联合国贸易数据元目录相联系。目录中对每个数据元的名称、定义、数据类型和长度都予以具体的描述。

(5)EDIFACT 代码表

代码表收录了 103 个数据元的代码,这些数据元选自 EDIFACT 数据元目录,并通过数据元号与数据元目录联系起来。

(6)EDIFACT 复合数据元目录

目录收录了在设计 EDIFACT 报文时所涉及的 290 多个复合数据元。目录中对每个复合数据元的用途进行了描述,罗列出组成复合数据元的数据元,并在数据元后面注明其类型。注有字母 M 的,表示该数据元在此复合数据元中是必写的。注有字母 C 的,表示该数据元在此复合数据元中的出现与否是根据具体条件而定的。复合数据元通过复合数据元号与段目录相联系,组成复合数据元的数据元通过数据元号与数据元目录代码表相联系。

(7)EDIFACT 段目录

段目录定义了 220 多个报文中用到的段。目录中注明了组成段的简单数据元、复合数据元、段名和段标识。每个段通过段标识与 EDIFACT 标准报文相联系。简单数据元和复合数据元分别通过数据元号、复合数据元号与 EDIFACT 数据元目录、复合数据元目录相联系。

(8)EDIFACT 标准报文格式

EDIFACT 标准报文格式分成三级:0 级、1 级和 2 级。0 级是草案级,1 级是推荐草案级,2 级是推荐报文标准级。联合国欧洲经济委员会(UN/ECE/WP.4)每年对标准报文都进行增订,并通过各大洲的报告人向世界各国散发。每个国家都有权向本地区的报告人索取有关 EDIFACT 标准的材料。最初制订的标准报文是发票的报文格式。目前发票报文格式是 2 级报文,它分成四个部分:前三部分是发票报文格式的总体描述,规定了报文使用范围和报文中用到的专有名词的定义;第四部分是报文定义部分,规定了报文的结构,报文包含段的功能,段表和分支表。

(9)贸易数据交换格式构成总览

总览介绍了 EDIFACT 国际标准产生的背景,欲达到的目的和对用户的要求。

(10)适当的说明和解释

3.1.7 ANSI X.12 标准简介

20 世纪 60 年代,在美国国防部的支持下,由美国运输数据协调委员会负责制定的用于铁路、公路、海运和空运的 EDI 标准(TDCC),这是世界上第一个 EDI 标准。1975 年美国国家标准协会(ANSI)吸收和完善 TDCC 通用文件,在此基础上制定了适合各行业的通用标准——ANSI X.12 标准。1980 年成立了 X.12 鉴定标准委员会,下设 10 个分委员会,分别针对不同行业和功能,制定了相应的贸易文件格式和标准。X.12 包含了很多内容,如订单、发票、汇款通知书、询价单、报价单、材料发运单等,该标准在北美得到推广,并沿用至今。ANSI X.12 标准有比较完整的软件支持,使用起来非常方便。ANSI X.12 现已发布了 100 多个交易集标准。

1. 基本概念

(1)交易集与标准号

ANSI X.12 和 EDIFACT 的体系结构相似。在 EDIFACT 系统中,将特定的电子单证(如订单、发票等)称为报文,而在 ANSI X.12 系统中,称之为交易集。每一个交易集对应一个数字代码。常用单证的交易集如表 3-1 所示。

表 3-1 常用单证交易集

标准号	交易集代码	单证名称
X12.1	850	订单
X12.2	810	发票
X12.7	840	询价
X12.8	843	报价
X12.9	855	订单认可
X12.10	856	装货单
X12.12	861	收货通知
X12.13	832	价格/销售目录
X12.14	830	计划清单
X12.15	860	订单修改
X12.16	865	订单修改认可

(2)数据段与数据元

与 EDIFACT 标准中的概念类似,在 ANSI X.12 中每一行信息被称为数据段,而其中具体的单个信息被称为数据元。

(3)相关标准

ANSI X.12 提供了四种标准:交易集标准、数据段手册、数据元手册和语法标准。

2. 交易集标准

交易集标准描述了每一个电子单证的构成,包括数据段及其排列顺序,并且规定了必选型数据段和可选型数据段。另外,交易集标准还指出了数据段是否可以重复和重复次数。如表 3-2 表明了 850 订单交易集的结构。

表 3-2 850 订单交易集结构

数据段	必选/可选项	段重复次数	段循环次数
ST 交易集头	M	1	0
BEG 订单起始段	M	1	0
…	…	…	…
N1 名称	O	1	100
N2 名称附加信息	O	1	100

（续表）

数据段	必选/可选项	段重复次数	段循环次数
N3 地址信息	O	2	100
N4 地理信息	O	1	100
…	…	…	…
P01 订单基本信息	M	1	200
CTT 交易总计	M	1	0
SE 交易集尾	M	1	0

3. 数据段构成

数据段由多个数据元构成，并规定了排列顺序。除此以外，一个数据段还包括以下几个部分：

(1)数据段标识符。每个数据段都有一个唯一标识，用 2 个～3 个字母表示。

(2)数据元分隔符。最常用的分割符是“ * ”，它是每个数据元起始的标志。如果选择型数据元不出现，则在数据元的位置仍然要插入分割符。

(3)数据段终止符。通常用“N/L”表明一个数据段的结束。

4. 数据元

数据元手册定义了每个数据元的含义和结构。我们可以利用数据元图来描述一个具体的数据元，如图 3-8 所示。

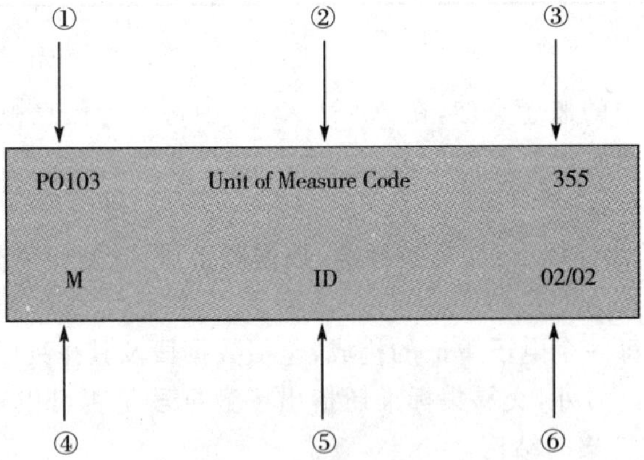

图 3-8 数据元图

①数据元参考识别符。数据段标识符跟着的两个有序数字。本例为 PO103。

②数据元标题。本例为“Unit of Measure Code”。

③数据元手册参考号。每个数据元都有唯一的索引参考号，通过参考号可以从数据元手册中查询到数据元的全部信息。本例为 355。

④数据元性质。每个数据元都具有以下三种性质之一。本例为强制型(M)。

■ 强制型(M)：该数据元必须在数据段中出现。

■ 可选型(O)：该数据元在数据段中可以出现，也可以不出现，取决于发送方的选择或交互双方的协商。

■ 条件型(C):该数据元的出现取决于某个数值,或取决于另一个数据元,或同时取决于上述两个因素。

⑤数据元类型。每个数据元的取值都有规定的类型,分为以下几种:

■ 数值型(Nn):N 表示数值,n 表示小数位数。

■ 小数型(R):对于整数,小数点可选;对于分数,小数点必选。

■ 识别符(ID):取自数据元手册中的特殊代码。

■ 字符串(AN):一串字符。

■ 日期(DT):格式为 YYMMDD。

■ 时间(TM):格式为 HHMM。

⑥数据元长度。允许数据元最少的字符数和最多的字符数。本例为 02/02,即最少的字符数是 2 个,最多的字符数也是 2 个。

3.2 ebXML 标准

ebXML 是 1999 年由联合国贸易促进及电子商务中心(UN/CEFACT)和美国结构信息标准高级组织(OASIS)共同开发的全球规范标准。多年来,全球 100 多个国家,2000 多个组织的 EDI 和 XML 专家参与了标准的制定工作,其规范的最初版本于 2001 年 5 月发布。

3.2.1 ebXML 的基本概念

ebXML 是一组支持模块化电子商务的规范集。它的目的是开发一个基于 XML 标准的电子商务基础构架,逐步拓展出统一的全球性电子交易市场,使每个加入 ebXML 体系的成员能够在一个相互兼容、安全和协调一致的环境下进行电子商务信息交换,实现跨行业的 B2B、B2C 交易,促进电子商务全球化。

1. ebXML 标准的优势

ebXML 同 W3C XML 技术规范完全保持一致,可以使贸易伙伴之间方便地交换采用 XML 编码的商业文件,在解决商务流程电子化的问题上显示出以下明显优势:

(1)电子商务全球化解决方案

全球化解决方案是当今扩大的市场运营的关键技术。ebXML 的理想目标是,实现有利于国际贸易的“单一的全球市场”。那么,首先是要简化现有的数据交换标准技术,然后需要协调不同的交易方式。这种简化和协调可以通过与核心部件相结合的方式开发商务元节点得以实现,从而适应不同国家和多国商务过程的需求,并支持向前和向后兼容 ebXML 的技术框架。另外,所有 ebXML 技术规范应能由某种语言(如英语)转换成其他的自然语言。

(2)可用性和互通性

ebXML 技术规范的可用性和互通性是商务全球化的最基本的要求。可用性和互通性的组成要素包括结构、传输、路由和组装、可扩展性,以及适当利用现有技术,而 ebXML 结构是其中最主要的要素。

ebXML 结构将支持整个商务过程,包括参与数据交换的双方必须在商务过程上下文连接方面执行相同的事务处理;共同的语义,即单词表述或表示不同而意义相同;共同的词汇,即单词和意义之间直接通信;共同的字符编码;共同的表述,即 XML 元素名称、属性及元素的利用、文件构成的方法都相同；共同的保密措施；共同的数据传送协议，以及共同的网络层。

(3)从现有的EDI和XML方案迁移

许多企业在基于现有标准的EDI和新的XML商务方面有相当多的投入。这些企业需要一种容纳基于现有传统标准的EDI解决方案和XML解决方案的机制和迁移途径。ebXML不仅提供从现有的EDI和XML解决方案迁移的途径，而且能够保证在开发ebXML技术规范方面优先实现最高程度的互通性。

2.ebXML标准的基本任务

(1)使电子商务简单容易，且无所不在；

(2)最大限度地使用XML；

(3)为B2B和B2C提供同样的开放标准，实现跨行业商业交易；

(4)将各种XML商务词汇的结构和内容放在单一的规范中；

(5)提供一条从EDI标准到XML词汇移植的途径；

(6)保持低廉的交易和运作成本；

(7)支持多种书面语言，并容纳国际、国内的通用规则。

3.ebXML技术体系架构的形成

ebXML标准为实现全球化电子商务这一构架提出了以下设计思想。

(1)建立商务流程及其相关信息模型的标准；

(2)建立注册、存储商务流程和信息元模型标准，实现共享和重用；

(3)建立交易伙伴相关信息的发现机制，包括商务流程、服务接口、商务信息、消息交换及安全；

(4)建立注册上述信息的机制，以方便发现和检索；

(5)建立标准的商务报文服务框架，保证贸易伙伴之间安全、可靠地交换报文；

(6)确定商业协议的描述方法，即合作协议协定配置；

(7)确定商业协议中约定的商务流程在消息中描述方式。

在这一思想的指导下，ebXML已经逐步形成了包括组成、设计规则和指南在内的比较完备的体系构架，主要分为五个部分，即贸易伙伴档案和协议、商务流程规范、注册表与知识库、消息服务、核心组件。

4.ebXML电子商务实施的一般过程

ebXML的实施过程可以分为三个阶段，即实施阶段、发现—检索阶段、运行阶段，如图3-9所示。

(1)实施阶段

这一阶段分为三步。①是企业A了解有关的商务文档，其中包括商务过程模型、术语、商务对象等；②是企业A根据有关规范和自身特点，创建符合要求的商务流程模型，建立基于ebXML的应用系统；③是企业A将自己的商务配置信息提交到ebXML注册表，其中描述了该企业的商务能力、约束和所支持的商务剧本。

(2)发现—检索阶段

实施阶段结束后进入发现—检索阶段。④是企业B在注册表中查找所需的交易和合作伙伴。假定发现了企业A，同样，企业A也发现了企业B。通过注册表双方互相了解，并决定成为贸易合作伙伴。⑤是企业B向企业A发出合作请求，企业A给予响应，双方通过交换合作协议配置文件，协商出一个合作协议协定，确定了事务处理、通信要求、意外事件处理方法和安全要求。

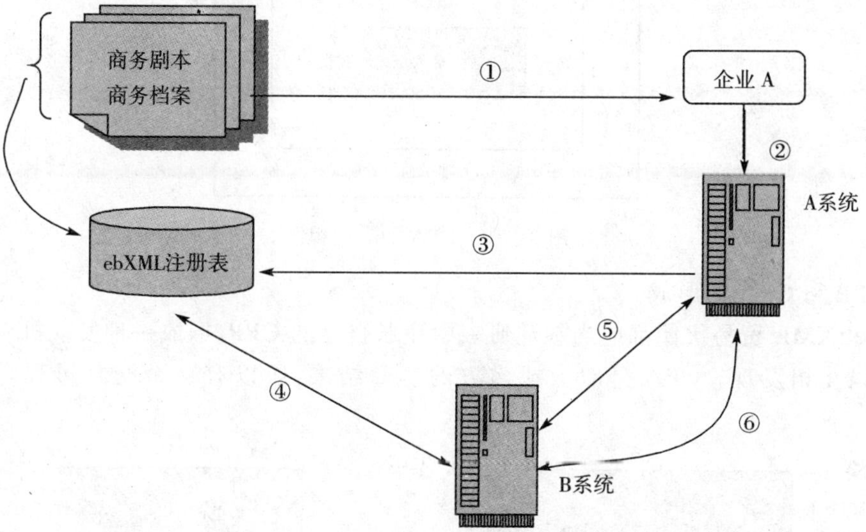

图 3－9 ebXML 电子商务实施过程

(3)运行阶段

⑥是双方利用 ebXML 进行电子商务贸易。在此阶段贸易伙伴是直接交换数据，而不需要访问注册表。

3.2.2 ebXML 贸易伙伴档案和协议

贸易伙伴档案和协议包括合作协议配置文件(Collaboration Protocol Profile,CPP)和合作协议协定(Collaboration Protocol Agreement,CPA)。

(1)贸易伙伴合作协议配置文件(CPP)

为了更方便地引导电子商务的运作，潜在的贸易伙伴需要一种机制对外发布他们所支持的商务处理流程，以及交换商务信息的技术实现细节。CPP 就是一个可以用来表达贸易伙伴能够支持的商务处理流程和服务接口的文档，而且也能够被其他 ebXML 兼容的贸易伙伴所理解。CPP 包含的基本信息有合同信息、行业分类、支持的商务流程、接口需求和消息服务需求、安全等实施细则。

(2)贸易伙伴合作协议协定(CPA)

CPA 是描述两个或多个 CPP 交集的文档，希望通过 ebXML 进行电子商务的贸易伙伴各方对此都表示同意，它的产生意味着两个或多个贸易伙伴的正式合作。从概念上讲，ebXML 支持一个具有三层子集的视图，如图 3－10 所示。最外层是贸易伙伴支持的所有能力，中间层是贸易伙伴愿意支持的能力，最内层是贸易伙伴之间达成的实际支持能力。CPA 主要描述了消息服务接口和贸易伙伴都同意的商务处理流程实施细则。

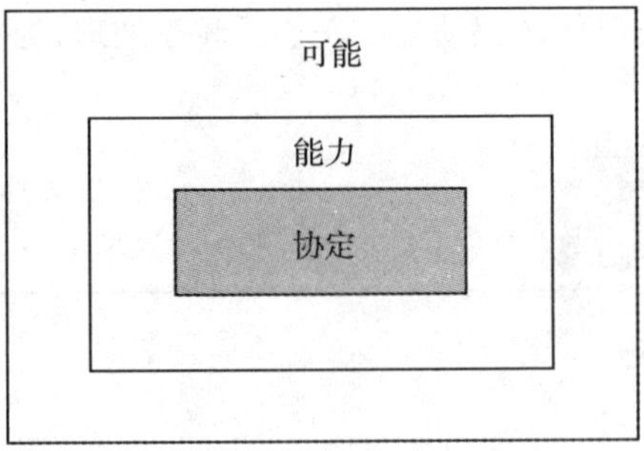

图 3-10　CPA 的三层视图

(3)CPP 和 CPA 的形成

每个 ebXML 贸易伙伴都应当在注册表中注册自己的 CPP,形成一种发现机制,使贸易伙伴之间可以互相发现。CPA 是双方或多方的协商结果,所以有一个交互过程,如图 3-11 所示。

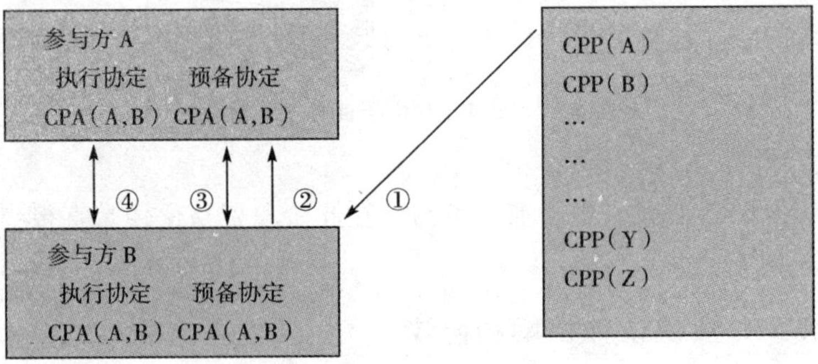

图 3-11　CPA 的形成过程

①参与方 B 从注册表中查找到参与方 A 的 CPP(A),并下载到自己的服务器中;

②参与方 B 生成 CPA(A,B),并将副本发送给参与方 A;

③双方协商,形成一致的 CPA(A,B);

④双方用确定的 CPA(A,B)配置自己的系统。

3.2.3　ebXML 商务流程规范

商务流程具体描述了贸易伙伴在合作中的角色、关系和责任,以及相互之间的交互方法。一个商务流程可以分解为多个可重用的核心过程,而商务信息可以分解为可重用的核心组件。

ebXML 商务流程规范描述了贸易伙伴进行合作时的互操作过程,提供了规范的元素命名集,其本质是用来规范运行时间阶段的商务流程。因此,商务流程规范可以被 CPP 和 CPA 所包含和引用。每个 CPP 都声明其所支持的商务流程规范中的一个或多个角色。在这些 CPP 文件和 CPA 协定中加入技术参数,可以全面规范贸易伙伴的运行时间软件。

商务流程规范建立在商务流程和信息模型基础之上,得到了一个被称为商务流程规范模式的标准框架的支持。所以,我们可以采用 ebXML 商务流程规范模式提取和格式化运行时间系统所需元素的命名集,形成商务流程规范,为 CPP/CPA 的形成奠定基础,最终获得面向商务服务的接口配置。它们之间的关系如图 3-12 所示。商务流程和信息元模型是一种机制，通过使用统一的建模理论让贸易伙伴能获取具体商务剧本的细节。当然，ebXML 商务流程规范也可以直接生成，而无需事先建立商务流程模型。

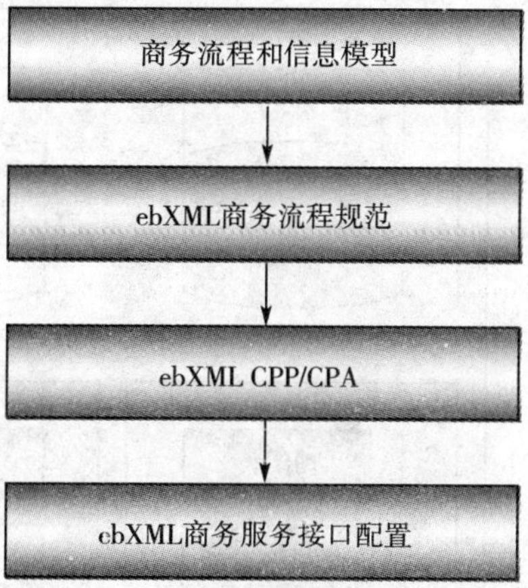

图 3-12 从商务流程规范到商务服务接口的形成

1. UN/CEFACT 建模方法学简介

建立商务流程和信息模型可以采用统一建模语言 UML 所支持的 UN/CEFACT 建模方法学(UN/CEFACT Modeling Method，UMM)。这样可以保证在创建商务流程时使用统一的方法。UMM 是以 ISO/IEC14662 所定义的开放式 EDI 参考模型为基础的，它利用 UML 描述了一个企业如何实现电子商务过程，形成了 UMM 元模型，且可以为同类型的其他企业共享。

UMM 使用两种视图来分析电子商务交易，分别是商务运作视图(Business Operation View，BOV)和功能服务视图(Functional Service View，FSV)。前者用来获取企业间的商务关系，强调商务数据和数据交换的语义，以及商务交易架构，包括运作约定、协议和协定、相互的义务和需求；后者集中描述服务能力、界面和协议，强调功能、商务服务接口、协议和消息服务。

(1)BOV

如图 3-13 所示，商务合作知识从包含通用商业模型的主数据库中获得，其中有数据定义、商务流程定义，以及相关行业的商业术语、分类或分类的交叉引用，它们常采用非常中性的语言进行表述。

第一阶段，使用用例图来定义需求。如果主数据库的记录在相关的注册表中存在，则可以直接运行。否则，将在主数据库中生成新记录，并在注册表中注册。

第二阶段，通过分析生成描述整个商务流程的活动图。类图用来获取相关的数据包(商务文件)。分析阶段反映了主数据库中所包含的商务知识，不需要使用面向对象的原则。

第三阶段，利用 UMM 方法实现标准化，在生成协作图的同时，生成顺序图。第二阶段产生的类图应当与同行业和交叉行业所使用的模型保持一致。

(2)FSV

如图 3-14 所示，注册表中存储了商务流程和信息模型、核心组件和 CPP，交易参与方可以获得潜在伙伴的 CPP，也可以提交自己的 CPP。该视图还反映出，在 ebXML 模型和文档、CPA 的共同作用下，交易参与方可以创建自己的商务服务接口，最终产生符合 ebXML 框架的应用程序。此外,FSV 还能够表现贸易伙伴的注册、发现和检索等过程。

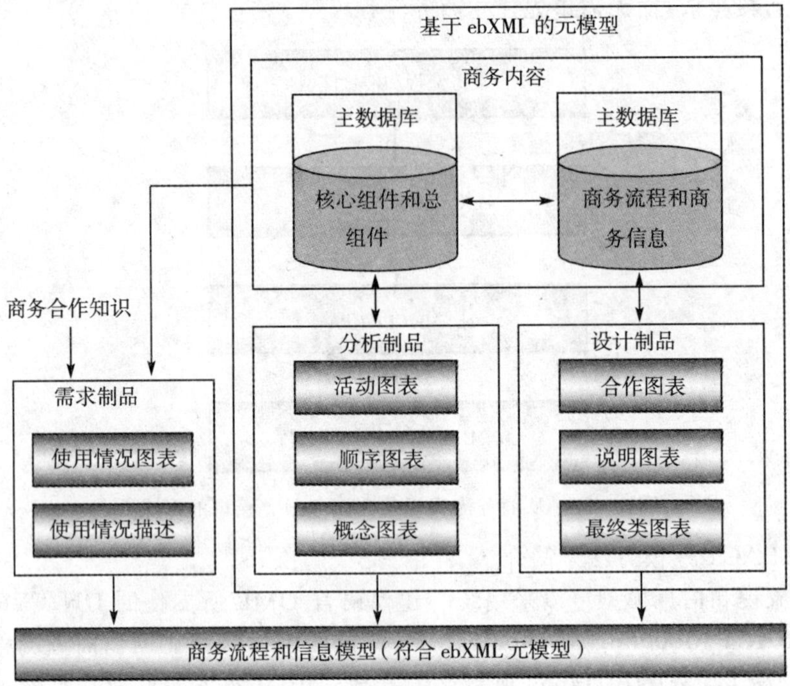

图 3-13　利用 BOV 构造商务流程和信息模型

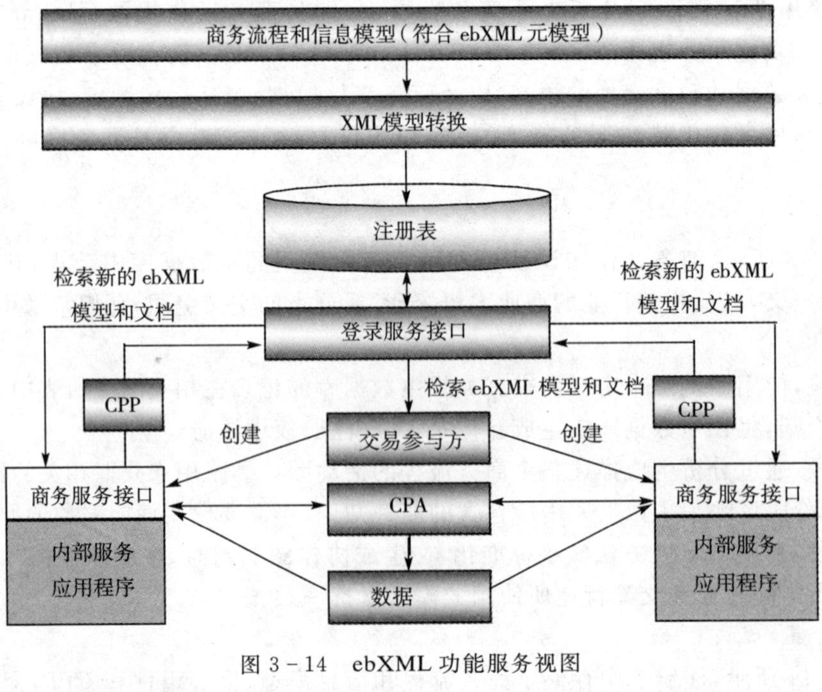

图 3-14　ebXML 功能服务视图

2. ebXML 商务流程规范模式

ebXML 商务流程规范模式为商务流程规范提供了一个标准框架,支持商务交易规范的形成，以及从交易到合作的转换。商务流程规范模式包括一组标准样式和通用的建模元素组，每个商务交易都可以采用其中的标准样式来实现。

如图 3-15 所示，商务流程规范模式主要由以下四个功能组件构成。

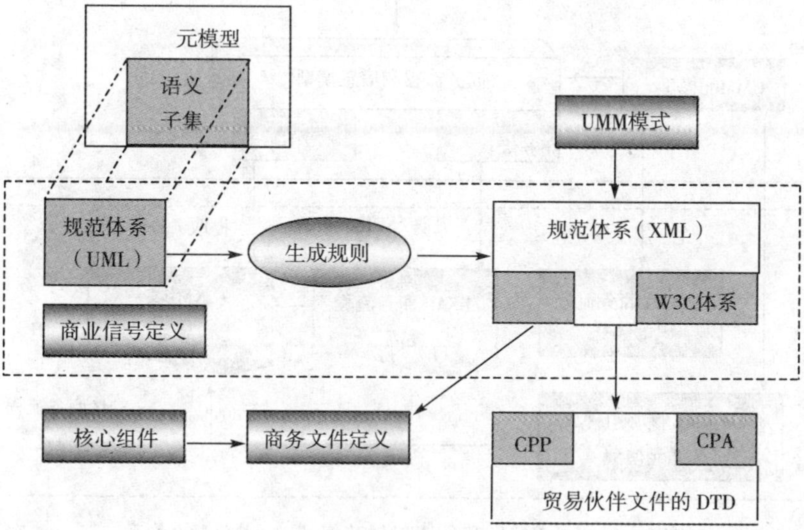

图 3-15 ebXML 商务流程规范模式

(1)UML 版本规范体系。它是 UN/CEFACT NO90R9.1 中定义的 UMM 元模型的语义子集，只是 UML 类图表，不能用来直接生成商务流程规范，而是生成商务流程规范所需要的所有规范元素和关系声明。

(2)XML 版本规范体系。它提供了基于 XML 的商务流程规范的实例。用户可以直接生成商务流程规范的 XML 文件，也可以选择其他规范方式并利用生成规则形成 XML 文件。

(3)生成规则。它定义了 ebXML 商务流程规范从 UML 版本到 XML 版本的映射，即确定了从 UML 类图到 DTD 的变换规则。

(4)商业信号。它是应用层的文件，主要内容是交易的当前状态，这些信号有明确的商务目的，并从低层的协议和传输信号中分离出来。商务信号的结构是统一的，不随交易的变化而改变。因此，只需一次定义就可以作为所有交易中商务流程规范模式的一部分。

3. ebXML 商务流程规范模式与 UMM 的关系

UMM 元模型是对商务语义的描述，可以支持一系列商务流程，使得贸易伙伴采用一致的方法来捕捉具体的商务剧本（商务流程）的细节。伙伴之间的交互遵循已编制好的商务交易集，其中的每个交易表述了电子商务文件的一次交换，这种商务文件由可重用的商务信息对象组成。一个特定的商务流程由通用商务流程组成，而商务信息对象由可重用的核心组件构成。通用商务流程和商务信息对象都存在于 UMM 商务库中。

图 3-16 给出了 ebXML 商务流程规范模式与 UMM 的关系。采用 UMM 方法学，提取 UMM 商务库的内容，用户可以生成基于 UMM 元模型的商务流程和信息模型。由于 ebXML 商务流程规范模式是 UMM 元模型的语义子集，所以用户可以从商务流程和信息模型中直接提取所需的元素和关系，并将其转化为 ebXML 商务流程规范。

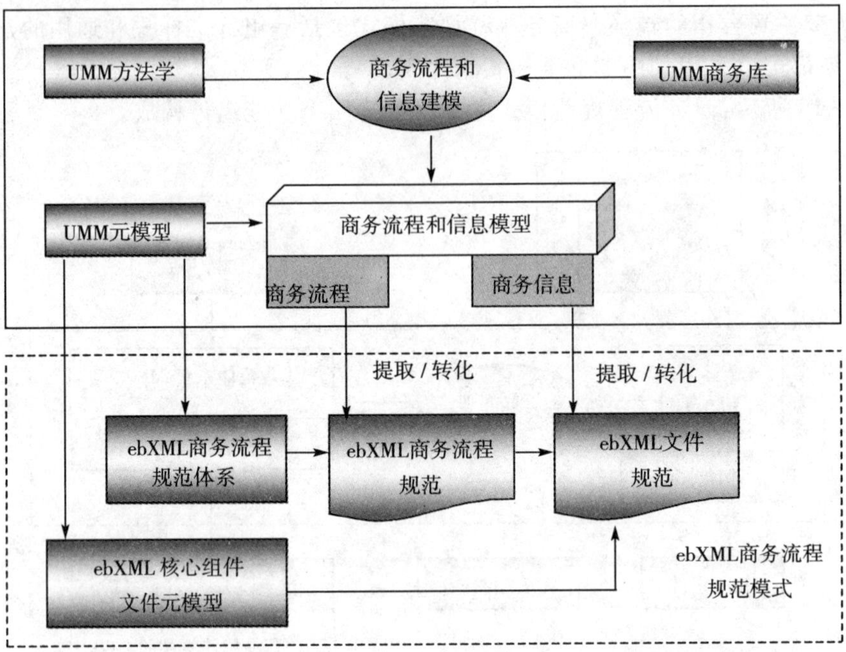

图 3-16　ebXML 商务流程规范模式与 UMM 的关系

3.2.4　ebXML 注册表与知识库

注册表与知识库是 ebXML 应用的关键。在商务流程合作中，注册表提供了贸易伙伴所需信息的共享服务，而这些信息作为对象存储在知识库中，并由注册表进行管理。

注册表与知识库可以存储任意类型的电子文件，如 XML 文档、文本文件、图像、视频等等。每个具体的文件就是知识库中的“物品”，包括行业流程、消息等，这些“物品”的清单目录被存储在注册表中。另外，一些标准元数据也存储在注册表中，包括定义贸易伙伴间交换数据的词汇表，它们可以用来描述“物品”。

在注册组件中有一个连接已注册项目原数据的接口，通过注册服务中的 API 可以访问 ebXML 注册。注册服务的整体架构如图 3-17 所示。ebXML 注册表中所有的项目都被分配一个统一标识符(UID)，或使用全球统一标识符(UUIDs)，以确保注册项目在全球范围内是唯一的。当通过 UUIDs 检索时，仅得到一个结果。

3.2.5　ebXML 消息服务

ebXML 消息服务机制提供了一种标准的方法，实现贸易伙伴之间商务消息的交换。它提供了一种非常可靠的方式，且不依赖于技术和解决方案。ebXML 消息由消息头和有效数据负载组成，再加上消息封装和传输封装，其结构如图 3-18 所示。

ebXML 消息服务在逻辑上分为三个层次，即抽象的消息服务接口、消息服务功能、传输服务的映射。如图 3-19 是对这一逻辑层次的进一步解析，形成了 ebXML 消息服务构架。

贸易伙伴在利用 ebXML 进行商务过程时，可以使用多种不同的传输协议进行消息交换，包括 HTTP、SMTP、FTP 等。ebXML 消息服务提供了一种安全、稳定、可靠的机制，对数据负载的内容不做任何限制，不仅支持简单的(单路径)和请求/回复(同步或异步)的消息交换，还能在多负载、多消息时支持负载的排序。

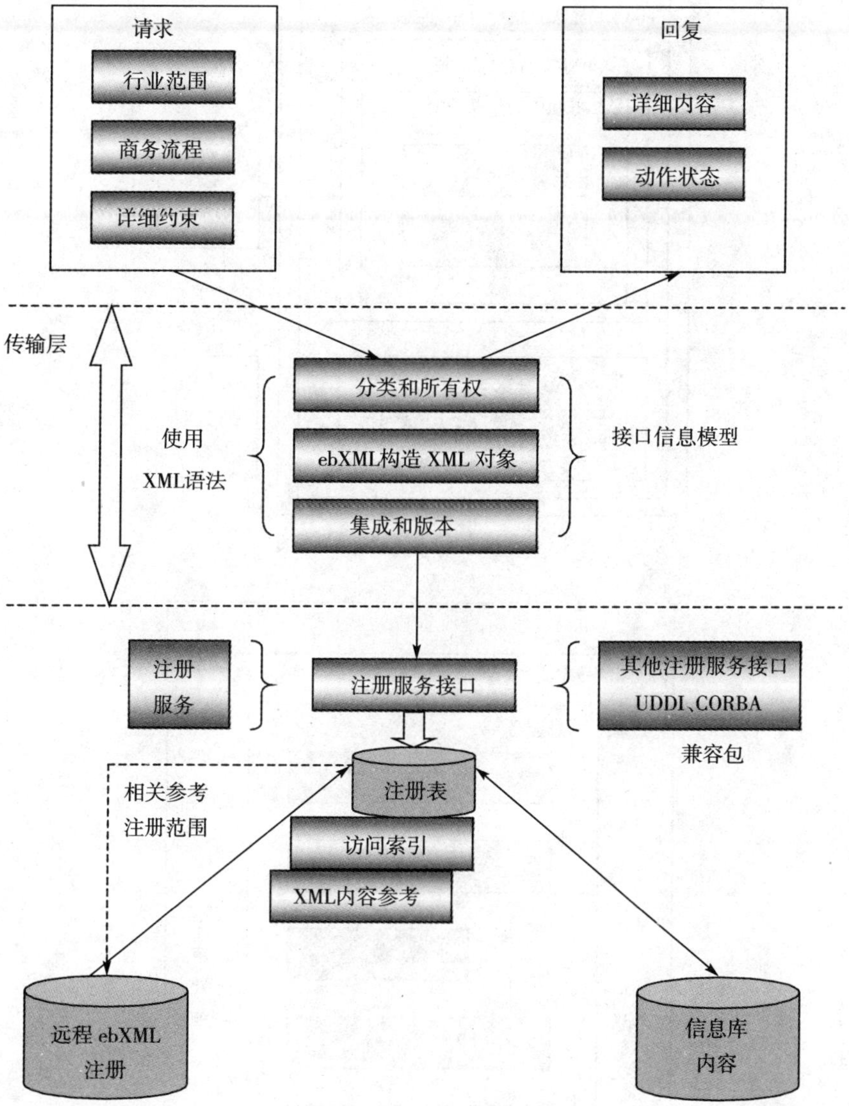

图 3-17　注册服务的整体构架

ebXML 消息服务还执行许多安全功能，包括识别、鉴别、授权(存取控制)、加密、完整性检查(消息签名)、防抵赖性、日志记录。

ebXML 消息服务的接口功能包括发送 ebXML 消息(参数值从消息头中获得)、同意接收 ebXML 消息、通知事件、查询 ebXML 消息交换方法。ebXML 消息服务还与内部系统相连接，包括内部系统中已接收消息的路径和出错通知。

3.2.6　ebXML 核心组件

为了实现互操作性，ebXML 定义了一系列公共的数据条目，它们是多个商业领域都出现的业务对象，同一条目在不同的领域具有相同的含义，所以可重用。我们称这些公共数据项为核心组件。

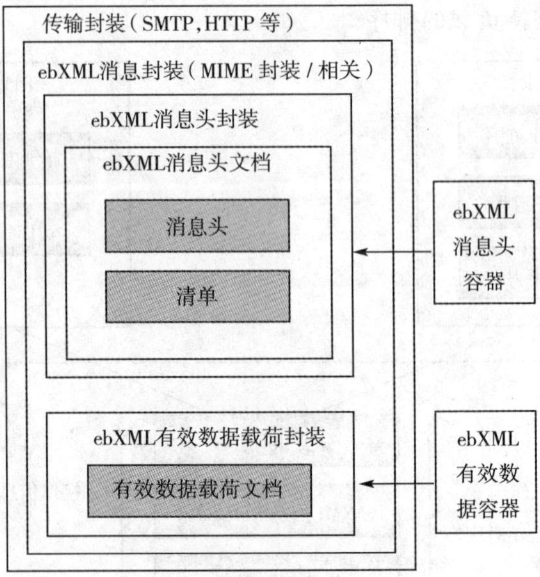

图 3－18　ebXML 消息结构

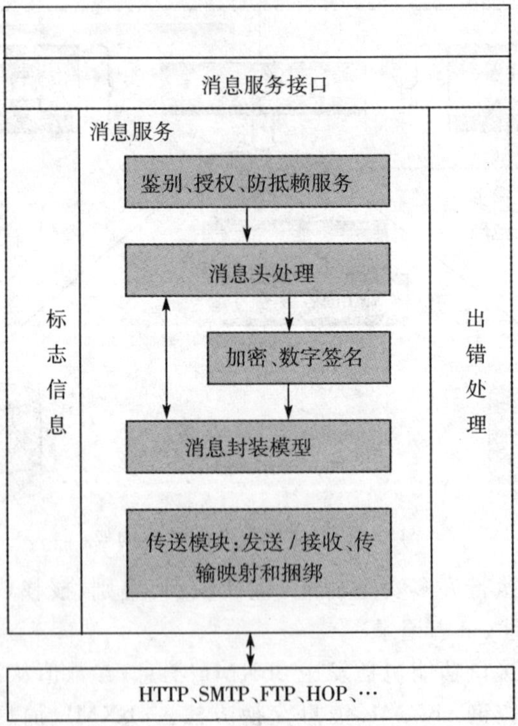

图 3－19　ebXML 消息服务构架

核心组件捕捉了现实世界中商务概念的情形，及其与其他商务信息对象、内容描述之间的关系，描述了核心或聚集信息实体在具体的 ebXML 电子商务剧本中的使用。核心组件可以是一个独立的商务信息块，也可以是商务信息对象的聚集实体。核心组件被唯一标识，并具备以下基本功能：

(1)利用 ebXML 注册机制可以存储和检索；

(2)获取并存储电子商务所需的基本信息;

(3)使用 XML 句法进行描述。

如图 3-20 所示描述了核心组件的框架构成,涉及以下四类核心组件。其中的数据类型定义了特定基本核心组件的属性或商务信息实体属性值的范围。

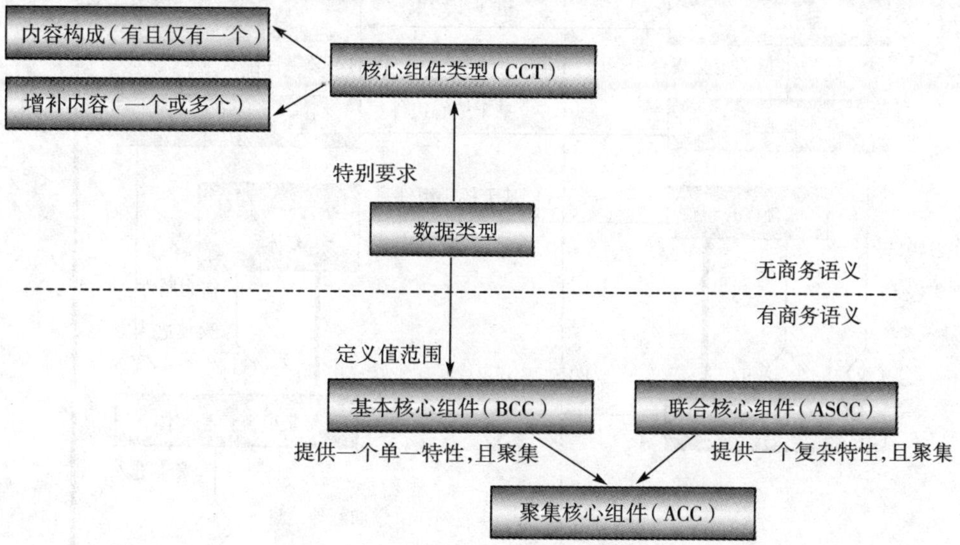

图 3-20 核心组件的框架构成

(1)基本核心组件(BCC):该组件具有单一的商务特征和唯一的商务语义定义,用于组成表示对象类的特定聚集核心组件。

(2)联合核心组件(ASCC):该组件具有复杂的商务特征和唯一的商务语义定义,用于组成表示对象类的特定聚集核心组件。

(3)核心组件类型(CCT):该组件没有商务语义,是构成实际内容的主要成分,也可以是额外定义主要成分的辅助成分。

(4)聚集核心组件(ACC):传达不同商务意思的商务信息片的联合体,独立于特定的商务情形。

核心组件与商务信息实体有着密切联系。核心组件可以用来定义商务信息实体,所以商务信息实体是在特定商务情形中使用核心组件的结果。如图 3-21 描述了核心组件与商务信息实体之间的关系。

基本商务信息实体描述了一个在特定商务情形中特定对象类的单一商务特征的商务信息实体,具有唯一的商务语义定义。基本商务信息实体来源于基本核心组件,其属性值用数据类型表示。

联合商务信息实体描述了一个在特定商务情形中特定对象类的复杂商务特征的商务信息实体,具有唯一的商务语义定义。联合商务信息实体来源于联合核心组件,可以作为聚集商务信息实体的属性。

聚集商务信息实体是一个或一组在特定商务情形中定义的具有唯一商务语义的商务数据,它是有关商务信息的聚合。若用建模术语表述,则聚集商务信息实体是特定商务情形中的一个对象类。

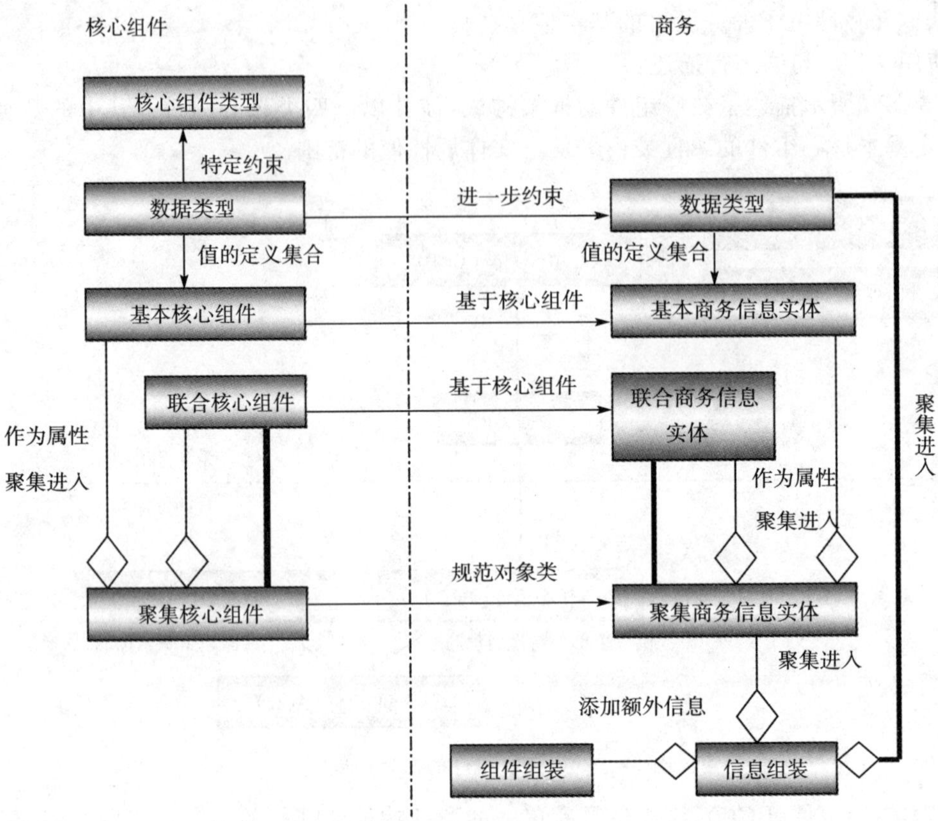

图 3-21 核心组件与商务信息实体的关系

3.3 RosettaNet 标准

全球电子商务联盟组织 RosettaNet 是一个致力于开发和实现全行业开放式电子商务流程标准的非赢利性企业联盟。RosettaNet 充分利用现有的开放式电子商务标准、指导方针和规范，以实现跨平台、跨应用和跨网络的通信，形成一个更高标准的体系，以增强业务流程的互用性，创建跨企业的电子商务架构。

3.3.1 RosettaNet 概述

RosettaNet 于 1998 年 2 月在美国成立。作为全球高科技领域的先进电子商务标准体系，RosettaNet 已在全球超过 500 家的成员单位中得到了广泛应用，包括 IBM、英特尔、摩托罗拉、微软、甲骨文等全球知名的跨国公司，涉及一些世界领先的电子组件、计算机和日用电子、半导体制造、电信及物流企业。通过在全球高科技企业中实施 RosettaNet 的电子商务标准，使得企业之间的电子商务和供应链体系的运作更加高效。

RosettaNet 为电子商务标准化提供了一个健壮的、非专有的解决方案，采用一种通用语言，即电子化业务信息共享标准，开辟了多条无障碍通信渠道。通过遵循这些标准，贸易合作伙伴、解决方案提供商和系统集成商可以利用相关的专业技术和经验，从可重复规范和准则的全局框架中受益。RosettaNet 标准不仅可以使企业降低运营成本、提高生产效率，而且还与贸易伙伴建立了灵活的协作关系。RosettaNet 的主要目标集中在供应链优化上，允许贸易伙伴之间开展大规模的协作和交流，在 Internet 上实现业务流程自动化。

RosettaNet 与 EDI 之间的主要区别在于：前者是跨网络定义业务流程并集成，而后者是在贸易伙伴之间交换文档；RosettaNet 与 ebXML 之间的差别在于作用域：前者是一个纵向标准，即关注特定行业的需要，以及供应链自动化和优化的业务，后者是一个横向标准，即有一组用于所有电子商务的规范。

RosettaNet 标准体系由三部分构成：合作伙伴接口程序（Partner Interface Processes，PIPs）、字典（Dictionaries）、实施框架（RosettaNet Implementation Framework，RNIF）。PIPs 是系统对话的接口，定义了供应链伙伴之间的业务流程和消息格式；字典为贸易伙伴的商务活动提供通用词汇，包括消息中元素的说明和各种产品表述方法的规定；RNIF 用于制订信息交流的握手协议。在这三部分共同作用下，贸易伙伴实现了一致的信息交换过程，如图 3－22 所示。

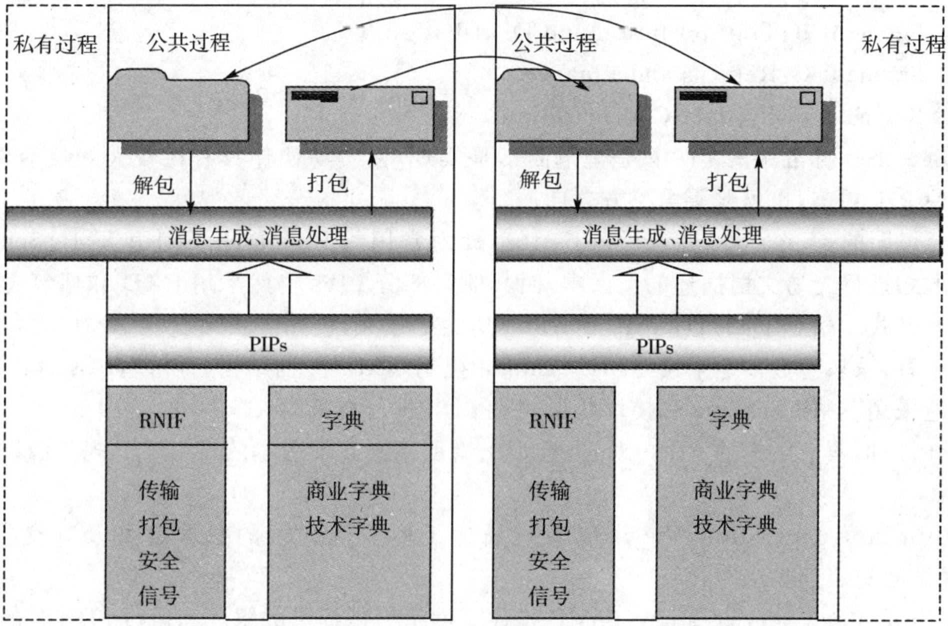

图 3－22 RosettaNet 标准下贸易伙伴的交互过程

首先，企业利用 RosettaNet 规范建立公共商业过程环境。然后，贸易伙伴之间协商 PIP 的使用，制订出贸易伙伴协议（TPA）。最后，按照商业操作和信号消息的规范，顺序执行每个 PIP 事件。

3.3.2 合作伙伴接口程序

合作伙伴接口程序（PIP）是一种基于 XML 的交易流程程序，或者说是贸易伙伴进行交换的表现形式和消息内容。每一套接口程序包含了带有标准词汇的商业文件和含有信息的商务流程。所以，PIP 是一组常规的、标准化的，旨在为各贸易伙伴指定业务文档结构和格式、活动、操作、角色的封装业务流程。

RosettaNet 将 PIP 指定的电子商务供应链领域划分为七组被称为“集群(Cluster)”的核心业务流程和一组用于管理的“集群”。这些集群分别用来实现伙伴产品与服务监视、产品信息、订单管理、库存管理、市场信息管理、服务和支持、制造、管理等功能。每个集群又由两个或多个段(Segment)组成，段是相关的功能组。每个段可进一步划分为若干个 PIPs，而 PIP 就是系统之间基于 XML 的对话。每个 PIP 都定义了一个或多个活动(Activity)，活动是贸易伙伴之间的业务信息交换，又指定了操作(Action)，每个操作都映射到商业文档(Business Document)。集群、段、PIP 及其下属的活动、操作之间的层次关系由下例可以说明。

Cluster 3：Order Management
  Segment A：Quote and Order Entry
    PIP 3A1：Request Quote
      Activity：Request Quote
        Action：Quote Request Action
        Action：Quote Confirmation
  Segment B：Transportation and Distribution
  Segment C：Returns and Finance
  Segment D：Product Configuration

RosettaNet 标准中的 PIP 只是规范而不是实现，使贸易伙伴具有比较大的灵活性，既可自己实现 PIP 规范，也可购买第三方软件。

需要说明的是，在 2005 年前后，RosettaNet 对常用的 PIPs 推出了利用 XML Schema 和模块化形式进行交易文档描述的新版本，而其他大部分 PIPs 仍然采用 DTD 和标签树的形式描述消息格式。相对于 DTD，XML Schema 功能更强大，使用更灵活。从 XML 语言本身发展趋势来看，未来将更多地采用 XML Schema 控制 XML 文档结构。所以，RosettaNet 今后将更多地采用 XML Schema 和模块化形式对 PIPs 进行规范。

另外，新旧两个版本的 PIPs 规范在组成上有所不同。旧版本的每个 PIP 规范由以下三部分组成：

(1)Business Operation View(BOV)：描述了商业活动中的数据含义及其交换流程。BOV 通常附有流程图。

(2)Functional Service View(FSV)：描述了网络组件提供的服务和执行 PIPs 时的必要交互。FSV 由 BOV 派生而来，包括一个 PIP 中的所有会话。

(3)Implementation Framework View(IFV)：规定了交互文档的消息格式和贸易伙伴之间的通信要求。消息格式的规定在相应的 XML DTD 和 消息指导(Message Guideline)中。通信要求包括安全的传输协议，如 SSL 和数字签名。要注意，RosettaNet 联盟旨在使用 W3C XML－Schemas 来定义未来的 Action 和 Signal 消息的结构。

新版本的每个 PIP 规范由以下两部分组成：

(1)商业过程(Business Process)：描述了商业活动中的数据含义及其交换流程。BOV 通常附有流程图。

(2)网络和实施规范(Network and Implementation Specification)：规定了交互文档的消息格式和贸易伙伴之间的通信要求。关于消息格式的规定，RosettaNet 分别以 word 文档和 XML Schema 的形式对各个模块进行了描述。

3.3.3 RosettaNet 字典

RosettaNet 字典是一个公共词汇表，它为供应链上的企业开展电子商务提供了一个标准的术语集，对流程中各个 PIPs 所用到的元素进行了统一的定义，从而避免了由于术语不统一所带来的混乱或误解。目前，RosettaNet 有两中字典，即商务字典和技术字典，可用来满足不同 PIPs 的需求。

1. 商务字典

RosettaNet 商务字典主要描述了基本业务中常用元素的属性，这些元素包括各个 PIPs 中的业务关系和业务数据等。虽然不同行业在业务逻辑和业务处理方面有很大差别，但是在 RosettaNet 架构中共用一个商务字典。RosettaNet 商务字典将基本业务的常用元素分为以下五类：

(1)业务数据实体

业务数据实体(BusinessDataEntities)是若干个业务属性的集合，这类元素包含了业务描述(BusinessDescription)、合作伙伴描述(PartnerDescription)等。表 3-3 给出了部分业务数据实体元素的描述信息。

(2)基础业务数据实体

基本业务数据实体(FundamentalBusinessDataEntities)需要明确赋值，这类元素包括账号(AccountNumber)、日期时间戳(DateTimeStamp)、电子邮件地址(EmailAddress)无格式文字(FreeFormText)等。表 3-4 给出了部分基础业务数据实体元素的描述信息。

表 3-3 业务数据实体的部分元素描述

Name	Definition
AccountDescription	The collection of business properties that describe a customer or supplier account.
BusinessDescription	The collection of business properties that describe a business identity and location.
ContactInformation	The collection of business properties that provide communication and address information for contacting a person, organization or business.
OrderStatus	The collection of business properties that describe the fulfillment and shipping status of ordered products.
PartnerDescription	The collection of business properties that describe a business partner' identity, their contact information, where they are physical located and their function in a supply chain.

表 3-4 基本业务数据实体的部分元素描述

Name	Definition	Type	Min	Max	Representation
AccountNumber	Identification number of an account.	String	1	35	
DateTimeStamp	Specifies an instance in time. Base on the ISO8601 specification where "YYYY" represents the year, "MM" the month and "DD" the day. The letter "T" is the date/time separator and "hh", "mm", "ss. ssss" represent hour, minute and second respectively. This representation is immediately followed by a "Z" to indicate Coordinated Universal Time. Informal format: YYYYMMDDThhmmss.	DateTime	13	20	9(8)X9(6) V9(3)X
EmailAddress	Electronic mail address.	String	1		
FreeFormText	Unformatted text.	String	1		
GlobalBankIdentifier	A unique bank identifier such as an ISO standard Bank Identifier Code (BIC) of which SWIFT (Society for Worldwide Interbank Financial Telecommunication) is the registration authority.	String	8		

(3)定量基础业务数据实体

定量基础业务数据实体(QuantitiveFundamentalBusinessDataEntities)类的元素共有六个,即高度(HeightDimension)、长度(LengthDimension)、数量(Magnitude)、体积(VolumeDimension)、重量(WeightDimension)、宽度(WidthDimension)。表 3-5 给出了定量基础业务数据实体元素的描述信息。

表 3-5 定量基础业务数据实体的元素描述

Name	Definition	Type	Min	Max	Representation
HeightDimension	Vertical dimension of an object when object in the upright position.	Real	1	15	9(13)V99
LengthDimension	Largest horizontal dimension of an object measured when the object in the upright position.	Real	1	15	9(13)V99

（续表）

Name	Definition	Type	Min	Max	Representation
Magnitude	A numerical quantitative measure express usually as a multiple of a standard unit.	Real	1	15	9(13)V99
VolumeDimension	Volumes of regular solids are those that have well defined dimensions of length, width, height, and diameter that can be measured with a suitable instrument such as a metric ruler. A suitable geometric formula may then be applied to obtain the volume.	Real	1	15	9(13)V99
WeightDimension	The weight of an artifact	Real	1	15	9(13)V99
WidthDimension	Shorter measurement of the two horizontal dimensions with object in the upright position.	Real	1	15	9(13)V99

(4)业务属性

业务属性(BusinessProperties)元素说明了业务过程中需要的信息。表 3-6 给出了部分业务属性元素的描述信息。

表 3-6　业务属性的部分元素描述

Name	Definition
acceptedQuantity	The quantity of units accepted upon receipt of a shipment.
additionalDescription	An additional description of a process, thing, action, etc. used of clarify or enhance and existing description.
beginTime	The start time of a time period.
billTo	The party that will pay the invoice.
financialReferenceIdentifier	A proprietary unique identifier that represents a financial document.

(5)实体实例

实体实例(EntityInstances)给出了一些元素的可选取值,也就是这些元素的代码表,元素的取值只能是表中的对应代码。表 3-7 给出了部分实体实例元素的描述。

2. 技术字典

RosettaNet 技术字典提供了一种公共语言,用来定义与形式、动作、功能相关的产品和服务属性,使制造商、分销商、代理商更容易描述产品的属性,如产品分类、特性、各种数值等。RosettaNet 技术字典的最新版本于 2006 年推出,涵盖了电子元件、信息技术,以及半导体行业供应链中所涉及的所有产品、组件或设备的定义和与服务相关的属性。

表 3－7 实体实例的部分元素描述

Entity	Instance	Definition
ComparisonExceptionDataItemTypeCode	Commit	Product quantity which is in response to a forecasted demand.
ComparisonExceptionDataItemTypeCode	Cumulative Gross Demand	A number which continues to increase over a period of time representing product requirements that have had no deductions.
CComparisonExceptionDataItemTypeCode	Discrete Gross Demand	A non cumulative number representing product requirements that have had no deductions.
CComparisonExceptionDataItemTypeCode	Discrete Net Demand	A non cumulative number representing product requirements that have had deductions made from it.
CComparisonExceptionDataItemTypeCode	Projected Available Inventory	The planned quantity of product that will be accessible in stock. Also known as Estimated Stock.
CWorkOrderTypeCode	Engineering	System Development Process for the device.
CWorkOrderTypeCode	Pilot	Pilot production for the device
CWorkOrderTypeCode	Pre－production	The phase just before mass production
CWorkOrderTypeCode	Process Qualification Check	Check for the process qualification
CWorkOrderTypeCode	Production	Mass production phase for the device
CWorkOrderTypeCode	Research and Development	Research and Development phase for the device
CWorkOrderTypeCode	Service	Special service request by the customer
CWorkOrderTypeCode	Test	Test phase for the phase

3.3.4 RosettaNet 实施框架

RosettaNet 实施框架可以用来辅助电子商务系统实现者和解决方案提供者创建或实现协同执行 RosettaNet PIP 的可互操作的软件应用程序组件。通过遵守 RNIF 规范，他们可以确保其应用程序能与经营同一业务的贸易合作伙伴进行集成。RNIF 规范了业务消息的构成、消息打包与解包的过程、传输协议、安全措施和 PIP 活动的交互过程等内容。RNIF 2.0 版本还提出了传输独立性的概念，以确保 RosettaNet 业务消息以不变的形式从发送方传输给贸易合作伙伴。目前，RosettaNet 为 HTTP 和 SMTP 传输协议指定了传输绑定和其他细节。为了确保所有贸易合作伙伴都能应用一种以上的传输协议，所有解决方案提供者都必须至少支持 HTTP 传输协议。RNIF 2.0 的核心是 RosettaNet 业务消息规范。

1. RosettaNet 业务消息的构成

RosettaNet 业务消息由引导、传送头、服务头、服务内容和附件几个部分构成，除附件以外均为 XML 格式文档。用于打包和解包的多用途网际邮件扩充协议（Multipurpose Internet Mail Extension protocol，MIME）不在其中，服务内容的组成在每个具体 PIPs 中作了相应的规定。业务消息结构如图 3-23 所示。

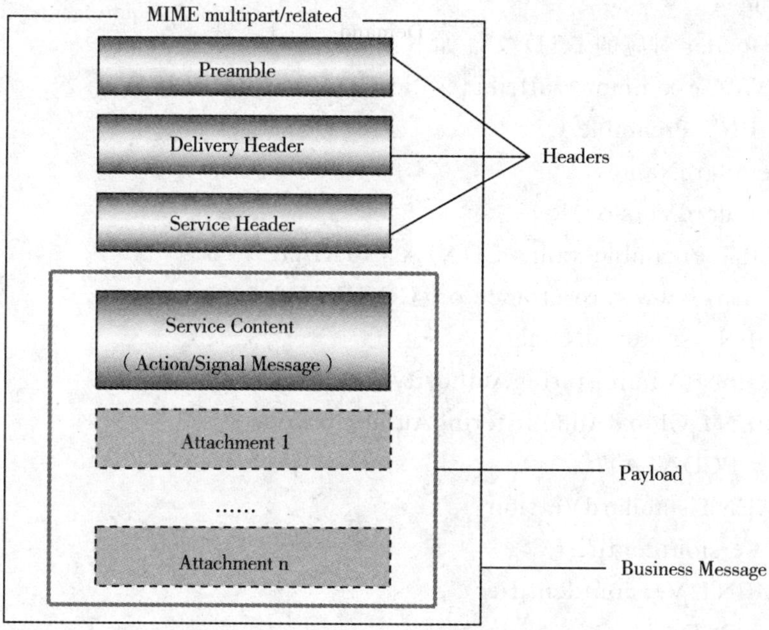

图 3-23 RosettaNet 业务消息结构

引导标识了消息结构遵循的标准，传送头给出了消息的发送者和接收者，服务头描述了消息所属的 PIP、PIP 事件、活动和操作。所有 RosettaNet 业务消息必须包含引导、传送头、服务头和服务内容文档。如果服务内容定义一个操作消息，则它可能还包括一个或多个附件。RosettaNet 业务消息使用 MIME 或 S/MIME 将几个部分构造打包在一起。

2. 头信息格式和规范

RosettaNet 头信息均为 XML 文档，且有相应的 DTD 文档。以下分别介绍三个信息头的规范。

(1)引导规范

引导用来标识消息结构所遵循的标准及其版本号。所有 RosettaNet 业务消息必须包含引导,其结构必须与相应的 DTD 相符合。引导中元素的取值在所属活动发送第一条消息时由发送者给定,在接下来的往来消息中引导是固定的,不能被修改。

Preamble Header XML 文档如下:

```
<? xml version="1.0" encoding="UTF-8"? >
<! DOCTYPE Preamble SYSTEM "Preamble_MS_V02_00.dtd">
<Preamble>
    <standardName>
        <GlobalAdministeringAuthorityCode>RosettaNet
        </GlobalAdministeringAuthorityCode>
    </standardName>
    <standardVersion>
        <VersionIdentifier>V02.00</VersionIdentifier>
    </standardVersion>
</Preamble>
```

Preamble Header 对应的 DTD 文件如下:

```
<! ENTITY % common-attributes "id CDATA #IMPLIED">
<! ELEMENT Preamble (
        standardName,
        standardVersion)>
<! ATTLIST Preamble xmlns CDATA #FIXED
        "http://www.rosettanet.org/RNIF/V02.00">
<! ELEMENT standardName
        (GlobalAdministeringAuthorityCode)>
<! ELEMENT GlobalAdministeringAuthorityCode
        (#PCDATA)>
<! ELEMENT standardVersion
        (VersionIdentifier)>
<! ELEMENT VersionIdentifier
        (#PCDATA)>
```

(2)传送头规范

传送头信息用来规定路由和消息事件,将这些信息从服务头中分离出来,可以使得在服务头加密的情况下识别发送者和接收者,以便 Hub 转发信息。

Delivery Header XML 文档如下:

```
<? xml version="1.0" encoding="UTF-8"? >
<! DOCTYPE DeliveryHeader SYSTEM "DeliveryHeader_MS_V02_00.dtd">
<DeliveryHeader>
        <isSecureTransportRequired>
```

```
        <AffirmationIndicator>Yes</AffirmationIndicator>
      </isSecureTransportRequired>
    <messageDateTime>
        <DateTimeStamp>20041109T145200.000Z</DateTimeStamp>
      </messageDateTime>
    <messageReceiverIdentification>
        <PartnerIdentification>
            <domain>
                <FreeFormText>DUNS</FreeFormText>
            </domain>
            <GlobalBusinessIdentifier>012345678</GlobalBusinessIdentifier>
            <locationID>
                <Value>London</Value>
            </locationID>
        </PartnerIdentification>
    </messageReceiverIdentification>
    <messageSenderIdentification>
        <PartnerIdentification>
            <GlobalBusinessIdentifier>880123456</GlobalBusinessIdentifier>
            <locationID>
                <Value>Hong Kong</Value>
            </locationID>
        </PartnerIdentification>
    </messageSenderIdentification>
    <messageTrackingID>
        <InstanceIdentifier>083084</InstanceIdentifier>
    </messageTrackingID>
</DeliveryHeader>
```

DeliveryHeader 对应的 DTD 文件如下：

```
    <! ENTITY % common-attributes "id CDATA#IMPLIED">
    <! ELEMENT DeliveryHeader (
isSecureTransportRequired,
messageDateTime,
messageReceiverIdentification,
messageSenderIdentification,
messageTrackingID)>
    <! ATTLIST DeliveryHeader xmlns CDATA#FIXED
"http://www.rosettanet.org/RNIF/V02.00">
    <! ELEMENT isSecureTransportRequired (AffirmationIndicator) >
```

```
    <! ELEMENT AffirmationIndicator (#PCDATA)>
    <! ELEMENT messageDateTime (DateTimeStamp)>
    <! ELEMENT DateTimeStamp (#PCDATA)>
    <! ELEMENT messageReceiverIdentification (PartnerIdentification)>
    <! ELEMENT PartnerIdentification
(domain?,
GlobalBusinessIdentifier,
locationID?)>
    <! ELEMENT domain (FreeFormText)>
    <! ELEMENT FreeFormText (#PCDATA)>
    <! ATTLIST FreeFormText xml:lang CDATA #IMPLIED>
    <! ELEMENT GlobalBusinessIdentifier (#PCDATA)>
    <! ELEMENT locationID (Value)>
    <! ELEMENT Value (#PCDATA)>
    <! ELEMENT messageSenderIdentification (PartnerIdentification)>
    <! ELEMENT messageTrackingID (InstanceIdentifier)>
    <! ELEMENT InstanceIdentifier (#PCDATA)>
```

(3)服务头规范

服务头提供了消息类别(Test 或 Production)、PIP 发起者信息，以及发起者是否为已知合作伙伴、服务质量信息(当前未使用)。

Service Header XML 文档如下：

```
<? xml version="1.0" encoding="UTF-8"? >
<! DOCTYPE ServiceHeader SYSTEM "ServiceHeader_MS_V02_00.dtd">
    <ServiceHeader>
        <ProcessControl>
          <ActivityControl>
            <BusinessActivityIdentifier>Create Purchase Order
            </BusinessActivityIdentifier>
            <MessageControl>
              <fromRole>
                  <GlobalPartnerRoleClassificationCode>Buyer
                  </GlobalPartnerRoleClassificationCode>
              </fromRole>
              <fromService>
                  <GlobalBusinessServiceCode>Buyer Service
                  </GlobalBusinessServiceCode>
              </fromService>
              <Manifest>
                  <numberOfAttachments>
```

```
                <CountableAmount>0</CountableAmount>
            </numberOfAttachments>
            <ServiceContentControl>
                <ActionIdentity>
                    <GlobalBusinessActionCode>
                        Purchase Order Request Action
                    </GlobalBusinessActionCode>
                </ActionIdentity>
            </ServiceContentControl>
        </Manifest>
        <toRole>
                <GlobalPartnerRoleClassificationCode>Seller
            </GlobalPartnerRoleClassificationCode>
        </toRole>
        <toService>
                <GlobalBusinessServiceCode>Seller Service
            </GlobalBusinessServiceCode>
        </toService>
    </MessageControl>
</ActivityControl>
<GlobalUsageCode>Test</GlobalUsageCode>
<pipCode>
  <GlobalProcessIndicatorCode>3A4</GlobalProcessIndicatorCode>
</pipCode>
<pipInstanceId>
  <InstanceIdentifier>20041109T145200.000Z</InstanceIdentifier>
</pipInstanceId>
<pipVersion>
  <VersionIdentifier>1.4</VersionIdentifier>
</pipVersion>
<KnownInitiatingPartner>
  <PartnerIdentification>
      <domain>
            <FreeFormText>DUNS</FreeFormText>
      </domain>
      <GlobalBusinessIdentifier>880123456</GlobalBusinessIdentifier>
      <locationID>
            <Value>Hong Kong</Value>
      </locationID>
```

```
                </PartnerIdentification>
            </KnownInitiatingPartner>
        </ProcessControl>
</ServiceHeader>
```

Service Header 对应的 DTD 文件如下：

```
    <! ENTITY % common-attributes "ID CDATA # IMPLIED">
    <! ELEMENT ServiceHeader (ProcessControl)>
    <! ATTLIST ServiceHeader xmlns CDATA #FIXED
          http://www.rosettanet.org/RNIF/V02.00>
    <! ELEMENT ProcessControl (
ActivityControl,
GlobalUsageCode,
partnerDefinedPIPPayloadBinding?,
pipCode,
pipInstanceId,
pipVersion,
QualityOfServiceSpecification?,
(KnownInitiatingPartner|UnknownInitiayingPartner))>
    <! ELEMENT ActivityControl (
BusinessActivityIdentifier,
MessageControl)>
    <! ELEMENT BusinessActivityIdentifier (#PCDATA)>
    <! ELEMENT MessageControl (
fromRole,
fromService,
inReplyTo?,
Manifest,
toRole,
toService)>
    <! ELEMENT fromRole (GlobalPartnerRoleClassificationCode)>
    <! ELEMENT GlobalPartnerRoleClassificationCode (#PCDATA)>
    <! ELEMENT fromService (GlobalBusinessServiceCode)>
    <! ELEMENT GlobalBusinessServiceCode (#PCDATA)>
    <! ELEMENT inReplyTo (ActionControl)>
    <! ELEMENT ActionControl (
ActionIdentity,
messageTrackingID)>
    <! ELEMENT ActionIdentity (
GlobalBusinessActionCode,
```

```
messageStandard?,
standardVersion?)>
    <! ELEMENT GlobalBusinessActionCode (#PCDATA)>
    <! ELEMENT messageStandard (FreeFormText)>
    <! ELEMENT FreeFormText (#PCDATA)>
    <! ATTLIST FreeFormText xml:lang CDATA #IMPLIED>
    <! ELEMENT standardVersion (VersionIdentifier)>
    <! ELEMENT VersionIdentifier (#PCDATA)>
    <! ELEMENT messageTrackingID (InstanceIdentifier)>
    <! ELEMENT InstanceIdentifier (#PCDATA)>
    <! ELEMENT Manifest (
Attachment*,
ServiceContentControl)>
    <! ELEMENT Attachment (
description?,
GlobalMimeTypeQualifierCode,
UniversalResourveIdentifier,
numberOfAttachments)>
    <! ELEMENT description (FreeFormText)>
    <! ELEMENT FreeFormText (#PCDATA)>
    <! ELEMENT GlobalMimeTypeQualifierCode (#PCDATA)>
    <! ELEMENT UniversalResourveIdentifier (#PCDATA)>
    <! ELEMENT numberOfAttachments (CountableAmount)>
    <! ELEMENT CountableAmount (#PCDATA)>
    <! ELEMENT ServiceContentControl (
(ActionIdentity|SignalIdentity))>
    <! ELEMENT SignalIdentity (
GlobalBusinessSignalCode,
VersionIdentifier)>
    <! ELEMENT GlobalBusinessSignalCode (#PCDATA)>
    <! ELEMENT VersionIdentifier (#PCDATA)>
    <! ELEMENT toRole (GlobalPartnerRoleClassificationCode)>
    <! ELEMENT GlobalPartnerRoleClassificationCode (#PCDATA)>
    <! ELEMENT toService (GlobalBusinessServiceCode)>
    <! ELEMENT GlobalBusinessServiceCode (#PCDATA)>
    <! ELEMENT GlobalUseageCode (#PCDATA)>
    <! ELEMENT partnerDefinedPIPPayloadBindingId (ProprietaryReferenceIdentifier)>
    <! ELEMENT ProprietaryReferenceIdentifier (#PCDATA)>
    <! ELEMENT pipCode (GlobalProcessIndicatorCode)>
```

```
    <! ELEMENT GlobalProcessIndicatorCode (#PCDATA)>
    <! ELEMENT pipInstanceId (InstanceIdentifier)>
    <! ELEMENT pipVersion (VersionIdentifier)>
    <! ELEMENT QualityOfServiceSpecification (QualityOfServiceElement+)>
    <! ELEMENT QualityOfServiceElement (
QualityOfServiceClassificationCode,
Value)>
    <! ELEMENT QualityOfServiceClassificationCode (#PCDATA)>
    <! ELEMENT Value (#PCDATA)>
    <! ELEMENT KnownInitiatingPartner (PartnerIdentification)>
    <! ELEMENT PartnerIdentification (
domain?,
GlobalBusinessIdentifier,
locationID?)>
    <! ELEMENT domain (FreeFormText)>
    <! ELEMENT FreeFormText (#PCDATA)>
    <! ELEMENT GlobalBusinessIdentifier (#PCDATA)>
    <! ELEMENT locationID (Value)>
    <! ELEMENT Value (#PCDATA)>
    <! ELEMENT UnknownInitiatingPartner (
PartnerIdentification,
UniformResourceLocator)>
    <! ELEMENT PartnerIdentification (#PCDATA)>
    <! ELEMENT UniformResourceLocator (#PCDATA)>
```

3. 有效载荷的构成

RosettaNet 业务消息的有效载荷由服务内容与若干个附件(可以没有)组成。有效载荷是服务头中描述或标识的实质性商业内容,服务头的格式固定且独立于有效载荷,而服务内容和附件则是根据 PIP 事件中交换的商业内容变化的。

(1)服务内容

服务内容是 XML 格式的商业文件,它可以是操作消息(如购货订单或报价申请产生的消息),也可以是信号消息(如响应时发送的接收确认消息或异常状态信号消息)。所有操作消息的 DTD 文件(或 XML Schema)除了来自于 RosettaNet 外,也可以使用 RosettaNet 支持的其他标准,而信号消息的 DTD 文件则是由 RosettaNet 给出。PIP 中必须明确给出在执行此 PIP 时哪些标准是可以使用的。

(2)附件

附件是一种辅助性文档,其格式可以是多种,包括 Word 文档、GIF 图像、TIF 图像、PDF 文件等,它与商业内容一起打包并发送。每个附件必须由 RosettaNet 业务消息的 MIME 头信息“Content-ID”标识,其取值列于服务头中的 Manifest 元素中。

由于操作消息独立于 RosettaNet 实施框架进行定义,所以 RNIF2.0 给出了从服务内容内部指向附件的机制，而将使用的问题留给了服务内容 DTD 的开发人员。所有可以指向附件的 XML 元素必须包含“herf”属性。举例说明如下：

```
<! ELEMENT AnyElement (#PCDATA)>
<! ATTLIST AnyElement
        %miscAttributes;
        href CDATA #implied>
```

元素“AnyElement”可采用以下方式指向附件：

```
<AnyElement href="cid:<cid-of-attachment>">
……
</AnyElement>
```

其中<cid-of-attachment>是附件的 MIME 头信息 Content-ID 的取值。

将附件作为 MIME 消息体部分打包到 RosettaNet 消息的方式如下：

```
——RN-Outer-Boundary—
Content-Type:image/gif
Content-Transfer-Encoding:Base64
Content-ID:00180792811xyz@xyz.rosettanet.org
[附件数据]
——RN-Outer-Boundary—
```

此时，元素“AnyElement”可采用以下方式指向附件：

```
<AnyElement href="cid:00180792811xyz@xyz.rosettanet.org">
……
</AnyElement>
```

(3)非 RosettaNet 服务内容传送

一个 RosettaNet PIP 的定义包括了文档类型和针对该 PIP 所有操作消息的指导。有一些供应链中的贸易伙伴需要在 PIP 中使用非 RosettaNet 标准的文档类型，RNIF 2.0 允许在 RosettaNet 业务消息中携带非 RosettaNet 的服务内容。需要注意的是，采用的文档类型必须是 RosettaNet 所支持的标准。当使用非 RosettaNet 格式的服务内容时，贸易伙伴应事先协商遵循的标准，而且他们不能改变 PIP 规范本身的任何内容，只能确定采用何种文档类型的标准及相应的版本来描述 PIP 中的操作消息。

4. RosettaNet 业务消息的打包和解包

一个 RosettaNet 业务消息是由具体业务消息和 MIME 头打包而成的 MIME 消息。所有打包和解包的规范都独立于采用的传输协议。

(1)RosettaNet 业务消息的打包规范

RosettaNet 业务消息的打包过程就是将引导、传输头、服务头、服务内容和附件一起生成 MIME 实体，并对适当的部分加密、签名。

在形成 MIME 实体的过程中，所有只含 XML 数据的消息体的 Content-Type 消息头必须设置为 application/xml 属性，而且有可能使用消息头 Content-Transfer-Encode。虽然在 MIME 规范中消息头 Content-ID 是可选的，但 RNIF2.0 要求所有消息体都必须包含此消息头。另外，必须使用 RFC2557 中规定的消息头 Content-Location，以标识引导、传送头、服务头、服务内容，使接收实体可以对收到的元素进行识别、处理。

在打包消息的各组成部分时，RosettaNet 规定使用 multipart/related 的 MIME 结构，且必须给出参数"type"，其取值与 multipart/related 消息中的第一部分对应。参数"start"可选，其取值必须与 multipart/related 消息中的第一部分的 Content - ID 消息头一致。

在打包过程中是否需要对消息加密取决于贸易伙伴之间的协商结果，以及服务内容和附件的敏感性等因素。加密对象可以是服务头与有效载荷的组成部分，也可以仅仅是服务内容。如果需要加密，则在获得打包的 multipart/related 消息后，将其封装成 S/MIME enveloped 类型消息，消息头 Content - Type 必须设置为 application/pkcs - mime 属性，参数 smime - type＝enveloped - data。为了使签名的处理过程更简单，RNIF2.0 只允许对整个 RosettaNet 业务消息进行签名。

在打包 RosettaNet 业务消息之前，需要做如下工作：

Step1：遵照相应的 PIP 规范生成服务内容和附件；

Step2：利用执行的 PIP 及服务内容和附件中的信息生成相应的服务头；

Step3：利用发送方标识、接收方标识和附件的信息生成相应的传送头；

Step4：遵照有关引导的规范生成引导。

(2)RosettaNet 业务消息的解包规范

RosettaNet 业务消息的解包就是提取消息的各个组成部分并进行确认的过程。但这种解包规范并非规定性的，而仅是解包步骤的一般描述。解包流程如图 3 - 24 所示。

①确定响应类型

如果消息是通过 HTTP 传输的，则发送者可能要求在同一个 HTTP 连接中同步响应，在消息 HTTP 实体的头信息"x - RN - Response - Type"中给出标识。这种同步响应只在 HTTP 传输情况下产生，而其他传输协议或未给出以上头信息标识的，都是异步响应。

②验证签名

如果消息是经过签名的，则验证该签名。对于未通过验证或数据完整性遭到破坏的消息，接收者必须将其丢弃。

③提取并验证引导

引导是 multipart/related 消息的第一个消息体部分，其验证按照 XML 消息体验证规则进行。如果验证不通过，则丢弃该消息。

④提取并验证传送头

根据传送头验证规则进行验证。如果严整不通过，则丢弃该消息。

⑤认证发送者身份

从传送头中提取发送者的 ID，对其身份进行认证。如果此消息是经过签名的，则验证该贸易伙伴的签名。当验证失败时，在内部日志中记录失败信息。

⑥提取服务头

从 multipart/related 消息中提取出服务头，判别消息是否被加密。如果 Content - Type 消息头的 Type 属性为"application/XML"，说明服务头未加密，直接获得服务头；如果 Content - Type 消息头的 Type 属性为"application/pkcs7 - mime"，说明服务头与有效载荷一起被加密。此时首先进行解密，则可得到一个 multipart/related 实体，其中第一部分即为服务头。

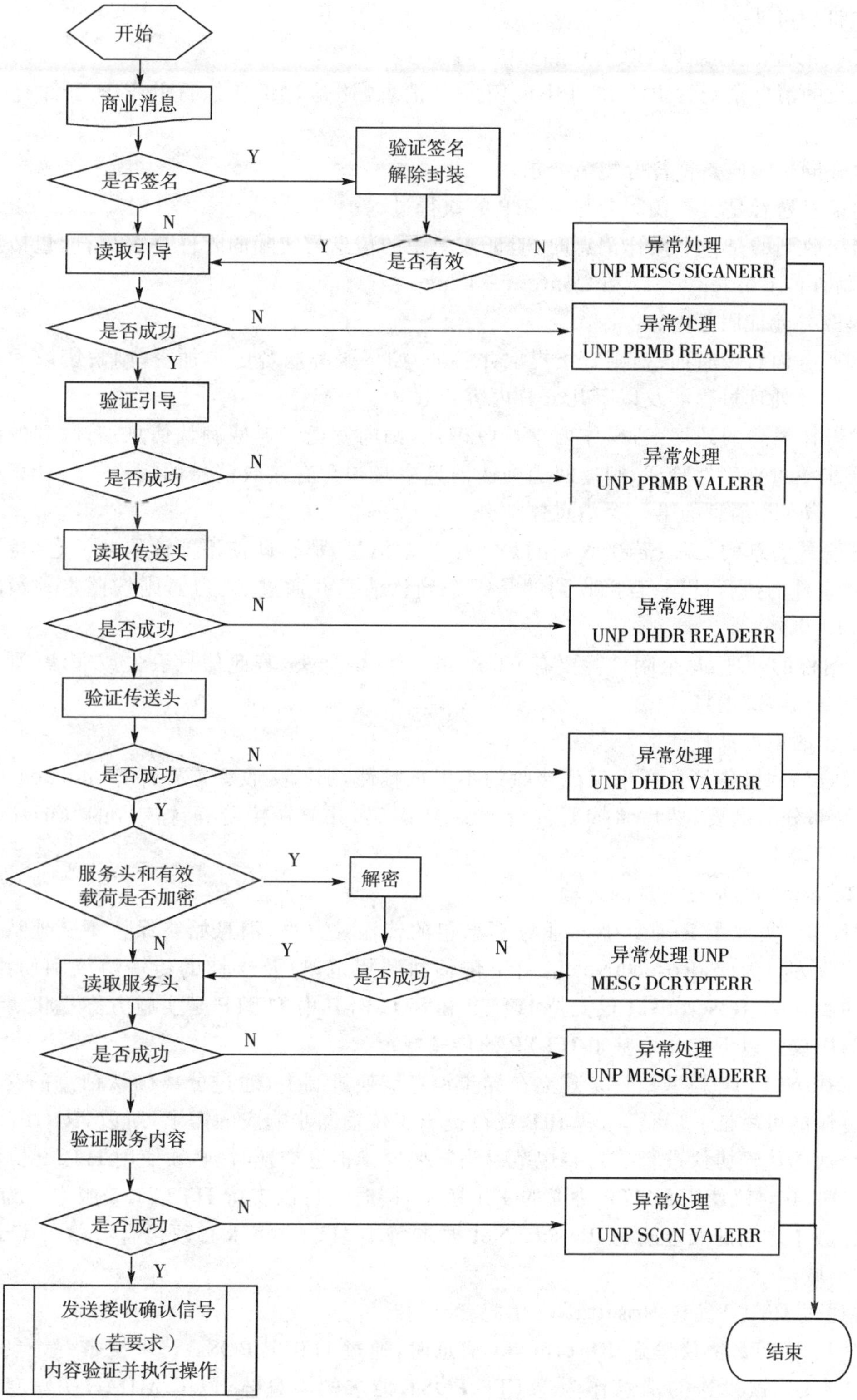

图 3-24　RosettaNet 业务消息解包流程

⑦验证服务头

服务头的验证主要涉及以下几部分内容：

■ 接收的消息是新的 PIP 事件中的第一条消息，还是与正在执行的 PIP 事件有关联的消息；

■ 验证同步响应是否符合规范要求；

■ 验证发送者是否有权利参与该 PIP 的执行过程；

■ 当接收到的是一个操作消息时，验证表单中的信息与实际的附件是否相符，包括附件数量、每个附件的 Content - ID 和 Content - Type。

⑧提取并验证服务内容

如果服务内容没有加密，则直接提取并验证；如果服务内容已被加密，则解密以后再提取并加密。这一处理过程涉及以下几部分内容：

■ 对操作消息的处理：若操作要求接收确认，则向发送者返回确认信息；若收到的消息被签名且要求不可抵赖性验证，则返回的确认消息中必须含有接收消息的摘要——计算收到的 multipart/signed 消息的第一个消息体部分。

■ 对信号消息的处理：若接收到的是一个异常消息，那么即使不能读取此消息，也要放弃相应 PIP 事件的执行过程；若接收到的是一个确认消息并通过了验证，则按照本地策略完成相应的 PIP 事件。

■ 对附件的处理：每个附件都要有 Content - ID 信息头，若此信息丢失或非法，则向发送者返回"常规异常"消息。

⑨接收的不可抵赖性

如果收到的操作消息要求保证接收的不可抵赖性，那么接收者需要计算 multipart/related 消息体部分的摘要，然后将摘要进行 base64 编码，并放在接受确认信号的"OriginalMessageDigest"域中。

5. RosettaNet 业务消息的传输

RNIF2.0 实现了 RosettaNet 业务消息包的传输独立性，消息始终保持不变地从发送方传输到接收方。为此，RosettaNet 给出了传输封装规范，以及支持的传输协议和使用细节。在目前的版本中，RosettaNet 仅支持 HTTP 和 SMTP，其中 HTTP 是实施方案提供者必须实现的传输协议。以下仅介绍基于 HTTP 的传输规范。

RosettaNet PIP 模型最初是建立在异步消息交换机制上，通过分离确认信息的交换来实现消息传输的可靠性。但是，一些 PIP 规范提出了传输同步响应的需求，所以，RNIF2.0 对同步消息交换的传输协议进行了封装规范。当需要同步消息交换时，必须使用 HTTP 协议。

RNIF2.0 建议使用 HTTP 协议的 1.1 版本，同时也可以支持 HTTP1.0 版本。为了解决 HTTP 各版本之间的兼容问题，RosettaNet 要求每个 HTTP 请求必须包含有效的 Content - Length 头域。

(1)通过 HTTP 发送 RosettaNet 消息

当使用 HTTP 协议发送 RosettaNet 消息时，通过 HTTP POST 请求携带一个贸易伙伴指定的 URL。被发送的消息作为 HTTP POST 请求的消息体，以下 MIME 头信息将用于 HTTP POST 请求：

Content - Type：multipart/related；

boundary＝“any－value－appropriate”；
type＝“value”
x－RN－Version：RosettaNet/V02.00
x－RN－Response－Type：sync or async
Content－Length：nnnn

其中，MIME 头信息 Content－Type 的属性必须设置为 multipart/related，且给出“boundary”和“type”两个参数。“typc”的取值必须与所传输的 RosettaNet 消息的 MIME 头信息 Content－Type 一致，即 multipart/related 或 multipart/signed（RNIF2.0 版本）；“boundary”的取值应遵循 MIME 标准规范。头信息 x－RN－Version 的取值必须指定为 RosettaNet/V02.00。头信息 x－RN－Response－Type 的取值为 sync 或 async，sync 表明发送者要求接收者对消息同步响应，async 表明是异步消息交换，缺省时默认值为 async。Content－Length 的取值遵循 RFC2616 规则。通过 HTTP 发送 RosettaNet 消息实例如下：

POST http://TPserver.TPcompany.com/cgi－bin/rosettanetservice HTTP/1.1
Content－Type：multipart/related；
boundary＝“RN－HTTP－Boundary”；
type＝“multipart/related”
x－RN－Version：RosettaNet/V02.00
x－RN－Response－Type：async
Content－Length：nnnn
——RN－HTTP－Boundary
[RosettaNet 业务消息]
——RN－HTTP－Boundary——

(2)处理接收到的 HTTP 邮件

接收端的 HTTP 处理器应能够在传输级别验证所收消息的 Content－Type 和其他 MIME 头信息的正确性，能够确定 HTTP 消息体的长度是否与 Content－Length 头信息相匹配。如果验证没有通过，则回复 RFC2616 中规定的错误码；如果头信息 x－RN－Response－Type 的取值为“async”，且消息成功接收，则回复“202 接受”状态码。

(3)处理接收到的要求同步响应的 HTTP 邮件

处理“syns”请求同步响应消息应遵守以下原则：

■ 如果所收消息的头信息 x－RN－Response－Type 取值为“syns”，但接收方不支持同步消息交换，那么须返回不支持 HTTP 的异常信息。

■ 如果所收到消息的头信息 x－RN－Response－Type 取值为“syns”，但该 PIP 不支持同步响应模式，那么须返回错误码 UNP.MESG.RESPTYPERR 的异常信息。

■ 如果消息验收、接收成功，那么须在同一个 HTTP 连接中传送包含状态码 200 OK 的响应消息（MIME 打包的 RosettaNet 业务消息）。

■ 如果所收到的消息未通过身份认证，那么须按照本地策略返回包含状态码 403 的 HTTP 错误响应或直接断开连接。

■ 如果所收到的消息未通过语法/信息结构的验证，那么须返回包含状态码 200 OK 的 HTTP 响应，其中包含了具有错误代码的 MIME 打包的异常信号。

■ 如果异常出现在商业内容的验证或处理请求阶段，那么须返回包含状态码 200 OK 的 HTTP 响应，其中包含了具有错误代码的 MIME 打包的异常信号。

■ 如果一个实体部分作为 HTTP 响应被返回，则必须包含 Content - Length 头域。

(4)处理同步交换中的 HTTP 消息发送

在同步交换中，HTTP 消息发送者应遵守以下原则：

■ 消息发送者除了接收包含状态码 200 OK 的 HTTP 响应外，还应该获得传输的相关错误信息。

■ 当收到 200 OK 的 HTTP 响应后，除了判断是否为商业响应消息外，还要判断是否为异常信号消息。

■ 如果消息发送者在规定时间内未收到任何响应，出现超时或连续断开的情况，应该是消息接收者的错误或异常引起的。那么消息发送者应该关闭 HTTP 会话，重新发送请求，作为该 PIP 中的一个新事件。

6. 商业信号规范和过程控制 PIPs

商业信号是对商业操作的响应，分为肯定性质的确认信号和否定性质的确认信号。接收确认属于肯定性质的，异常信号属于否定性质的。除此以外，其余所有 RosettaNet 消息均为商业操作。与商业操作消息不同，商业信号必须遵循而且仅遵循 RosettaNet 规范。

过程控制 PIPs 不提供有关的商业功能，其作用是贸易伙伴通告影响商业 PIP 执行的事件，或正在处理的商业 PIP 状态，通过执行各种系统级管理任务来辅助 PIPs 的执行。

7. RosettaNet 业务消息的处理流程

RosettaNet 的 PIPs 是通过在特定的顺序和规定的时间内进行业务消息的交换来实现的。一个 PIP 定义了两个或多个贸易伙伴之间的多种商业活动，而一个商业活动包含了特定顺序的操作。

(1)异步单操作活动

异步单操作的过程很简单，贸易伙伴 A 向 B 发送一个操作消息，B 向 A 回复一个接收确认信号，双方完成了操作消息和接收确认信号交换后，一个 PIP 事件就完成了。给出接收确认消息意味着接收者收到了消息并通过了语法和结构的验证，而异常信号说明双方在处理操作消息过程中的某个环节出现了错误。

对于 A 来说，收到 B 的接收确认信号后该 PIP 就执行完成了；对于 B 来说，结束了操作消息的内部处理后该 PIP 就执行完成了。异步单操作交互流程如图 3 - 25 所示。

(2)异步双操作活动

在异步双操作活动中，贸易伙伴 A 发起一个活动，A 首先向 B 发送操作消息 X；B 向 A 返回一个接收确认信号，并处理操作消息 X，再向 A 发送响应操作消息 Y；A 向 B 返回一个接收确认信号，并处理操作消息 Y。如果贸易伙伴向对方回复了一个接收确认信号，但在处理操作消息时发生错误，那么他必须向对方发送异常信号。

对于 A 来说，处理了操作消息 Y 后该 PIP 就执行完成了；对于 B 来说，收到来自于 A 的针对操作消息 Y 的接收确认信号后该 PIP 就执行完成了。异步双操作交互流程如图 3 - 26 所示。

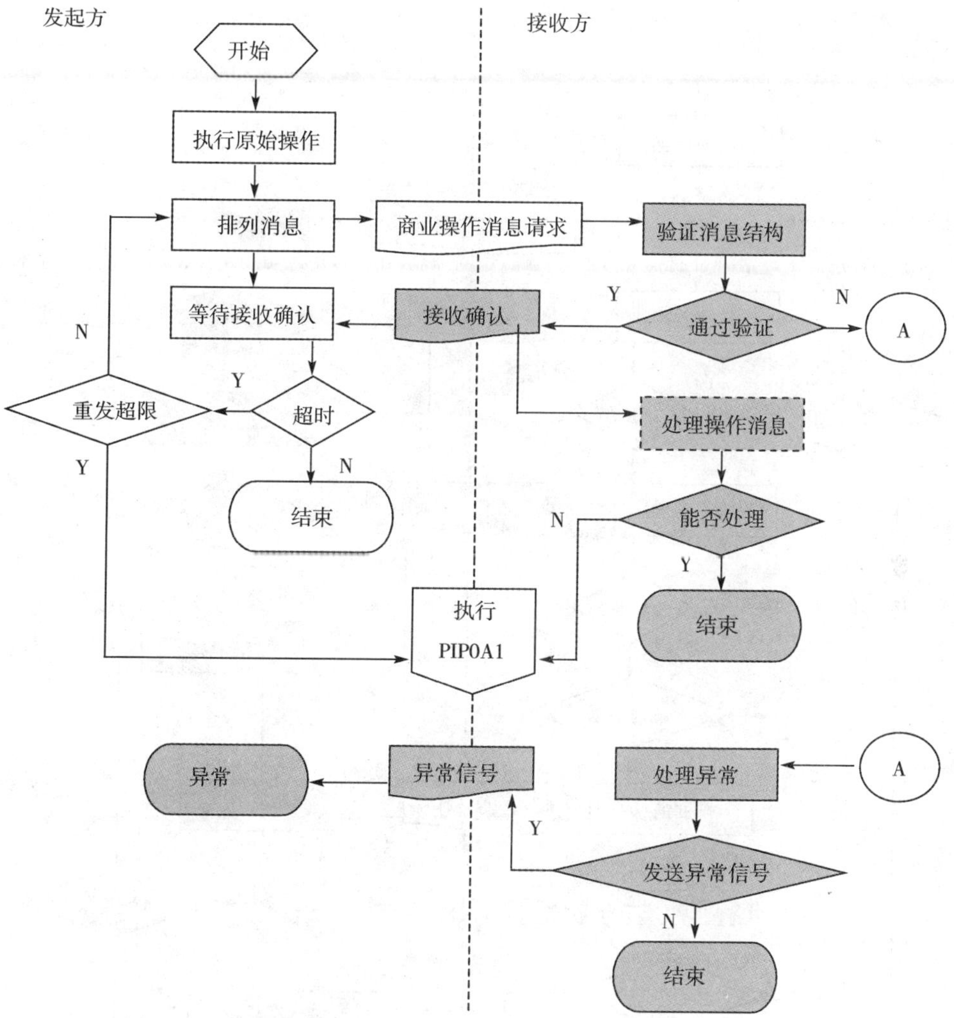

图 3-25　异步单操作交互流程

(3)同步单/双操作活动

如图 3-27 和图 3-28 分别说明了同步单操作和同步双操作活动的流程。当采用 HTTP 传输协议时,每个操作消息和信号占用一个 HTTP 连接,其交互过程是同步的。这种同步单操作 PIP 要求发起者必须在 HTTP 头信息中说明,该消息需要同步完成(x-RN-Response-Type:sync)。类似的,要求接收确认同步双操作 PIP 的发起者必须在 HTTP 头信息中说明,响应消息需要同步回复。设置 HTTP 头信息"x-RN-ResponseType"应遵循以下原则:

■ 当 PIP 规范要求异步响应时,发起方应将交互过程设置为异步而非同步;

■ 当 PIP 规范要求接收确认信号同步回复,但不要求回复响应操作消息时,发起方应将交互过程设置为同步而非异步;

■ 当 PIP 规范要求回复响应操作消息,但不需要接收确认时,发起方应将交互过程设置为同步而非异步;

■ 当 PIP 规范要求同步或异步响应操作都允许时,发起方可以将交互过程设置为同步或异步,而接收方要根据发起方的设置进行响应。

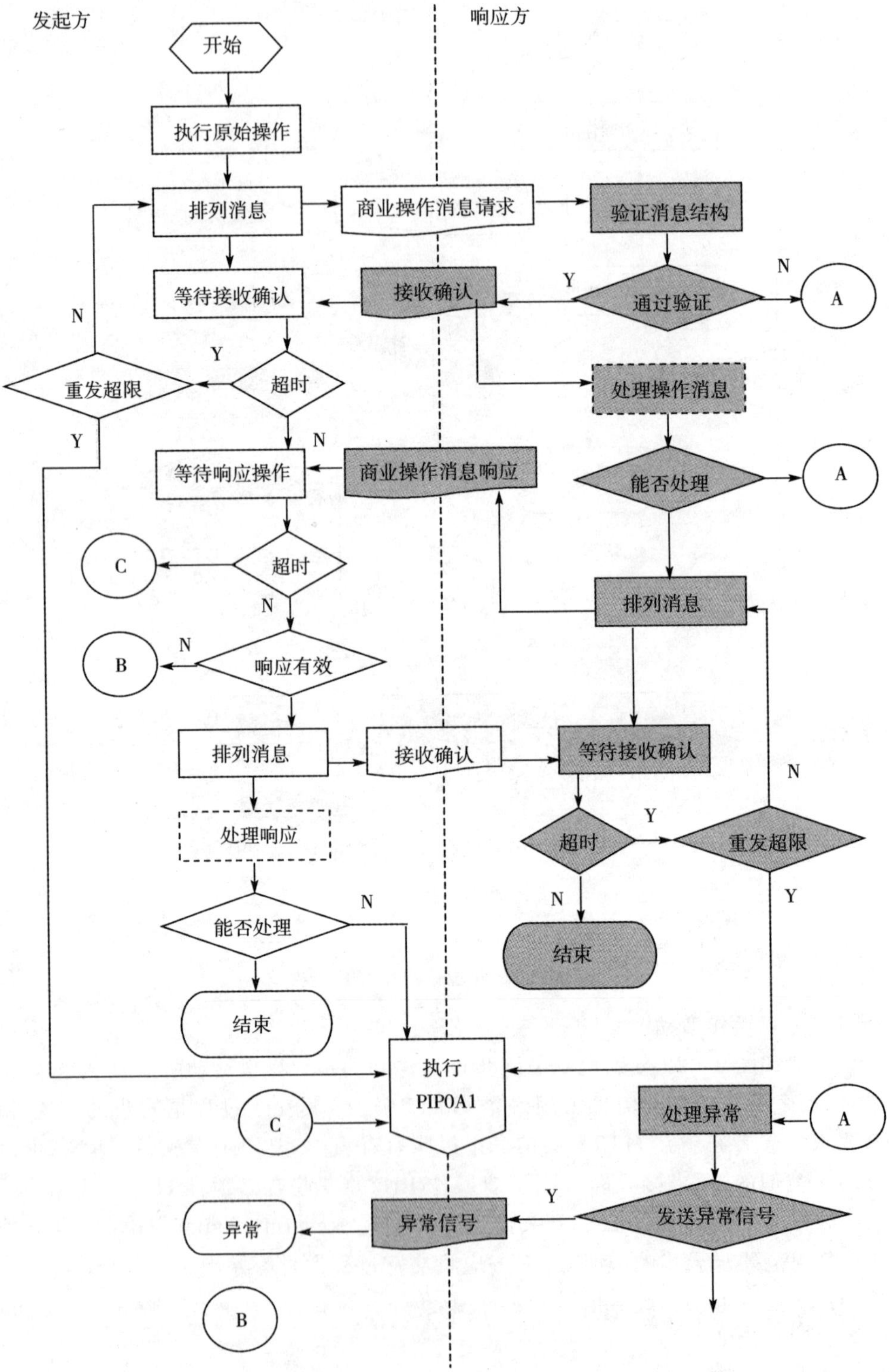

图 3－26　异步双操作交互流程

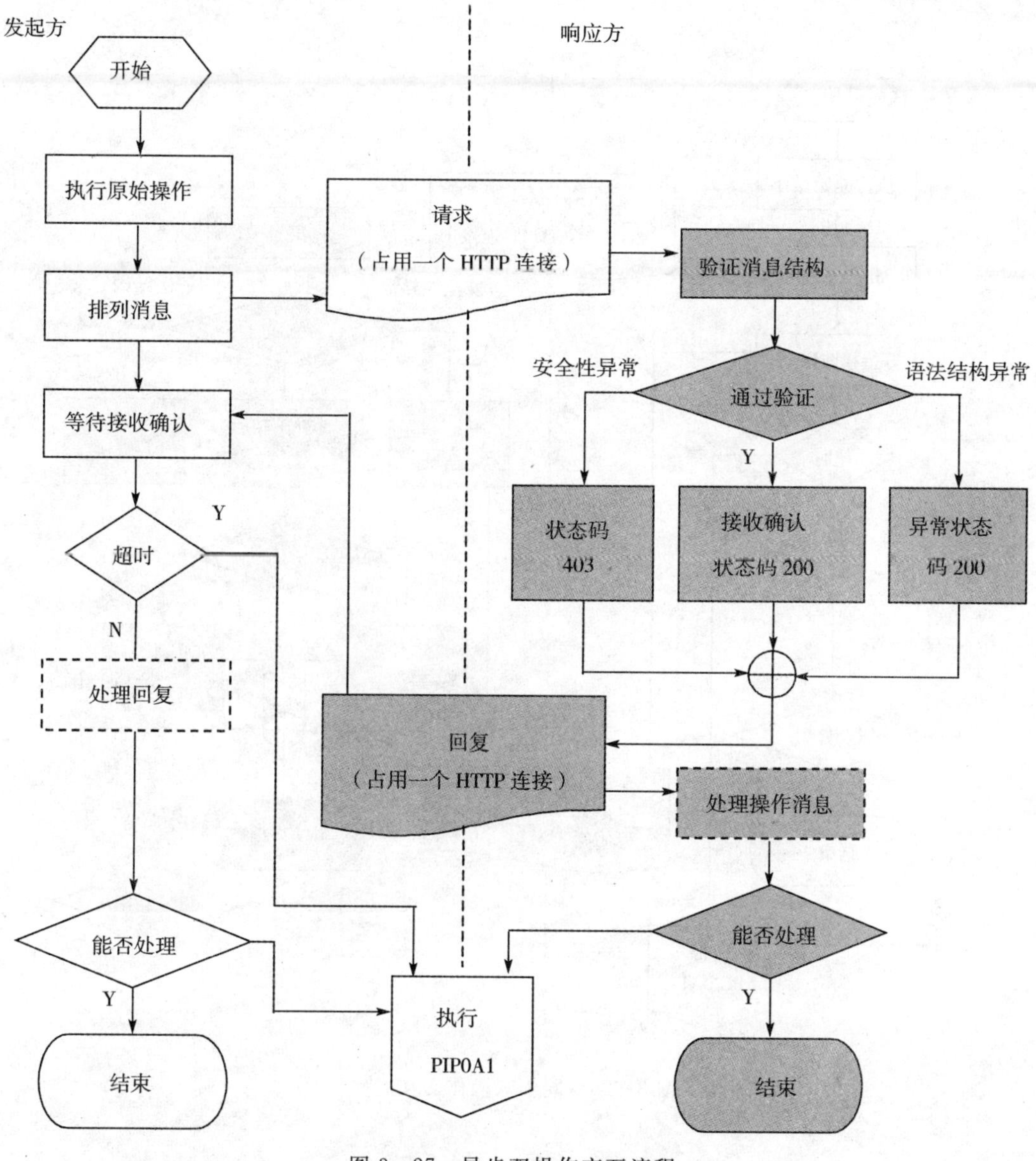

图 3-27　异步双操作交互流程

(4)异常处理

异常情况有可能发生在 PIP 执行过程中的任何环节，RNIF2.0 给出了两种异常处理方式：发送异常信号或发送 PIP0A1。使用原则如下：

■ 当贸易伙伴双方需要通过询问情况来继续执行 PIP 时，采用发送异常信号的方式处理异常情况；

■ 当贸易伙伴的另一方有可能不在执行该 PIP 时，采用发送 PIP0A1 的方式处理异常情况。

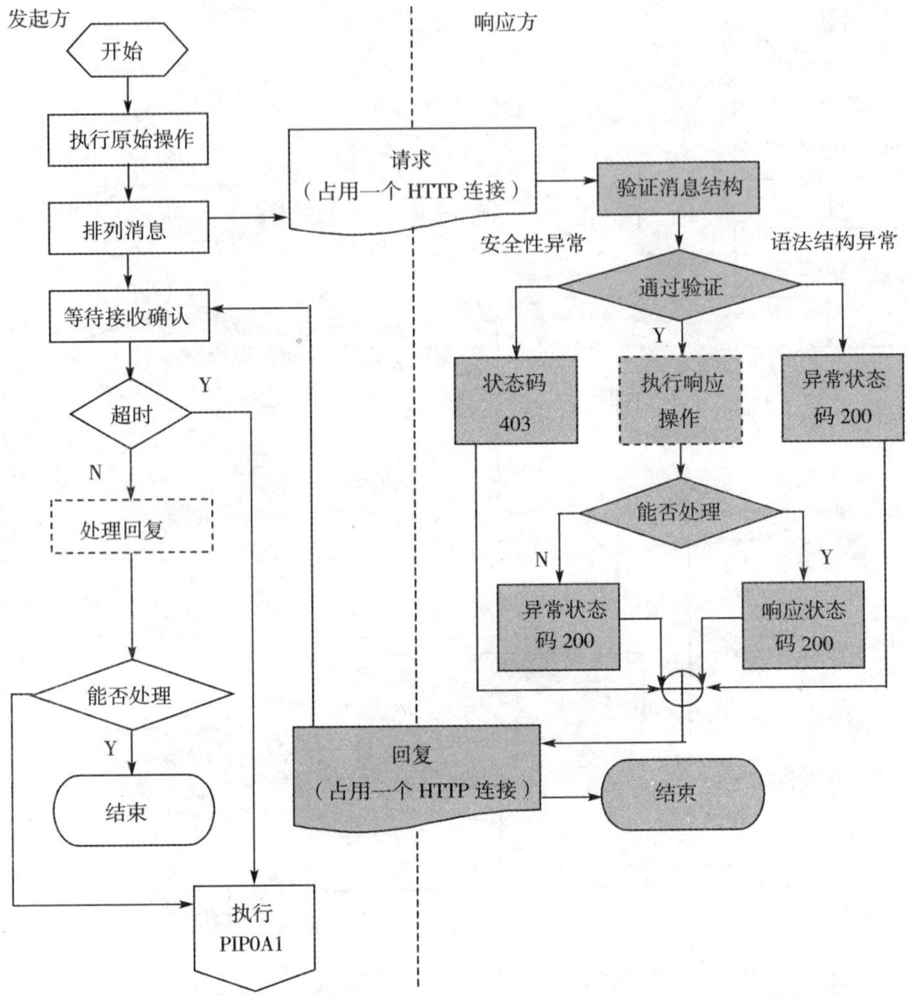

图 3－28　同步双操作交互流程

思考题

1. EDI 系统具有哪些显著特点？
2. EDI 系统具有哪些主要功能？
3. EDI 系统中的转换软件和翻译软件分别完成哪些功能？
4. EDI 标准由哪些要素构成？
5. ebXML 的主要任务是什么？
6. CPP 和 CPA 分别有什么作用？
7. ebXML 注册表提供了什么服务？
8. RosettaNet 的主要目标是什么？
9. RosettaNet 与 EDI、ebXML 之间有什么区别？
10. RosettaNet 中的 PIP 由几个“集群”构成，“集群”是怎样组成的？

第4章 电子商务安全交易技术

电子商务的安全问题始终束缚着电子商务系统的应用，能否提供一个安全可靠的商务运行环境，是开展电子商务活动的关键，也是对我们的巨大挑战。电子商务的安全不是一个孤立的概念，它涉及计算机的安全、网络的安全和管理的安全，它已成为电子商务系统解决方案的重要组成部分。

本章首先分析电子商务系统的不安全因素，由此提出对电子商务系统安全的基本要求，并给出系统安全的设计原则；对电子商务系统所涉及的核心技术，即密码技术和PKI进行重点讨论，讲述对称密钥体制、非对称密钥体制、数字证书、认证中心等重要概念；介绍防火墙的基本概念、防护机制、关键技术和解决方案，以及计算机病毒的概念和防治方法。

4.1 电子商务的不安全因素

电子商务系统不仅在技术实现上复杂，而且在地域上也跨越了很大的范围。因此，存在许多不安全的因素。我们将其归纳为以下几类。

4.1.1 自然灾害

自然灾害包括地震、水灾、火灾、雷电、暴风雪、台风等等。对于跨城市甚至跨国界的电子交易来说，由于传输线路覆盖范围大，难免会受到影响。这些自然灾害对于计算机网络和中心机房都有可能造成毁灭性的破坏。另外，意外事故也会对电子商务系统产生不良影响。例如，2001年9月20日，中国—美国的海底光缆被损坏，使亚洲到美国之间的互联网速度慢得像蜗牛。这条光缆全长27000km，由Reach、新加坡电信、Concert、中国电信、日本电信、韩国电信、KDD日本和马来西亚电信共同拥有。可以想象，这种意外事故对电子商务系统的影响面之大，不能小视。

4.1.2 工作环境

电子商务系统的硬件主要由计算机网络和各种高技术精密设备组成，对工作环境有一定的要求，包括电源质量、环境温度和湿度、空气中的灰尘含量、振动等等。这些方面都存在不安全因素，如果超过限度就会造成设备的损坏，导致产生信息丢失的严重后果。

电源突然失效会让计算机立即停止工作，除了使内存数据丢失以外，还有可能造成数据库的写入数据异常。当在计算机上起草一份商务合同时掉电，你会非常恼火，不仅劳动成果损失，还有可能延误交易进程。当数据库服务器正在写操作时掉电，可能使某些字段不能正确写入，出现不可挽回的错误，这样的后果更糟糕。电压不稳定和电路中产生电涌也是经常遇到的问题。对于计算机来说，电压在上下10%的范围内波动是允许的。电力线路中大功率电器的起停和雷电都会引起电涌，如果不采取相应的抑制措施，带来的损失是很惨重的。例如，某单位电话系统使用国外高档的程控交换机，遭雷电袭击了一路电话线，结果造成该用户电路板（16 路）烧毁，强大的电流又窜至计费电路板，并通过 RS-232 串口进入两台计费计算机，所到之处均是一缕青烟。

环境温度对计算机和其他电子设备的可靠运行有明显影响，它应该在一个允许的范围内。温度过高对集成电路和电子器件都有损害，造成设备工作异常，甚至毁坏整个系统。例如，某单位的计算机实时控制系统多年来工作一直正常，在其他环境没有任何变化的情况下突然不工作了，应用程序出现非法操作。检查后发现，是由于 CUP 上的风扇不转了，导致芯片温度达到 90℃以上。温度过低会使绝缘材料变脆、开关接触不良、转动部分的润滑油失去作用。

环境湿度对计算机和其他电子设备的可靠运行和寿命都有很大影响，它应该在一个允许的范围。湿度过高时，磁性材料受潮，磁导率发生明显变化，造成读写数据错误；湿度过低时，在设备和人的表面产生静电，这种现象对计算机的危害更大。试验表明，机房相对湿度为 30%时，静电电压可高达 5kV。相对湿度为 20%时，静电电压高达 10kV。而静电电压在 2kV 时，就会影响计算机的正常工作。

空气中的灰尘和其他杂质对计算机和其他电子设备的使用寿命有很大影响。在灰尘大的环境里，软盘驱动器和光盘驱动器的读写头容易损坏。如果空气中再含有较大的油烟，会在电路板的表面附着一层污垢，在特定条件下造成短路，烧毁电路。

振动对存储设备有较大的影响。特别是硬盘在做读写操作时，如果遇到振动，可能会划伤盘体，而且不可恢复。严重时使磁头异位，硬盘彻底报废。

4.1.3 软件系统的安全漏洞

任何计算机软件，包括操作系统、数据库、应用软件等都存在安全方面的漏洞，就连投巨资研究并广泛使用的 Microsoft 公司的 Windows 9.x 和 Windows 2000 操作系统也有空可钻，导致黑客和病毒程序频频得手。目前，操作系统在安全方面主要存在以下漏洞。

1.操作系统体系结构上的漏洞

操作系统一般都支持程序动态连接和数据动态交换。那么，软件的升级或输入/输出驱动程序的修改都可以通过打补丁的方式实现，这给系统设计人员带来了方便的同时，也给黑客和病毒制造者提供了机会。

2.操作系统网络传输上的漏洞

操作系统可以支持在网络上传输文件，包括可执行的文件映象。另外，还允许远程登录和远端执行命令。黑客可以利用这些功能在远端服务器上安装"间谍"软件。如果以打补丁方式将其打在合法的特权用户上，则能够避开系统进程与作业的监测程序的检查。

3.操作系统入口通道的漏洞

操作系统一般留有无口令入口，是提供给系统开发人员的便捷通道，但它也成为黑客进入系统的方便之门。

操作系统可以后台守护进程的恶意利用。

操作系统提供了后台守护进程的命令，如 Daemon、Debug、Wizard 等。其中用于收发邮件的 Daemon 软件实质上是一些系统进程，一旦满足特定条件，程序便被激活运行。黑客可以通过网络利用这些系统命令对计算机系统进行攻击。例如，黑客利用 UNIX 提供的 Telnet daemon、FTP daemon、Remote exec daemon 等默认账户对系统进行攻击。

4.1.4 人为操作

人为操作给电子商务系统带来的不安全因素太多,这里可分为误操作和有意破坏。误操作行为很难预见,可以出在很多环节。比较低级的错误是输入数据错误、删除了重要文件或泄露了自己的密码,系统管理员对安全的配置不合理,出现了安全漏洞。这些不当行为都可能对系统造成严重的后果。有意破坏有很多方式,水平高的做得隐蔽一些,水平低的做得拙劣一些。电子设备是非常脆弱的,一杯水、一把螺丝刀就足以使其彻底损坏。内部人员更有得天独厚的便利条件,他们可以改变系统参数造成设备运行故障,也可以拷贝文件获取情报。而黑客和病毒制造者更有高超的技艺,他们可以利用系统漏洞进入内部为所欲为。

从某种意义上讲,黑客对电子商务系统的威胁要远远大于其他因素。他们可以利用 Microsoft 浏览器运行特殊的 ActiveX 小程序,在无须提供身份识别码的情况下,将某一银行账户的钱转入了另一银行账户。黑客还可以将设计好的小程序驻留在服务器中,随时把系统信息发出去,以窃取重要情报。随着计算机技术的发展,他们的手段也在翻新。黑客可以在 Internet 上广泛搜索,找出某个计算机或软件的弱点,利用网络嗅探程序查看在网上传输的数据包,以捕获口令或全部内容;通过安装侦听器程序监视网络上数据流,以获取用户名和口令;伪造电子邮件地址或 Web 网页,骗取用户的口令和信用卡号。除了利用操作系统的漏洞外,他们还利用应用软件的漏洞间接攻击网络。例如,Real Networks 公司的流媒体播放软件 Real One Player 和 Real Player 被发现存在三处致命的漏洞,黑客可以利用这些漏洞来入侵并控制用户的计算机,使其出现"缓存溢出"错误,且削弱用户对计算机安全的控制能力。

计算机病毒制造者也是网络最大的危害之一,虽然他自己并不一定从中获取直接的经济利益,但病毒可以致计算机系统于瘫痪,给别人造成巨大的经济损失。例如,1998 年 4 月 26 日诞生的 CIH 恶性病毒不仅破坏硬盘数据,还会清除某些主板上的 Flash ROM 中的 BIOS 信息。1999 年 4 月 26 日这个潜伏一年的黑色幽灵在全球发作,受攻击的计算机一片漆黑,难以修复。由于思想认识和物质准备不足,仅这一天中国有 4 万多台计算机瘫痪,经济损失上亿元。此外,由于信息通过网络长距离的传输,不可避免地存在电磁泄漏,搭线窃听能够获取这些信息,造成数据失密。

4.2 电子商务安全交易基本要求

安全的商务活动除了顺利完成商品交易外,还需要保护交易主体的敏感信息,这就是安全交易的基本要求。人类文明的进步基本上为传统商务创造了一个良好的交易环境,而电子商务活动的历程短,涉及的技术复杂。我们只有弄清电子商务系统的具体安全要求,建立一个完善的电子商务安全体系,与时俱进地发展单项技术,包括网络通信安全、身份识别、防黑客、防病毒等,才能设计出安全的电子商务系统,形成一个安全的交易环境。

4.2.1 数据安全要求

数据是信息社会的命脉,也是开展电子商务活动的前提。它关系到一个国家的经济、政治和安全,也直接影响到普通百姓的生活。因此,我们对电子商务系统中的数据有以下基本要求。

1. 数据的完整性

数据的完整性有两层含义：一是要求同一数据在不同地方是一致的；二是要求数据没有被非法修改或破坏。因此，电子商务系统中必须采取有效措施。首先，要减少各参与方数据输入时的意外差错，防止恶意欺诈行为，避免人为因素导致的数据差异；第二，对电子商务报文进行完整性检查，抛弃不完整的数据；第三，网络传输所使用的协议必须具有差错纠正功能。

2. 数据的机密性

数据的机密性主要指商务活动中的一些敏感信息不被泄露，也就是说，未经授权者不应当获得这些信息。那么，在数据流频繁传输和交换的过程中要采取相应的措施。首先，规范信息传输渠道，防止数据的非法存取或被窃听；其次，信息以伪码形式传输，使非法获取者无法辨认。电子商务系统中除了要对数据加密外，还要对密钥严格管理，实现分发、更新、回收、归档、恢复、审计等功能。

3. 数据的真实性

数据的真实性有两层含义：一是其数值或外在表现是准确的；二是数据收发方，包括用户、设备和进程都是可以鉴别的。电子商务系统是一种虚拟的交易环境，交易实体之间没有面对面的交流，大部分商品也没有实物的感觉。加之某些别有用心的人利用了高超的计算机技术，很容易造出在形式上无法区分的虚假或无效信息。因此，电子商务实体应该赋予信息准确的数值，同时，系统中必须提供准确的身份鉴别方法，防止假冒身份或篡改信息。

4. 数据的时效性

数据的时效性主要指在时间上是不过期的。电子商务活动是一种特定的应用环境，而且本身具有时效性的。如果航空电子订票系统由于种种原因出售了过期的机票，将会给航空公司和客户带来经济损失；如果网站上的新闻长期得不到更新，不仅失去了新闻的价值，也将渐渐地失去网民，降低点击次数。这些事故可以是网络传输或系统故障所致，但人为因素应是主要的。因此，电子商务系统设计要考虑到系统的可靠性和传输实时性，同时，建立严格的管理制度，防止数据失效。

5. 不可抵赖性

不可抵赖性并不是数据本身的属性，而是对数据操纵的责任机制。电子商务活动在无纸化环境下进行，没有纸质合同和票据，不可能采用传统的纸质文件、图章、签字来确认自己的行为和“承诺”。那么，电子交易中所涉及的电子合同、电子票据等都是通过数字签名加以确认的，任何一方收到后都不能抵赖。因此，需要有一套技术来鉴别以下操作行为：

(1)发送方所发送的信息确实被接收方接收了，即接收方不可抵赖。

(2)接收方接收到的信息确实是发送方发送的，即发送方不可抵赖。

4.2.2 系统安全要求

随着 Internet 的发展，包括 Intranet 和 Extranet 在内的网络都使用着 TCP/IP 协议，甚至银行的内部网也开始使用。电子商务就是完全依赖于这样的开放式网络环境。在我们享受信息共享带来的方便同时，商业敏感信息却遭遇极大的安全风险。因此，我们对电子商务系统的运行环境有以下基本要求。

1.硬件设备安全

电子商务系统使用的硬件设备包括计算机设备、通信设备、传输线路，电源设备、POS 终端等，它们都应该具有防盗、防毁、防电磁信息泄漏、防线路截获、抗电磁干扰、电源保护的措施。对于关键设备（如服务器），应该考虑硬件冗余。在机房及其周边环境设计上严格遵循标准，如国家标准《电子计算机房设计规范》(GB50173—93)、国际标准《计算站场地技术条件》(GB2887—89)、国际标准《计算站场地安全要求》(GB9361—88)。由于截获电磁信息泄漏的手段有了很大提高，其有效截获信息的距离已达上千米，所以，一些重要部门应该采取以下特别手段：

(1)对主机房和信息存储、收发部门进行屏蔽处理，即建设一个高效的屏蔽室，所有与外界的联系，包括信号线、电话线、消防控制线等都采取隔离措施；

(2)对本地网、局域网的传输线路进行隔离处理，即通向外界的传输全部采用光缆，Modem 线路带有光电隔离；

(3)对终端设备辐射的防范，目前主要采用主动式干扰设备。

2.操作系统安全

计算机操作系统是网络安全的核心，它对系统的硬件和软件资源实现有效控制和安全保护。国外将其划分为不同的等级标准，并在检测和评估方面做了大量的工作，形成了 A、B3、B2、B1、C2、C1、D 级安全标准的定性描述。电子商务系统对操作系统的要求有一个合适的定位。C1 和 D 级安全标准是不能接受的，A 和 B 级安全标准虽然在性能上很好，但代价太大，且没有成熟和流行的产品。因此，目前 C2 级安全标准的操作系统是比较理想的选择。

C2 级安全标准属于自主保护型。系统赋予用户账号和口令，并以此识别用户身份的合法性。系统管理员可以对用户的操作权限和级别进行划分，通过对目标、文件属性的管理来控制读、写操作。系统具有日志功能，可以审计对系统所做的操作。属于这一级别的操作系统有 UNIX、XENIX、Novell 3. x、Windows NT。

3.数据库安全

数据库中的数据是受到 DBMS 和操作系统的双重保护。用户通过操作系统验证后进入计算机，然后通过 DBMS 的身份验证才能进入数据库。防止非法使用数据库中的数据，需要做好以下两方面的基本工作：

(1)防止非法用户进入数据库，保证数据不被泄露和修改；

(2)防止合法用户越权使用数据库中的数据，使他不能获得权限以外的信息。

为了保护特别重要的数据，应该将其以密码的方式存储于数据库中。

4.防止黑客

黑客是利用网络设计的疏漏进入系统内部，所造成的后果是不可想象的。它可以诈骗钱财、破坏系统、窃取机密。实际上，防止黑客的要求主要还是为了保证数据的安全性。但由于黑客对网络安全的影响太大，所以，我们在提出数据安全要求的基础上还是要将防止黑客作为网络安全的要求之一。防止黑客需要综合措施，弄清他们的主要攻击手法，也就对安全要求有了一个清晰的认识。

(1)破坏系统的硬件、文件系统，使系统不能正常工作；

(2)通过搭线、检测电磁泄露获取有用的数据，破坏系统的机密性；

(3)篡改系统中数据内容，修正消息的次序、时间，破坏数据的完整性；

(4)冒充合法人员进入系统，发布伪造虚假消息，进行非法活动，破坏系统的真实性。

5.防止病毒

病毒是一段恶意破坏其他软件、数据和计算机系统的程序。它可以寄生在多种形式的文件中，最典型的是电子邮件和电子游戏软件。它可能会对网络系统造成灾难性的后果，使电子商务系统无法正常运转，数据丢失。病毒防护应该包括网络上的所有计算机，应当满足以下五个基本要求：

(1)预防病毒侵入网络系统；

(2)防止病毒在网络中蔓延；

(3)可以检测已侵入网络系统的病毒；

(4)可以定位已侵入网络系统的病毒；

(5)可以清除已侵入网络系统的病毒。

6.系统备份与恢复

在遭遇自然灾害或人为破坏时，系统应当能够迅速恢复，包括系统软件、网络通信和用户数据。这就对电子商务系统提出了很高的要求，如双服务器、双网络的解决方案，数据需要异地存储等。

4.2.3 管理制度要求

电子商务系统的安全仅仅依靠硬件和软件技术方面的手段是不够的，必须对人的行为进行约束和管理。据有关资料统计，电子商务的安全事故有65%来自于网络系统内部攻击，如内部的非法窃取或非授权访问。因此，对电子商务系统应该有一套完整的管理制度，包括人员管理、保密、审计稽核、系统维护、数据备份、病毒清理等等。

1.人员管理制度

对人员素质的基本要求：责任心强、讲原则、守纪律，懂市场交易、计算机和网络技术。

对工作安排的基本要求：重要业务实行双人或多人共同管理；安全管理工作任期有限；系统管理员控制运行环境和重要参数。

2.保密制度

建立保密制度，控制信息越级扩散。把信息密级划分为绝密、机密和秘密三种。一般来说，企业的财务状况、经营状况、核心技术、密钥、系统口令都是绝密信息，只限于高管人员掌握；日常工作信息、人力资源、共性技术等属于机密信息，可以让所有内部人员知道；技术支持信息作为秘密信息，为企业的直接消费者服务；其他信息，如企业宣传资料、产品宣传信息视为公开信息，可以发布 Internet 上，让所有客户，包括潜在客户知晓。

3.审计稽核制度

审计稽核是建立在系统日志的基础上，通过对操作日期、操作时间、操作行为、登录次数的分析，可以监督系统运行状态、协助排除故障、发现可疑操作。审计稽核是一件非常枯燥的工作，必须要有极大的耐心，而且应当形成带有强制性的制度。

4.系统维护制度

电子商务系统涉及硬件、软件较多，维护的工作量相当大，有必要分配专人管理。

(1)为所有硬件设备建立档案。记录下设备型号、设备配置、初始参数、销售商、安装时间、安装地点、IP 地址等内容。

(2)定期检查设备运行环境，包括温度、湿度、灰尘。特别提示：CPU 风扇的转速是否变慢或停转。UPS 定期充放电，并检验断电保护的有效性。

(3)定期清理系统日志文件、临时文件，定期整理文件系统。

(4)定期备份系统的重要数据,并且可以从硬盘中转移到光盘或磁带中。

5.病毒清理制度

病毒在网络中的传播速度极快,其破坏性远比在单机上大,所以,要有以下严格制度:

(1)安装网络版防病毒软件,能够在线检测、在线升级(及时更新病毒代码库);

(2)列出常见的定期发作恶性病毒的名称和日期;

(3)不打开陌生地址的电子邮件;

(4)定期执行防病毒软件,不要漏掉一台计算机;

(5)对易染病毒文件的属性、权限进行限制,只能读不可写,断绝病毒入侵渠道。

6.应急措施

应急措施是为了应付自然灾害或意外事故导致系统停止运行的解决办法,主要包括以下几方面的工作:

(1)硬件恢复,包括设备和网络;

(2)软件恢复,包括操作系统、数据库系统和应用软件等;

(3)数据恢复,这部分的工作是非常复杂的,目前主要采用瞬时复制技术、远程磁盘镜像技术和数据库恢复技术。

4.2.4 建立完善的安全体系结构

建立完善的安全体系应当从一个强化的安全标准出发,它是衡量网络安全的一把标尺,也是系统设计的安全依据。信息技术安全标准主要包括:基础类标准(安全词汇、安全体系结构、安全框架、安全管理、安全评价准则)、物理类标准(设备的安全保密规范、设备电磁泄露规范)、网络类标准(网络安全协议、网络安全机制、保密网关规范、防火墙规范、密钥分配管理规范)、应用类标准(硬件平台安全规范、软件应用平台规范、应用业务安全规范、数据库安全规范、安全工具开发规范、智能卡安全规范、签证机构安全规范)。

1989年国际标准化组织(ISO)制定了基于开放系统互联(OSI)参考模型的信息安全体系结构。它的核心内容包括了五类安全服务,以及为实现这些服务所要建立的八类安全机制。此外,ISO还就不同的金融业务制定了专门的安全保密标准。

1.数据安全服务

数据安全服务是为了避免数据受到攻击而由网络设备和相关软件提供的功能。

(1)鉴别服务

鉴别服务主要有两种:鉴别开放系统中同一层次的两个实体身份和鉴别下层为上层提供数据源的身份。前一种可以保证通信双方确实是合法的实体,后一种可以判断接收的数据确实是来自预定的实体。

(2)访问控制服务

访问控制是对访问主机系统和应用系统的合法用户的管理,限制他们在允许权限的范围内操作,防止非法用户使用系统资源。

(3)数据保密服务

数据保密服务是要防止数据的真正含义暴露给无关人员。首先,要防止数据流被截获;第二,要防止数据流被理解。

(4)数据完整性服务

数据完整性服务是要防止主动攻击者对传输的数据进行篡改，保证接收到的数据与发出的内容一致，没有经过复制、插入、修改、记录和重放。如果检测到消息的完整性遭到破坏，能够实现自动恢复。

(5)防止抵赖服务

防止抵赖服务是要保证发送方和接收方都可以证明对方的操作行为，防止他们否认消息传送。

2.数据安全机制

为了提供上述数据安全服务，必须采取一定的技术、方法和手段，即建立相应的数据安全机制。

(1)数据加密机制

数据加密机制是利用加密算法来实现数据保密的一套方法和技术。除了网络会话层不提供加密保护外，其他各层都可以采用加密措施。数据加密机制是所有安全机制的基础，与之紧密相关的还有密钥管理。

(2)数字签名机制

数字签名机制在电子商务中有着重要地位，主要解决三方面问题：核实通信双方真实身份、防止数据被非法篡改、保证实体收发信息的行为不可抵赖。

(3)访问控制机制

访问控制机制是保证网络安全的主要策略，它的主要任务是保证网络资源不被非法使用和非法访问。首先，系统对用户登录服务器或获取网络资源进行管理，一般入网访问控制分为三个步骤，即用户名的识别与验证、用户口令的识别与验证、用户账号的缺省限制检查。第二，系统赋予用户适当的操作权限和访问权限，规定他们可以访问的目录、子目录、文件和其他资源。第三，系统对于文件、目录和网络资源指定操作属性，例如，读写、复制、删除、隐含、共享等。

(4)数据完整性机制

数据完整性机制要从两方面保证，即数据单元的正确性和数据单元序列的正确性。发送方在数据单元上加上标记，该标记由特别算法产生，且是数据本身的函数。接收方也产生一个的标记，与接收到的标记进行比较，以确定在传输过程中数据是否被篡改。另外，数据单元的序列号应当是连续的，时间是正确的，以防止假冒、丢失、插入、重发等非法操作。

(5)交换鉴别机制

交换鉴别机制是以信息交换的方式实现通信双方的身份识别。这种机制必须建立在多种技术综合的基础上：第一，选择合适的特征信息，一般可使用具有生物特性的指纹或公证机构颁发的数字证书；第二，所交换的信息需要加密；第三，通信双方各自都有鉴别对方身份的措施，并提供特征信息供对方鉴别。

(6)业务流量填充机制

业务流量填充机制是防止通过流量分析和流向分析获得信息的技术措施。一般的方法是，用特殊设备连续产生伪随机序列码，在线路上没有信息传输时将其发送上去，使非法者难以识别有用信息和无用信息，增加破译密文的难度。

(7)路由控制机制

路由控制机制是在路由器中制定合理的路径选择规则，使得网络传输的整体性能最优，并能够判断线路的安全性。路由控制一般是由网络服务商提供，使信息始终经过安全可靠的子网、中继网或节点进行传送。当发现或怀疑信息受到监视或非法处理时，就重建路由，保证敏感数据不进入高危节点和链路。

(8)公证机制

公证机制是建立交易各方都信任的机构，解决交易过程中可能由于系统故障而导致的责任问题。该机构管理着很多重要信息，如标识实体身份的数字证书、反映交易过程的必要信息，这些都是处理纠纷的重要依据。

3.数据安全层次

数据安全是网络环境中的全方位问题，要保证某一个环节的安全，可能需要建立多种机制，而一种安全机制也可能为多个环节的安全服务。为了规范网络安全设计，我们可以根据ISO给出的OSI参考模型，具体说明每一层应该提供的安全服务，以及相应的安全机制。

(1)物理层：提供数据保密服务，通过数据加密和业务流量填充机制实现。

(2)数据链路层：提供数据保密服务，通过数据加密机制实现。

(3)网络层：提供数据保密、同一层次实体身份鉴别、访问控制、数据完整性等服务，通过数据加密、数字签名、访问控制、数据完整性、交换鉴别、业务流量填充、路由控制、公证机制单独或组合实现。

(4)传输层：提供同一层次实体身份鉴别、访问控制、数据完整性等服务，通过数据加密、数字签名、访问控制、数据完整性、交换鉴别机制单独或组合实现。

(5)会话层：不提供任何安全服务。

(6)表示层：提供数据保密、身份鉴别、访问控制、数据完整性、防止抵赖服务，通过交换鉴别、数字签名、访问控制、数据完整性、公证机制单独或组合实现。

(7)应用层：提供数据加密和访问控制服务，通过数据加密、访问控制和业务流量填充机制单独或组合实现。用户还可以在这一层开发专用的安全系统。

4.2.5 电子商务系统安全的正确认识

电子商务安全是一个大系统概念。除了涉及多个商务环节的技术问题以外，还与法律、道德和各方面管理联系在一起。可以这样说，不解决前一方面的问题，没有安全的基础；不解决后一方面的问题，没有安全的保障。

电子商务安全是相对的。由于人们对客观世界的认知能力和对事物发展的预见能力受到社会经济和科学技术发展的制约，我们不可能脱离历史条件制定一个绝对安全的标准，也不可能设计一个绝对安全的电子商务系统。

电子商务安全是有代价的。首先，建设一个安全认证体系是需要投入大量财力和人力的。配备不同的防火墙和加密算法，其价格也不一样的，质量越好开销越大。其次，电子商务系统的安全和速度是相互矛盾的。要想有更高的安全性能，就会提高认证过程和加密/解密算法的质量，则势必增加时间开销，使系统速度变慢。反之，系统可以降低安全标准，获得更快的响应速度。

电子商务安全是发展的。由于计算机技术和网络技术的发展日新月异，我们能够获得强有力的技术支持。同时，黑客水平也在不断提高，病毒种类越来越多。这种正义与邪恶的斗争将会跟随电子商务的发展延续下去，而且显示出“被动治理”的特征。

4.2.6 电子商务系统安全的设计原则

我们已经知道,电子商务系统存在很多不安全因素,涉及系统的各个层次和各种应用,而且具有不同的特点和要求。为了更好地把握系统安全状况,需要从设计做起,不能等出了问题再采取补救措施。在此,从工程技术角度提出系统总体设计原则,也可以对相关环节或子系统的设计起到指导作用。

1.整体设计原则

电子商务系统的安全需要从整体考虑,无论系统规模的大小,都应该采取三方面措施:

第一,安全防护措施。分析系统可能存在的漏洞和主要的安全威胁,采用适当的技术手段,制定相应的管理制度,避免安全事故的发生。第二,安全监测措施。实时监测系统的运行状态,及时发现和消除安全事故或隐患。第三,安全恢复措施。当安全事故发生,并产生一定的后果时,系统应该有一套应急办法,迅速恢复事故前的系统现场,消除安全隐患。

2.安全标准统筹设计原则

电子商务系统的整体安全遵循"木桶原理",即"木桶的最大容积取决于最短的一块木板"。因此,系统各个环节的安全标准要统筹设计,均衡考虑。例如,一个系统使用了高标准的硬件设备,可能消除了物理上的安全隐患。但是,如果网管软件配置不合理,造成网络安全漏洞,容易受到黑客攻击,这个系统仍然是很不安全的。我们可以列出存在的安全隐患,估计可能遇到的攻击,分析、评估整个系统的"最低安全点",以便不断提高安全标准,使各个环节或子系统的安全标准趋于一致。

3.安全与实用统一设计原则

在考虑电子商务系统安全性的同时,不能忽视其实用性,即系统的效率和开放性。从技术实现上讲,安全与实用是矛盾的两个方面。对于电子商务系统而言,偏废任何一方的设计都是不可取的。如果系统采用封闭的网络结构,使用过分复杂的数学算法,增加许多验证过程,系统的安全性可能非常高。但是,这样的电子商务系统失去了信息共享特征、大大降低了系统运行效率,只能是一个好看不好用的系统。反之,它是一个能用不敢用的系统。因此,系统设计应当制定适当的安全标准,在此基础上把安全处理的运算量减小或分摊,按照安全、效率、开放均衡原则确定防火墙和防病毒系统,方便用户操作,保证业务系统正常运行。

4.安全等级设计原则

电子商务系统安全等级的设计主要考虑三方面问题:网络安全分为安全子网和安全区域;信息安全分为绝密、机密、秘密、普密;操作员的分级与系统运行环境和应用程序有关,一般会有系统管理员、普通操作员等等。

5.动态化设计原则

面对快速发展的计算机技术,各种密码破译和攻击手段也在不断翻新。要保证系统绝对安全是不现实的,也不一定必要。但是,电子商务系统的安全措施应该是可升级的,能够根据攻击手段的变化加入新的防范功能。另外,对口令和密钥要定期更换,尽量缩短其生命周期,以提高系统的安全性能。

6.有限授权设计原则

电子商务系统对操作员权限的管理是非常严格的,应当遵循以下有限授权原则:

(1)明确操作员的职责,以此为依据划定必要的权限范围,阻止任何可能的越权行为,记录越权企图；

(2)明确每个操作员权限范围内应当承担的责任,建立相应的监督检查制度；

(3)明确每一种系统资源的使用权限,阻止任何可能的越权使用行为；

(4)对重要的安全管理环节,实行分权制衡,由两人以上共同管理,相互制约,提高系统安全性。

4.3 密码技术基础

电子商务系统中的数据是最宝贵的资源,也是黑客们攻击的重要目标,自然就成为我们重点保护的对象。密码技术是保证数据机密性最有效和最可靠的方法。此外,数字签名、身份认证和电文标识码(MAC)的产生等也都需要使用密码技术。

4.3.1 密码技术概述

密码技术是保证信息安全的主要手段之一,它有两方面的研究内容:密码编制和密码分析。前者是研究安全高效的密码算法,满足对消息加密的需求;后者是研究攻破密码系统的途径,恢复信息的本来面目。

利用数学算法和密钥技术对信息进行编码,生成难以理解的字符串称为密文。加密是将明文转变为密文的过程,需要输入明文和加密密钥;解密是由合法者将密文恢复成明文的过程,需要输入密文和解密密钥。加密算法是对明文进行加密时的一组规则,解密算法是对密文解密时的一组规则。加密算法和解密算法是一组仅有合法用户才知道的秘密信息。密码算法是构成密码体系的核心,它主要分成四大类:序列密码、分组密码、公开密钥密码和 Hash 函数。一般来说,密钥的位数越多,破译难度越大。40 位密钥是最低要求,它的破译时间约为 3.5 小时,而 128 位超长密钥的破译时间约为 2000 年。但是,随着计算机性能的提高,破译密码的时间会逐渐缩短。目前,数据加密包括以下主要内容:

1.在数据传输过程中对数据流进行加密

首先,可以采用链路加密方式。它是面向网络低层主体,即 OSI 参考模型的物理层或数据链路层,对线路中数据报文的每个 bit 都进行加密,包括路由信息和密码校验和等控制信息。因此,当信息传输到中间节点时需要解密数据报,获得路由信息和密码校验和,以便选择路由、检测错误。所以,在这种方式下,线路中传输的是密文,而中间节点上出现的是明文。链路加密可以通过硬件设备完成。

第二,可以采用节点到节点的加密方式。在中间节点加上保护装置,其作用是完成一个密钥到另一个密钥的变换。因此,除了在保护装置里,节点内仍然是以密文出现。

第三,采用端到端的加密方式。它是面向网络高层主体,即 OSI 参考模型的应用层或表示层,只对报文本身加密,而不包括其他各层所加的信息头。加密后的报文在经过中间节点时是不解密的。端到端加密可以通过硬件设备完成,也可以通过在主机上运行加密软件实现。在 Internet 环境下一般采用这种加密方式。

2.数据存储加密

数据存储加密是防止在存储环节上失去数据的机密性,主要有两种方式:一是将数据加密后以密文的形式存储;二是对存取数据进行控制,严格审查用户的资格和权限。

3.数据完整性鉴别

数据完整性鉴别是对数据内容和操作员身份进行验证，包括口令、密钥、身份等，以达到检验数据安全的目的。

4.密钥管理

密钥是数据安全的关键，丢失了密钥也就意味着丧失了数据的机密性。因此，密钥管理成为数据加密的重要内容，应该对密钥的全生命周期，包括产生、分配、更换、销毁都采取加密措施。

4.3.2 对称加密体制

对称加密体制是在加密和解密的过程中使用同一个密钥，我们也可以称之为单钥加密体制。在这种体制下，算法是公开的，而密钥应该严格保密。加密/解密过程如图 4-1 所示。明文和密钥作为数据输入项，经加密算法处理转变成密文；密文和密钥作为数据输入项，经解密算法处理转变成明文。

图 4-1 对称加密/解密过程

对称加密体制的优点是算法效率高，系统实现相对简单。但它还是有较多的缺点。

通信双方在通信前必须交换密钥，增加了泄密机会。

系统比较脆弱，容易受到攻击。若密钥被非法获取，不仅密文失去了机密性，而且攻击者还能以合法身份发送伪造的消息。

随着系统中用户数量的增加，密钥数量增长过快，造成管理上的困难。密钥的数量与用户数量的关系是 $N\times(N-1)/2$。

对称密码体制的加密模式有两种：流密码（序列密码）和分组密码。

1.流密码

流密码的主要原理是，通过有限的状态随机产生伪随机序列，使用该序列逐位对信息流加密，得到密文序列。它的优点是，错误扩展小，速度快，容易同步，安全程度高。这种加密方法适合用硬件实现。流密码的加密过程如图 4-2 所示。

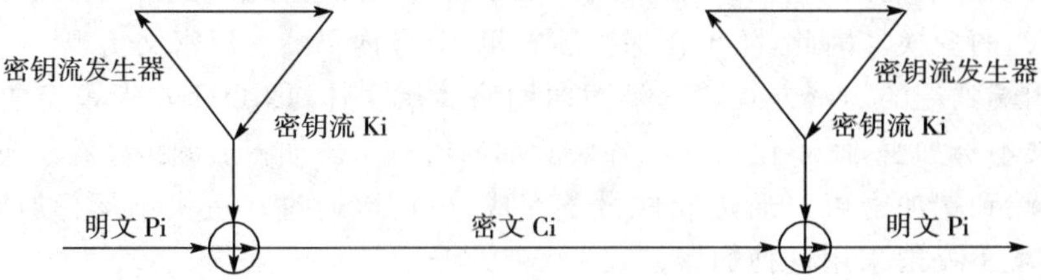

图 4-2 流密码加密过程

密钥流发生器输出一系列比特流 K1，K2，…，Ki。在加密时，明文比特流 P1，P2，…，Pi 和密钥流进行异或运算，产生密文比特流：

$$Ci=Pi \oplus Ki$$

在解密时，密文比特流和相同的密钥流进行异或运算，得到明文：

$$Ci \oplus Ki= Pi \oplus Ki \oplus Ki=Pi$$

2.分组密码

分组密码的主要原理是：将明文分成固定长度的组，如64bit为一组，用同一密钥对该信息组加密，得到固定长度的密文组。它的优点是：明文信息扩散性好、对非法信息的插入具有敏感性。这种加密方法的思想是给统计分析造成障碍，避免攻击者从密文中推测出密钥，适合用软件实现。在分组密码原理中有两个重要的概念：

(1)扩散

通过让明文中的每个字去影响多个密文字，也使每个密文字受多个明文字影响。这样，明文中的统计结构在密文中就被扩散了，密文中各个字母出现的频率趋于平均，统计特性有此消失。

(2)扰乱

使用复杂的迭代算法使密文的统计特性与加密密钥之间有一种复杂的关系。这样，即使攻击者掌握了密文的统计特性，也难以从中推测出密钥。

对称密码体制中典型的算法有以下几种：

1.数据加密标准(DES)算法

DES是一种典型的分组加密算法，它将二进制序列的明文按64bit分为一组，密钥的有效长度是56位，基本运算就是替换和移位。加密的强度是通过反复使用基本运算来实现的。加密过程如图4-3所示。

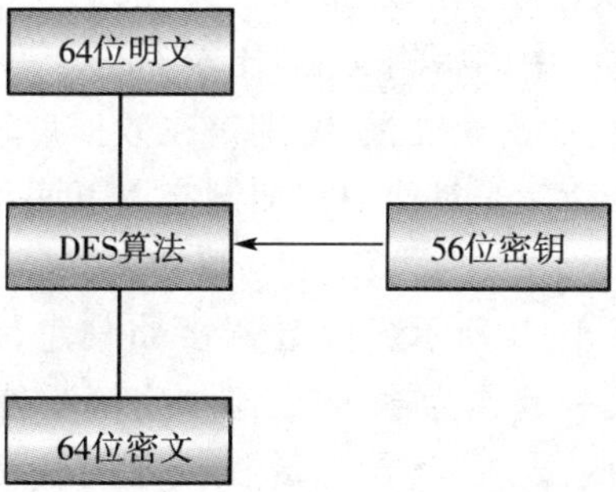

图4-3 DES加密过程示意

替换的目的是达到扰乱的效果，使信息块的输出位和输入位没有明显的关系。移位的目的是达到扩散的效果，将明文位的效果扩散到密文的其他位。

DES的算法是一个可逆的过程，即对明文加密和对密文解密的步骤完全相同。利用同一函数f，向前就是加密，向后就是解密。加密过程中每次使用子密钥的次序为(假定16次循环)$K_1 \rightarrow K_2 \rightarrow K_3 \rightarrow \cdots \rightarrow K_{16}$，而解密的次序为$K_{16} \rightarrow \cdots \rightarrow K_3 \rightarrow K_2 \rightarrow K_1$。这种算法的对称性方便了软件和硬件的实现，同时也减少了破译的工作量。国际上已经在DES的破译上取得了突破性的进展，有人在网络计算的支持下，利用穷举法在20多个小时内破译了56位的密钥。由于DES算法是公开的，所以，密钥的保密是最重要的。

2.IDEA 密码算法

IDEA 是一种对称分组加密算法，将明文按 64bit 分为一组，密钥长度是 128 位，加密的主体是循环函数和密钥生成函数。在循环函数中包含了异或运算、16 位整数的二进制加法、16 位整数的二进制乘法，形成了复杂的转换。密钥生成依赖于循环移位。IDEA 算法中共有 8 次循环，每次循环都会生成 6 个子密钥。这种算法对密码分析具有很强的抵抗能力。

3.AES 算法

AES 算法是美国国家标准技术研究所提出的一种高级加密标准，以代替现在不够安全的 DES 算法。这一算法应满足以下三个基本条件：

(1)属于对称的单钥密码算法；

(2)属于分组密码算法；

(3)按 128 位长度分组，支持 128 位、192 位或 256 位密钥。

自 1997 年 9 月 12 日公布征集 AES 算法公告以来，经过 3 年的研究与竞争，2000 年 10 月 2 日，西班牙密码专家 Joan daemen 博士和 Vincent Rijmen 博士后开发的算法终于中选。该算法具有可变的分组长度和密钥长度，三个长度为 128/192/256 位的密钥用来加密 128/192/256 位的分组，相应的循环次数为 10/12/14。

4.3.3 非对称加密体制

非对称加密体制是在加密和解密的过程中使用两个数学相关的密钥对信息进行处理，我们也可以称之为公钥加密体制。在这种体制下，一个密钥是公开的，称为公钥，另一个密钥是私有的，称为私钥，它们是一个"密钥对"。如果使用公钥进行加密，则必须使用对应的私钥进行解密。反之，如果使用私钥进行加密，则必须使用对应的公钥进行解密。

非对称密码体制较好地解决了密钥的发布和管理问题。它的主要优点是：交易实体可以公开自己的公钥，避免了交易过程中的密钥交流，比较安全。另外，除了可以对信息加密外，还用于数字签名。它的主要缺点是加密速度慢，特别是在数据量较大的时候。

根据公钥是用于加密还是解密，非对称加密体制有以下两种用途：

1.加密与解密

报文的加密/解密过程如图 4-4 所示。假定 A 要将信息传送给 B：A 从所拥有的公钥簿中找到 B 的公钥，并将其与明文一起作为输入项，经加密算法处理转变成密文；当 B 收到密文时，再取出自己的私钥一起作为输入项，经解密算法处理转变成明文。由于其他人没有 B 的私钥，即使获得了密文也无法解密。在这一过程中，公钥是用来加密的。

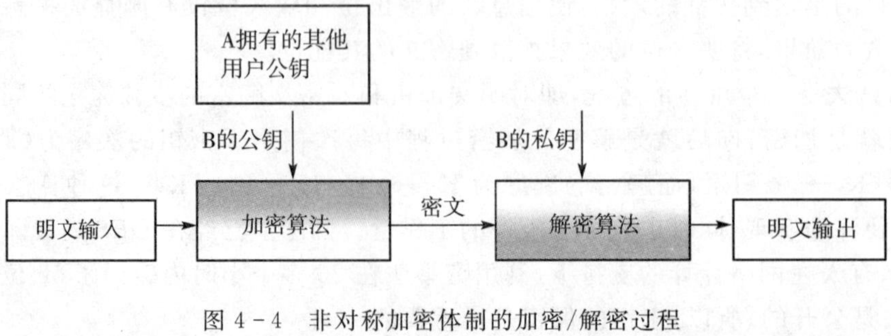

图 4-4 非对称加密体制的加密/解密过程

2.身份鉴别

身份鉴别的过程如图4-5所示。假定A以自己的身份给B发送信息，且B能够确认是从A发来的信息：A取出自己的私钥与明文一起作为输入项，经加密算法处理转变成密文；当B收到密文时，再从自己所拥有的公钥簿中找到A的公钥一起作为输入项，经解密算法处理转变成明文。由于采用其他非A的公钥是不能解密的，因此，可以确认该密文一定是来自于A。在这一过程中，公钥是用来解密的。

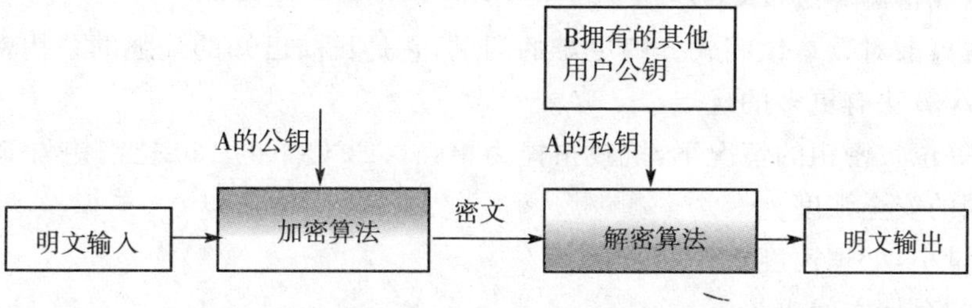

图4-5 非加密体制的身份鉴别过程

现有的非对称加密体制有许多公钥加密方法，它们的安全性都是基于复杂的数学难题。被认为是安全、有效的有三类：大整数因子分解、离散对数和椭圆曲线离散对数。它们都各自有典型的算法。

1.RSA公钥密码算法

RSA算法是公钥系统中应用最广泛的，大多数使用公钥加密和数字签名的系统都使用。

它的安全性是基于大整数因子分解，这一数学上的著名难题至今没有有效的方法解决，因此可以确保RSA的安全性。利用RSA算法产生两个密钥的过程简述如下：

(1)任选两个足够大的质数P和Q；

(2)计算P和Q的乘积，$n=P\times Q$；

(3)随机选取一个小于n的数e，使其符合与$(P-1)\times(Q-1)$互为质数；

(4)另找一个数d，使其满足$(e\times d)=1\bmod[(P-1)\times(Q-1)]$(其中mod为两数相除取余)；

(5)(n,e)是公开密钥，(n,d)是私有密钥；

(6)加密和解密运算式：明文$m=C^e(\bmod n)$密文$C=m^e(\bmod n)$。

例如，A将85传给B。

(1)取$P=11,Q=13$；

(2)$n=11\times 13=143$；

(3)$(11-1)(13-1)=120$，取$e=7$，与120互质；

(4)$7\times d=1\bmod(120)$，通过求逆元的方法可求出一系列的d，取$d=103$；

(5)$K_{Ub}=(n,e)=(143,7)$，$K_{Rb}=(n,d)=(143,103)$；

(6)$C=85^7\bmod(143)=32057708828125\bmod(143)$

$m=123^{103}\bmod(143)=85$

RSA算法的加密强度取决于n。如果n取得足够大，要想从(n,e)中推出d，只能做大整数的因子分解，这是很困难的。由于RSA涉及高次幂的计算，用软件方法实现比较慢，所以一般用硬件来实现。

由于DES算法的效率优于RSA算法，而RSA的安全性优于DES。所以，为了在保证通信安全的基础上提高报文的传送效率，一般采用 DES 加密原始消息，采用 RSA 中的私钥对原始消息的摘要进行数字签名。

2. ElGamal 公钥密码算法

ElGamal 算法是一种基于离散对数的公钥密码系统。它的特点是，密文不仅依赖于明文，而且还依赖于随机数 k。如果 k 取不同的数值，即使是同样的明文也会得到不同的密文。这种算法仅用于数字签名。

3. 椭圆曲线密码算法(ECC)

椭圆曲线离散对数是比因式分解更难的问题，它是目前已知的最强的公钥密码算法，

比起 RSA 算法有更多的优点。

(1)在同等位长密钥的情况下，抗攻击能力更强。ECC 下的 160 位密钥与 RSA 下的 1024 位密钥有相同的安全强度。

(2)计算量小，处理速度更快。

(3)占用的存储空间更少。

这些优点使 ECC 算法具有广阔的应用前景，必将取代 RSA 算法，成为通用的非对称加密算法。

4.3.4 Hash 杂凑函数

Hash 杂凑函数又叫散列函数。它是将任意长度的数字串 M 映射成一个较短的固定长度的数字串 H，用 H＝h(M)表示。Hash 函数是一种指纹函数，在密码学中有着重要的作用，是实现有效、安全可靠的数字签字和认证的重要工具，是安全认证协议中的重要模块，常用来产生电文识别码(MAC)。一个安全的 Hash 函数应具有以下特性：

(1)能够应用到任意大小的数据上；

(2)能够获得大小固定的输出；

(3)对任意给定的输入 M，h(M)的计算相对简单，易于软件或硬件的实现；

(4)若给定 Hash 函数的值 H，要想找到满足 H＝h(M)的 M 是不可行的；

(5)若给定 M，要找到另一个 M′，使得 h(M)＝h(M′)，而 M≠ M′，这是不可行的；

(6)要找到满足 h(M)＝h(M′)的(M，M′)，在计算上是不可行的。

Hash 函数算法有很多，主要设计方法有：

(1)使用数学上的单向函数，如因子分解、离散对数设计的 Hash 函数。由于计算量大、速度慢，所以，工程上一般不采用此方法。

(2)利用密码体制设计的 Hash 函数，如利用 DES 产生的 Rabin、Markle、N－Hash 函数。这种方法需要注意的是，在原始数据的加密和映射过程中要使用不同的密钥体制。

(3)不基于任何假设和密码体制，利用计算机软件，通过函数迭代产生 Hash 函数，如 MD4、MD5(产生 128 位 Hash 值)。

单向 Hash 函数可以分为两大类，即有密钥控制的密码 Hash 函数 h(M，k)和无密码控制的一般 Hash 函数 h(M)。前者兼有检查数据完整性和身份认证的功能，而后者仅有检查数据完整性的功能。在电子商务应用中，利用 h(M，k)产生电文识别码 MAC_k 以便识别发送人的身份。如传输层安全协议和安全电子交易协议均采用 MAC_k 作为电文识别码。

4.3.5 安全认证技术

安全认证技术是电子交易必须采取的技术措施，主要包括数字摘要、数字信封、数字签名、数字时间戳和数字证书。它以密码技术为基础，保证交易信息的真实性和不可抵赖性。

1.数字摘要

数字摘要是为了保证传输的文件不被篡改所采取的一种措施。它采用单向 Hash 函数对文件中的重要元素进行某种变换运算，得到固定长度的摘要码(数字指纹)，与文件一起传送给接收方。接收方用相同的方法进行变换运算，如果得到的结果与发送来的摘要码相同，则表明文件未被篡改。

2.数字信封

数字信封是为了保证只有特定的收信人才能阅读其中内容所采取的一种措施。在发送信息时，采用对称密钥来加密信息。然后，用公开密钥对此对称密钥进行加密，形成一个所谓的数字信封，与加密信息一起发送出去。接收方先用相应的私有密钥打开信封，才能得到对称密钥，再用对称密钥解密信息。

3.数字签名

数字签名也可以称为电子签名，它在电子商务安全系统中有着特别重要的地位，提供了源鉴别、数据完整性和不可抵赖性的服务。在我国的电子签名法中给出了明确的定义：电子签名是指数据电文中以电子形式所含、所附用于识别签名人身份并表明签名人认可其中内容的数据。数字签名应该具有以下几个特征：

(1)签名是唯一的；

(2)签名是不可仿冒的；

(3)签名是不可抵赖的；

(4)签名是不可修改的；

(5)签名是不可重用的；

(6)签名是可以鉴别的。

数字签名的实现方法有很多，目前主要是在公钥加密体制下使用 RSA 算法。

(1)RSA 数字签名

发送方用自己的私钥和要发送的消息作为输入项，经 RSA 算法处理形成数字签名，附加在所发消息的尾部；接收方用发送方的公钥解密数字签名，获得预期消息，并与收到的消息比较。如果两者相同，则说明消息未被篡改。整个过程如图 4-6 所示。

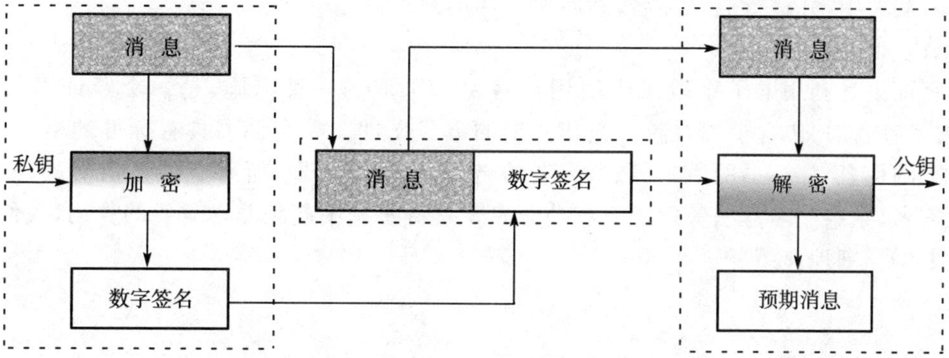

图 4-6 RSA 数字签名过程

由于 RSA 算法的效率低，且加密、解密都要对全部消息进行处理，所以，这种方法的速度慢，比较适合数据量小的情况。

(2)利用 Hash 函数的 RSA 数字签名

为了克服前一种方法的缺陷，我们可以利用 Hash 函数对消息进行预处理，把大数据量的消息映射成固定位长的短消息。发送方将要发送的消息通过 Hash 函数处理，得到数字摘要，并以此和自己的私钥作为输入项，经 RSA 算法加密形成数字签名，附加在所发消息的尾部；接收方用发送方的公钥解密数字签名，获得预期数字摘要，并将收到的消息通过完全相同的 Hash 函数处理，得到数字摘要。如果从两种途径获得的数字摘要相同，则说明消息未被篡改。整个过程如图 4－7 所示。

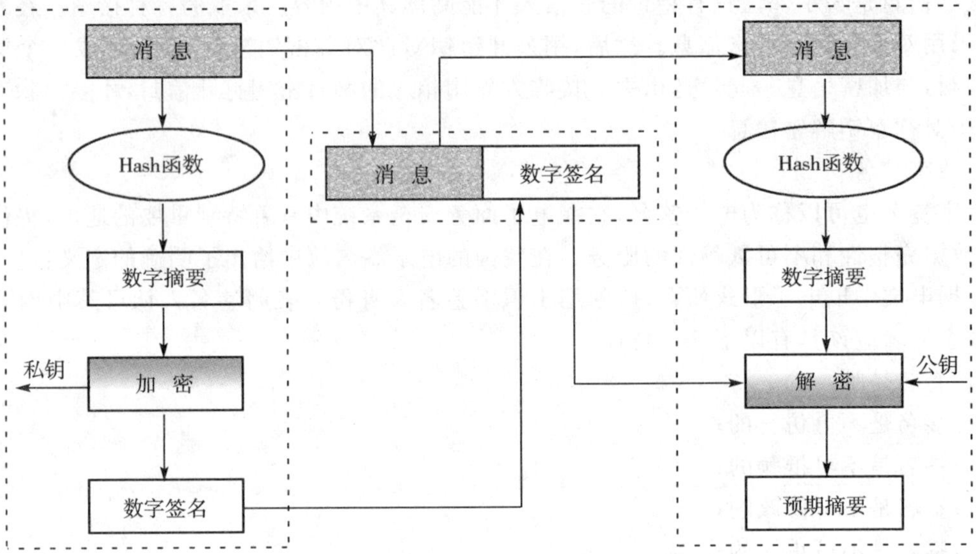

图 4－7 利用 Hash 函数的 RSA 数字签名过程

4.数字时间戳

数字时间戳是对电子文件签署的日期、时间进行保护所采取的一种措施。它由专门的认证机构加盖，并以认证机构收到文件的日期、时间为依据。数字时间戳主要有三方面的内容：加盖时间戳的数字摘要、认证机构收到文件的日期和时间、认证机构的数字签名。用户先将文件通过 Hash 函数处理，形成数字摘要，然后发送到认证机构；认证机构将收到摘要的日期和时间加入摘要中，并进行数字签名，然后发送回用户。

5.数字证书

数字证书是利用电子手段来说明用户身份所采取的一种措施，是一个经证书授权机构(CA)数字签名的、包含了拥有者信息和公钥的电子文件。数字证书具有标准的格式，其中包含了丰富的信息，如证书的版本号、所有者的名称、证书有效期、所有者的公钥信息、发行机构的数字签名、数字签名算法等等。它在公开密钥基础设施中起到非常重要的作用，我们将在下一节做更加详细地介绍。

4.4 公开密钥基础设施(PKI)

电子商务活动基于 Internet 网络环境，几乎没有面对面的接触过程，建立交易各方的信任关系至关重要。为解决这一网络安全问题，人们进行了多年研究，初步得出了一套完整的解决方案，即建设公开密钥基础设施(Public Key Infrastructure，PKI)。利用数字证书保证交易实体之间的信任关系，以及信息传输的机密性、真实性、完整性和不可否认性。

4.4.1 PKI 概述

PKI 是一种遵循标准的公共密钥管理平台，它是信息安全技术的核心，是建设电子商务、电子政务系统的关键技术之一。PKI 是以公钥密码学为基础，通过建立权威的、可信任的、公正的第三方机构——认证中心(Certificate Authority，CA)，以及签发的数字证书，实现安全的网络交易环境。由此可见，PKI 主要解决了安全电子交易中的三个问题：第一，面对面地核实交易参与方的真实身份，解决了虚拟世界身份认证到现实世界身份认证的衔接问题；第二，利用标准的数字证书，解决了非对称加密体制中的公钥管理问题；第三，解决发送信息方和接收信息方的身份认证、不可抵赖性、数据完整性等安全问题。当然，一个完整的 PKI 还应当包含制定相关的认证政策(如技术标准、CA 信任模型、安全策略、服务对象和管理原则等)、认证规则、运行制度和法律法规。

PKI 是一种较为完善的网络安全解决方案，可以支持许多电子商务、电子政务和电子事务的应用，如 Web 服务、安全电子邮件、电子数据交换、虚拟专用网(VPN)、安全套接层协议(SSL)、安全电子交易协议(SET)等等。随着 Internet 的发展，PKI 具有广泛的应用前景。区域性服务网络、行业性服务网络，以及 B2B、B2C、B2G 等电子商务模式都需要得到 PKI 的技术支持。大规模的企业可建立自己的 PKI 平台，中小型企业可由社会提供商业性的 PKI 服务。

PKI 在总体解决方案上已经比较成熟，但许多新的技术也在不断涌现。例如，CA 之间的信任模型、加密/解密算法、密钥管理方法等等，这些关键技术将进一步推动 PKI 的发展。另外，网络应用越来越离不开 PKI 技术的支持，所以 PKI 的市场是非常巨大的。目前，国外一些大的网络安全公司纷纷推出基于 PKI 的网络安全产品，比较著名的有美国的 VeriSign、IBM 和加拿大的 Entrust 等。我国的 PKI 应用还处于初级阶段，许多核心技术仍然依赖于国外，在管理、规划上还比较混乱。因此，研究、开发我国自主知识产权的 PKI 系统，支持政府、金融机构和企业安全利用信息资源是一项刻不容缓的任务，对于我国电子商务、电子政务、电子事务的发展是非常关键和重要的。

4.4.2 PKI 的基本构成

PKI 为电子商务的交易安全确立了框架结构，一般应该围绕注册机构(Registration Authority，RA)、认证中心(CA)、技术标准和 PKI 应用接口四个部分进行建设。其中最核心的部分是认证中心 CA，而技术标准涉及了许多研究内容，包括加密算法、数字证书、CA 信任模型等等。

1. 注册机构

RA 主要是接受用户的注册申请。申请人必须亲自到场，出具有效的身份证明文件，如经工商部门核发的企业营业执照,经公安部门核发的身份证,以及提供其他规定的信息。RA不能签发数字证书,但它可以批准或拒绝申请者的申请,其主要职责如下:

(1)对数字证书申请者的合法性和真实性进行确认;

(2)对数字证书内容变更的审批;

(3)对生成密钥对或恢复备份密钥请求进行审批。

如果申请得到批准,RA为申请者生成证书申请数据包,并向CA系统发出签发证书请求。一般来说,RA和CA是分开管理的,前者只管理用户申请信息,而后者管理的是用户数字证书的信息。一个CA可能对应多个分散在各地的RA。对于规模较小的PKI系统,RA和CA是合而为一的,即注册的功能包含在CA之中。

2.认证中心

CA是电子商务安全的关键环节,是交易实体相互信任的基础。它为电子商务环境中各个实体颁发数字证书,以证明其身份的真实性,并负责在交易中检验和管理证书,是电子商务系统和网上银行交易中权威的、可信赖的、公正的第三方机构。CA自己的一对密钥是最重要的,它的数字签名是证书合法性和权威性的保证。

证书库是数字证书集中存放的地方,它是网上的公共信息库。用户可以从此处获得其他用户的证书和公钥。一般采用轻型目录访问协议(LDAP)来构造证书库,系统必须保证证书库的完整性,防止伪造和篡改。

(1)签发证书

CA服务器接收到RA的签发证书请求和数据包后,对该数据包进行数字签名,生成数字证书,并将其写入证书库。用户可以通过LDAP访问到证书库中发布的信息。

(2)撤销证书

当证书超过有效期或掌握证书的人调离、密钥丢失时,需要停止数据证书的使用,CA必须能够将其撤销。撤销策略有三种:撤销一个或多个主体的证书、撤销有某一对密钥签发的所有证书、撤销由某CA签发的所有证书。CA服务器撤销证书并不是做物理删除,而是将其放入证书库的证书撤销列表中。

3.技术标准

PKI技术标准内容十分丰富,对于注册流程、数字证书格式、证书撤销列表格式、数字签名格式等都有严格的定义。另外,电子商务系统中的许多实用协议都是依赖于PKI框架的,如安全套接层协议(SSL)、传输层安全协议(TLS)、安全多用途互联网邮件扩展协议(S/MIME)、IP安全协议(IPSEC)等。

4.PKI应用接口系统

PKI应用接口系统使得各种应用能够以安全、一致、可信的方式与PKI交互,它是一种跨平台的接口系统。为了屏蔽密钥管理的细节,接口系统可以完成很多功能,避免外部应用系统过多地与PKI内部交互。

4.4.3 密钥管理

PKI体系中的安全完全依赖于密钥,因此它的管理应当是全生命周期的,包括密钥生成、密钥更新、密钥备份和恢复、密钥撤销和归档。无论是在哪一个管理阶段都要妥善保管密钥,即使是超过有效期的密钥也应该如此。为了确保数字签名的不可抵赖性,PKI要求每个用户拥有两个密钥对,即一个签名密钥对和一个加密密钥对。为什么需要两个密钥对呢?这与公钥体制中密钥对的不同用途有关。

签名密钥对的私钥原则上由用户自己保留,其他机构不便存储,以保证签名私钥的唯一性,而公钥是提供给任何有需求的用户使用的,可以在其他机构保留备份。如果用户的签名私钥丢失,他必须重新生成签名密钥对,以前的签字可以用旧的公钥来验证。加密密钥对的私钥和公钥都可以保留备份。如果用户的加密私钥丢失,可以重新生成加密密钥对,以前的密文用旧的私钥解密。我们换个角度可以想到,假定数字签名和加密/解密使用一个密钥对。按照PKI的要求,签名的私钥是不能保留的。那么,如果用户丢失了该私钥,其他地方也没有备份,以前的密文就无法解密了。

1.密钥产生

加密密钥对既可以在客户端产生,也可以在CA产生。在客户端产生的密钥相对安全些,因为这种方式只需将公钥传送给CA就可以了。在CA产生的密钥对可能质量更高,更加方便密钥对的备份,但需要安全的私钥传输通道。

签字密钥必须在客户端产生,因为这个私钥只能由用户唯一拥有,严禁在网络中传输。

签字的公钥可以传输给CA或随处发布。

2.私钥保存

私钥的保存一般有三种方法:存储在不可写的硬件中、存储在计算机硬盘的加密文件中、存储在数字证书服务器中。无论是哪一种方法,对私钥的存取都必须经过一个或多个人员身份验证的机制,如口令或身份识别号PIN。

3.密钥更新

密钥更新是系统安全和管理的基本要求,无论密钥是否泄露,都应该定期、有规律地更新。当然,如果密钥超过有效期或相关人员调离,那就更应该及时更新密钥对了。

4.密钥备份和恢复

当用户的密钥丢失或损坏时,必须有一个可信的第三方机构,如CA帮助恢复。但是,只有加密/解密的密钥对才能备份和恢复,它被存储在CA的服务器中。用于数字签名的密钥对是不能备份的,应当重新生成。

5.密钥撤销和归档

当密钥超过有效期或相关人员调离时,可以将该密钥撤销。对于这些撤销的密钥或更新后的旧密钥,都要进行归档。将加密密钥归档,可以正确地解密以前的信息,将签名的公钥归档可以校验以前的数字签名,而签名私钥必须在客户端彻底消除。

4.4.4 数字证书

数字证书采用了公钥加密体制,其中包含了证书主体的身份信息和公钥,私钥一般由主体自己保管,不在证书中反映。为了保证证书的权威性和真实性,数字证书有认证机构的数字签名。所以数字证书不仅标识了用户的身份,也留下了证书颁发者的痕迹。在PKI系统中,数字证书的格式、管理、利用都对电子商务系统有重大影响。

1.数字证书格式

目前,被人们普遍接受并广泛使用的是国际电信联盟(ITU)制定的X.509标准数字证书格式。在十几年的发展中形成了几个版本,1988年发布了X.509v1,1993年发布了X.509v2,

1997 年发布了 X.509v3，2000 年发布了 X.509v4。图 4-8 给出了 X.509v3 的格式。

需要说明的是，X.509v3 中发放者和主体的名称不再局限于 X.500 格式，而可以采用以下多种形式命名：

(1)Internet 电子邮件地址；

(2)Internet 域名；

(3)X.400 电子邮件地址；

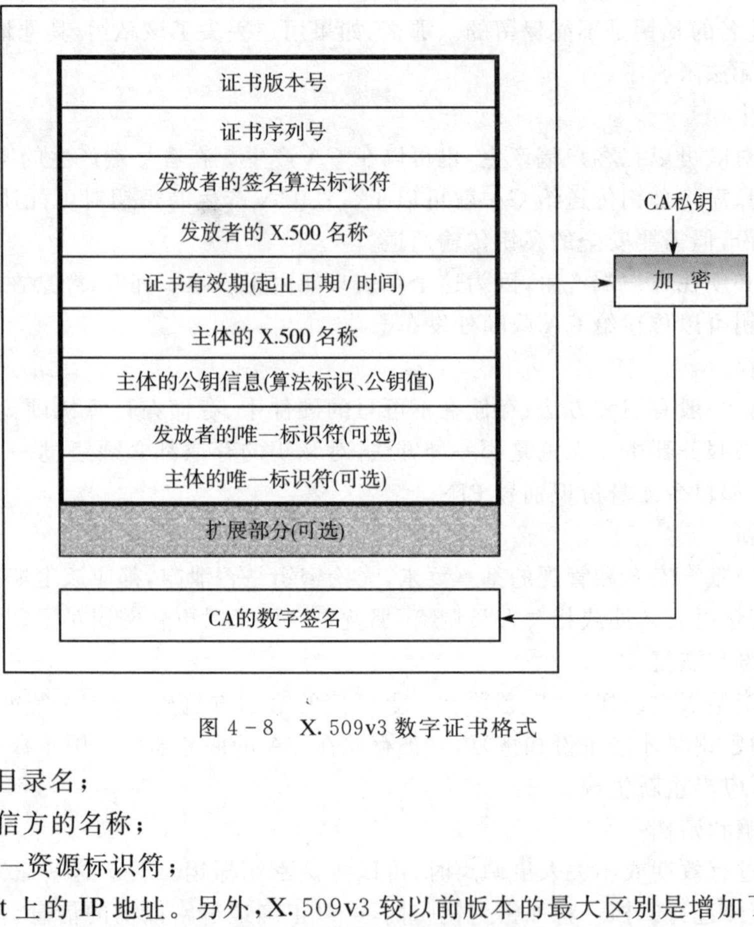

图 4-8　X.509v3 数字证书格式

(4)X.500 目录名；

(5)EDI 通信方的名称；

(6)Web 统一资源标识符；

(7)Internet 上的 IP 地址。另外，X.509v3 较以前版本的最大区别是增加了扩展部分，其内容主要有三大部分：密钥和策略信息、主体和发布者的特性、证书路径约束。

密钥和策略信息扩展部分用来传递主体和发放者密钥的附加信息，包括发放者密钥标识符、主体密钥标识符、密钥用途、扩展密钥用途和私钥使用期，以及认证机构为数字证书制定的政策和操作说明。

主体和发布者的特性扩展部分用来传递备用名和一些附加信息，包括主体备用名、发放者备用名和主体名称中不包含的一些属性。

证书路径约束扩展部分用来说明从本数字证书出发可以产生的认证路径，主要包括以下约束：

(1)基本约束：指明本数字证书的主体是一个实体还是一个认证机构。若是认证机构，就要规定认证路径的长度。

(2)命名约束:指明认证路径上后续数字证书可以接受的名称空间。

(3)策略约束:指明需要显式证书策略标识或禁止其他认证路径中的策略映射。

2.数字证书生成

首先,要求申请者按规定格式将必需的信息内容提供给认证机构;第二,认证机构核实申请者提供的信息,保证其真实性;第三,认证机构制作数字证书,并利用签名设备给证书加上数字签名;第四,将数字证书副本传送给申请者,并发布到证书库中。

由于数字证书是由认证机构数字签名的,申请者在获得证书的同时,也会以安全的方式获得认证机构的公钥。

3.数字证书更新

数字证书的更新是认证机构的义务,当密钥、主体信息需要修改时,或数字证书过了有效生命期时,都需要重新核发数字证书。

4.数字证书分发

在 PKI 系统中,通信双方为了发送加密信息和检验对方的数字签名,必须获得对方的数字证书。那么,主体之间是如何获得对方的数字证书呢?这就是数字证书的分发问题。数字证书具有自我保护能力,因此,它的分发不需要特别的安全协议保护,可以通过非信任系统直接分发。常用的分发方法有两种:证书主体分发数字证书和利用轻型目录存取协议(LDAP)分发数字证书。

(1)证书主体分发数字证书

签名方准备好自己的数字证书副本和能够证实其有效性的相关信息(上级数字证书),并将其附加在数字签名后面。当检验方收到该信息时也就同时获得了信息发送方的数字证书。因此,每个主体都会随着信息交互的增加而得到更多的数字证书。

尽管这样分发数字证书很方便,但还是存在致命的缺陷:因为 CA 的结构有可能是多层的,每个检验方到签名方的认证路径不尽相同,所以,要求某个签名方能够预先知道每个检验方需要哪些数字证书是不现实的。另一方面,如果签名方将上至根 CA 的所有数字证书全部附加在数字签名后面,则会造成通信效率低下。

(2)利用轻型目录存取协议(LDAP)分发数字证书

目录是按照方便检索的结构组织起来的数据集合,存储在特殊的数据库中。提供目录检索服务的服务器称为目录服务器。目录服务的工作模型是客户机/服务器,1988 年,CCITT 制定了 X.500 标准,规定了目录服务器的目录结构、命名方法、搜索机制,以及用于客户机与服务器之间的通信协议 DAP(Directory Access Protocol)。之后,人们为了方便 Internet 上的应用,对 DAP 进行了简化,形成了 LDAP,它在目录模型等许多方面与 X.500 兼容。

数字证书库完全按照 LDAP 标准的结构组织,存储在 CA 的证书服务器中。CA 为用户签发数字证书的同时,将证书发布到证书服务器上,也就完成了数字证书的分发。检验方可以随时从证书服务器上获得所需要的数字证书。

5.数字证书撤销

数字证书撤销列表(CRL)也是十分重要的文件,它由认证机构数字签名后对外发布的,可以公布在 X.500 目录服务器中,也可以公布在网站上。当用户每次从消息中接收证书时,都必须检查 CRL 表,以核实证书是否已被撤销。X.509v3 的 CRL 格式如图 4-9 所示。

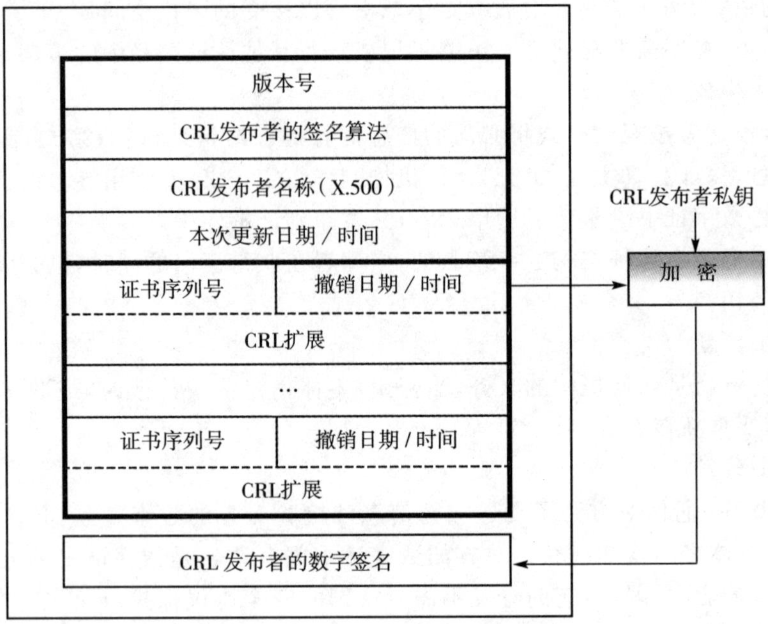

图 4-9 X.509v3 数字证书撤销列表

6.数字证书利用

利用数字证书进行安全信息通信的过程如下：

(1)信息发送过程

图 4-10 比较清楚地描述了信息发送过程，共分为三个大步骤。

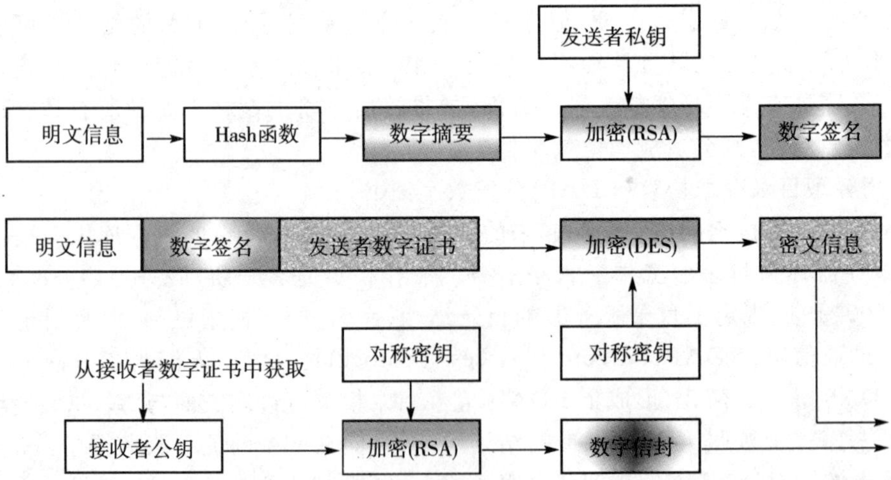

图 4-10 信息发送过程

①产生数字签名：明文信息经 Hash 函数处理，得到固定长度的数字摘要。将其与发送者私钥一起做加密处理，一般用 RSA 算法，得到数字签名。

②产生密文信息：将明文信息、发送者的数字签名和发送者的数字证书拼接在一起，将其与一个对称密钥一起做加密处理，一般用 DES 算法，得到密文信息。

③产生数字信封：从接收者数字证书中获取公钥，将其与上述对称密钥一起做加密处理，

一般用 RSA 算法，得到数字信封。

最后，将密文信息和数字信封一起发送出去。

(2)信息接收过程

图 4－11 比较清楚地描述了信息接收过程，共分为三个大步骤。

①获取对称密钥：用接收者自己的私钥对收到的数字信封进行解密处理，一般是 RSA 算法，可以获取对称密钥。

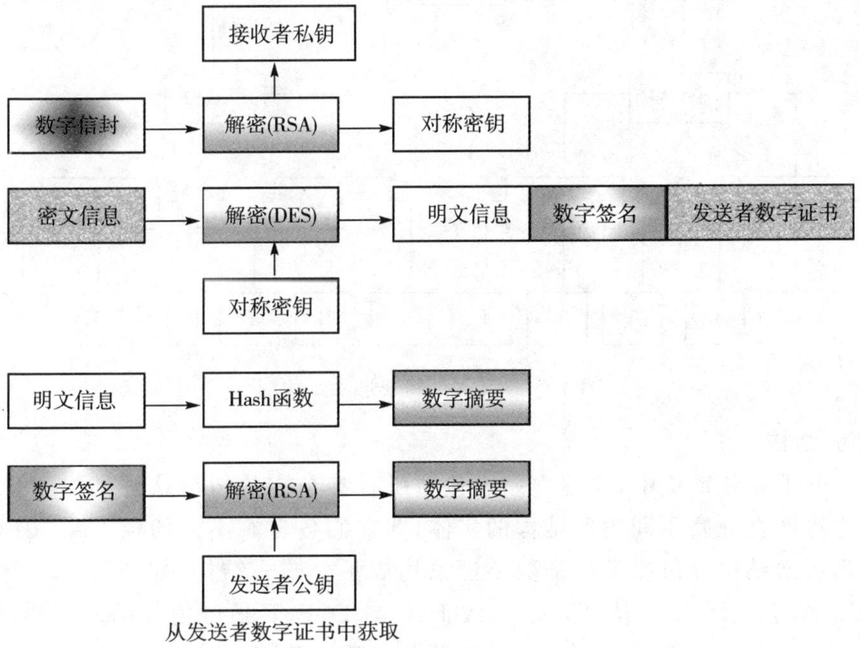

图 4－11　信息接收过程

②解密密文信息：用获取的对称密钥对收到的密文信息进行解密处理，一般是 DES 算法，可以获取明文信息、发送者的数字签名和发送者的数字证书。

③比较数字摘要：将获取的明文信息经 Hash 函数(与发送时使用的完全一致)处理，得到固定长度的数字摘要；用发送者的公钥(从发送者数字证书中获取)对获取的数字签名进行解密处理，一般是 RSA 算法，得到数字摘要；将两种途径获得的数字摘要进行比较：如果一致，则确认此信息由真正的发送者发出，且信息是完整的；否则，信息是不可信、不安全的。

4.4.5　认证中心

电子商务活动有可能是跨地域、跨行业的商品交易，我们很难在 PKI 框架系统中建立唯一一个 CA，为所有交易实体颁发数字证书，保障他们的安全。因此，合理的 CA 布局和认证路径是认证中心建设首要考虑的问题。

1. CA 的结构

CA 的结构也可以理解为 CA 的信任模型，一般分为两种：树形层次结构和分布式结构。

(1)树形层次结构

树形层次结构的最上层是根 CA，中间层是子 CA，最下面是用户实体，结构如图 4－12 所示。根CA是所有子CA和用户实体信任的基础，它们都可以获得根CA的公钥。因此，根CA的私钥非常重要，关系到整个系统的安全。根CA通常是离线的，只是在为下层子CA颁发证书时用一下。根CA自己给自己签发证书，上层CA为下层CA颁发证书，最下层的子CA为用户实体颁发证书。CA对用户证书的真实性负责，其自身的真实性是由上一层CA负责的。

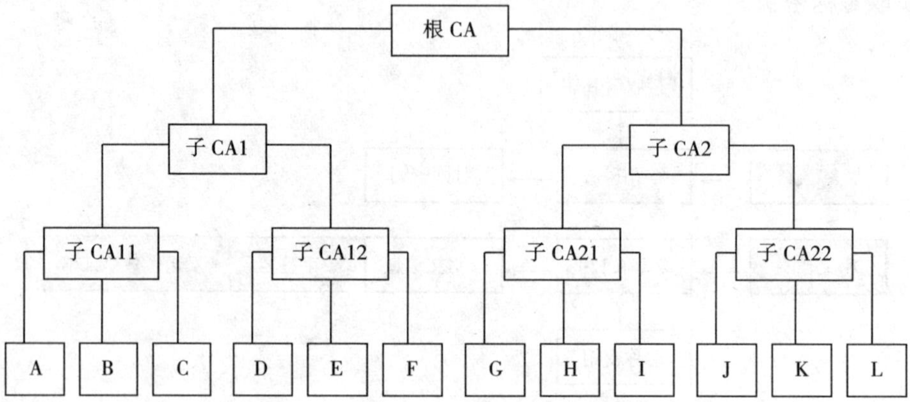

图4-12　CA的树形层次结构

(2)分布式结构

在现实的电子商务系统中，要建立一个包括所有参与方的树形认证结构几乎是不可能的。交易双方可能会分属不同树形结构的实体，即它们各自有不同的根CA。因此，这些相对独立的树形层次结构通过交叉认证数字证书构成了分布式结构，如图4-13所示。由于根CA1与根CA2互相有交叉认证，所以，A、B、C与D、E、F是可信任的。同样，D、E、F与G、H、I也是可信任的。而根CA1与根CA3没有交叉认证，因此，A、B、C与G、H、I是不可信任的。

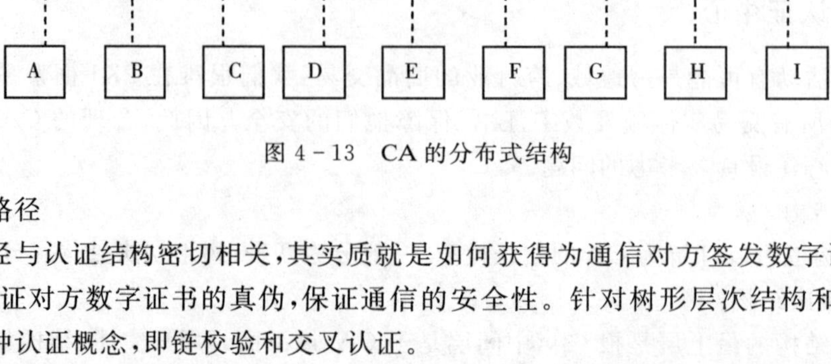

图4-13　CA的分布式结构

2.认证路径

认证路径与认证结构密切相关，其实质就是如何获得为通信对方签发数字证书的CA的公钥，以便验证对方数字证书的真伪，保证通信的安全性。针对树形层次结构和分布式结构，我们引入两种认证概念，即链校验和交叉认证。

(1)链校验

所谓链校验就是每一份数字证书都有上一层CA的数字签名，由此产生了关联关系，这种关系一直可以追溯到大家都信任的根CA。当一个用户申请了数字证书后，可以通过安全途径获得根CA的公钥。对于树形层次结构而言，从根CA到每个用户实体的路径都是唯一的。例如，图4-12中的C用户实体的认证路径为，根CA→子CA1→子CA11→C，这一路径可以保存在C的数字证书中，此结构中的任何用户实体都可以通过这条认证路径验证C的数字证书。如果F需要认证C的数字证书，可以先获取子CA11的公钥，验证其数字签名；如果对子CA11不信任，需要验证它的数字证书(由CA1签发)，则可以获取子CA1的公钥，验证其数字签名。

当然，如果用户对签发给自己的数字证书持怀疑态度，即对签发证书的CA怀疑时，也可以通过其上层CA的公钥对该下层CA数字证书上的签名进行认证。如果仍然存在疑点，则可以通过更上层的CA进行认证。依此类推，实现这种证书链校验的功能。

(2)交叉认证

交叉认证是建立两个CA互相信任的基础。在分布式结构中，两个根CA相互交换用来验证数字签名的公开密钥，并利用自己的私钥为对方签发数字证书，从而双方都有了对方的数字证书，也可以称为交叉证书。由于两个根CA之间是可信的，所以它们所管辖的用户实体相互之间也是可信的。例如，在图4-13中，如果A需要验证E的数字证书，可以先获取根CA1的公钥，验证根CA2交叉证书(由根CA1签发)上的签名。得到认证以后，获取CA2的公钥，按照链校验的方式验证E的数字证书，决定其身份是否可信。

4.4.6 中国金融认证中心简介

中国金融认证中心(China Finance Certification Authority，CFCA)，是由中国人民银行牵头，联合中国工商银行、中国银行、中国农业银行、中国建设银行、交通银行、招商银行、中信实业银行、华夏银行、广东发展银行、深圳发展银行、光大银行、民生银行和福建兴业银行共十三家商业银行参加建设，由银行卡信息交换总中心承建的。

中国金融认证中心作为一个权威的、可信赖的、公正的第三方信任机构，专门为金融业的各种认证需求提供证书服务，包括电子商务、网上银行、支付系统和管理信息系统等，为参与网上交易的各方提供安全的基础，建立彼此信任的机制。CFCA采用PKI技术，建立了SET和Non－SET两套系统，提供多种证书服务来支持各成员银行开展电子商务的应用，并组织、参与有关网上交易规则和相应的技术标准的制定。CFCA预计每年发放15万张Non－SET证书，其中企业证书3万张，其余为Web、SSL证书；SET证书10万张，其中企业2万张，个人8万张。SET证书支持SET 1.0扩充版功能，既支持信用卡，又支持借记卡及PIN的处理。当CA进一步完善后，可扩大应用范围，发放S/MIME、VPN及特制X.509证书等，还将发放支持无线WAP协议的证书。

CFCA认证系统采用国际领先的PKI技术，总体为三层CA结构：第一层为根CA；第二层为政策CA，可向不同行业、领域扩展信用范围；第三层为运营CA，根据证书运作规范(CPS)发放证书。运营CA由CA系统和证书注册审批机构(RA)两大部分组成。系统结构如图4-14所示。

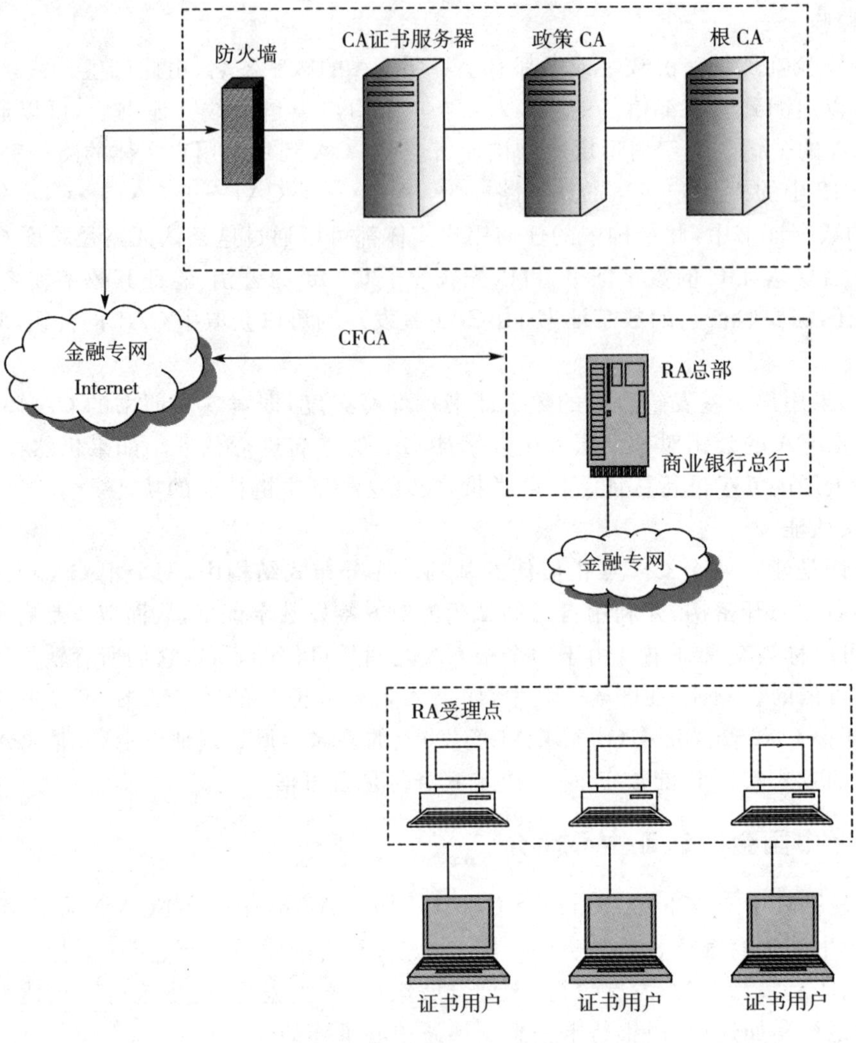

图 4-14　CFCA 总体结构

CA 系统设在 CFCA 本部，不直接面对用户。它按照国际通用标准开发建设，采用世界先进技术，证书格式符合 ITU 的 X.509 规范，提供了以下主要功能：

(1)证书审批：包括离线审批和在线审批；

(2)证书发放：包括离线发放和在线发放；

(3)证书归档；

(4)证书撤销；

(5)证书更新：包括人工密钥更新和自动密钥更新；

(6)证书废止列表（CRL）管理：包括 CRL 的产生、发布和在线服务；

(7)证书认定；

(8)密钥恢复与管理；

(9)CA 管理功能：包括 CA 自身的密钥管理。

RA 系统直接面向用户，负责用户身份申请审核，并向 CA 申请为用户转发证书；一般设置在商业银行的总行、证券公司、保险公司总部及其他应用证书的机构总部，RA 受理点设置

在商业银行的分/支行、证券、保险营业部及其他应用证书机构的分支机构，RA系统可方便集成到其业务应用系统

认证中心是电子商务系统中的重要环节，必须建立一套安全保障机制。CFCA主要采取了如下措施：

(1)证书处理系统和数据的安全保障

CFCA对操作系统的安全设置、CA业务数据、系统审计等方面采取了相应的措施。使CFCA可以做到：抵抗来自外部和内部的攻击，保证系统不会崩溃；对敏感事件、错误事件进行日志登记，提供原始举证数据；防止信息被窃取，严格保证CA私钥和用户账号信息的安全；管理员不能直接读取、修改数据库中心的任何信息，所有操作必须通过管理员界面进行，而且必须由两位管理员采用各自的用户密码双登录；所有操作都会被保存在日志中，以备检查。

(2)网络环境和设备的安全保障

CFCA在网络环境设计上做了全面考虑，包括综合布线系统设计、配线架及网络设备位置；实时监控网络运行，对外部的攻击进行检测和实时的处理；服务器、网络设备、布线箱和相关的网络外设都设计了独立的机房，并具有相应的访问控制系统；对所有人员的进入进行限制，以杜绝对设备的非法物理访问(如直接从控制台修改配置、更改网络布线配置、非法接入监听设备等)。

(3)物理环境的安全保障

CFCA对所有的设施都考虑了防水、防火、防雷电的措施，而且整个机房配备了门禁系统、监控系统和报警系统，采用24小时不间断供电。

4.5 防火墙技术

4.5.1 防火墙的基本概念

防火墙(Firewall)是在Intranet和Internet之间构筑的一道屏障，它可以保护Intranet中的信息、资源不受来自Internet上非法用户的侵犯，也可以控制和防止Intranct中的有用数据未经授权流入Internet。除此以外，防火墙还控制了Intranet与Internet之间的数据流量，避免外部大流量数据冲击Intranet系统。连接示意如图4-15。

防火墙中制定了一套强制性的访问控制策略，使其具有以下基本特性：

(1)网络外部与内部之间的所有通信必须经过防火墙；

(2)对于进出防火墙的通信业务必须授权；

(3)能够根据安全策略实现安全防护功能；

(4)系统本身具有高可靠性。

防火墙产品可以通过软件方法实现，也可以通过软件和硬件结合的方法实现，一般应具备以下基本功能：

(1)能够分析进出防火墙的数据；

(2)能够识别和认证进出防火墙的用户，并进行登录管理；

(3)能够对进出防火墙的信息进行加密/解密处理；

(4)能够对接收到的数据进行完整性检查；

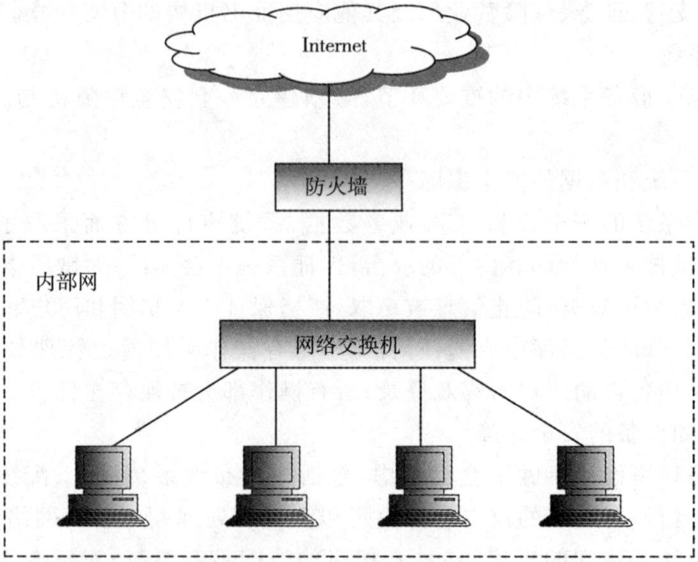

图 4-15 防火墙连接示意图

(5)能够设置用户权限和文件保护,控制用户对敏感信息的访问,包括数量和种类;

(6)能够使合法用户快速、简便地访问网络资源;

(7)能够根据不同的网络需求,提供多种安全策略;

(8)能够提供审计功能,对内部网络用户的操作和处理的信息进行记录,对于外部的侵袭发出报警信号。

但是,防火墙并不能对付所有的网络侵害,至少目前还不能通过防火墙解决以下的问题:

(1)不能防范不经过防火墙的攻击。第一,内部知情者对系统的破坏是防火墙无能为力的;第二,网内用户通过 PPP 或 SLIP 不受限制地对外拨号,与 Internet 直接连接,形成了一个潜在的攻击渠道。

(2)不能防范数据驱动型的攻击。有些数据从表面上看不出异常,当被发送或复制到主机上并被执行时,数据驱动攻击便会发生。

(3)不能防范计算机病毒的破坏。现在的病毒可以感染各类文件,防火墙很难做到逐个扫描查找病毒,这样做会大大降低系统通信效率。

4.5.2 防火墙的防护机制

防火墙的作用是建立在合理的防护机制基础上,包括过滤机制、代理服务机制、数据加密机制、审查跟踪机制。对于任何防火墙系统,我们可以采用硬件技术、软件技术实现某一种机制或多种机制。所以说,防护机制是实现防火墙的理论依据。

1.过滤机制

过滤机制就是按照一定的规则有选择性地让数据流进/出网络。它可以保证网络的信息资源既不被非法访问,也不会非法外泄。这一机制在网络层和应用层均能实现,并且可以单独利用,也可以综合利用。

(1)数据包过滤机制

包过滤是在网络层中有选择地让数据通过。所有数据流都经过防火墙的检查,从包的头部信息中可以获得数据包的源 IP 地址、目的 IP 地址、源 TCP 端口、目的 TCP 端口,按照内部设定的过滤规则确定是否允许通过。由于网络层包过滤只识别 IP 报头,不识别具体数据的意义,所以,包过滤机制是根据源 IP 地址和目的 IP 地址来控制对网络访问的。

(2)应用层过滤机制

应用层的防火墙可以理解进出数据流的具体意义,按照设定的安全策略和保护规则,过滤掉不符合要求的数据,转发其余的信息。由于应用层过滤机制可以识别通信内容,所以,对系统控制的灵活性和安全性更高。

2.代理服务机制

代理服务机制就是通过应用网关在内部与外部之间提供转发服务。这样,可以避免暴露网络内部客户的身份和 IP 地址。代理服务机制分为以下两种类型:

(1)透明代理服务

透明代理服务适合于内部用户访问外部服务器。防火墙认为内部是可信任的,所以在请求外部访问时不需要输入密码进行身份鉴别。一般的过程是:内部客户机提出对外的访问请求,代理服务将获取这一请求和客户机的相关信息,并检查是否符合访问规则。如果不符合,则禁止这种访问;如果符合,则重新包装请求,再以代理的身份向外部网络服务器发出访问请求,取得信息后转发给内部客户机。

(2)非透明代理服务

非透明代理服务适合于外部用户访问内部服务器。实现这种访问需要符合两个条件:第一,外部用户提供的密码能够通过防火墙的身份鉴别。第二,依据防火墙制定的安全规则可以向内部服务器提交。如果不符合,则禁止这种访问;如果符合,则代理服务向内部服务器提出访问请求,并将响应信息传送给外部请求用户。

3.数据加密机制

由于防火墙是进出数据的必经之路,所以能够比较方便地实现加密、解密和完整性检查。除了支持加密算法,这一机制还支持对称密钥和 PKI 的公钥管理。

4.审查跟踪机制

审查跟踪机制就是对网络上发生的事件进行记录、分析,并及时产生审查和报警报告。防火墙不间断地监控对网络上敏感信息和资源的访问。如果在短时间内访问次数超过设定的数量,系统会以电子邮件或短信的形式自动向网管发出消息。另外,防火墙要有一个日志文件,它会将所有进出网络的操作记录在案,网管人员可以据此分析出某些用户的操作动向。

4.5.3 防火墙的关键技术

上述机制是建立防火墙系统的基本依据,而实现这些机制需要应用以下关键技术。

1.包过滤技术

在基于 TCP/IP 协议的网络中,数据被拆分成多个 IP 包进行传送。防火墙中设定包过滤的规则,并放在访问控制表(Access Control Table)中。根据访问控制逻辑,防火墙的检查模块在网络层检查数据包,一般含有源 IP 地址、目的 IP 地址、源 TCP 端口、目的 TCP 端口和 TCP 报头中的 ACK 位。

通过 IP 地址可以控制特定的源主机和目的主机,通过 TCP 端口号可以控制提供不同的网络服务,通过 IP 地址和 TCP 的组合控制可以实现对特定主机提供特定网络服务的逻辑。

由于包过滤技术的控制逻辑相对简单，可以提供透明的安全检查，所以将其应用到路由器中，构成防火墙系统的第一层防护。但是包过滤技术也存在一些缺陷，如过滤规则配置较难、只能检查包头中的有限信息、对信息的处理能力有限等。

2.代理服务技术

代理服务(Proxy Service)技术可以应用在网络的链路层和应用层，虽然都是实现代理机制，但各自有不同的特点。

(1)链路级网关

链路级网关可以是一个单独的系统，也可以作为应用网关的一个模块。它不允许建立端到端的TCP连接，而是分别对内网和外网建立两个TCP连接。链路级网关工作在会话层上，通过判断两个主机之间的TCP握手信息，确定是否提供代理服务。一旦允许双方通信，网关就在两个主机之间转发数据包，而不去监控通信的内容。

(2)应用网关

应用网关是在应用层拦截数据流，能够实现比包过滤更为严格的安全策略，完成协议过滤和数据转发功能。代理服务是针对特定的应用制定过滤规则，只接收和转发符合规则要求的数据包。应用网关完全监控了通信双方的会话过程，支持可靠的用户身份认证，提供详细的日志和安全审计功能。

3.状态检测技术

状态检测技术应用在网关上，它在不影响网络正常通信的情况下抽取相关数据，对网络各层实施检测。抽取的数据是网络特定的状态，是制定安全策略的重要依据。当用户的访问请求到达网关时，状态检测模块抽取有关数据进行分析，并根据安全规则决定响应行为，如允许通信、拒绝通信、加密处理等等。

4.网络地址转换技术

网络地址转换就是将一个IP地址用另一个IP地址来代替。这样做可以带来两个好处：第一，将内网的IP地址全部隐藏起来，使外网用户无法判断内网的情况；第二，节约了IP地址资源。因为，目前Internet上IP地址资源是有限的，我们不可能为内网中的每台工作站或主机申请一个Internet IP地址，而应该使用一个这样的地址统一对外。网络地址转换技术应用在网关中，Internet IP地址与内网需要隐藏的IP地址存在一定的映射关系。当内部用户需要访问外网时，先与网关建立连接。经过核准后网关利用对外的Internet IP地址与外部主机建立连接，然后向该内部用户提供转发服务。

5.安全审计技术

安全审计的基础是完整的日志，防火墙必须对进出内、外网的操作做详细记录，并形成报表，方便人工查阅、分析。另外，安全审计技术还包含一些报警策略，如检测到故意入侵就修正安全策略，在一定时间段内若未授权者多次试图进入就发出报警，实现机器自动审计。

6.负载平衡技术

在一个系统中有多个服务器对外提供服务时，合理分配外部请求会提高网络整体性能。

我们可以在防火墙中设计负载平衡算法，为外部请求确定最合适的服务器。这些工作对用户而言是透明的。

4.5.4 防火墙的解决方案

根据网络安全防护机制的要求，利用上述技术实现的防火墙大致分为四类，即包过滤路由器、链路网关、应用网关和堡垒主机。综合利用这些防火墙可以得到多种解决方案，构成防护级别不同的防火墙系统。

1. 包过滤路由器系统

包过滤路由器是一种比较简单的防火墙，它在路由器中加上了包过滤功能。在完成数据分组路由的基础上对所有数据包的IP地址进行检查，并按照系统设定的规则过滤数据包，允许授权信息通过，屏蔽非授权信息。这种防火墙有两个网络接口，位于内部网和外部网的连接处，如图4-16所示。

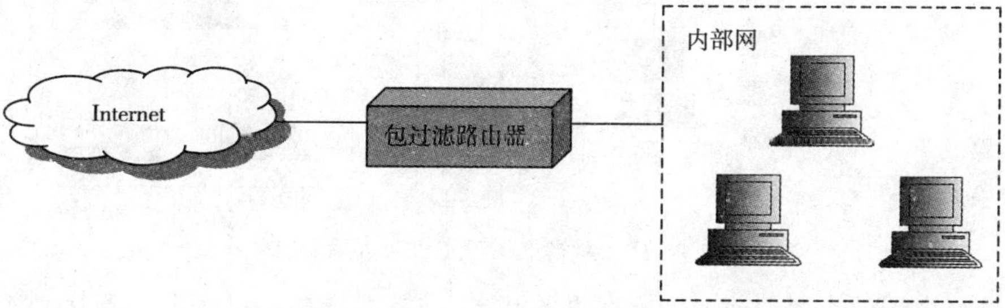

图4-16 包过滤路由器防火墙系统

包过滤防火墙的优点是对用户透明、处理速度快。但它还是有不少缺陷，例如，没有用户使用记录，无法提供安全审计；不能在用户级别上实施过滤，无法鉴别用户身份、防止IP地址盗用。另外，现有的包过滤程序只提供静态安全规则，所以，对采用动态IP地址分配的主机无法提供有效控制。这种包过滤路由器一般用于安全要求不太高的场合，或者作为复杂防火墙系统的第一道防护屏障。

2. 单宿主堡垒主机系统

单宿主堡垒主机系统配置了一台包过滤路由器和一台单宿主堡垒主机，结构如图4-17所示。

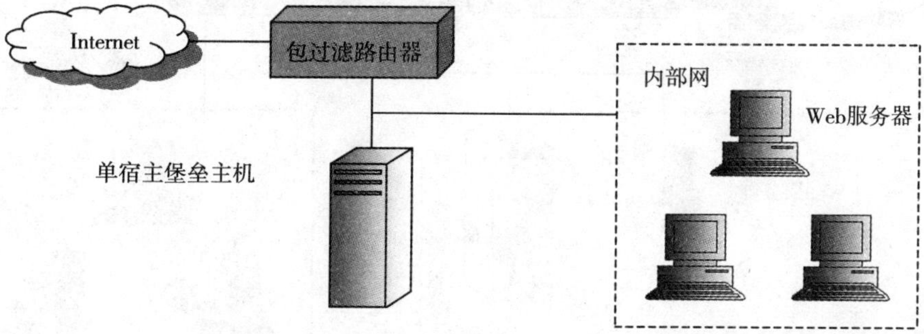

图4-17 单宿主堡垒主机防火墙系统

包过滤路由器将进出内网的数据流指向堡垒主机：对于从Internet来的数据，只有目标IP地址为堡垒主机IP地址的数据包才能进入；对于从内网来的数据，只有是堡垒主机输出的数据包才能出去。单宿主堡垒主机作为应用网关，其中插有一块网卡，具有身份验证和代理服务双重功能。如果内网中有公共信息需要直接对外发布，可以通过改变包过滤路由器的规则，建立 Web 服务器与 Internet 的直接连接，避开堡垒主机的检查。这种方案实现起来相对简单，安全性能比前一种有所提高。

3. 双宿主堡垒主机系统

单宿主堡垒主机系统并没有将 Internet 与内网在物理上隔离，而是通过路由器将数据流指向堡垒主机。一旦路由器的这一功能失效，则内网完全暴露在外面。为了消除这种隐患，我们可以在堡垒主机上配置双网卡，构成双宿主堡垒主机系统，结构如图 4-18 所示。

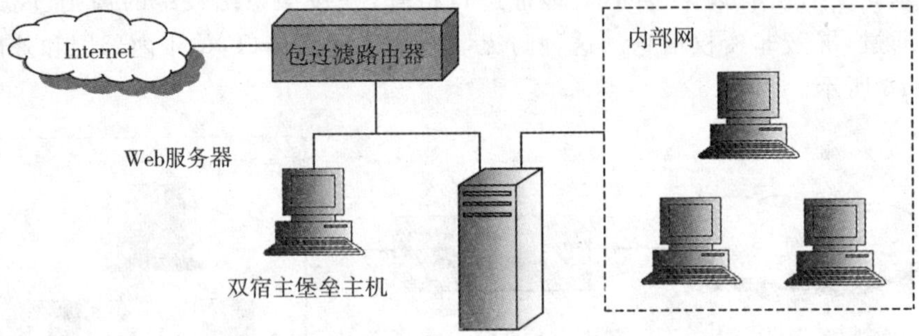

图 4-18　双宿主堡垒主机防火墙系统

包过滤路由器的作用与前一种方案里的基本一样，而堡垒主机有两个连接到不同网络的接口，分别与内网和外网相连。将两个接口之间的 IP 包自动转发功能关闭，内网和外网相互隔离，不能直接通信。Internet 与内网的通信完全由堡垒主机提供的代理服务控制，利用网络地址转换技术实现数据转发，将内网情况彻底屏蔽起来。

4. 屏蔽子网系统

屏蔽子网系统配置了两个包过滤路由器，分别用来屏蔽 Internet 和内网，中间是被保护的子网，其中含有堡垒主机和其他服务器(如 Web 服务器)。结构如图 4-19 所示。

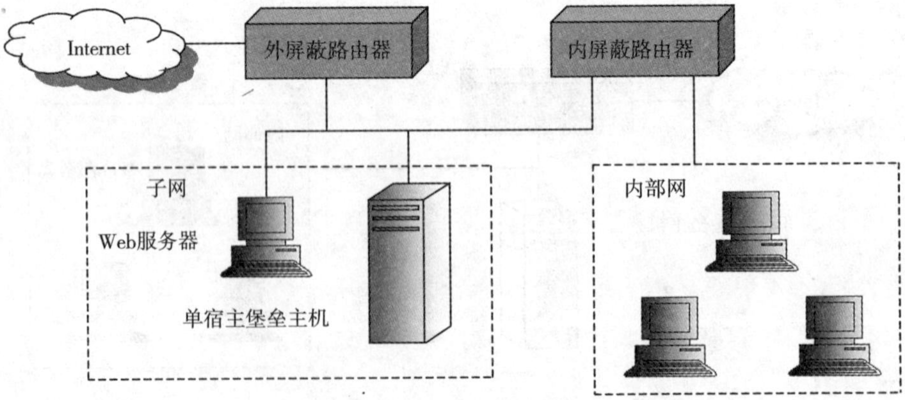

图 4-19　屏蔽子网防火墙系统

屏蔽子网防火墙系统分为三层防护，外屏蔽路由器和内屏蔽路由器都可以设置包过滤规则，堡垒主机作为应用网关可以设置应用层的安全策略。对于从 Internet 来的数据，外屏蔽路由器先过滤(只有目标 IP 地址为堡垒主机 IP 地址的数据包才能进入堡垒主机),然后通过应用层安全策略的检查,再经过内屏蔽路由器过滤(只有来自堡垒主机的数据才能进入内网);对于从内网来的数据,内屏蔽路由器先过滤(只有是访问堡垒主机的数据包才能到达堡垒主机),然后通过应用层安全策略的检查,再经过外屏蔽路由器过滤(只有源 IP 地址为堡垒主机 IP 地址的数据才能出去)。Internet 用户和内部网的用户可以在路由器的控制下访问子网内的服务器,如 Web 服务器,但它们不可能直接穿越子网。这种方案的数据通信必须经过两个网络层的包过滤和一个应用层的检查,因此安全性能非常好。

4.5.5 防火墙产品

目前,防火墙产品有两大类,即基于代理服务方式和基于状态检测方式。以下是市场上主流产品的简介,供读者参考。

1. CheckPoint Firewall－1

CheckPoint 公司是开放安全企业互联联盟的组织和倡导者之一,致力于企业级网络安全产品的研发,其 Firewall－1 防火墙的市场占有率超过 44%,位居全球软件防火墙产品的第一。

Firewall－1 是状态检测型防火墙,综合性能比较优秀。安全控制力度很高,可以执行基于内容的安全检查(如对 URL 进行控制),可以限制某些应用(如不允许使用 FTP),可以应用设置的规则,提供多种用户认证机制。Firewall－1 是一个开放式的安全系统,提供了 API,用户可以根据需要配置安全检查模块。

Firewall－1 产品由以下几个模块组成:

(1)基本模块

■ 状态检测:提供访问控制、客户机认证、会话认证、地址转换和审计功能。

■ 安全管理:基于策略的安全解决方案,对一个或多个安全策略执行点提供了集中的、图形化的安全管理功能。

(2)可选模块

■ 连接控制:为相同服务的多个应用服务器提供负载平衡功能。

■ 路由器安全管理:提供工作站配置功能,维护多种路由器,如 3Com、Cisco 的安全规则。

■ 数据加密:采用 DES 或 FWZ1 两种加密算法,网络与工作站之间既能传输明码数据又能传输加密数据。DES 和 FWZ1 可同时配置,用户依据效率、安全性和传输速度选择最佳方式。

(3)图形用户界面

■ 策略编辑器:维护管理对象,建立安全规则,把安全规则施加到安全策略执行点上。

■ 日志查看器:查看经过防火墙的连接,识别并阻断攻击。

■ 系统状态查看器:查看所有被保护对象的状态。

Firewall－1 的安全策略都存放在管理模块的一个规则库里。每条规则分别指定了源地址、目的地址、服务类型(HTTP、FTP、TELNET 等),针对该连接的安全措施,确定是放行、拒绝、丢弃或者是需要通过认证等,并且指明安全策略执行点(防火墙网关或路由器或其他保护对象)。管理员通过一个防火墙管理工作站管理规则库,建立、维护安全策略,加载安全规则到状态检测模块上。这些系统和管理工作站之间的通信必须先经过认证,然后通过加密信道传输。

FireWall－1 可以在不修改本地服务器或客户应用程序的情况下，对试图访问内部服务器的用户进行身份认证。这种服务集成在其安全策略中，通过图形用户界面集中管理。日志管理器可以监视、跟踪认证会话。FireWall－1 提供三种认证方法：

(1)用户认证：针对特定服务提供的基于用户的透明身份认证，服务限于 FTP、TELNET、HTTP、HTTPS、RLOGIN。

(2)客户机认证：基于客户机 IP 的认证，对访问的协议不做直接的限制。客户机认证不是透明的，需要用户先登录到防火墙认证 IP 和用户身份之后，才允许访问应用服务器。

(3)会话认证：提供基于服务会话的透明认证，与 IP 无关。采用会话认证的客户机必须安装一个会话认证代理，访问不同的服务时必须单独认证。

Firewall－1 目前可以支持的主要系统平台有 Windows NT、Windows 9x/2000、Sun OS、Sun Solaris、IBM AIX、HP－UX。

2. NetScreen Firewall

NetScreen Firewall 是软硬件技术结合的防火墙。采用了高性能的多总线体系结构、内嵌的高速 RISC CPU 和专用软件。专用 ASIC 芯片提供了存取策略，CPU 可专门负责管理数据流。它比软件防火墙有着无可比拟的速度优势，并做到了系统级的安全处理功能，消除了数据传输的瓶颈。

NetScreen－1000、NetScreen－100 和 NetScreen－10 分别提供了 1000M、100M 和 10M 的传输性能。NetScreen－1000 是市场上唯一的集千兆防火墙、VPN 和流量管理于一身的防火墙产品。NetScreen－100 可自动调整端口速率，使其达到 10M 和 100M 自适应。

NetScreen Firewall 还具有以下特点：

(1)独特的 ASIC 设计及已申请专利保护的系统体系结构；

(2)独特的负载均衡能力及流量优先级控制能力；

(3)支持多种网络传输协议；

(4)支持 64 000～500 000 个用户的并行连接和 5 000 种存取策略；

(5)支持网络密钥交换和数字签名；

(6)最优的性能价格比；

(7)配置简单，管理方便，支持透明传输模式；

(8)设计紧凑，一些附加功能转移到主机上完成。

NetScreen Firewall 的应用范围包括 Intranet、Extranet 和 Internet。

3. 国产防火墙产品

(1)清华紫光的 Unisecure 系列防火墙，有三个 RJ45 端口，分别连接内部网、外部网、中立区；

(2)实达朗新的 NetShine 网络防火墙，基于 Linux 操作系统平台；

(3)天融信的网络卫士防火墙，采用专用的安全操作系统。

4.6 计算机病毒及其防治

计算机病毒是一段具有破坏性的软件代码。它依附于正常的软件或电子文档，驻留在计算机内，对系统进行控制或破坏，而且还具有自我复制的功能，可以将自身的完整拷贝传播到其他软件中。计算机病毒的传播途径可以是磁盘介质，也可以是网络。特别是 Internet 的迅速发展，在方便了人们信息交流的同时，也为病毒传播打开了方便之门。

计算机病毒的概念是由美国安全技术专家 F. Cohen 于 20 世纪 70 年代提出来的。他在 1983 年 11 月研制出一种能够自我复制的计算机程序，并在 VAX/11 机上成功地进行了攻击试验，第一例计算机病毒由此诞生。后来这一技术被某些人滥用，伴随着计算机技术的发展，使病毒的破坏性、隐蔽性不断提高。同时，病毒的类型和数量快速增长。由于现代社会对计算机产生了极大的依赖性，病毒的袭击会造成巨大的经济损失和强烈的社会动荡，所以计算机病毒的防治引起业界的广泛关注。

4.6.1 计算机病毒的特征

虽然计算机病毒也是一段程序代码，其编制与正常程序没有太多的区别，但从外在表现上我们可以看到它的明显特征。

1.破坏性

病毒的破坏性可以分为两种：良性和恶性。良性破坏不会造成计算机系统损坏，但会占用系统资源，影响用户的使用，如显示无关画面和无聊语句或发出多余声音；恶性破坏会修改数据、删除文件、格式化磁盘，甚至毁坏计算机硬件。如 CIH 病毒，不仅破坏硬盘的引导区和分区表，而且破坏了 Flash BIOS 芯片中的系统程序，导致主板损坏。

2.传染性

计算机病毒具有很强的再生机制，它会自动搜索符合病毒寄生条件的文件，一旦发现目标就将病毒代码插入其中。有了这套机制，病毒就会很快感染到硬盘或软盘中。如果将携带病毒的软盘插入“健康”的计算机，这台机器也会感染同样的病毒；如果将携带病毒的文件通过网络传送给远端的计算机，病毒会瞬间传播到异地的计算机中。磁盘传播病毒的影响面和速度都是比较有限的，而网络传播病毒就大不一样了，特别是 Internet 的普及，使病毒得以在世界范围内迅速扩散，其速度是磁盘传播途径的几倍至几万倍。

3.潜伏性

许多计算机病毒都可以长期隐藏在系统中，并不会马上表现出对计算机的破坏性。在此期间它只启动自我复制功能，这样更有利于病毒的传播。当达到一定条件时，病毒就会被激活。例如，PETER－2 病毒在每年的 2 月 27 日会提出三个问题，如果回答错误，立刻将硬盘加密；CIH 病毒有 1.2、1.3、1.4 三个版本，它们发作的日期分别是 4 月 26 日、6 月 26 日和每月的 26 日。

4.隐蔽性

计算机病毒代码一般具有高超的编程技巧，程序短小精悍，附加在正常程序中比较隐蔽的地方。如果不经过代码分析，病毒程序与正常程序是不容易区分开的。

5.针对性

计算机病毒一般具有特定的攻击目标和寄生环境。病毒制造者利用操作系统的缺陷和文件特征，设计各种有针对性的病毒代码。例如，“爱虫”病毒专门袭击电子邮件系统，一旦打开主题为“I love you”的电子邮件，病毒迅速复制到所有邮件中，并按照地址簿里的邮件地址向外发送带毒的电子邮件；CIH 病毒专门感染 Windows 9x 系统中 PE 格式的可执行文件。

6.不可预见性

计算机病毒的制作技术是随着计算机技术共同发展的，人们无法对病毒的攻击目标和制作手段进行预测。另外，病毒也利用反监测技术，会自动改变自身的特征。这样，就更增加了病毒的不可预见性。

4.6.2 计算机病毒的类型

计算机病毒的制作完全是无序的。一般是以流行的系统或常用的文件为攻击目标，以破坏系统、传播病毒代码为目的。病毒制作者会利用操作系统的漏洞，采用多种技术手段，将多种病毒特征集中于一个病毒上。所以，计算机病毒的分类很难有严格的界限，我们大致按照某些属性将病毒分成以下几大类。实际上，一个病毒可以同时具有多种属性。

1.寄生型病毒

寄生型病毒的代码直接添加在可执行文件中，如 exe、com 等，此类病毒改变了文件的字节长度。当启动可执行文件时，病毒就寻找可感染的文件将自己复制进去，并在条件成熟时破坏系统。

2.驻留内存病毒

驻留型病毒将自身的驻留代码部分添加在内存中，始终处于激活状态，可以感染所有可执行文件。每当系统启动时，病毒就驻留到内存中。

3.引导型病毒

引导型病毒感染系统的引导区，修改了引导文件，导致计算机无法启动。当带毒磁盘运行时，病毒立刻开始传播。

4.隐身型病毒

隐身型病毒采用了压缩技术，使受病毒感染的文件长度不变。人们无法从文件长度上判别病毒的存在。

5.变形病毒

变形病毒在每次传播时都改变自己的特征码。它有特殊的复制机制，可以产生功能相同而代码不同的病毒副本。变形方法多种多样，如添加一些冗余的指令、交换独立指令的顺序、加密时随即产生密钥。这种病毒可以逃避利用“特征码”扫描病毒程序的检测

6.宏病毒

宏病毒主要感染文档和文档模板，如 Word 和 Excel 文件。它不需要启动带毒文件，可以自动运行，将自身复制到其他文档中、删除文件、破坏系统。宏病毒分为以下三类：

(1)系统自动宏

在 normal.dot 模板中或 Word 启动目录的全局模板中，若存在一个名为 AutoExec 的宏，则启动 Word 时就会自动执行这个宏。

(2)事件自动宏

在发生预定事件，如打开或关闭文档、创建新文档、退出 Word 时，就会自动执行这个宏；

(3)命令宏

在全局宏文件或附加文档中，若存在与 Word 命令同名的宏，则当调用该命令时，就会执行这个宏。

病毒制作者可以将事件自动宏和命令宏附加到 Word 文档中，通过磁盘或电子邮件传播

到另一个系统。当打开这个带毒文档时，宏会把自身复制到全局宏文件中，下次一启动 Word 时，受感染的全局宏就会被激活，并开始破坏系统。

4.6.3　计算机病毒的检测

尽管计算机病毒是五花八门，但它的外在表现和内在组织还是有章可寻的。常用的检测方法有以下四种。这些方法的原理各不相同，适应的对象也就有所差异了。

1. 特征代码法

根据已知病毒样本，采集它的特征码，保存在数据库中。检测病毒的过程就是比较文件中是否含有该特征码。这种方法的优点是检测准确、误报率低、可以识别病毒的名称，可清除病毒。缺点是不能检测未知病毒和多态病毒，随着病毒数量的增加，检测效率较低。

2. 校验和法

对正常的文件计算其校验和，并保存在某一文件中。只要文件发生变化，计算出的校验和一定是不一样的。在文件使用前或定期重新计算校验和，与所保存的该文件校验和比较，确定是否被病毒感染。这种方法的优点是能检测已知病毒，也能检测未知病毒。缺点是误报率高，不能识别病毒名称，不能检测隐身病毒。

3. 行为检测法

利用病毒特有的行为特征来检测病毒，如占用特有的中断号、修改系统内存总量、对某些文件有写入动作。这种方法的优点是可检测出多数未知的病毒和多态病毒。缺点是误报率高、不能识别病毒名称。

4. 软件模拟法

利用软件方法来分析和模拟病毒程序的运行。它是一种分析器，可以动态监测病毒特征码的变化，一旦发现特征码，就运用特征码方法识别病毒。该方法主要用来检测多态病毒。

4.6.4　计算机病毒的防治

计算机病毒的防治是一项综合性很强的工作，不仅需要各种单项技术的支持，还要有一个系统的软硬件解决方案。另外，管理规范在病毒防治中起到重要作用。我国的企业、政府部门在防病毒系统的软硬件配置上与国外公司并无太大差距，各种先进的技术和产品都在不长的时间内会进入国内市场。但是，国外科学、严格的管理规范，包括详细的制度文档却很少与国内用户见面，我们自己制定的一些制度在执行上不够坚决，使得整体的防病毒水平不尽如人意。当然，随着外资企业、合资企业不断进入国内，许多好的管理方法，以及防病毒措施给我们带来了有益的借鉴。

据报道，现在全世界每 20 秒就发生一起病毒入侵计算机网络事件。我们经常使用的软盘、USB 棒、CD、VCD、DVD 都可能携带病毒；E - mail、网络浏览、文件下载和聊天室都是病毒传播的渠道。有时似乎是在没有做任何事的情况下系统就感染了病毒。所以，病毒的防治不仅要有一个全方位的稳定框架，而且还要能够紧跟时代的发展。以下只是计算机病毒防治的建议，不是一成不变的技术标准。

1. 建立多层病毒防护体系

多层病毒防护体系的建设策略是，“层层设防、集中控制、以防为主、防杀结合”，具体方法应当根据网络安全的要求和网络结构而定。采用的有效手段主要以下几种：

(1)反病毒管理服务器

反病毒管理服务器可以实时扫描网络间交换的数据流,包括内网与外网之间的数据交换、内网中服务器与客户机之间的数据交换、内网中客户机之间的数据交换,主要功能如下:

① 24 小时网络监控,实时扫描网络间交换的数据流;

②可以查杀 99.36%以上的已知病毒和 85%以上的未知病毒;

③可以递归扫描压缩文件中的病毒;

④含有智能分析模块,能够分析出未命名的新病毒;

⑤可以检查并清除内存中驻留的病毒;

⑥发现病毒自动报警;

⑦提供系统扫描日志和报告。

(2)病毒实时检测和清除软件

病毒实时检测和清除软件俗称"病毒防火墙"。当它运行的时候,会把病毒特征监控的程序驻留内存中,随时查看系统的运行中是否有病毒的迹象。一旦发现有携带病毒的文件,马上激活杀毒处理的模块,先禁止带毒文件的运行或打开,再查杀带毒的文件。

(3)防病毒网关

网关级防病毒是一种新技术,它在 Internet 入口实施拦截,无疑是一种非常好的防病毒解决方案。近几年来,国际知名杀病毒软件公司,如 NAI、熊猫软件、趋势科技都推出了其网关级防病毒产品。具有代表性的有熊猫软件公司的 PAA 硬件网关防毒墙,它可实时监测流经 Internet 网关或防火墙的 HTTP、FTP 和 SMTP 等数据流,使病毒还没有进入企业内部网之前就被检测、清除,从而避免了与 Internet 连接的企业内部网被病毒大范围感染的危险。同时,也可以防止内部网用户主机上的病毒向 Internet 和内部服务器的传播。我国的联想公司运用当今最先进的 Internet 防病毒技术,在国内首次研制出 Internet 防病毒网关产品,并具有以下主要特点:

① 软件(OS)和硬件全部拥有自主产权,无系统安全后门;

② 专用的操作系统、协议及安全软件全面固化于硬件中,抗攻击能力强;

③ 采用先进的智能扫描引擎,可快速、实时、彻底查杀 4 万余种病毒;

④ 对 HTTP 病毒、FTP 病毒和邮件病毒进行实时检测和过滤;

⑤ 可安全防范位于邮件附件中的病毒,支持附件中常用的 20 层压缩和 20 余种压缩格式;

⑥ 先进的体系结构设计,在过滤 Internet 病毒的同时可保证防火墙有较高的通讯速率;

⑦ 病毒代码库动态更新,扫描引擎自动升级。

对于大型的网络系统,安全方面的要求比较高,我们可以按照分布式网络结构来分层部署防病毒系统,每一层上都以反病毒管理服务器或网关防毒墙为核心,再使用病毒实时检测和清除软件。由上层统一制定防病毒策略、管理病毒特征码库,全网同步进行杀毒引擎升级。

对于一般局域网系统,我们可以将整个防护体系分成三个层次:网关层、服务器层和客户机层。在网关层安装网关防毒墙或反病毒管理服务器,控制数据流的进出口;在服务器层的所有服务器上安装病毒实时检测和清除软件,包括 Web 服务器、文件服务器、数据库服务器、邮件服务器和其他应用服务器,确保网络核心的安全;在客户机上安装一般杀毒软件,经常对本地硬盘清理。

2.制定严格的管理制度

(1)重要部门的计算机尽量专机专用,与外网实行物理隔绝;

(2)普通工作站不要配备软驱和光驱;

(3)不要随便和外界交流可读写的存储介质,如软盘、硬盘、可读写光盘等;

(4)坚持定期对计算机系统进行病毒检测;

(5)坚持定期对数据备份;

(6)对主引导区、引导扇区、FAT表、根目录表、中断向量表、模板文件 Winsock.DLL、WSOCK32.DLL 和 Kernek32.DLL 等系统重要数据做备份;

(7)定期检查主引导区,引导扇区,中断向量表、文件属性(字节长度、文件生成时间等)、模板文件和注册表等;

(8)对新购置的机器和软件必须经过杀毒软件检查后才投入使用;

(9)严格管理超级用户口令,并按照范围最小化严格控制;

(10)一旦遭受病毒攻击,应采取隔离措施;

(11)严禁玩电子游戏;

(12)不要使用盗版光盘上软件;

(13)不要随便安装试用或无关软件;

(14)不要轻易从 Internet 上下载免费软件;

(15)不要轻易打开电子邮件的附件;

(16)充分利用 Office 的安全机制,将宏的报警功能打开。

3.选择合适的防病毒软件

(1)必须实现全网络化的远程管理

实现远程安装、远程杀毒、远程操作、远程报警等功能,对所有服务器和客户机都能进行远程操作,确保实时地维护网络安全。

(2)要具有优秀的实时监控能力

能够直接显示服务器和客户机的软件版本、实时监控状态和查毒杀毒状态,随时打开或关闭服务器或客户机上的实时监控软件,随时报警或提示用户进行处理,确保整个网络时刻处于最佳防护状态。

(3)要有更为先进的技术、更全面的病毒库

能够对付越来越多的新病毒,越来越复杂的病毒破坏;

(4)软件同步升级能力

网络版杀毒软件应具备真正的智能同步升级功能,即自动下载,自动分发,保持全网版本的统一。

4.选择信誉好的合作伙伴

选择技术支持能力强、服务质量高的安全产品制造厂商。能够随着病毒攻击模式的变化及时调整防毒对策、更新病毒代码。提供全方位防御,24小时专家技术支持。

思考题

1.电子商务系统对数据的安全有哪些基本要求?

2.电子商务系统的安全设计应遵循哪些基本原则?

3.如何正确认识电子商务系统的安全?

4.对称和非对称加密体制分别有什么特点,各适用于什么样的场合?

5.PKI 主要解决了安全电子交易中的哪几个问题?

6.试述交叉认证数字证书的作用。

7.试述防火墙系统实现防护机制的关键技术。

8.你对计算机病毒的防范有哪些思考?

第5章 电子支付技术

电子支付是电子商务活动中的重要环节,是实现完整的电子交易过程关键技术手段。它与实物配送、信用建设同被视为制约电子商务发展的瓶颈。尽管目前电子支付技术本身有了比较好的解决办法,但还是有为数不少的电子交易采取传统的支付方式。这与电子支付系统的安全性和社会信用体系不够健全有很大关系。所以,深入研究电子支付技术,开发安全实用的电子支付系统具有重大意义。

本章首先帮助读者建立电子支付的概念,然后比较详细地介绍几种支付工具,即信用卡、电子现金、电子支票、微支付,以及对应的支付流程;通过对 SSL 协议和 SET 协议的讨论,使读者对 B2B 和 B2C 交易模式的安全性有一个更好的理解;最后,介绍了网上银行的概念。

5.1 电子支付概述

电子支付是在传统的支付方式基础上发展起来的,以网络为主要通信平台,利用计算机技术、安全和密码技术实现资金的转移。随着 Internet 的发展,遍布全球的网络已成为电子商务的主要交易场所。因此,电子支付也可以称为网上支付。这种支付与传统支付一样,也有多种多样的形式,如银行卡支付、电子支票、电子现金和微支付等。但是,仅有这些支付工具和网络还不足以支持安全可靠的支付过程,还必须有一个比传统支付更加规范的支付流程,以便约束支付过程中的每一步操作。现在主要的支付协议有 SSL、SET、Digicash、FirstVirtual、Netbill,其中最有影响的是 SSL 和 SET。由于人们采用电子化手段代替了以往的纸质单证,所以电子支付对技术基础设施的依赖性更强。

在过去的 20 多年中,大多数工业发达国家都建立了一个或多个全国性的电子支付系统。经过多年的不懈努力,中国国家金融通信网(CNFN)、中国国家现代化支付系统(CNAPS)的建设已初具规模。各商业银行均建立了内部电子汇兑系统和银行卡授权系统,央行的电子联行系统遍及全国大中城市,银行卡信息交换中心的建设为跨行信息交换和跨行交易创造了有利的条件。

5.1.1 电子支付模式

电子支付模式主要有三种,它们在支付流程上有重大区别,导致系统设计上有所不同。

1. 预支付

预支付是在购买商品之前消费者就将一定数量的货币存入银行或其他金融机构,然后按照商品的金额完成支付。一般先用实物货币购买一定数量的电子货币,存储介质可以是计算机的硬盘,也可以是 IC 卡,支付实行离线操作。这种预支付是银行和商家首选的方案,因为风险相对会小一些。电子钱包、电子现金都属于预支付模式。

2. 即时支付

即时支付是在完成交易的同时,将交易金额等值货币从买方的银行账户上转到卖方的银行账户。这种系统实现起来最复杂,不仅需要满足同一银行内账户之间的资金转移,而且还要完成不同银行间的资金结算。即时支付实行在线操作,需要直接访问银行内部数据库,要求有特别严格的安全措施。

3. 后支付

后支付的实质是先由银行提供的信贷帮消费者支付,消费者的银行账户上没有钱或数量不足,我们称为赊账消费。消费者完成消费后在规定的时间内向自己的账户里充钱。这是用消费者的信誉度作为担保,安全性相对较差,一般来说,赊账金额是有限的。后支付实行在线操作,需要对客户信用进行认定。信用卡属于后支付模式。

5.1.2 电子支付特征

电子支付在商务过程中的作用与传统支付是完全一样的,而货币的表现形式、系统的支撑平台和支付的实现过程有着鲜明的现代化特征。

1. 货币数字化

电子支付中的货币完全是一种二进制数字流,无论是现金、支票,还是各种票据,都以数字化形式表现,这一点与传统支付中的实物货币有着明显区别。数字化货币的种类应该能够满足商品交易的要求,完全替代实物货币的功能,既可保证大额资金的转账,又可支持小额货币的支付,还可以像实物现金一样拆分找零。

2. 支付网络化

电子支付中的数字化货币流动是完全网络化的,而传统支付中的货币流动则可以是面对面的或部分网络化的。要提供这种方便、快捷的网络化支付服务,就必须在消费者与金融机构之间,以及不同金融机构之间采用通信线路和网络建立有效连接。随着 Internet 的普及,电子支付的网络平台也基本成熟定型。它主要分为两大部分,即公共网(Internet)和银行专用网。我们认为前者数据传输是不安全的,必须加密保护,而后者数据传输是足够安全的。

3. 设备电子化

电子支付系统主要是由计算机硬件、软件和通信设备组成,并且在整个支付过程的每一个环节都是以电子化设备为主要手段。例如,数字化货币的产生、存储必须使用专用设备和专用软件,付款可以通过 POS 终端机或刷卡机实现;而传统支付系统则主要在数据处理的过程中使用电子化设备。

4. 过程自动化

电子支付的最终结果是完成买方账户到卖方账户的资金划拨,需要通过多个环节,例如,数字化货币产生、终端设备上的货币接收、货币在公共网上的传输、支付网关中的协议转换、银行专用网上的传输、资金划拨的数据处理等等。这些工作消费者是感觉不到的,而且,银行职员也不用过多地参与其中。电子支付处理过程是非常复杂的,不可能在一套软件系统下实现,而是需要开发许多相应的子系统共同完成。

5. 安全复杂化

电子支付系统的安全措施非常复杂,主要原因有两个:第一,需要利用技术手段弥补交易参与方的信用不足,强制他们不能做某些事。第二,商务活动的机密数据在公共网络上传输,必须采取加密措施。电子支付系统中使用数据加密设备来保护信息的机密性，涉及对称加密和非对称加密技术，以及建立一整套公钥管理体系，以保证数据的完整性和买卖双方的身份认证。这些复杂技术在传统支付系统中是不需要的。

5.2 电子支付工具

5.2.1 信用卡

信用卡20世纪初起源于美国，它用金属制造，发行对象和使用场所均相当有限。1951年大来卡问世，形成了现代信用卡的雏形。当时持卡人消费时只要出示卡片，大来卡公司会代付账款，然后再向持卡人收款。这种便利性使得信用卡业务渐渐扩展到饭店、航空公司，发卡机构也从大来卡公司、美国运通公司扩展到各个银行。1965年，美国商业银行(Bank of America)开始拓展信用卡业务，并在第二年授权商标给其他银行。当时所发行的是一种带有蓝、白、金三色图案的Bank America Card。后来，美国银行进一步将信用卡业务推广到国外，但由于Bank America Card的美国色彩过于浓厚，不受外国人欢迎，所以在1977年正式更名为VISA，也是第一张正式的信用卡。目前，在世界上比较有影响的信用卡还有Master、Dinners、American Express、JBC。

信用卡在我国的真正发展也不过是近十年的事，但发展势头非常迅猛。中国银联是经中国人民银行批准的、由多家国内金融机构共同发起设立的股份制金融机构，注册资本16.5亿元人民币。公司于2002年3月26日成立，总部设在上海。公司采用先进的信息技术与现代公司经营机制，建立和运营全国银行卡跨行信息交换网络，保证银行卡在全国范围内的联网通用，实现“一卡在手，走遍神州”，乃至“走遍世界”的远大目标。

当今市面上使用的信用卡一般是以塑料作为卡基，上面安装存储材料。早期的信用卡以磁材料为存储介质，称为磁卡。现在的信用卡多以集成电路为存储介质，并具有一定的控制功能，称为IC卡。由于这种具有存储功能的卡片使用、携带都很方便，所以，现在它已不局限于信用卡，而在其他形式的电子货币中也得到应用。

由于信用卡使用极为方便，人们不断挖掘它的其他用途。随着应用形式的扩张，信用卡的含义也变得更加宽泛。从广义上理解，凡能够为持卡人提供信用证明、提供购物、消费或特定服务支付的特殊卡片均可称为信用卡，包括贷记卡、准贷记卡、借记卡、储蓄卡、ATM卡、支票卡等；从狭义上理解，信用卡有以下几个要素：

(1)能够为持卡人提供信用证明；

(2)必须有一定的信用额度；

(3)必须支持先消费后付款。

随着银行业务的扩充，对外发行的卡的种类也越来越多，所以我们将由银行发出的卡统称为银行卡。为了便于理解，以下给出常见卡的一般定义。

1. 贷记卡

发卡银行给予持卡人一定的信用额度，持卡人可在信用额度内先消费、后还款的IC卡或磁卡。

2. 准贷记卡

持卡人先按发卡银行要求缴纳一定金额的备用金，当备用金账户余额不足支付时，可在发卡银行规定的信用额度内透支的 IC 卡或磁卡。

3. 借记卡

先存款后消费，没有透支功能的 IC 卡或磁卡，包括转账卡、储蓄卡、专用卡和储值卡。

4. 转账卡

实时扣账的借记卡，具有转账结算、存取现金和消费功能。

5. 储蓄卡

带有存款功能的借记卡，可以异地提取现金。

6. 专用卡

具有专门用途、在特定区域使用的借记卡，具有转账结算、存取现金和消费功能。专门用途是指在百货、餐饮、饭店及娱乐行业以外的用途。

7. 储值卡

发卡银行根据持卡人要求将其资金转至卡内储存，交易时直接从卡内扣款的预付钱包式借记卡。

信用卡支付体系包括五个参与方：信用卡持有人、商家、商家开户银行、证书管理中心和信用卡发卡银行。其中证书管理中心非常重要，它统一管理各参与方，主要职责是发行和撤销数字证书。

信用卡系统应当满足三个基本原则：由一个机构对参与各方进行认证，保证他们的身份是真实可信的；保护信用卡信息的私密性和在 Internet 上传输信息的完整性；制定一个机制解决各方之间的支付纠纷。

5.2.2 电子现金

电子现金是以数字化方式存在的虚拟货币。按照存储载体的不同可以将其划分成两类，即币值存储在 IC 卡上和币值存储在计算机的硬盘上。电子现金具有以下的特点：

(1)能够在交易双方直接交换，并隐蔽支付人的身份；

(2)能够将电子货币拆分，支付给不同的卖方；

(3)支付是不可追踪的。

使用电子现金的消费者要在银行开有账户，并存有一定量的资金。银行开展电子现金兑换业务，消费者获得一张借记卡或存储在银行服务器上的数字化货币，同时还有一张电子现金证书。当然，电子现金的额度是不会超过账户上资金的。用户兑换电子现金时须进行身份验证。在交易过程中，商家通过银行电子现金系统验证用户电子现金的有效性，商家收到这些电子现金后，统一和发行银行结算，由银行将钱划入商家的账上。

电子现金支付体系包括了三方参与者：消费者、商家和银行。对三方的硬件、软件环境都有一定的要求，需要他们使用同一种电子现金软件，同时，银行和商家之间应有协议和授权的关系。事实上，这一体系中的消费者和商家的关系是对等的，可以实现双向支付。

电子现金一般会与电子钱包配合使用，因此，我们有必要引入电子钱包的概念。电子钱包是一种网上购物的支付工具，是一套办理支付结算的软件系统。它具有容器的概念，可以装入电子化货币，包括电子现金、信用卡、数字化货币等。目前，世界上比较有影响的电子钱包系统有 Visa Cash、Mondex、MasterCard Cash。

电子现金对于消费者而言存在有限的风险，商家是没有风险的。因为消费者预先已经用实物货币兑换了电子现金。

5.2.3 电子支票

电子支票是采用电子技术完成纸基支票功能的电子货币。它基本表示了纸基支票的全部信息，包括收款方名称、收款方账号、付款方名称、付款方账号、付款金额、日期等。另外，电子支票采取了特别的安全技术，使用数字证书验证付款人的身份、开户行和账号，利用数字签名作为背书，以保证电子支票的真实性、保密性、完整性和不可抵赖性。

电子支票的应用范围比较宽，既可用于小额支付，也可用于大额支付。所以，网络银行和大多数金融机构都建立了电子支票支付系统，以满足银行之间的资金结算，也为用户提供电子支票支付服务。电子支票可以通过电话线或 Internet 网络传送，银行利用专门的票据交换网络完成交换处理，实现了公共网和现有付款体系的有效连接。另外，收款人、收款银行和付款银行都可以使用公开密钥来验证支票。

电子支票支付系统中的一个关键部件是“电子支票簿”，常见的形式有智能 IC 卡、PC 卡和 USB 棒。它是通过银行严格审查后发给用户的，其中包含了加密和签名的密钥对、数字证书、PIN 码等重要信息。“电子支票簿”的主要功能是产生密钥对、对收到的电子支票进行背书、通过 PIN 码实现存取控制。PIN 码分成三个级别，对应不同的操作。

一级 PIN 码：允许用户“填写”电子支票、对支票进行数字签名、背书支票、签发进账单、读取日志信息、更改本级 PIN 码等；

二级 PIN 码：允许执行一级 PIN 码的所有功能，并可以对电子支票簿进行管理，包括对证书和公钥的维护、读取签发银行的公钥和信息等；

三级 PIN 码：银行用来做系统初始化，包括初始化密钥对和银行信息等。

电子支票支付体系包括三方参与者：消费者、商家和银行。系统是严格的、完备的，支票和消息的交换通过网络加密传送，利用了数字证书和数字签名技术，需要得到 PKI 的支持。

5.2.4 微支付

微支付是一种非常特别的电子货币概念，是实物货币中所没有的，专门用于解决小额支付的问题。与其他支付工具不同，微支付主要是从支付系统特征上理解，而不强调电子货币的形式化。所以，我们首先给出微支付的特征：

1. 低值交易额

微支付的交易额非常小，每一笔交易在几分(甚至更小)到几元之间。

2. 快捷的结算

由于微支付交易频繁，所以要求较高的处理效率，如存储尽量少的信息、处理速度尽量快和通信量尽可能少等。在实际应用中，可在安全性和效率之间寻求平衡。

3. 适当的安全性

由于微支付每一笔的交易额小，即使被截获或窃取，对交易方的损失也不大。所以，安全措施不要很复杂，以保证每一笔交易的安全成本不大于交易额。

4. 有限的应用范围

由于微支付的特点，其应用也具有特殊性，如信息产品支付（新闻、信息查询和检索、广告点击付费等）、移动计费、认证以及分布式环境下的认证等。微支付除了不适合大额支付外，也不适合实物交易中的电子支付。

根据以上的特征，微支付系统的设计应当满足三项基本要求：

1. 支付系统运行费用低

任何系统的运行都需要一定的费用，其来源通常是交易管理费。如果运行费用过高，分摊在每笔交易的管理费也会高。由于微支付系统处理的都是低值交易，所以，当单笔交易管理费高于交易金额时，就不会受到用户的欢迎。

2. 支付过程的最小延时

微支付系统的交易量比较大，应当在各个环节简化操作过程，提高信息处理速度。为此，需要采取以下措施：

(1)交易授权应为离线方式；

(2)在交易过程中不采用或少采用公钥加密；

(3)尽量减少数据传输和数据库搜索操作；

(4)将银行的资金结算成批处理。

3. 可以接受的安全机制

微支付可以不采用公钥加密体制，或者对公钥加密体制进行改进，采用效率比较高的加密算法。另外，可以利用审计或管理策略来弥补设备和算法上的不足。

5.3 电子支付流程

电子支付流程是电子商务系统设计、软件实现的重要依据之一。我们将按照电子支付工具，即信用卡、电子现金、电子支票、微支付来分别介绍典型的支付流程和系统，这样，更加方便对支付系统设计的理解。由于 SSL 协议和 SET 协议在电子支付中占有重要位置，内容也比较丰富，所以将有专门介绍。

5.3.1 信用卡支付流程

信用卡支付是 Internet 上首选的方式，它使用简单，只要将信用卡信息输入 Web 站点的 HTML 窗口，就会被发送到该 Web 站点。Web 站点所有者或向银行直接发送，或与银行建立一个链接。如果卡中有足够的信用额度，即可完成资金结算。这里介绍两种用于信用卡支付流程的典型协议。

1. FirstVirtual 支付系统

FirstVirtual 支付系统是中介服务模式，可以支持基于 Internet 的在线支付系统，参与方有消费者、商家、中介机构和银行。消费者、商家和中介机构之间的信息交换主要是通过 E-mail 进行的，且消费者和商家都不需要特别的硬件和软件系统。

消费者需持有银行的信用卡，到中介机构注册，获得一个账户和与该卡对应的 PIN 码。每个账户都包含了消费者的 E-mail 地址和其他详细信息。交易时消费者必须向商家提供信用卡账户，商家将该信用卡账户信息（包括 PIN 码）连同购买意向一起发给中介机构，由中介机构对

PIN 码的有效性进行检查。如果 PIN 码有效，则中介机构向消费者发一份邮件，询问消费者是否认可这笔交易，可以有三种回答："是"，意味着确认这笔交易，并同意由中介机构办理支付；"否"，意味着不愿进行这笔交易；"虚假"，意味着消费者根本不知道曾经有过这笔交易的意向。

FirstVirtual 系统提供匿名服务，商家只能识别消费者的 PIN 码，而看不见信用卡内的详细内容。这是所谓的绿色商务模式，即由商家承担最小化的支付风险。如图 5-1 所示是一个基于 FirstVirtual 的中介支付流程。

(1)消费者和商家都在同一中介机构开户，并获得各自的账号；

(2)消费者在商家购买商品，填写订购单，其中包含了信用卡的 PIN 码信息；

(3)商家将自身的 PIN 码、消费者信用卡的 PIN 码和商品订购描述信息用 E-mail 发给中介机构；

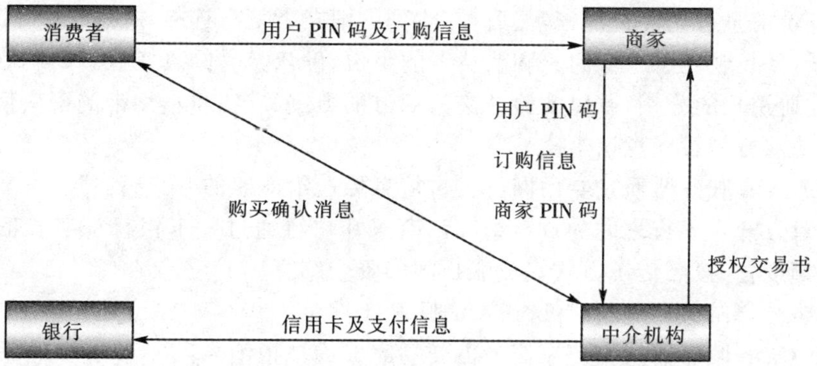

图 5-1　FirstVirtual 支付流程

(4)中介机构验证商家身份和消费者信用卡的 PIN 码；

(5)中介机构自动给消费者发一份电子邮件，等待回答；

(6)消费者确认这笔交易，回复邮件给中介机构；

(7)中介机构利用与银行之间的内部网络，向银行提供消费者的信用卡信息和其他支付信息，由银行进行资金结算；

(8)完成支付后，中介机构给商家发一份授权交易书。

2. CyberCash 支付系统

CyberCash 支付系统是中介服务模式，采用了加密和认证技术。它为 Internet 上的小宗商品和服务的交易提供了安全、方便的支付手段。信用卡支付和电子现金支付都可以使用 CyberCash 系统。消费者有一台连在网络上的 PC 机，安装电子钱包软件；中介机构配备 CyberCash 服务器，它是商家服务器和各个银行的桥梁；商家和银行的计算机系统需要稍加改造，将在线安全支付功能集成到现有系统中；银行之间的通信则依赖于内部网络。典型的 CyberCash 支付系统结构如图 5-2 所示。

按照上述结构，CyberCash 支付流程描述如下：

(1)消费者从商家订货，填写订单。消费者点击"支付"按钮，它调用商家服务器软件。商家给消费者在线发一个有关购买信息，显示在消费者的计算机屏幕上。消费者填写信用卡号，在商品列表中选择要购买的商品。

(2)消费者的电子钱包软件将信用卡和订购信息传送给商家服务器。所传送的信息经过

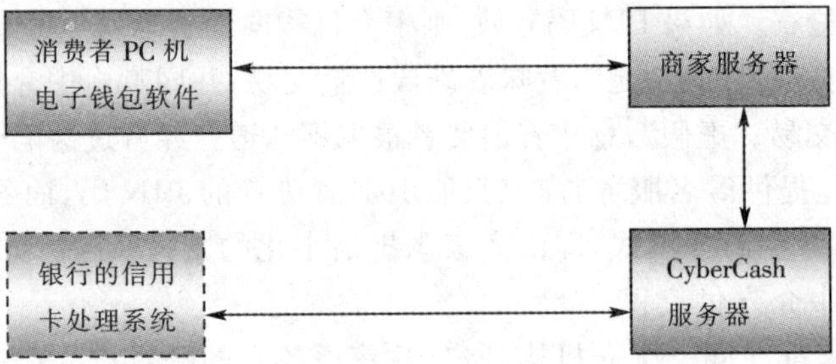

图 5-2 CyberCash 支付体系结构

软件自动加密,并进行数字签名,消费者不必再做其他动作。

(3)商家服务器将自己的身份信息和消费者发来的信息一起传送给 CyberCash 服务器。

商家的身份信息首先经过加密,然后,与收到的消费者信息连接,并进行数字签名。

(4)CyberCash 服务器验证商家和消费者的身份,确认交易的真实性。CyberCash 服务器保存了所有注册用户的公钥,并以此验证交易双方的数字签名,将信用卡的密文信息在安全的地方解密,确认双方是否同意这笔交易。

(5)CyberCash 服务器通过专用网将支付信息传送给商家的开户行。

(6)交易双方开户银行之间的资金结算。商家开户行通过发卡银行证实该信用卡的真实性、检查信用额度,并按照传统方式完成账户间的资金结算。

(7)银行将结算结果传送给 CyberCash 服务器。

(8)CyberCash 服务器通知商家服务器交易完成或被拒绝。

CyberCash 系统对每笔交易的信息,包括双方的身份信息、购销信息和财务信息都会自动加密,消息认证采用公开密钥技术,所涉及的加密算法有 RSA、DES、Hash 函数。CyberCash 服务器中保存了每个消费者和商家的公钥,所以能够对经过数字签名的信息进行验证,私钥由消费者和商家自己保存,不会在任何地方显示。

5.3.2 电子现金支付流程

1. E-cash

E-cash 是一种匿名的、不可追踪的、在线支付系统。电子现金存储在本地,以"硬币"的份为基础单位。消费者和商家都使用相同的电子钱包软件,两者的关系是对等的,都可以收钱和付钱。银行的软件具有"硬币"清算功能。

E-cash 采用带有 RSA 算法的公钥加密体制,利用隐蔽签名技术,确保支付的匿名性和不可追踪性。E-cash 可以支持所有参与方的匿名性,但目前仅支持付款方的匿名性。当结算一笔交易时,作为收款方的商家身份是由银行鉴别的,而消费者仍然保持其匿名性,除非自己暴露身份。

如图 5-3 所示表示了 E-cash 的"硬币"兑换和支付流程。

(1)消费者到银行兑换电子现金

消费者连接到电子现金发行银行,兑换一定数量的电子"硬币"。这些"硬币"的产生有一个隐蔽签名的过程:消费者端产生一个隐蔽的"硬币"标识,确定了它的命名后,再传送给发行银行隐蔽签名,然后再回送给消费者,存储在 PC 机的电子钱包里。

(2)消费者与商家的交易流程

① 消费者电子钱包软件访问商家的网站,浏览商家的货物清单;

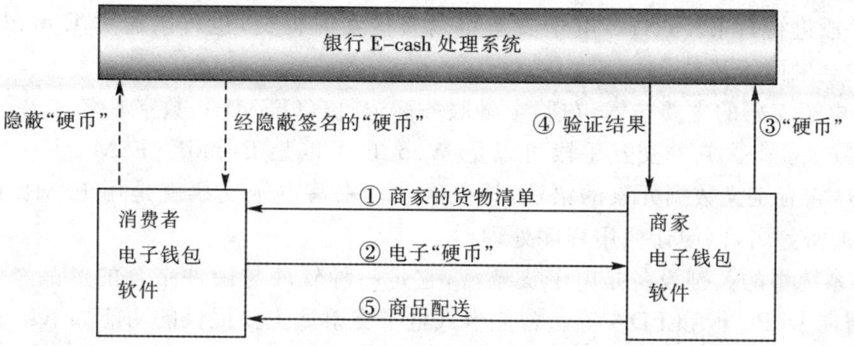

图5-3 E-cash支付流程

② 消费者决定购买后从电子钱包中取出适量的"硬币",加密后传送给商家;

③ 商家收到加密"硬币"后进行解密,存入自己的计算机,并传送给银行;

④ 银行在不知道使用者的情况下通过隐蔽签名系统对"硬币"进行验证,完成账户之间的资金结算,并将结果回送给商家;

⑤ 商家收到银行的交易授权后进行商品配送。

隐蔽签名是保证E-cash支付安全的核心技术,它是荷兰Digicash公司的专利,所以,E-cash有时也成为Digicash模式。

2. CyberCoin

CyberCoin是在CyberCash的基础上进一步扩展,可以说它是CyberCash系统的微支付协议,每笔交易的支付金额在0.25～10美元之间。利用CyberCoin系统进行交易,消费者可以使用现有的银行账户,钱从消费者银行账户传送到CyberCoin账户。现有的CyberCoin系统仅适合美元,而且商家限于在美国银行开户。使用信用卡的消费者也能使用此种服务,但不能把CyberCoin账户中的钱转回到信用卡上。

在安装电子钱包软件的同时,消费者在自己的开户银行注册,因此,账户与该钱包绑定。消费者从银行兑换的电子现金存放在CyberCash服务器上,该服务器为每个消费者提供了一个独立账号的"现金容器"。消费者PC机上不存储钱,这样即使机器出故障也不会造成损失,可以用别的机器进行支付操作。

当消费者决定买东西时,他把付款消息发给商家。商家到CyberCash服务器中去验证,通过后,消费者的电子现金将被划入到商家的账号里,真正的资金只在银行内部网流动。在交易过程中商家不需要知道消费者的身份,但这笔电子现金在系统内部是有据可查的,CyberCash服务器会记录每一笔交易。

CyberCoin系统不是匿名的,交易可以采用CyberCash同样的方式追踪。对于金融数据利用768位RSA算法加密、签名。CyberCoin系统还包含几类安全商品交易,只有当消费者收到商品时才向商家支付货款,以防系统故障或欺诈行为。

5.3.3 电子支票支付流程

1. FSTC电子支票系统

国际金融服务联盟(Financial Services Technology Consortium,FSTC)的电子支票系统是银行网上支付的一种,其工作流程完全模仿传统的支票,付款人需要数字签名,收款人要利用数字化手段进行背书。FSTC 电子支票可以直接实时提交,也可以通过 E-mail 提交,银行通过现有的金融网络清算。

FSTC 电子支票的主要技术包括,金融服务标记语言(FSML)、数字签名技术、安全的硬件身份标记、数字证书。它的交互手段可以是 Web,也可以是 E-mail。FSML 是一个块结构数据描述语言,它有定义数据元素的语法、语义和值。书写电子支票就是用 FSML 来定义数据内容,包括加密签名,以便让应用程序处理。

FSTC 系统中的关键设备是电子支票簿,它是一种软件与硬件结合的产品。常见的电子支票簿有智能卡、PC 卡和 PDA 等。智能卡式电子支票簿主要提供的功能如下:

(1)密钥生成。系统利用标准的加密算法在卡内生成密钥对。公钥对外发布,私钥保留的卡内。

(2)数字签名和背书。系统利用卡内的加密程序和私钥对电子支票信息进行加密和数字签名。

(3)存取控制。用户通过输入 PIN 码激活电子支票簿。一般有三种不同级别的 PIN 码,可以控制执行不同的操作。

FSTC 电子支票的支付流程如下:

(1)付款人签发支票。除了填写相关的支票信息外,还需通过密钥对该支票加密,并附上证书信息。密钥、证书信息和签发过的支票记录都保存在专用的硬件设备中。

(2)通过 E-mail 或浏览器将签发后的电子支票发送给收款人。

(3)收款人通过密钥验证该支票,然后,"填写"进账单,附加自己的证书,连同收到的电子支票一起进行数字签名,发送给收款人的开户行。

(4)收款人的开户行通过密钥验证收款人的数字签名,并再次验证电子支票。如果是同行转账则可以确定是否执行资金划拨过程。否则,把电子支票传送给付款人的开户行。

(5)付款人的开户行验证收款人的开户行和付款人的数字签字,通过传统的银行间资金清算网将钱划入收款人的开户行。付款方开户银行将款项从付款方账户上划出,收款方开户银行将款项存入收款方账户。

为了解决支票支付过程中的安全问题,要求在现行银行支付系统中添加电子支票处理系统(EPH),以便对电子支票进行解密、验证证书。EPH 由前端、EPH 支付服务器和 EPH 证书服务器构成。

(1)EPH 前端。EPH 前端与 Internet 相连,网上的其他机器也只能与它通信,是电子支付系统的第一道安全防线。

(2)EPH 支付服务器。是 EPH 系统的核心,负责处理电子支票。

(3)EPH 证书服务器。是用来发放证书,并负责验证或撤销。

2. NetBill 系统

NetBill 是由美国 Carnegie Mellon 大学开发的一套电子支票支付系统,最适合低值信息产品的交易。这种交易模式的直接参与者有三方:消费者、商家和拥有 NetBill 服务器的第三方。NetBill 提供了一个从价格协商到送货的完整解决方案,具有以下三个特点:

(1)能够自动提交证书,确保消费者在收到商品后再付款;

(2)采用会员机制,允许消费者证明自己在某团体的会员资格;

(3)采用匿名结构保护消费者身份。

所有消费者和商家在NetBill服务器中都开有账户，并且与银行的账户是联系在一起的。消费者可以通过其银行账户向其NetBill账户注入资金，而商家可以将NetBill账户中的资金转入其银行账户。NetBill通过"客户服务器"的一体化文库支持交易，客户文库称为"支票簿"，服务器文库成为"收款机"。消费者应用与支票簿交互，商家应用与收款机交互。从客户端到服务器的通信都被加密以防非法入侵。NetBill交易过程大致如下：

(1)消费者选择商品后，支票簿向收款机发出报价要求，再由收款机通知商家。

(2)商家确定报价，并将数字签名后的报价发送给收款机；收款机发送给支票簿，再由支票簿通知消费者。

(3)消费者对购买要求数字签名，并通过支票簿发送给收款机。

(4)收款机收到购买请求后，从商家应用中取出信息产品，使用一次性密钥对产品加密，并通过Hash函数计算出一个"密码校验和(MAC)"，将结果发送给支票簿。

(5)支票簿验证"密码校验和"，确认收到购买的产品(未解密)。然后，向收款机发送一份签名的电子支付订单(EPO)。EPO发出之前可以取消该笔交易，而EPO发出之后该笔交易就不能取消了。

(6)收款机收到EPO后对其进行背书，将背书后的EPO发给NetBill服务器。

(7)NetBill服务器将交易款从消费者账户划入商家账户，保存该笔交易的一次性密钥。然后，将同意交易或拒绝交易的信息发给商家。

(8)商家收到同意交易信息后，向收款机发出一张签名的电子发票，其中包含解密密钥。收款机将其转发给支票簿。

5.3.4 微支付流程

1. IBM微支付系统

IBM微支付系统将ISP(Internet Service Provider)和IAP(Internet Access Provider)也加入到商品交易链中，使交易参与方更多，包括消费者、商家、银行、ISP和IAP。资金流向示意如图5-4所示。

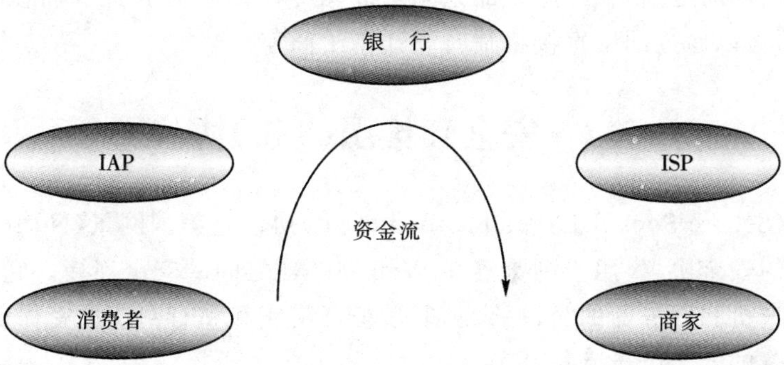

图5-4 IBM微支付系统资金流向

在这个系统中，消费者终端上装有电子钱包软件，商家在自己的网站上发布商品信息，IAP和ISP都提供记账服务。IBM微支付流程如图5-5所示。

(1)消费者从IAP处得到每日信用凭证，即经IAP签名的每日证书。

(2)消费者向商家网站发出一个经过签名的购买序列消息，其中也包含了每日证书。

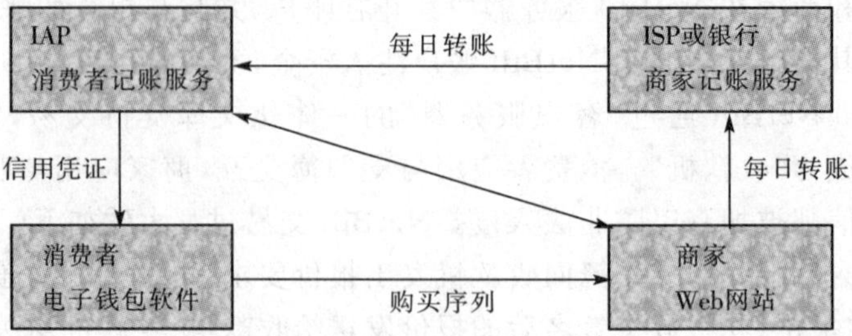

图 5-5 IBM 微支付流程

(3)商家验证每日证书中的 IAP 签名,确认消费者身份的有效性,并获得其公钥。

(4)商家从每日证书中得到推荐的每天最大花费额度,根据消费者支付情况分别处理:

■ 消费者的累计支付不超过每天最大花费额度,则立刻响应购买序列消息,配送商品;

■ 消费者的累计支付已超过每天最大花费额度,则商家可以向 IAP 发出请求增加超额花费的消息,IAP 回送一个消息给商家,做出批准或拒绝的响应。

(5)在固定的周期内,商家将所有消费者的支付序列集中起来,形成一个签名转账消息,发送给 ISP 或银行。

(6)ISP 或银行完成账户之间的资金结算,并将支付信息分别发送给相应的 IAP。

2. Millicent 系统

Millicent 是一种票据支付形式,它是利用一个密钥控制的单向 Hash 函数来验证支付的票据。这个密钥只有发行票据的经纪人和打算接收该票据的商家才知道,可以有效防止伪造。每一张票据都有唯一的序列号,可以防止票据重复使用。

根据 Millicent 的术语,商家专门的货币叫临时凭证。经纪人的主要作用就是为消费者提供不同商家的临时凭证。经纪人有两种办法来获得临时凭证。

(1)从商家购买临时凭证;

(2)受商家委托产生临时凭证。

消费者在购买商品之前,从经纪人那里购买商家专门的临时凭证。而在支付时不需要和经纪人发生联系,可以通过网络直接将临时凭证传给商家。

5.4 安全套接层(SSL)协议

安全套接层(Secure Socket Layer Protocol,SSL)协议是美国网景(Netscape)公司开发的在网络会话层上的安全协议,用于浏览器和 Web 服务器之间的安全连接。它通过数字签名和数字证书实现客户机和服务器的身份验证,通过公开密钥和私有密钥加密保证通信安全,并广泛应用于电子商务的安全电子支付环节。

5.4.1 SSL 协议概述

SSL 协议运行在传输层协议和应用层协议之间,在 TCP/IP 网络分层结构中的位置如图 5-6 所示。SSL 协议完全独立于应用层协议,为其提供"透明"的服务。也就是说,在应用层开始通信之前,客户机与服务器已完成了加密算法、会话密钥的协商以及服务器的认证工作。

随后的应用层传输数据都被加密，保证客户机与服务器的通信不被窃听。SSL提供的基本安全服务功能如下：

1. 服务器认证

支持SSL协议的客户机软件可以对服务器的数字证书进行认证。在客户端，所有可信任的认证机构都在一个列表中，采用公钥密码技术验证服务器证书中的CA数字签名，确认该服务器是否是可信任的。例如，消费者向商家发送订购信息之前，商家服务器首先将自己的数字证书发给消费者的机器，通过认证后客户机再将相关信息传给服务器。

图5-6 SSL在TCP/IP网络分层结构中的位置

2. 客户机认证

与服务器认证类似，支持SSL协议的服务器软件可以对客户机的数字证书进行认证。

例如，银行向消费者发送支付清单时，先请求对消费者的数字证书进行认证，通过后再将相关信息传给客户机。

3. 保证数据传输的机密性和完整性

经过认证的服务器和客户机之间可以形成安全通道，利用双方约定的会话密钥实现加密通信。由信息发送方加密，信息接收方解密。对于传输的数据有一套检测机制，能够判定信息是否被篡改，保证数据的完整性。

SSL是电子商务安全交易事实上的标准之一，它的应用范围很宽，凡是基于TCP/IP的B/S结构网络安全通信都可以使用，能很好地保护Web的安全。因此，得到了世界许多著名厂商的认可，在很多客户机和服务器的产品中都支持SSL协议，如IE和Netscape浏览器，IIS、DominoGoWebServer、NetscapeEnterpriseServer和Appache等。

5.4.2 SSL协议分析

SSL协议描述了通信双方的握手过程规范和传输数据的组织格式。协议共分为两层，下层是SSL记录协议，上层包括三个子协议，即握手协议、更改密码规程协议和报警协议。其中最主要的是记录协议和握手协议。

1. SSL记录协议

SSL记录协议规定了数据组成的格式，传输的数据都封装在记录中。结构如图5-7所示。

记录是由记录头和长度不为0的记录数据组成。记录头可以是2字节或3字节长的编码，其中的信息有：记录头的类型、记录数据的长度、记录数据中是否有填充数据。当记录头的

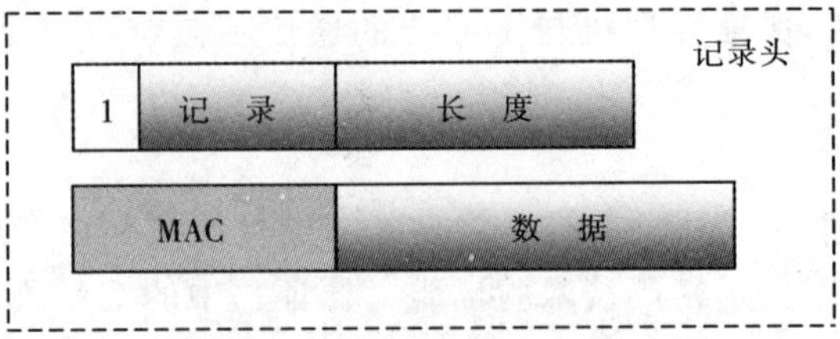

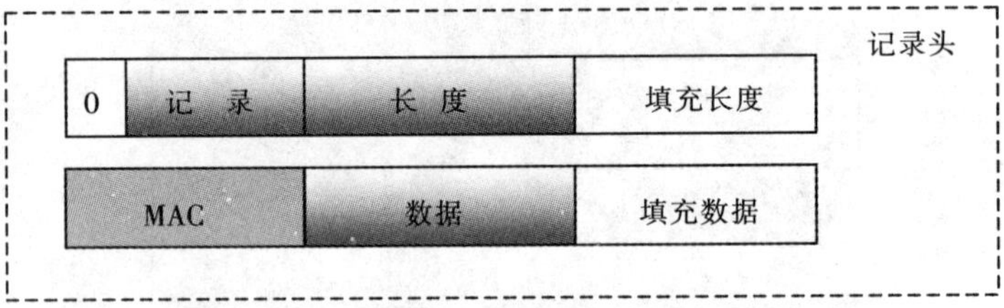

图 5－7 SSL 记录协议结构

最高位为 1 时，表示不含填充数据，且记录头为 2 字节，那么记录数据的最大长度为 32767 字节；当记录头的最高位为 0 时，表示含有填充数据，且记录头为 3 字节，记录数据最大长度为 16383 字节。SSL 记录数据由消息认证码 MAC、实际数据和填充数据组成。MAC 用于数据的完整性检查。填充数据是在使用块加密算法时，将实际数据填补成块数的整倍数。

2. SSL 握手协议

握手协议规定了双方进行通信时产生加密算法和密钥的协商过程。握手的过程分成两个阶段：

第一阶段：建立私密性通信通道。双方都发出 Hello 消息，对方都能够正确地接收，这时可以确定是否需要一个新的密钥。如果不需要，则进入握手的第二阶段；如果需要新密钥，则服务器端发出的消息可以使客户端产生一个新密钥。这个消息中包含了服务器的证书、加密约定和连接标识，为客户端对服务器的认证提供了条件。若客户端成功地产生了密钥，它向服务器发出消息 Client-Master-Key，服务器向客户端返回消息 Server-Verify；若客户端不能成功地产生密钥，则它向服务器发送一个出错的消息。

第二阶段：主要任务是对客户端进行认证，这是可以选择的。服务器向客户端发出认证请求消息 Request-Certificate，客户端发出自己的证书，服务器认证完成后返回一个消息 Server-Finish。握手协议完成。

3. 基于 SSL 协议的会话过程

(1)建立虚拟通信信道

(2)选择加密方式和压缩方式

由发送方(客户端)给出自己能支持的全部加密方式和压缩方式，接收方(服务器)选择一种合适的算法，将结果反馈给发送方，其中含有公开密钥的数字证书。算法包括以下几种：

■ 密钥交换算法：通常采用安全程度高、密钥管理简单的公开密钥算法，如 RSA。

■ 加密算法：通常采用效率高的对称密钥算法，如 DES、3DES、IDEA 等。

■ Hash 算法:通常采用 MD5,产生一个 128 位的 Hash 值,作为消息认证码(MAC)。

(3)双方的身份识别

一方将自己的数字证书发送给另一方,接收方使用证书签发机构 CA 的公开密钥来检验证书的数字签名。通信双方在相互认证的过程中,可以从数字证书中得到对方的公开密钥。

(4)确定会话密钥

这一过程因密钥交换算法的不同而异。以 RSA 算法为例。

■ 发送方产生一个 48 位的随机数,作为预备主密码。

■ 发送方从对方数字证书中获得公开密钥,并以此加密该预备主密码,以密文形式发送给接收方。

■ 接收方利用自己的私钥将预备主密码解密成明文。

■ 双方利用协商好的加密算法和 Hash 算法,根据预备主密码导出加密数据所需要的会话密钥。

(5)数据传输

应用程序将数据交给本地 SSL 进行传输,其过程如图 5-8 所示:

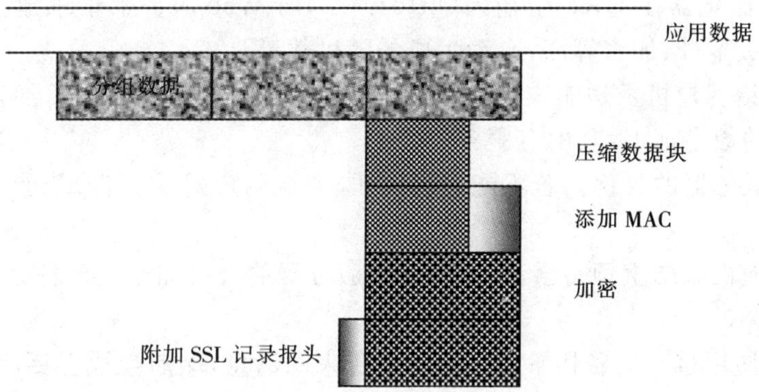

图 5-8 SSL 协议发送数据操作

■ SSL 进行记录协议操作。发送方将数据分组为数据块,用指定的压缩算法压缩数据块;用指定的 Hash 算法将压缩后的数据块进行 Hash 运算,得到数据块的 Hash 值(MAC),添加到压缩数据块后面;用约定的加密算法和会话密钥对压缩后的数据块及 MAC 进行加密;附加 SSL 记录报头。

■ 发送方将密文传输给接收方。

■ 接收方用对应的解密算法和会话密钥,将密文解密成压缩数据块;用相同的 Hash 算法算出压缩数据块的 MAC;将计算得到的 MAC 与接收的 MAC 比较,若两者一致,则压缩数据块有效,将压缩数据块解压,恢复成明文。

(6)通信结束后,关闭网络连接,此密钥废弃。

5.4.3 基于客户机/服务器的 SSL 安全连接

SSL 协议用来在客户机与服务器之间建立安全的 TCP 连接,为它们之间的相互验证、数据完整性和保密性提供了有效的方法。它不仅适用于 HTTP 服务,还可用于 Telnet、FTP 和 NNTP 等服务。目前,SSL 协议已成为事实上的工业标准,常用的浏览器(如 IE、Netscape)和

Web 服务器(如 IIS、DominoGoWebServer、NetscapeEnterpriseServer、Appache 等)都支持 SSL 协议。实现 SSL 安全连接的必备条件有:

(1)从可信任的证书颁发机构获取 Web 服务器证书;

(2)在 Web 服务器上安装服务器证书;

(3)在 Web 服务器上设置 SSL 选项;

(4)客户机与 Web 服务器都信任同一个认证机构。

SSL 协议是基于证书的安全服务,要激活 Web 服务器的 SSL 安全功能,必须在服务器上安装服务器证书,而浏览器上的客户证书则是可选的。Web 服务器证书安装的步骤大致是:生成服务器证书请求文件;向认证机构提交请求文件;CA 管理员颁发证书;通过 Web 获得证书;安装证书。由于篇幅的限制,这里不详细介绍安装、申请证书的具体步骤,读者可以参考有关书籍。

Internet 上有很多知名的第三方认证机构,如 Verisign(http://www.verisign.com),还有一些国内的认证机构,它们都可以颁发可信任的数字证书。

客户机与 Web 服务器建立 SSL 安全连接的过程如下:

客户端 Web 浏览器在 URL 中输入"https://",向 Web 服务器请求建立安全连接消息。该消息包括 SSL 版本号、加密算法、自动生成的随机数等。

Web 服务器给客户机发送响应请求消息。该消息包括 SSL 版本号、加密算法、自动生成的随机数和自己的数字证书,其中有服务器公钥。

浏览器认证服务器的身份。若不能通过认证,则给用户提示警告;若能够通过认证,则继续下面步骤。

浏览器使用随机数产生预备会话密钥,并用服务器的公钥加密该预备会话密钥,然后发送给服务器。

Web 服务器使用自己的私钥解密浏览器发过来的消息,然后生成会话密钥。服务器再用自己的私钥加密该会话密钥,并发送给浏览器。

浏览器使用 Web 服务器公钥解密服务器发过来的消息,获得了会话密钥。

双方使用会话密钥加密/解密传输的数据。

采用过长的密钥位数和加密强度会消耗较多的服务器资源,使数据传输速率和 Web 服务器的性能明显下降。因此,我们可以只考虑对敏感信息用 SSL 加密。通常会话密钥的长度取 40 位,但也可使用 128 位高强度加密。

5.4.4 银行卡支付过程

基于 SSL 协议的银行卡支付涉及多个参与方,如客户端浏览器(持卡人)、商家服务器、银行服务器、CA 认证机构,有可能还有第三方机构的支付网关。但是,在真正的支付过程中 CA 认证机构是不参与通信的,它仅是离线颁发数字证书。银行卡的支付有两种解决方案。

1. 持卡人通过商家服务器向银行发送账户信息

(1)持卡人与商家服务器建立 SSL 连接,登录网站,向商家发出购买请求;

(2)商家响应持卡人请求,发出"同意支付"等信息,包括银行或支付网关的数字证书;

(3)持卡人使用得到的银行或支付网关的公开密钥加密支付信息,并将其与购买信息捆绑,发送给商家服务器;

(4)商家使用银行或支付网关的公开密钥加密支付信息,并将其与持卡人的加密支付信息一起发送给银行或支付网关服务器,请求支付;

(5)银行或支付网关服务器用自己的私钥解密商家发来的消息,将商家的账户信息和持卡人的支付信息传到银行内部网,由发卡银行验证卡的有效性,并完成账户之间的资金结算;

(6)银行或支付网关服务器用自己的私钥加密支付结果,发送给商家;

(7)商家服务器用银行或支付网关的公钥解密结果,并发送给持卡人;

(8)商品配送。

2. 持卡人直接向银行服务器发送账户信息

这种解决方案较前一种更加安全,但在支付流程和消息内容上有些差别。持卡人与商家服务器、银行或支付网关服务器分别建立 SSL 连接,账户信息根本不从商家服务器过,直接传送到银行或支付网关。

在基于 SSL 的银行卡支付过程中,SSL 协议只是建立了持卡人的客户机到商家服务器、银行或支付网关服务器的安全信息通道,而持卡人的身份真实性和交易双方的不可抵赖性并没有得到根本解决。因此,SSL 协议与完备的 PKI 体系结合才能更好地支持这种支付过程。

5.5 安全电子交易(SET)协议

5.5.1 安全电子交易(SET)协议概述

安全电子交易(Secure Electronic Transaction,SET)协议是 Visa 和 MasterCard 组织倡导,由多家著名公司,包括 IBM、Microsoft、Netscape、Verisign、SAIC、Terisa 共同开发制定的一个安全协议,于 1997 年 5 月 31 日正式推出 1.0 版本。它是在 Internet 网络环境下利用加密、认证、公钥管理等技术实现信用卡支付的安全电子交易规范。目前,SET 协议已被众多的大公司和信用卡组织广泛接受,成为网上交易支付的国际标准。

SET 协议将对称密钥和非对称密钥两种加密体制的优势结合在一起,利用 DES 算法、RSA 算法实现数据加密、数字签名和数字信封等安全措施。在公钥基础设施和 X.509 数字证书标准的支持下具体规定了交易参与方的操作流程。这一系列的技术手段为电子商务的 B to C交易模式提供了可靠保障。SET 是一个完备的信用卡支付协议,可以支持各种银行卡,实现支付过程中的所有需求。

1. 数据机密性

SET 协议可以保证持卡人的账户信息和支付信息在网上安全传输。采用 DES 算法加密信息,避免网上无关方的窥探;利用双重签名的方法,保护了持卡人的账户信息,不会将账号和密码暴露给商家。

2. 数据完整性

SET 协议可以保证支付信息不被篡改。采用 Hash 函数生成 MAC 或数字摘要,验证发送消息的完整性。

3. 身份验证

SET 协议支持商家、持卡人和支付网关的多方身份验证。使用 X.509v3 数字证书标准和 RSA 算法,在 SET CA 的支持下,实现交易参与方之间的在线身份认证。

4. 不可抵赖性

在交易中发布的数字证书包含了交易的过程信息。因此,无论是商家还是客户,都不可否认自己发出的信息。

SET 协议文档主要包含以下三部分内容：

(1)商业描述:提供 SET 处理的总述；

(2)程序员指南:介绍了数据区、消息和数据处理的流程,包括系统设计考虑、证书管理、支付系统和正式的协议定义(数据区和消息的严格描述)；

(3)协议定义:数据区和消息的严格描述。

5.5.2 SET 交易参与方

SET 协议是一个基于第三方的认证中心方案,交易的参与方还包括:持卡人、商家、支付网关、收单银行、发卡银行。各参与方的关系如图 5-9 所示。

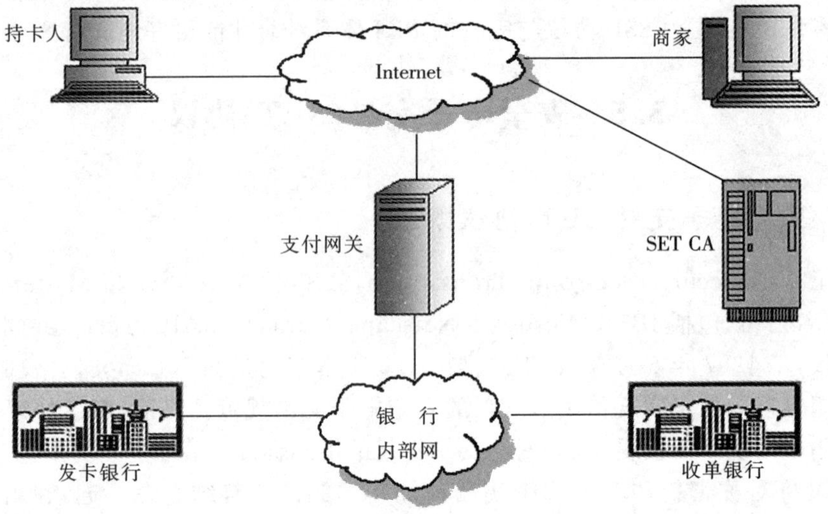

图 5-9 SET 交易各参与方的关系

1. 持卡人

持卡人(Card holder)就是网上消费者,他必须持有银行卡(信用卡或借记卡)。持卡人要参与网上 SET 交易,首先要向发卡银行申请,经批准后持卡人从银行取得专用的持卡人软件(电子钱包),并将其安装在自己的计算机上。然后,由发卡银行委托的第三方认证中心(SET CA)为持卡人颁发数字证书。

持卡人电子钱包软件的主要功能:发送、接收信息,存储自己的签名公开密钥,存储其他交易实体的公开密钥,管理证书和密钥对,申请身份认证,存储交易记录等。采用双重签名的方式分别对购买信息和支付信息加密,同时,完成数据解密。

2. 商家

商家(Merchant)是网上电子交易中商品和服务的提供者。商家要参与网上 SET 交易,首先要获得收单银行的许可,通过信用评估双方达成合作协议,银行保证接受来自商家的银行卡支付,并负责交易中的资金清算工作;第二,商家的网络商店系统中要集成专用的 SET 商家软件;第三,商家必须获得由 SET CA 颁发的商家数字证书。

商家有一套电子柜员机系统,也就是商家的在线支付服务器。其主要功能为:处理持卡人的支付请求、与支付网关通信、存储自己的签名公开密钥、存储其他交易实体的公开密钥、申请身份认证、存储交易记录等。电子柜员机只能看见用户的购买信息,而将支付信息完整地转给支付网关。

3. 支付网关

支付网关(Payment Gateway)是收单银行或由其授权的第三方机构的专用系统,它是 Internet 与银行内部网的一道隔离屏障,也是支付信息的协议转换工具。支付网关与持卡人、商家一样,需要获得由 SET CA 颁发的支付网关证书。

支付网关在整个 SET 交易中起着重要作用,其基本功能描述如下:

(1)提供进/出网关的信息流路由通道,接收支付请求信息,发出支付授权信息;

(2)验证持卡人证书、商家证书的有效性;

(3)对进出网关的支付指令进行加密、解密,确认持卡人的账号;

(4)向商家发放支付网关证书,管理商家证书撤销列表;

(5)管理支付网关的私钥;

(6)提供 Hash 函数运算,得到报文的 MAC;

(7)完成 SET 信息格式到银行内部信息格式(ISO 8583)之间的相互转换。

4. 收单银行

收单银行(Acquirer)是商家的开户银行,专门为商家处理支付授权和支付的业务。收单银行接收来自支付网关的支付请求,处理工作完全在银行内部网进行,与 Internet 没有关系。因此,SET 交易的支付受理借助于传统银行卡系统就能完成,不需要新增特别的技术措施。

5. 发卡银行

发卡银行(Issuer)是持卡人的开户银行,负责对经过授权的交易进行付款。发卡银行接收来自收单银行的付款请求,资金划拨也是借助于传统银行卡系统在内部网络上完成,不需要新增特别的技术措施。另外,发卡银行为持卡人配发持卡人电子钱包软件,是持卡人数字证书的审核批准单位。

6. SET CA

SET CA 与商品交易没有直接的关系,但它的作用十分明显和重要。SET CA 为持卡人、商家和支付网关颁发数字证书,是整个 SET 交易的信用支柱。

5.5.3 SET 协议的购物流程

SET 交易系统是在传统的银行卡系统的基础上建立的,所以购物流程也与传统的银行卡购物非常相近,如图 5-10 所示。具体步骤如下:

(1)持卡人通过浏览器访问商家的 Web 网站,在线查看商品目录,浏览产品图片或试用部分功能,然后选择需要购买的商品。

(2)持卡人填写商品订单。订单有固定的格式,主要内容包括名称、数量、收货地址、运输方式等,价格一般是由商家定好的,有的系统可以在线协商。订单可以从商家的 Web 网站上获得,也可以由持卡人电子钱包软件产生。

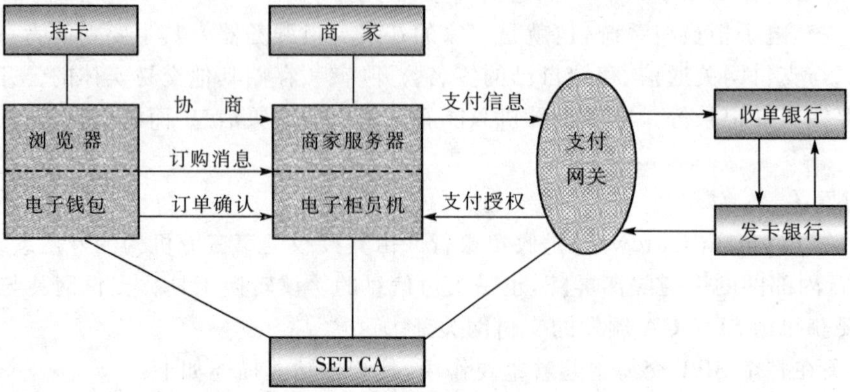

图 5-10 SET 协议的购物流程

(3)持卡人选择所使用的银行卡、语言等,向商家发出初始请求。以后开始按 SET 协议规范操作。

(4)商家服务器产生一个不含任何机密的初始响应消息。将商家的数字证书和支付网关数字证书一起生成数字摘要,并用私钥对该数字摘要、商家数字证书和支付网关数字证书进行数字签名,形成数字信封。然后发给持卡人。

(5)持卡人利用商家的公钥打开收到的数字信封,对商家的身份进行了认证,并得到了商家产生的数字摘要、商家数字证书和支付网关数字证书。持卡人利用同样的算法生成商家数字证书和支付网关数字证书的数字摘要,与商家产生的数字摘要比较。如果相同则表示该消息有效,否则丢弃。

(6)持卡人利用电子钱包软件将订购信息和自己的数字证书、账户信息打包成一个购买请求消息,并对其进行双重签名,发给商家。

(7)商家认证持卡人的数字证书,检查数据的完整性,从购买请求消息中提取订购信息。然后产生支付请求消息,包括数字摘要、商家数字证书、持卡人的双重签名等等,发送到支付网关。

(8)支付网关检查数据的完整性,认证商家和持卡人的数字证书,提取出支付信息,发送给收单银行。至此完成了 SET 流程,转入银行内部网处理。

(9)收单银行将支付请求消息发给发卡银行,经核实后,发卡银行给出支付授权,由收单银行通过支付网关发给商家。

(10)商家将订单确认的信息发给持卡人,组织商品配送或在线服务。

(11)持卡人电子钱包记录交易日志。

5.5.4 SET 协议的双重签名及支付消息

1. 双重签名

在介绍 SET 支付消息之前,首先描述一下双重签名的概念,它是 SET 协议的重要创新,也是安全保障的特色所在。在 SET 交易过程中,持卡人发送的订购信息和支付信息都是通过商家服务器处理并传送给收单银行的。双重签名目的是:让商家服务器只能看到订购信息,而看不到持卡人的支付信息,保证了持卡人信息的私密性。双重签名的基本方法是:将发送给商家的订购信息和发送给银行的支付信息连接起来,形成一个订购消息,再用私钥进行加密,形成双重签名。商家和银行可以各自看到所需要的信息。双重签名的产生过程如图 5-11 所示,具体步骤如下:

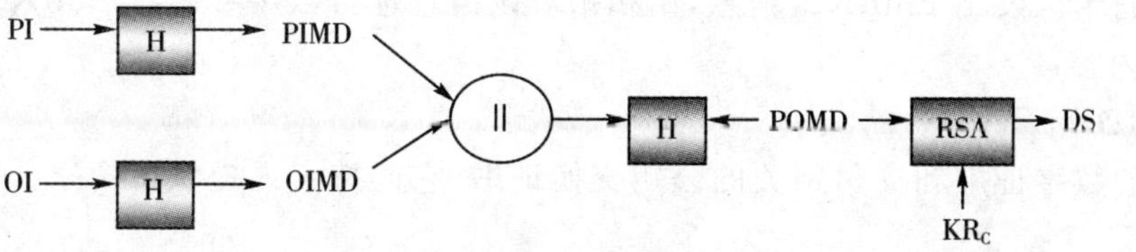

PI——支付信息　PIMD——支付信息的数字摘要
OI——订购信息　OIMD——订购信息的数字摘要
DS——双重签名　POMD——订购消息的数字摘要

图 5-11　双重签名的产生过程

(1)采用 SHA-1 Hash 函数分别处理 PI 和 OI,形成支付数字摘要 PIMD 和订购数字摘要 OIMD;

(2)将 PIMD 与 OIMD 拼接起来,形成订购消息;

(3)采用 SHA-1 Hash 函数处理订购消息,形成订购消息数字摘要 POMD;

(4)采用 RSA 算法,用签名私钥 KR_C 对 POMD 进行加密,形成双重签名 DS。

持卡人将所有的信息都发给商家,并通过商家把有关信息转给了支付网关。商家和支付网关都可以验证持卡人的双重签名。

(1)商家验证双重签名

商家可以获得 OI、PIMD、DS 信息。利用持卡人证书中的公钥 KU_C 将双重签名 DS 解密,得到 POMD。然后,计算 H(PIMD||H(OI))。如果得到的值也是 POMD,则可以确认持卡人的签名。

(2)支付网关验证双重签名

支付网关可以获得 PI、OIMD、DS 信息。利用持卡人证书中的公钥 KU_C 将双重签名 DS 解密,得到 POMD。然后,计算 H(H(PI)||OIMD)。如果得到的值也是 POMD,则可以确认客户的签名。

2. 支付消息

在 SET 购物支付的过程中,持卡人和商家要交换两对消息,商家和支付网关交换两对消息。它们分别是:

- 初始请求(PinitReq)/初始响应(PinitRes);
- 购买请求(PReq)/购买响应(PRes);
- 授权请求(AuthReq)/授权响应(AuthRes);
- 支付请求(CapReq)/支付响应(CapRes)。

(1)PinitReq 消息

持卡人向商家发出 PinitReq 消息,主要包含以下几项内容:

- 为了获得商家和支付网关的证书副本而提出的请求;

■ 持卡人使用的银行卡品牌；

■ 持卡人数字证书；

■ 请求时间标识。

(2)PinitRes 消息

商家向持卡人发出 PinitRes 消息，用私钥对该消息进行数字签名。PinitRes 消息主要包含以下几项内容：

■ 交易 ID 标识；

■ 商家的数字证书和支付网关的公钥交换证书，它向持卡人提供了商家公钥和支付网关公钥；

■ 响应时间标识。

(3)Preq 消息

持卡人钱包软件首先利用 SET CA 提供的公钥验证商家的数字证书和支付网关的公钥交换证书，然后生成订购信息(OI)和支付信息(PI)，系统自动产生一次性使用的对称加密密钥 K_S。Preq 消息的形成过程比较复杂，如图 5－12 所示。

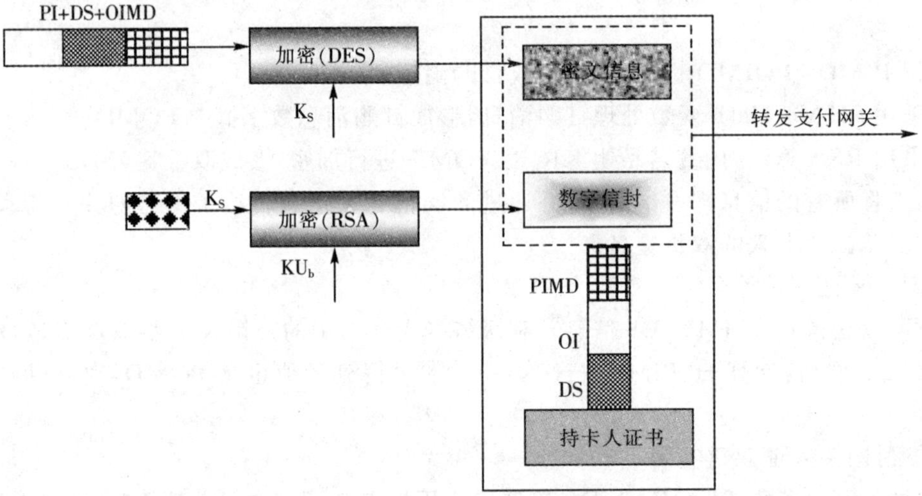

图 5－12　Preq 消息的形成过程

Preq 消息包含了三个部分：

■ 通过商家转发给支付网关的支付消息：

$$EK_S(PI,DS,OIMD)$$

$$EKU_b(K_S)$$

第一项是用对称密钥 K_S 加密后形成的密文。第二项是用支付网关公钥 KU_b 加密后形成的数字信封。由于商家没有支付网关的私钥，不能从数字信封中取得 K_S，所以看不见持卡人的支付信息。

■ 订购消息：支付数字摘要 PIMD、订购信息 OI 和双重签名 DS。

■ 持卡人证书：有商家和支付网关都需要的持卡人公钥。

(4)AuthReq 消息

商家首先验证订购消息的双重签名，然后产生 AuthReq 消息，主要包含以下几项内容：

■ 来自持卡人的支付消息密文和数字信封。

■ 包含了交易 ID 的授权请求信息密文和数字信封。用商家的签名私钥对授权请求信息进行数字签名，经过一次性密钥对称加密，形成密文。用支付网关的公钥加密对称密钥，形成数字信封。

■ 持卡人的签名密钥证书、商家的签名密钥证书和商家的密钥交换证书。

(5) AuthRes 消息

支付网关在产生 AuthRes 消息之前需要做如下处理工作：

■ 验证所有证书。

■ 用自己的私钥解密商家的数字信封，以获得商家的对称密钥，然后解密授权请求信息密文，得到交易 ID。

■ 用商家签名密钥证书中的公钥验证授权请求信息上的数字签名。

■ 用自己的私钥解密持卡人的数字信封，以获得持卡人的对称密钥，然后解密支付消息密文，得到支付相关的 PI。

■ 验证支付消息的双重签名。

■ 将相关支付信息发给收单银行，并通过它发给发卡银行。完成银行内部处理后，发卡银行会送出一个授权响应的消息。

当以上工作全部完成后，支付网关形成一个 AuthRes 消息，主要有以下几项内容：

■ 授权相关信息的密文和数字信封。支付网关用签名私钥对授权相关信息进行数字签名，经过一次性密钥对称加密，形成密文。用商家的公钥加密对称密钥，形成数字信封。

■ 获取支付标记信息。

■ 支付网关签名的密钥证书。

(6) Pres 消息

Pres 消息包含了订单的响应组，该响应组用商家的签名私钥进行数字签名，连同商家的数字证书一起发给持卡人。

(7) CapReq 消息

商家向支付网关发出 CapReq 消息，内容包含请求支付信息（支付金额和交易 ID）、获取支付标记和商家的密钥交换证书。请求支付信息须经商家数字签名，并加密处理，形成密文。

(8) CapRes 消息

支付网关向商家发出 CapRes 消息，通知银行支付已经完成。该消息包含经支付网关数字签名并加密的获准支付响应信息、支付网关签名的数字证书。

5.6 网上银行

5.6.1 网上银行概述

网上银行是特指基于 Internet 的分布式、多平台的虚拟银行，是计算机技术、现代通信技术，特别是 Internet 蓬勃发展的成果，也是银行为迎合电子商务发展的必然结果。它把银行业务带入了超越时空限制的全新时代，是网络经济最重要的特征之一，也是电子支付体系中重要的组成部分。

网上银行(Internet Bank)又称为网络银行、在线银行,它通过 Internet 向用户提供全方位、全天候、便捷、实时的金融服务。它几乎可以支持与传统银行相同的各种业务。

1. 交易支付类业务

(1)同行账户之间的转账;

(2)跨行账户之间的转账;

(3)个人存款;

(4)代收、代付各种费用,包括水费、电费、煤气费、电话费和公用事业付费等;

(5)个人小额抵押贷款;

(6)企业、个人外汇买卖。

2. 信息查询类业务

(1)银行基本信息;

(2)银行业务品种;

(3)银行储蓄网点;

(4)自动柜员机 ATM 网点;

(5)账务查询;

(6)特约商家分布;

(7)客户交易明细;

(8)国家金融政策及国内外金融行情。

3. 扩展业务类业务

(1)证券交易;

(2)移动电子交易。

1995 年 10 月,全世界第一家网上银行 Security First Network Bank(SFNB)在美国成立,银行的营业大厅就是网站的主页,员工只有十个人,所有交易都是通过 Internet 进行。1996 年存款余额达到 1400 万美元,1997 年攀升至 4 万多亿美元。网上银行代表了全新的业务模式和银行未来发展方向,随着 Internet 的商业应用普及,众多大型银行看到了它的巨大潜力和发展前景,纷纷步 SFNB 后尘,建立自己的网上银行。据有关资料统计,1997 年末,可以进行金融交易的网站有 103 个,1998 年就上升到 1300 个。目前,美国资产占前 50 位的银行都全部或部分开展了网上银行的业务。

我国商业银行很快跟上这股金融业发展潮流。1996 年,招商银行率先推出了"一网通"网上支付服务,实现了个人金融柜台、ATM 机的全国联网,形成了中国网上银行的经营模式。1997 年 10 月,中国工商银行在 Internet 上建立起主页,宣传自己的金融业务,为客户提供服务指南。1998 年 3 月 6 日,中国银行成功地进行了第一笔电子交易。目前,招商银行、中国银行、中国建设银行、中国工商银行、中国农业银行和光大银行都投入了大量资金,先后建立了自己的网上银行系统。

5.6.2 网上银行的一般特点

网上银行与传统银行相比,其功能和业务范围是基本一致的。由于大量使用了计算机技术和网络技术,使得为客户服务的方式和业务处理流程有了比较大的变化。因此,网上银行具有以下的特点:

1. 银行机构虚拟化

网络银行是一种虚拟机构，没有金碧辉煌的办公楼宇，没有遍布各地的支行和营业网点。它的物理地址就是中心控制机房，办公地址就是面向全球公布的网址，营业大厅就是该网站的主页。网络银行的业务受理流程与传统的基本一致，营业大厅的环境可以用计算机软件虚拟现实的方式实现或直接提供功能菜单，在这种虚拟环境下，银行几乎可以开设无数的服务窗口，随时为客户提供服务。

网络银行的工作人员数量很少，主要任务是维护计算机系统的安全运行，管理数据库系统中的系统数据、客户数据以及财务数据。

2. 业务受理和服务网络化

网上银行最大限度地提供了资源共享，采用网络化服务手段。所有的业务受理，包括开户、转账结算、汇兑等都是通过网络进行，客户登录网站，输入自己的密码就"跨"进了银行大门，与银行之间的票据、单据往来都是通过网络传递。客户可以通过网查询银行的公示信息、交易明细清单、对账单等。另外，银行可以在网站上发布大量的辅助信息，包括国家的金融政策、国内外的金融形势、各种风险控制信息等等，这些数据为客户理财提供了有益的帮助。

网络化使银行的服务更加周到，信息传递速度快，工作效率显著提高。无论客户是坐在家里，还是旅行到其他国家都可以享受网上银行的柜台式服务。人们不必再经历"手写、人送、排队"的传统银行业务受理过程。

3. 业务处理全面无纸化

(1)网上银行所使用的各种票据、单据和货币完全电子化。

(2)传统银行中的图章、印鉴已不复存在，取而代之的是数字签名。

(3)网上银行内部的文件，以及与客户交流的各种信息均为电子文档。

全面无纸化使银行降低了运营成本，减少了数据处理的出错机会，提高了资金流和信息流的传递速度。

4. 银行功能集成化

网络银行的所有功能都集成在应用服务器中，将传统银行的分类职能在形式上综合在一起，只要客户利用浏览器登录网站，就可以在本地 PC 上完成从银行开户到支付结算的整个业务处理，甚至直接获取外部的相关信息。另外，系统导航器会指引客户按照正确的流程进行操作，如果出现错误，系统立刻给出提示信息。

5. 服务突破时空限制

网上银行以信息技术为核心，以 Internet 作为操作平台，全部业务处理有计算机软件自动完成，计算机系统可以全天候运行。因此，它为客户提供一天 24 小时、一年 365 天的不间断服务。另外，网上银行的网站均为客户机/服务器服务模式，支持 TCP/IP 协议，所以只要在有 Internet 的地方，客户就可以方便地进入网上银行，接受各种金融服务。

5.6.3 网上银行的系统框架

网上银行的建设应当遵循三个大的原则：第一，设计合理的系统总体结构；第二，满足银行现有业务需求，并能够扩展新功能；第三，基于安全证书体系。

1. 系统总体结构

网上银行的体系结构可以是三层，也可以是四层。如图 5-13 是一个基于 B/S 模式的四层结构的基本框架，即浏览器、Web服务层、应用层和数据库层。

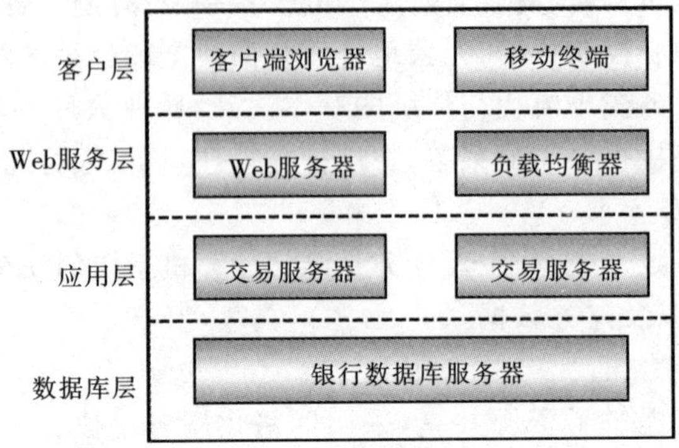

图 5-13　网上银行四层结构基本框架

(1)浏览器

浏览器只负责网上银行的表现，没有事务处理逻辑，即使需要，如柜员系统，也是从Web服务器上下载到本地机机上。客户浏览器和移动终端都是Internet上的用户，他们进入网上银行需要经过过滤路由器和防火墙的检验。图中的Web服务层、应用层和数据库层才是网上银行的核心构成。

(2)Web服务层

Web服务层可以设置一台Web服务器，也可以根据交易量设置多台Web服务器。为了避免突然增大的交易请求量集中在某一台交易服务器上，这一层设置一台负载均衡器，使得在大负载的情况下系统稳定、可靠工作。Web服务器接受客户端的交易请求，对客户的登录名和密码进行检查。如果是合法客户，则在负载均衡器的配合下将此交易请求转给交易服务器。

为了更好地宣传网上银行，我们也可以规划一台Web服务器在防火墙以外，即网络的中立区，向客户提供银行的非机密性信息。

(3)应用层

应用层设置了一台或多台交易服务器，其中存储了应用程序，负责处理支付的事务逻辑，还进行一系列的安全检查，只有在确认一切正常后，才将交易请求提交给数据库服务器，执行后序处理过程。在四层结构中多台交易服务器构成了应用层。在三层结构中，我们可以将应用程序直接安装在Web服务上，构成所谓Web/Application服务器。

(4)数据库层

数据库层主要就是数据库服务器，它在网上银行中具有相当重要的位置，存储了银行的系统参数、客户基本信息、交易信息和公共信息等，并完成数据的查询、修改、删除等基本操作。交易服务器通过ODBC或中间件与之建立联系，将外部数据写入，或将数据库中的数据发布到Internet上。

2. 网上银行安全管理策略

客户请求首先通过HTTPS协议调用Web中程序进入网上银行，交易服务器为每个新建连接建立一个会话，分配一个会话密钥(Session Key)，并将其以Cookie的方式传递给客户。客户下次请求时，在规定时间内向交易服务器提交Session Key。若Session Key无效或超时，则拒绝进一步服务；若Session Key通过检查，则进入网上银行自身的会话管理。

对于登录成功的客户，网上银行将记录其基本信息，并生成专用的 Session Key，传递给客户以备今后检查。对于每个客户请求，网上银行都要采取以下措施：

(1)密码校验

客户登录网上银行须输入用户名和密码，且有输入次数的限制。若在规定次数内没有输入正确的用户名和密码，则系统拒绝下一步服务；若用户名和密码通过检查，则进入下一步。

(2)Session 合法性检查

Session 检查需要经过两个不同阶段，且有两个不同的 Scssion Kcy。第 阶段是客户请求初期，没有真正进入网上银行，接受交易服务器的检查；第二阶段是登录网上银行以后，接受系统的检查。

(3)关键客户的客户端 CA 认证

CA 认证可以在网络级应用，也可以在应用程序级应用。使用 CA 认证会对系统效率有较大影响。在基于 SSL 协议的安全构架中，可以只对安全要求较高的客户进行 CA 认证。

3. 管理体系结构

网络银行的管理体系是层次结构，如图 5-14 所示。自下而上有网络管理、设备管理、系统管理、应用管理和业务管理。

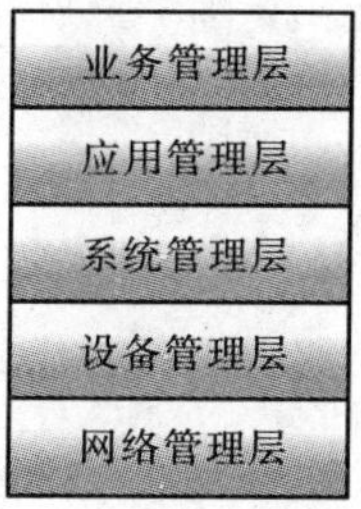

图 5-14 网上银行管理体系结构

(1)网络管理层

利用简单网络管理协议(SNMP)、公共管理信息协议(CMIP)等，对路由器、交换机、接入设备等进行配置、管理和维护，使网络流量分配更加合理。

(2)设备管理层

主要是对各种服务器、工作站进行维护、管理，重要设备应当有冗余配置和备份，并支持热插拔。

(3)系统管理层

能够在全网实现跨平台，对全网的系统资源、系统安全进行检测和管理，并实现系统资源优化，保护系统不受黑客和病毒的攻击。

(4)应用管理层

对电子邮箱、文件传送进行管理，提供统一的应用接口。

(5)业务管理层

对用户进行管理、认证，支持网络银行的所有业务，并根据不同的业务制定灵活的管理策略和计费策略。

5.7 惠普网上银行解决方案简介

惠普(HP)公司在电子商务领域一贯具有十分卓越的表现,在网上银行方面也同样具有丰富的实施经验和大量的成功案例。世界第一家网上银行——美国安全第一网络银行(SFNB)采用了HP公司的解决方案,我国多家银行也在HP公司的帮助下成功实施了网上银行项目。

HP公司建议的网上银行系统采用大区结构,每个大区下设有一个区域性网上银行中心,每个区域网上银行中心服务于多个分行。也可以只建立一个全国性网上银行中心。网络结构如图5-15。

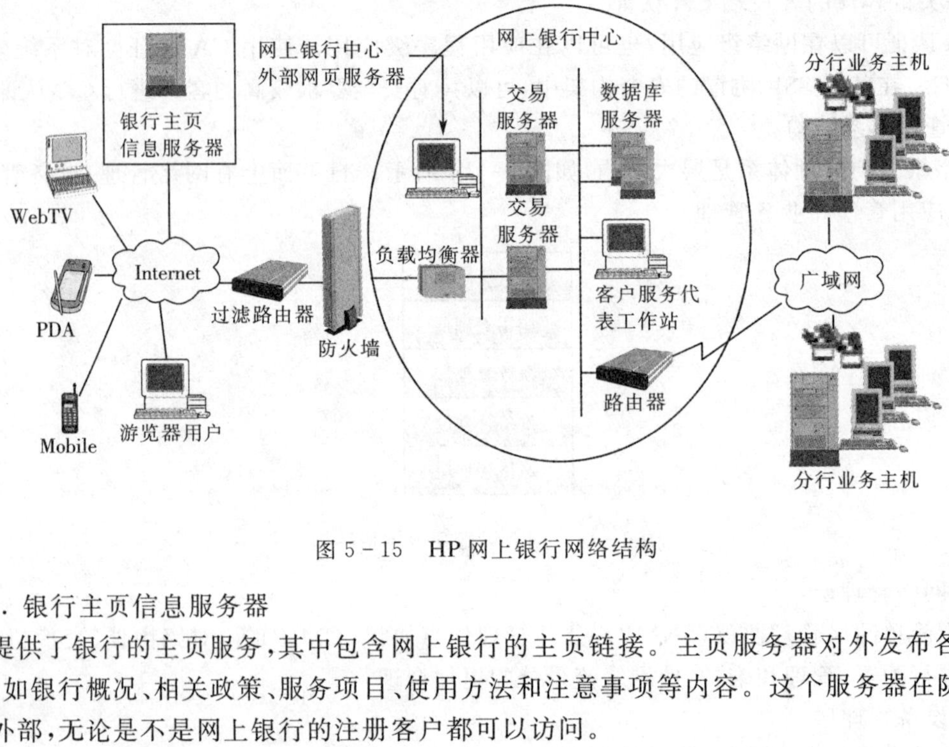

图5-15 HP网上银行网络结构

1. 银行主页信息服务器

提供了银行的主页服务,其中包含网上银行的主页链接。主页服务器对外发布各种公共信息,如银行概况、相关政策、服务项目、使用方法和注意事项等内容。这个服务器在防火墙系统的外部,无论是不是网上银行的注册客户都可以访问。

2. 网上银行中心外部网页服务器

接受注册客户的交易请求,对客户的登录名和密码进行检查。如果是合法客户,则在负载均衡器的配合下将此交易请求转给交易服务器。

3. 负载均衡器

负载均衡器能够智能地平衡客户流量负载,实时跟踪网络任务和服务器的负荷,将每个任务分派到最适当的服务器。

4. 交易服务器

交易服务器负责了交易事务的逻辑处理。采用了HP公司的Virtual Vault OS操作系统,它符合美国国防部B1级的安全标准。

5. 数据库服务器

数据库服务器是一个通常的UNIX服务器,其上运行数据库管理系统软件。该数据库上存放的数据包括:网上银行用户开户信息、系统参数以及与用户定制服务相关的信息等等。

6. 安全监控工作站

安全监控工作站用于对进出本区域性网上银行中心的各种信息进行网络监控，可为安全管理员提供可疑信息的报警、记录和回放等功能，并可提供相应的报告。

7. 客户服务代表工作站

客户服务代表工作站是供网上银行中心客户服务代表使用的 PC 机。客户服务代表负责接收网上银行客户的反馈意见和投诉，提供咨询服务等。客户服务代表的解释信息可以电子邮件方式返回给客户。

8. 过滤路由器

过滤路由器除了作 Internet 和银行网络之间路由选择功能外，还将起到对流入银行的数据流进行过滤的功能。数据流分为两大类：送交交易服务器处理的对安全要求特别高的交易数据流，如 https 数据流；对安全要求不是特别高的非交易数据流，如访问外部 Web 信息服务器和电子邮件。

9. 防火墙

防火墙将 Internet 与 Intranet 隔开，保护内部网络不受外界的入侵，而同时使得内部的用户可以使用外部的各种资源。

为了更好地满足不同规模银行的需求和适应中国金融市场，中国惠普公司的网上银行解决方案提供三种配置：Entry - Level 配置、High - End 配置和 High - End HA 配置。现简述如下：

1. Entry - Level 配置

该配置方案适合于中小规模银行。

(1)硬件配置

- 外部 Web 服务器 HP LH3，1 台；
- Virtual Vault 交易服务器 HP D370，1 台(单 CPU、128Mb 内存、8Gb HD)；
- 数据库服务器 HP L2000，1 台(单 CPU，128Mb 内存，16Gb HD)；
- SCO UNIX 服务器 HP LH3，2 台；
- 过滤路由器 CISCO 2610，1 台；
- 防火墙 CISCO PIX，1 台。

(2)软件配置

- PrE - packaged Internet Banking Core Application；
- SCO OpenServer Enterprise。

2. High - End 配置

该配置方案适用于全国性网上银行中心、大型商业银行。

(1)硬件配置

- 外部 Web 服务器 HP R380，1 台(单 CPU、128Mb 内存、10Gb HD)；
- VirtualVault 交易服务器 HP K370，1 台(双 CPU、512Mb 内存、12Gb HD)；
- 数据库服务器 HP N4000，1 台(双 CPU、512Mb 内存、8Gb HD)；
- SCO UNIX 服务器 HP LH3，2 台；
- 存储器 HP AutoRAID，1 台；
- 过滤路由器 CISCO 2610，1 台；

■ 防火墙 CISCO PIX,1 台;

■ 安全监控工作站 HP LH3,1 台(可选);

(2)软件配置

■ PrE - packaged Internet Banking Core Application;

■ SCO OpenServer Enterprise;

■ ISS Security Scanners and Services(可选)。

3. High - End HA 配置

该配置方案适用于较高可用性要求的环境。

(1)硬件配置

■ 外部 Web 服务器 HP R380/1,1 台(单 CPU、128Mb 内存、10Gb HD);

■ VirtualVault 交易服务器 HP K370,2 台(双 CPU、512Mb 内存、12Gb HD);

■ 数据库服务器 HP N4000 带 MC/SG 软件,2 台(双 CPU、512Mb 内存、64Gb HD);

■ SCO UNIX 服务器 HP LH3,2 台;

■ 存储器 HP AutoRAID,1 台;

■ 过滤路由器 CISCO 2610,1 台;

■ 防火墙 CISCO PIX,1 台;

■ 负载均衡器 CISCO Local Director LDIR - 416,1 台;

■ 安全监控工作站 HP LH3,1 台(可选)。

(2)软件配置

■ PrE - packaged Internet Banking Core Application;

■ SCO OpenServer Enterprise;

■ ISS Security Scanners and Services(可选)。

思考题

1. 电子支付有哪几种模式?它们对系统的安全设计会有什么样的要求?

2. 总结一下电子支付方式与传统支付方式存在哪些差别?

3. 试分析电子现金存储在 IC 卡上和计算机硬盘上的利弊。

4. 微支付系统具有哪些基本特征?

5. 根据 NetBill 电子支付流程设计该系统的框架结构。

6. 试分析基于 SSL 协议的银行卡支付过程(持卡人直接向银行服务器或支付网关发送账户信息)。

7. SET 协议最适合哪一种交易模式,主要解决了哪些基本的安全需求?

8. 试分析惠普网上银行解决方案的结构特点。

第6章 电子商务环境下的数据组织

数据管理技术是信息技术发展的基础。在人类应用信息技术的几十年里，以文件系统、数据库系统为代表的数据管理技术，既满足了社会发展对信息技术的需求，又推动了信息技术的迅猛发展。数据库技术是当今普遍使用的数据管理技术，数据库技术的进步推动着数据库应用领域的扩展和应用层次的提高。反过来，新的应用需求又促进了数据库技术的进一步发展。近年来，随着 Internet 技术、尤其是 Web 技术的迅速发展，数据库应用系统的体系结构也在不断演变，从文件服务器模式和主机集中模式到客户机/服务器(C/S)模式、再到浏览器/服务器(B/S)模式，以至发展到 N(N≥4)层结构，体系结构不断完善，应用系统功能不断加强。

本章首先介绍企业电子商务数据模型，包括主题域模型、企业数据逻辑模型、数据仓库和集市模型、Web ODS 模型、企业 ODS 模型，讨论了企业电子商务数据整合的概念和一般方法，最后分析了电子商务环境下的数据管理问题。

6.1 企业电子商务数据模型

数据模型是对客观事物及其联系的数据描述，即实体模型的数据化。数据模型可以帮助用户审视各种数据是如何整合在一起的，从而有助于用户理解数据流向和处理结果。数据模型有助于降低冗余的发生率、有助于降低项目的整体风险。电子商务人员利用数据模型可以方便地抽取 Web 日志数据，并将它们与其他企业数据整合，有效地提高数据的资源管理。企业数据模型能够为业务人员提供一个图形化的展示，它是连接业务专家和技术专家的桥梁，能够建立业务需求的共识和协议，帮助不同业务处理和系统之间的数据实现整合和共享。

电子商务系统的 Web 站点数据需要和其他企业数据进行整合。为了支持整合处理，需要用到很多的数据模型，每一种模型都起着很重要的作用。它们包括：主题域模型、企业逻辑数据模型、数据仓库和数据集市模型、Web 站点 ODS 模型、企业 ODS 模型等。主题域模型用于更好地理解各个领域的情况，例如，产品分类领域；企业逻辑数据模型又称企业数据模型，用于将不同主题域关联起来，例如，将客户和产品关联起来；数据仓库和数据集市模型用于满足目的性强的操作型需求，例如，制作销售报表；Web 站点 ODS 模型用于利用 Web 站点日志路径信息；企业 ODS 模型用于整合 Web 数据和其他企业数据。

6.1.1 企业数据模型

企业数据模型包括概念数据模型（Conceptual Data Model，CDM）、逻辑数据模型（Logic Data Model，LDM）和物理数据模型（Physical Data Model，PDM）。

1. 概念数据模型

在计算机系统中，CDM 是主观与客观之间的桥梁，是客观世界到机器世界的一个中间层次。人们首先将现实世界抽象为信息世界，然后将信息世界转化为机器世界，信息世界即是我们所说的概念模型。一般采用 E－R 图来表示。

CDM 的设计是在较高抽象层次上的设计，是一个高阶层的数据模型。它关注的是对业务的理解，保证数据仓库的所有业务处理被归档，并且获取对需要被收集信息的基本理解。因此，在建立概念模型时不必考虑具体技术条件的限制。

CDM 定义企业级的主题域、层面、主要的实体及实体间的业务关系，从而确定和规范重要的业务概念和彼此之间的关系，如客户、供应商、合作伙伴、产品、合同、网络、渠道、营销等，侧重于描述企业的核心数据。

企业级概念数据模型结构如图 6－1 所示，包括主题域、层面和业务实体三个方面：

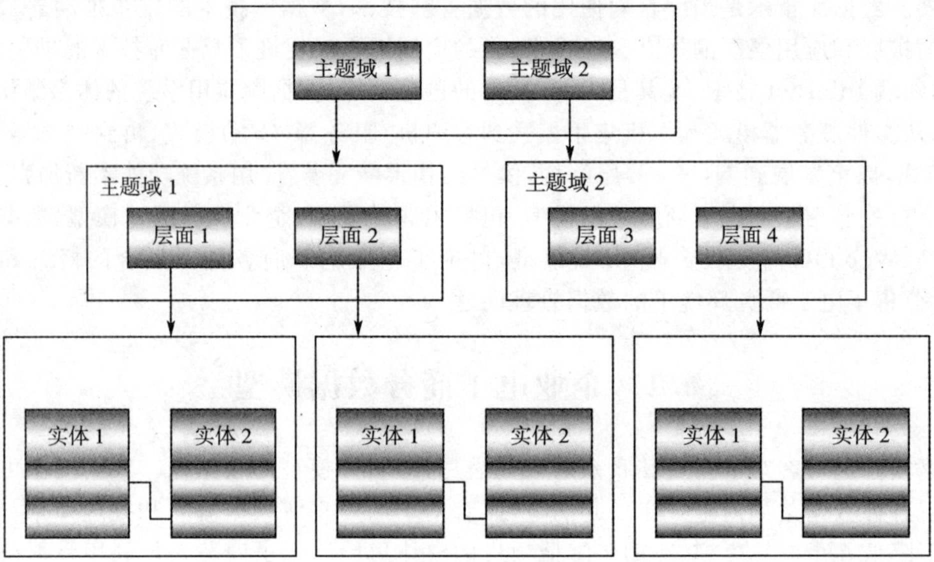

图 6－1　企业级概念数据模型结构图

(1)主题域

主题是一个抽象的概念，是在较高层次上将企业信息系统中的数据综合、归类并进行分析利用的抽象。在逻辑意义上，它是对应企业中某一宏观分析领域所涉及的分析对象，是针对某一决策问题设置的。针对业务的某一个领域，同一个域的实体具有高内聚性，而不同域的实体之间存在低耦合性。域概念的引入有助于对整体业务的分解，使建模人员更好的集中精力关注于某一个或几个领域，逐步精化模型。

(2)层面

层面是一组具有良好定义的实体类的集合。层面内的实体之间具有非常高的内聚性，不同层面间的业务实体类的耦合性相对较低。一个层面一般表示业务中的某些关键概念。

(3)业务实体

业务实体是业务中的概念抽象，对应到面向对象模型中的类，是分层框架中的最小单元。

2. 逻辑数据模型

LDM 是独立于数据库技术的，着重定义企业内数据实体的描述、关系和结构，是系统建设的依据和参考。LDM 的设计是以 CDM 为基础的，对 CDM 所确定的业务概念进行细化，主要考虑数据组织如何实现。LDM需要从业务角度反映出业务对象之间的本质联系，如客户、产品、合同、渠道、账户等。LDM不一定是企业级的，它可能仅仅用来支持企业的某些部门的特定业务流程或分析型应用。例如，市场营销部门的业务受理、客户服务部门的客户服务、客户利润分析等。

当LDM的主题涵盖企业的各个方面，包括客户、供应商、合作伙伴、产品、网络、渠道、广告、营销、事件、内部流程、财务管理、地理区域等，并提供了企业级的业务视图时，它便被称为企业级数据模型（Enterprise Data Model，EDM）。因此，EDM是一个企业级的LDM，是关于整个组织需要信息的完整模型，包含了数据实体和实体间的关系、属性、定义、描述和范例。EDM是企业基础数据的核心部分，它是企业数据资产全面的、准确的描述，是数据整合的核心或目的，也是数据仓库实施中的重要一环。因为它能直接反映出业务部门的需求，通过实体和关系勾勒出企业的数据蓝图，为数据仓库的物理实施提供重要的指导作用。

3. 物理数据模型

物理数据模型描述了数据存放的物理结构，是逻辑模型在数据仓库中的实现。物理数据模型为管理员提供了一个数据仓库的单一视图，加入数据仓库的内容包括：数据库、表、视图、宏、列（名称、格式、属性）、约束（取值、参照关系等）、关系（数据库与表、视图、宏，表与列，表与视图等）。

在物理数据模型设计中的主要工作是：确定数据的存储结构、存取方式；确定索引策略；确定数据存放位置、存储分配，使得系统有较好的性能。对于记录庞大的事实表，可以考虑分区存放。对于记录很少的维表则可以集中存放于某一表空间，甚至可以让其数据在首次读取时驻留在系统内存中，以加快数据存取速度。索引的建立也在物理设计中完成，索引是一把双刃剑，能提高读取速度，也会使数据更新速度降低，并占用大量磁盘空间。独立磁盘阵列(RAID)方案的设计与数据更新网络的设计也需要在此阶段完成。合适的RAID方案对最终系统性能有很大的影响。

6.1.2 数据仓库和数据集市模型

1. 数据仓库

虽然“数据仓库”已经不是一个陌生的名词，但还是有不少人发出这样的疑问：“数据仓库是一个大型数据库吗？”答案是否定的。数据仓库是在数据库已经大量存在的情况下，为了进一步挖掘数据资源和决策支持的需要而产生的，它决不是所谓的“大型数据库”。数据仓库概念始于20世纪80年代中期，首次出现是在世界公认的数据仓库概念创始人、美国著名信息工程学家W. H. Inmon的*Building the Data Warehouse*一书中。随着人们对大型数据系统研究、管理、维护等方面认识的深刻和完善，数据仓库也有了一个更为精确的定义，即“数据仓库是在企业管理和决策中面向主题的、集成的、与时间相关的、不可修改的数据集合”。对于数据仓库的概念，我们可以从两个层次予以理解。首先，数据仓库用于支持决策，面向分析型数据处理，它不同于企业现有的操作型数据库；其次，数据仓库是对多个异构的数据源有效集成，集成后按照主题进行重组，并包含历史数据，而且存放在数据仓库中的数据一般不再修改。

(1)面向主题

主题是一个抽象的概念，是在较高层次上将企业信息系统中的数据综合、归类并进行分析利用的抽象。在逻辑意义上，它是对应企业中某一宏观分析领域所涉及的分析对象，是针对某一决策问题而设置的。面向主题的数据组织方式，就是在较高层次上对分析对象有一个完整的、统一的、一致的描述，并能够刻画各个分析对象所涉及的企业各项数据，以及数据之间的联系。目前，数据仓库中的数据是面向主题的，数据是按照主题存储的，每个主题由一组关系表或逻辑视图实现。

(2)集成特性

数据仓库中存储的数据是从原来分散的各个子系统中提取出来的，但并不是原有数据的简单拷贝，而是经过了统一、综合处理。首先，数据仓库的数据不能直接从原有数据库系统中得到。原有数据库系统记录的是每一项业务处理的流水账，这些数据不适合于分析处理，在进入数据仓库之前必须经过综合、计算，抛弃分析处理不需要的数据项，增加一些可能涉及的外部数据。第二，数据仓库每一个主题所对应的源数据在原分散数据库中有许多重复或不一致的地方，必须将这些数据转换成全局统一的定义，消除不一致和错误的部分，以保证数据的质量。否则，利用不准确甚至不正确的数据分析得出的结果将不能用于指导企业做出科学的决策。对于源数据的集成是数据仓库建设中最关键，也是最复杂的一步。

(3)数据的稳定性

从数据的使用方式上看，数据仓库的数据是稳定的、不可更新的，这是指当数据被存放到数据仓库中以后，最终用户只能通过分析工具进行查询、分析，而不能修改其中存储的数据。也就是说，数据仓库的数据对最终用户而言是只读的。

从数据的内容上看，数据仓库存储的是企业当前的和历史的数据，在一定的时间间隔以后，当前的数据需要按一定的方法转换成历史数据，年代久远的、查询率低的数据需要从数据仓库脱离到廉价慢速设备(如磁带)上，对分析处理不再有用的数据需要从数据仓库中删除。但这些工作是由系统管理员来做，或由系统自动完成。因此，也可以说数据仓库在一定时间间隔内是稳定的。另外，出于决策的需要，数据仓库中的数据都要标明时间属性，即标明该数据的历史时期。数据库保存信息的时候，并不强调一定有时间信息。

(4)数据随时间不断变化

数据仓库数据的不可更新是针对应用而言，即用户进行分析处理时不对数据进行更新操作。但是，数据仓库会不断增加新的数据，每隔一段固定的时间间隔，运作数据库系统中产生的数据被抽取、转换，然后再集成到数据仓库中，而数据的过去版本仍被保留在数据仓库中。随着时间的变化，数据以更高的层次被不断综合，以适应趋势分析的要求。当数据超过数据仓库的存储期限，或对分析不在有用时，这些数据将从数据仓库中删去。

总之，数据仓库并非是一个仅仅存储数据的简单信息库，它实际上是一个“以大型数据管理信息系统为基础的、附加在这个数据库系统之上的、存储了从企业所有业务数据库中获取的综合数据的、并能利用这些综合数据为用户提供经过处理后的有用信息的应用系统”。如果说传统数据库系统的需求是快速、准确、安全、可靠地存取数据的话，那么数据仓库的需求就是能够准确、安全、可靠地从数据库中提取数据，并有效地加工、转换和分析。

2. 数据集市

以数据仓库为基础的决策支持环境，要求数据仓库能够满足所有最终用户的需求。然而，不同用户的需求侧重点是不同的，这就要求数据仓库存储的数据要具有充分的灵活性，以能够适应各类用户的查询和分析。另一方面，用户对信息检索要求是越快越好。但是，对数据仓库而言，灵活性和响应速度是一对矛盾体。因此，数据仓库体系结构中增加了数据集市，也可以说是小型的部门或工作组级别的数据仓库。数据集市存储例了为特定用户预先计算好的数据，可以较好地满足用户对响应速度的需求。

数据仓库面向整个企业，其中存储了整体信息。数据集市则是面向企业中的某个部门，其中存储了面向某个主题的信息。带有数据集市的数据仓库系统体系结构如图 6-2 所示。

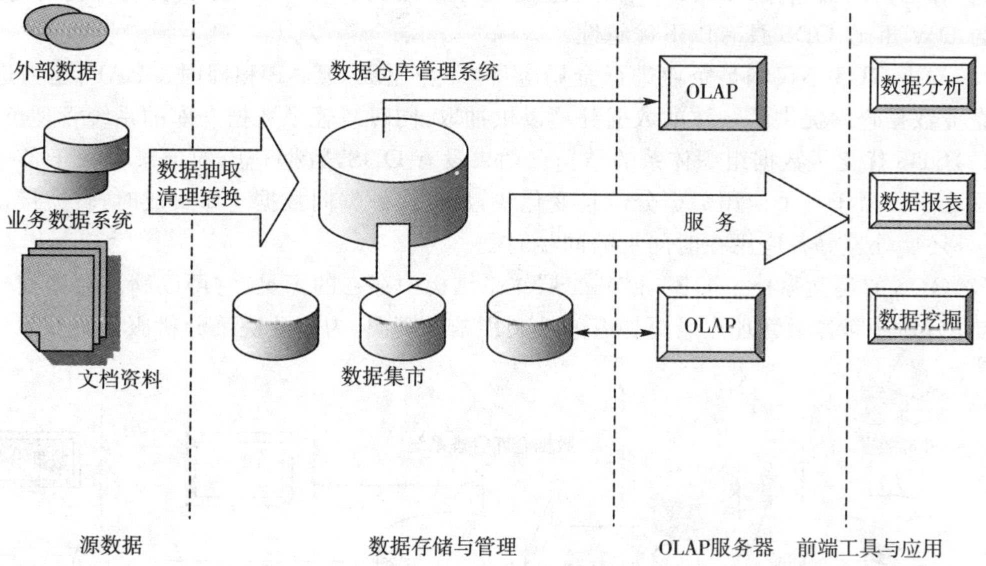

图 6-2 带有数据集市的数据仓库系统体系结构

6.1.3 企业 ODS 数据模型

数据仓库概念的提出使得操作型处理和分析型处理得到了分离，从而形成了 DB-DW（事务数据库-数据仓库）两层体系结构。但是，企业中有时还会遇到介于操作型和分析型之间的问题。以超市采购为例，采购部经理要确定进货清单，需要了解商品存货是否充足、商品近期的销售情况、近期的仓储情况以及超市的现有资金情况等，只有对这些信息进行综合分析，才能得到比较合理的进货清单。如果直接从数据仓库中查找所需的信息，必然是在非常大的数据集合中搜索，而“拟定进货清单”的问题要求在较短的时间内解决，所以很难满足响应速度的要求。为了解决这一类既不是在线数据分析又不是高层决策的问题，W. H. Inmon 又提出了操作数据存储（Operation Data Store，ODS）的概念：ODS 是面向主题的、集成的、可变的数据，是当前或是接近当前的支持企业日常全局应用的数据集合。ODS 具有集成的、面向主题的、数据易失性和只保存当前的细节数据四个基本特征。

ODS 中只存放当前和近期的数据，这些数据可以进行联机修改，包括增加、删除、更新等操作，而数据仓库中的数据一般是只增加不删除，这是 ODS 有别于数据仓库之处。为了支持企业级决策，ODS 中的数据需要按照分析主题进行组织，在企业级上要求保持一致，而不是基于业务系统的功能进行组织。因此，进入 ODS 的数据必须经过清洗和整理，达到集成和一致的目的。从 ODS 的作用和实现来说，它将各个孤立业务系统的运营数据集成起来，形成全企业的统一数据视图，同时可实现 ODS 的数据共享。

随着ODS的引入,原先的DB-DW两层体系结构逐渐转化成了DB-ODS-DW的三层体系结构,ODS处于源数据与DW之间,如图6-3所示。在操作型环境中,分散的数据经过过滤后形成了ODS系统的记录集,向ODS系统中提供数据。通过ODS的定义,可以把分散于DB中的数据复制到ODS中去,形成具有面向主题特征的ODS记录。ODS可以和前端展现工具直接相连,将实时分析的结果以图表等多种方式呈现出来。由于ODS中的数据是易失的,只保存当前的数据,所以ODS中的数据还必须加载到DW中,以提供长期的决策支持。

与DW相比,ODS具有以下优越性:

(1)建立ODS不仅满足企业进行全局应用,即企业级OLAP和即时OLAP,还为进一步建立企业数据仓库提供了一致的数据环境以供抽取,同时减轻了数据仓库的系统管理负荷。

(2)ODS优化了数据组织体系的结构。如果没有ODS,数据仓库的记录分散于各非集成的应用之中。由于各个应用数据分散且变化快,所以在数据向数据仓库集成时,转换接口很复杂,另外还要处理好各应用在时间上的同步问题。

(3)ODS的建立弥补了DB-DW二层体系结构中存在的不足,它可以满足数据处理的多层次要求,即面向各级管理人员更加有效地利用信息资源,为企业决策分析服务。

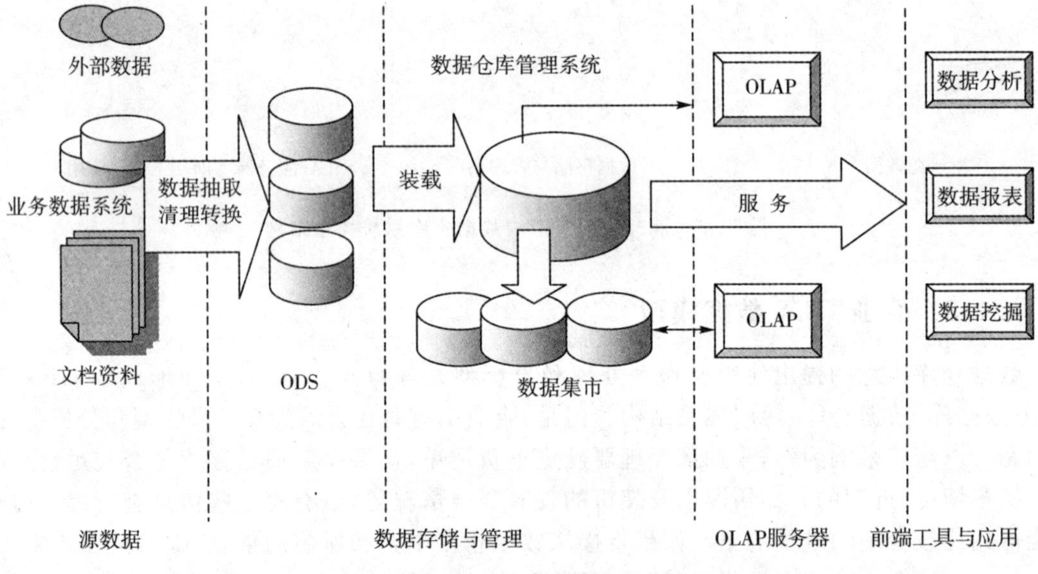

图6-3　增加ODS的多层数据仓库结构图

6.1.4　Web ODS数据模型

实际上在电子商务Web环境中存在两种ODS,即Web ODS和企业ODS,它们之间的关系如图6-4所示。这两种ODS分别针对不同的目的而设计。企业ODS是一个真正的数据处理器,它能够容纳比Web ODS多得多的数据,其中包含了企业真实的数据,是一种"全局的"数据服务系统。Web ODS只为源自Web服务器内部的事务提供服务,是一种"局部的"数据服务系统。出于性能和吞吐量方面的考虑,Web ODS通常不与企业ODS驻存在同一台服务器中。

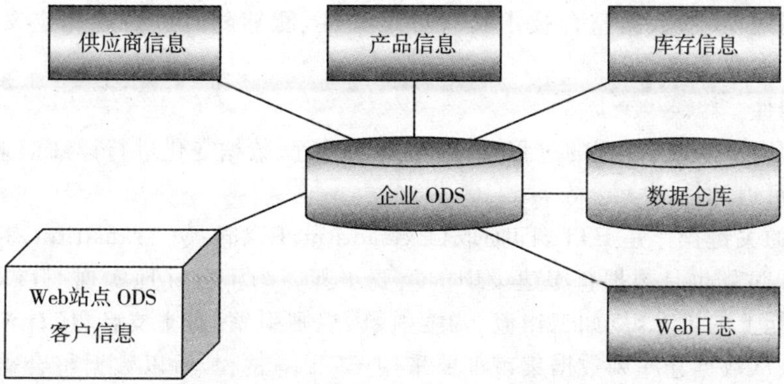

图 6－4　Web ODS 与企业 ODS 的关系

6.2　企业电子商务数据整合

电子商务环境中存在着不同商家、不同类型的数据库，它们在物理上和逻辑上都存在异构性，每个独立的数据库都有自己的模式、数据模型、数据操作语言。另外，由于业务系统和电子商务系统应用的目标不同，电子商务系统的数据存储往往独立于业务系统的数据库，但相互之间又息息相关。也就是说，电子商务系统的数据存储不是简单地对业务数据库中的数据进行拷贝，而是对数据进行“再组织”，即进行数据整合。数据整合的基本任务是：落实信息资源管理基础标准，重新规划设计主题数据库，建立稳定的全域数据模型，重组原有的信息资源，改造杂乱无序的数据环境，创建以主题数据库为主的数据环境，最终形成集成化的电子商务信息系统。

6.2.1　数据整合的概念

为了给企业综合应用系统提供集成的、统一的、安全的、快捷的信息查询以及数据挖掘和决策支持服务，在建立数据仓库和数据集市时，必须将原来业务数据转化为一致的格式，对已有数据的准确性和一致性进行检查、清洗，将数据进行转化、提取，并装载到数据仓库或数据集市中。

数据整合包括同一操作系统下不同数据库的数据整合和跨操作系统下的不同数据库的数据整合。也就是说，数据整合是针对分散异构信息资源的体系，在兼顾信息资源现有配置和管理状况的条件下，实现新的信息交换和共享的无缝整合，开发新应用，获取信息资源的最大增值。数据整合是衔接数据交换中数据传递和集中的中间环节，数据整合的主要特点体现在以下三个方面：

(1)规范性

由于数据整合的数据来源比较复杂，数据整合需要将各种来源的数据通过整合纳入到统一的数据集合中，因此，需要对数据来源进行规范化定义，要求所有的数据源具有规范性，并能够按照规范的格式要求提供和传递数据。

(2)可定义性

在数据整合过程中，各类规则的建立和处理方式随着数据的不同、时间的变化，需要进行可变的管理,因此,要求数据整合技术具有可定义性,能够随时进行规则定义和处理方式的改变。

(3)可追溯性

数据整合是一个数据处理的过程,要求对操作过程、数据变化进行详细记录,形成日志,保证数据变化的可追溯性。

数据整合的关键操作是ETL,即抽取(Extraction,E)、转换(Transition,T)、装载(Load,L),这三个操作过程也是数据仓库建设中的重要步骤。为了更好地实现ETL,各种工具一般会进行一些功能上的扩充,例如工作流、调度引擎、规则引擎、脚本支持、统计汇总等。从源数据到数据仓库、从数据仓库到数据集市都要采用ETL的过程,所以数据整合需要建立一个集中、高效的数据引擎,以方便集成通用数据库系统、主机系统、ERP系统和Web上的各种数据源,完成向数据仓库的快速装载。一个简单的ETL体系结构如图6-5所示。

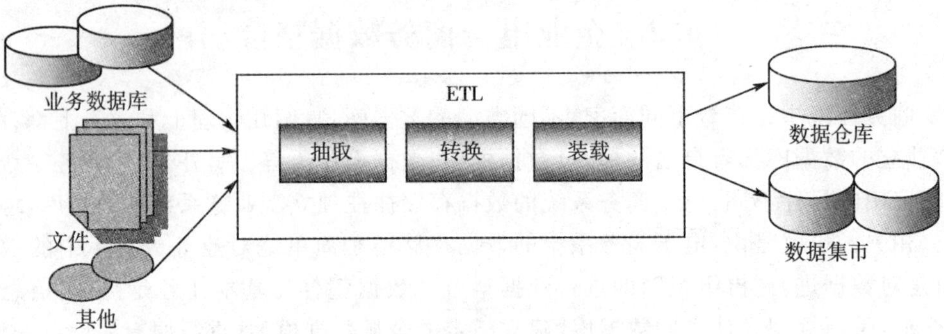

图6-5 一个简单的ETL体系结构图

6.2.2 数据抽取

数据抽取是从各种数据源或不同系统平台中收集数据,并将其送到数据仓库的过程。从数据仓库的角度来看,数据抽取是一个选择性的过程,并不是业务数据库中的所有数据都是数据仓库所必需的。通常,数据仓库按照分析的主题来组织数据,我们只需提取出系统分析所需要的那一部分数据。

数据的抽取需要在调研阶段做大量工作,要搞清楚的问题是:数据来源于哪几个业务系统?各个业务系统的数据库服务器运行什么DBMS?是否存在手工数据?其数据量有多大?是否存在非结构化的数据?当收集完这些信息之后才可以进行数据抽取的设计。

6.2.3 数据清洗

企业常常为各种应用对象建立不同的业务数据库,比如一个电信运营公司拥有计费数据库、账务数据库、客户服务数据库等业务系统,这些业务系统中可能包含了重复的客户基本信息。由于不同的业务系统可能是不同的软件开发商提供的,使得各个业务数据库中的数据存在着不一致现象,且操作人员的失误也会造成数据的不一致。所谓"清洗"就是将错误的、不一致的或不符合要求的数据在进入数据仓库之前予以更正或删除,以免影响商业系统智能决策的正确性。要清洗或过滤的数据主要是不完整的、错误的和重复的三类数据。

1. 不完整的数据

不完整的数据特征是一些应该有的信息缺失，如供应商的名称，分公司的名称，客户的区域信息缺失、业务系统中主表与明细表不能匹配等。需要将这一类数据过滤出来，按缺失的内容在规定的时间内补全，然后再写入数据仓库。

2. 错误的数据

错误数据产生的原因是业务系统不够健全，在接收输入后没有进行判断直接写入后台数据库造成的，例如数值数据输成全角数字字符、字符串数据后面有一个回车、日期格式不正确、日期越界等。这类错误数据要用 SQL 的方式找出来，通过业务系统进行修正，修正后再抽取。

3. 重复的数据

重复数据在多维表中比较常见，可以将其记录导出系统，让客户确认并整理。

数据清洗是一个反复的过程，可以说是系统的常用功能，它将保证不断发现问题并解决问题。数据是否清洗、是否修正一般要求客户确认。对于清洗掉的数据，可以写入 Excel 文件或者数据表中。在数据仓库建立的初期，可以每天向业务单位发送清洗数据的邮件，促使他们尽快地修正错误，同时也可以作为将来验证数据的依据。数据清洗需要注意的是不要将有用的数据清洗掉了，对于每个清洗规则要认真验证，并得到用户确认。

6.2.4　数据转换

数据转换的任务主要是不一致数据的转换、数据粒度的转换。数据转换是针对数据仓库模型的，通过一系列操作实现数据从业务模型到分析模型的转换；通过内部库函数、自定义脚本或其他扩展方式实现各种复杂数据的转换。系统能够监控数据转换的状态。

1. 不一致数据转换

对于不一致数据的转换是一个整合过程，将不同业务系统内的相同类型数据按照特定的规则处理成统一的。例如，同一个供应商在结算系统的编码是 JS0001，而在 CRM 中编码是 CRM0001，可以统一转换成 SP0001。

2. 数据粒度的转换

业务系统中通常存储了非常明细的数据，而为了满足决策支持系统的需求，数据仓库中需要有不同"粒度"的数据，即经过轻度综合和高度综合的数据，我们将这种综合统称为转换。数据粒度的转换可以按照不同维度进行聚合，如时间、地域，实现各维度上从细节数据到大粒度数据的转换。

6.2.5　数据装载

数据装载是指将清洗、转换后的数据存储到数据仓库的过程，其方法必须符合数据仓库的要求。由于数据仓库中的数据是非易失性的，是随时间变化的，除了在数据仓库的建设初期需要进行数据装载外，在维护阶段，也需要定期进行数据装载，以便向数据仓库中追加数据。

6.2.6　主数据管理的概念

主数据管理(Master Data Management，MDM)描述了一组规程、技术和解决方案，可以帮助所有利益相关方(如用户、应用程序、数据仓库、流程和贸易伙伴)创建并维护数据流的一致性、完整性、相关性和精确性。MDM 不会创建新的数据或新的数据纵向结构，而是提供了一种方法,使企业能够有效地管理存储在分布系统中的数据。MDM 使用现有系统,从其中获取最新信息,运用先进的管理机制、技术和流程,自动、准确、及时地分析和分发整个企业中的数据,并对数据进行验证。具体来说,MDM 系统将一个单一的系统作为所有公共数据项的参考点,在组织内的每个"客户"系统就可以依据这个参考点来管理自己的关键数据,从而确保整个系统套件内的数据一致性和正确性。主数据管理涉及以下几个重要概念。

(1)主数据

主数据有时候也称为参照数据,它是由定义业务实体的事实构成,长期存储在数据库中。主数据可以在各个组织结构上维护和使用,是企业运作过程中必须使用的基本数据,是保持系统正常运行的根本。当一个机构中有多个信息系统交互时,相同的实体会有区别,基于主数据的实体定义提供了业务的一致性和数据的完整性。

(2)业务实体

业务实体模型通常是客户、产品或者会计科目等。但是,主数据可以定义任何实体,如员工、供应商、地区、资产、负债、政策、患者、公民、账户图表等等。

(3)记录系统

通常实现 MDM 的方法是建立记录系统或可信源,形成一个集中确认主实体定义的数据集,然后通过 MDM 将它们传播到所有整合的信息系统中。

(4)主数据集成

记录系统的目标是提供一个收集和共享一致定义的集中机制,通常涉及其他信息系统。显然,这需要完成系统整合、数据整合和应用整合,其中包括了主数据集成的过程。主数据集成的手段有 ETL、EAI、EII(Enterprise Information Integration)和数据复制。当记录系统作为中心连接到许多系统时,就需要多种整合技术,包括 Web services 和面向服务的架构(SOA)。

(5)主数据管理

主数据管理就是定义和维护企业实体一致性,并且通过整合技术在企业的多个信息系统之间共享主数据,甚至是在合作伙伴或客户之间共享。更简单的定义是:MDM 是获取、改进和共享主数据的应用。

主数据管理是解决数据整合的良好思想,其解决方案具有以下特性:

① 在企业层面上整合了现有纵向结构中的客户信息以及其他知识和深层次信息;

② 实现了各子系统的数据共享;

③ 实现对于客户、产品和供应商都通用的主数据形式,加速数据输入、检索和分析;

④ 支持数据的多用户管理,包括限制某些用户添加、更新或查看;

⑤ 集成了产品信息管理、客户关系管理、客户数据集成以及可以对主数据进行分析的其他解决方案。

从上述内容可以看出,MDM 就是定义和维护企业实体的一致性,并且通过整合技术在企业的多个信息系统之间实现数据共享,甚至可以向合作伙伴或者客户提供主数据。作为一项数据整合技术,MDM 还处在初期发展阶段,但它是一种发展趋势,是数据仓库、BI、数据质量和元数据管理的延伸。目前,像 SAP、IBM、Oracle 和 Siebel Systems 之类的软件供应商均提供主数据管理应用程序和系统。MDM 系统是一种软件应用程序,它具有预定义的数据模型、预置的工作流和业务流程以及预包装的用户界面,可用来管理客户数据、产品数据、供应商/厂商数据等主数据。其中有一部分是特定于一种主数据类型(如客户数据),其余部分则具有通用性,可进行自定义以管理任何一种主数据。

6.2.7 数据整合工具的选择

目前市场上出现了很多用于数据整合的相关工具,提供了部分数据整合功能,如IBM公司的WISD、SQL Server 2008、Sybase数据整合套件等等。对于电子商务的中小企业来说,面对众多的数据整合工具,应该选择具有较强数据抽取、转换和装载能力的工具,且接口容易使用,以便降低整合成本、提高整合效率,减少整合给系统带来的冲击和项目风险。在选择整合工具时可考虑以下几方面因素:

(1)符合面向服务的架构(SOA),拥有丰富的数据链路和业务连接套件,能存取任意结构的数据,如电子邮件、文本信息、数据报表、电子档案等,再将其转换、装载到数据仓库、数据集市或其他目标系统中。

(2)具备分布式的整合模式,能够建立一个可扩充和弹性的整合架构。在SOA的环境中,使用一套系统管理采购、销售、绩效考核等多种业务,通过业务流程重组实现业务流程的优化,有效降低融合其他应用的成本。

(3)能够执行不同企业应用系统与数据库之间的多种格式数据的转移,多模式和大量的可配置选项能联结到企业级应用数据库上,包括Oracle、DB2、Sybase和SQL server。此外,也能让信息在SAP、JD Edward、Salesforce.com等众多企业应用系统之间交换。

(4)能够整合企业内部不同的应用系统,如ERP、CRM、财务系统等,建立企业之间的B2B交易网络,将供货商和经销商传过来的数据联结到防火墙中的ERP系统,协助供货商和经销商的信息在内外部系统间做互动交流。

(5)数据整合套件让企业能以经济的方法,利用大型主机及原有应用系统,不必重新建立一套新的系统。

(6)工具界面友好,具有以下易用特点:

- 无须编写大量程序代码;
- 能快速安装,实施整合;
- 数据映射接口易学易用,系统开发人员经过少量培训,即可开始设计整合项目。

6.3 电子商务环境下的数据管理技术

电子商务环境中的数据具有分布性、异构性、海量等特点,要建立畅通的信息流,其核心就是解决数据量、交换速度和多样性等问题。数据集成是企业应用集成的重要环节,它可以将各种已有的数据资源、遗留系统以及新开发的应用系统有效地集成在一起,实现企业内部不同系统之间的资源共享、互联互通和完整的业务流程管理,减少资料收集、数据采集等重复劳动和相应的费用。

数据集成是企业数据战略的重要步骤,其实现框架由不同层次和种类的技术所构成。所以,整合后的企业电子商务数据是一个非常复杂的数据集合,它的管理是困难而必须解决的问题,包括数据复制、数据同步、数据存储等。

6.3.1 电子商务数据的特征

电子商务的目标之一是在企业与客户之间建立一种“对话”，这种“对话”是持续的、开放的、全球性的、高效率的，其最终的体现形式就是数据。数据量是产品受欢迎程度和客户对产品感兴趣程度的指示器。随着 Internet 技术和电子商务的发展，电子商务数据呈现出急剧爆炸增长的趋势，可以用“海量”来概括今天的电子商务数据。

全球化的电子商务环境提高了“对话”速度的要求，企业业务增长与信息交互的及时性和速度直接相关。因此，数据周转速度快是电子商务发展的驱动力之一，也是电子商务系统数据的重要特征。

电子商务的环境为商务智能(BI)技术的应用提供了条件。为了实现商务过程的决策和经营策略的调整，在 BI 技术的帮助下对产品销售等活动进行趋势分析，并挖掘出相关的隐性知识。这种 BI 技术的实施需要连续几个月、几年甚至几十年的数据作为基础。因此，电子商务数据应该是持久的。

电子商务中的商品和贸易单证需要在虚拟的网络环境下加以表现，除了能够表示简单的格式化数据外，还要解决大量的非格式化数据的表示问题，实现文本、图形、音频、视频等信息的表现、存储和传输。因此，电子商务数据的格式是多样性的。

电子商务是一种崭新的经济形态，总体上可以由社会化的信息系统和众多的企业信息化系统构成。电子商务经济形态不仅从商务理念上突破了空间和时间的束缚，而且构造了全球化的协同网络系统和数据环境，这就注定了电子商务系统的分布式结构。所以，电子商务数据是分布的。

正是由于电子商务数据的上述特点，导致电子商务系统的数据管理特别复杂。有资料表明，目前，数据的有效使用和管理已逐渐成为企业的首要任务，存储设备和存储管理软件上的开销占据了整个网络成本越来越大的比重，而且这种数据密集型的应用对存储系统的 I/O 带宽、吞吐率、响应时间等性能提出了更高的要求。

6.3.2 数据复制技术

数据复制是数据管理的基本技术之一，它将某一数据库服务器上的某些表中的数据复制或分发到其他数据库服务器或本地数据库上。对于多节点的分布式数据库系统来说，数据复制至少有三点好处：第一，在某些节点不能工作的情况下仍然可以完成一些事务，增加了系统的可用性；第二，有副本的节点可以从本地读取数据，大大提高了操作效率；第三，减少了网络通信开销。

在复制技术中，数据分为源数据和副本，源数据一般放在数据的采集节点或经常有修改操作的节点上；副本一般放在经常查询操作的节点上。修改操作只能对源数据进行，副本的修改只能通过复制进行。数据复制的物理过程分成两步：修改过程和复制过程。对一个数据拷贝进行插入、修改和删除的过程称为修改过程；将修改好的数据复制到其他数据拷贝的过程称为复制过程。

复制技术主要用以支持分布式应用或建立备用数据中心，增强系统可靠性。复制的方法包括同步复制和异步复制。同步复制指的是复制数据在任何时间、在多个复制节点间均保持一致。如果复制环境中的任何一个节点的复制数据发生了更新操作，这种变化会立刻反映到其他所有的复制节点。而异步复制的所有复制节点的数据在一定时间内是不同步的。如果复制环境中的其中的一个节点的复制数据发生了更新操作，这种改变将在一定的时间后反映到其他复制节点，最终将保证所有复制节点间的数据一致。

6.3.3 数据同步技术

数据同步是指在多个数据库之间协调数据的过程，其实质是实现时间和内容上的一致。同步技术一般是指管理属于同一个分布式数据库系统节点的数据的过程。分布式信息系统包括许多站点，每个站点有一个本地数据库，在一个分布式数据库系统中，各个站点之间必须用同步技术来交换信息，以保证每个站点数据的完整性、准确性和实时性。

数据同步可以分为实时同步和准实时同步两种方式。实时同步是“无延迟”的，可以最大限度地保证源端和目的端数据的一致性。但是，实时同步对网络和应用程序的要求比较高，容易产生性能问题。准实时同步时的目的端数据更新相对于源端有一个延迟，其间隔大小根据应用系统的需要和资源配置情况决定。与实时同步相比，准实时同步对网络和应用系统的要求有所降低。但是，一旦数据同步失败后，往往涉及比较复杂的回退问题。数据同步主要有以下几种技术手段：

1. 应用程序层同步写

在应用程序中对一个数据源进行更新时，通过应用程序同时对其他数据源作相同的更新操作。涉及复杂业务逻辑的多数据源实时同步可以采用这种方式。由于多数据源实时同步失败后需要立即进行回退，在应用程序中可以充分调度前后台的各种资源，实现起来相对容易些。另外，如果被同步数据源之间的结构差异比较大，用其他同步方式不易实现时，也可以考虑采用这种方式。例如其中一个数据源为经过加密后的二进制流，必须通过特定的加密解密程序才能访问。应用程序层同步写对网络的要求比较高。

2. 数据库层同步写

在主数据源被更新时，可以通过触发器＋DB_LINK 的方式对另外的数据源进行同步更新，即两阶段提交。两阶段提交是一种方便简单的实时同步方法，但这种方法对网络和数据库的要求比较高。一旦出现同步失败，易造成数据库表的死锁，而且这种死锁比较难解开。

3. 消息队列

消息队列即异步消息传输系统，又称消息中间件。以 IBM MQ Series 为例，它由一个消息传输系统和一个应用程序接口组成，消息由两部分构成：信息描述，用于定义信息传输目标等；信息内容，应用程序的数据或数据库查询命令。通过消息队列将数据同步命令和数据传输到目的端。由于程序之间的通讯是通过传递消息而非直接调用程序，所以通过消息中间件可以比较方便地实现跨平台数据同步。

4. 数据库复制

通过数据库自身提供的复制功能，可将一组数据从一个数据源拷贝到多个目标。数据库复制按复制传播方向，可以分为单向复制和双向复制；按复制范围，可以分为单主体复制和多主体复制，其中比较复杂的是多主体双向复制。复制技术可以确保分布在不同地点的数据自动更新，从而保证数据同步。但数据库复制要求主、从数据源的表结构相同。常用的数据库复制有以下三种方法。

(1)快照复制

快照复制就是在某一时刻对出版数据进行一次“照相”,生成一个描述出版数据库中数据瞬时状态的静态文件,在规定时间将其复制到订购数据库。快照复制并不像事务复制那样要不断地监视、跟踪在出版数据库中发生的数据变化,所复制的内容不是事务处理方法(事务复制的特征),也不是仅限于那些被修改数据(合并复制的特征)。它实际上是对订购数据库进行一次阶段性的表刷新,把所有出版数据库中的数据从源数据库送至目标数据库,而不仅仅是那些发生了变化的数据。

快照复制是最为简单的一种复制类型,能够在出版者和订购者之间保证事务的潜在一致性。快照复制通常使用在以下场合:不需要实时数据时,如决策支持、查询静态表信息;只读订购者,并且不需要最近的数据;对数据库的修改次数较少。

快照复制的执行需要快照代理和分发代理。快照代理准备快照文件,包括出版数据文件和描述文件(也称为同步集合),并将其存储在分发者的快照文件夹中,除此之外快照代理还要在分发者的分发数据库中跟踪同步作业。分发代理将在分发数据库中的快照作业分发至订购者服务器的目的表中。

(2)事务复制

事务复制先将数据的初始快照传播到订阅服务器,之后,当发布服务器上发生数据修改时,捕获个别的事务并传播到订阅服务器。事务复制在网络中传送的是事务处理方法,它由一条或多条指令构成,如 INSERT、DELETE、UPDATE 等;事务复制仅将出版者的变化发给订购者,是一种增量复制;事务复制随时将出版者的变化传送给订购者,几乎可以保证数据的完全同步,所以要不断地监视源数据库的数据变化,网络负载较重。

事务复制的执行需要快照代理、日志阅读代理和分发代理。

① 快照代理:在出版者数据发生变化之前,通过快照代理使订购数据库的表与出版数据库表具有相同的结构和数据。因此,快照代理首先要实现同步集合的初始化。只有确认了订购者存在快照文件后,才能进行事务复制。

② 日志阅读代理:可以连续不断地运行来监视数据变化。当日志阅读代理执行时,首先阅读出版服务器的事务日志,搜索出带有复制标志的 INSERT、UPDATE、DELETE 语句和其他修改事务。接着,日志阅读代理将这些带有复制标志的事务拷贝至分发数据库中。

③ 分发代理:将日志阅读代理插入到分发数据库中的事务分发给订购者。在事务复制中快照代理和分发代理的具体步骤与快照复制基本相同。

(3)合并复制

合并复制使各站点(出版者和订阅者)能够在联机或脱机状态下独立进行数据更改,当所有站点连接后,将多个站点上的数据修改合并为一个统一的结果,并发布到目标数据库(出版数据库和订购数据库)中。由于多个站点有可能分别更新同一数据,导致合并冲突,所以,合并复制需要制定冲突解决策略,实现合并数据的一致性。

合并复制由快照代理和合并代理实现。如果发布未经筛选或使用静态筛选器,快照代理将创建单个快照;如果发布使用参数化筛选器,则快照代理将为每个数据分区创建一个快照。合并代理将初始快照应用于订阅服务器,还将合并自初始快照创建后发布服务器或订阅服务器上所发生的增量数据更改,并根据所配置的规则检测和解决任何冲突。与事务复制相同,合并复制通常也是从发布数据库对象和数据的快照开始,使用触发器跟踪在发布服务器和订阅服务器上所做的后续数据更改。订阅服务器在连接到网络时将与发布服务器进行同步,交换自上次同步以来发布服务器和订阅服务器之间发生更改的所有数据。

合并复制适用于下列各种情况:多个订阅服务器可能会在不同时间更新同一数据,并将其更改传播到发布服务器和其他订阅服务器;订阅服务器需要接收数据,脱机更改数据,并在以后与发布服务器和其他订阅服务器同步更改;应用程序需要最终的数据更改结果,而不是访问中间数据状态。例如,如果在订阅服务器与发布服务器进行同步之前,订阅服务器上的行更改了五次,则应该在发布服务器上仅更改一次来反映最终数据更改,也就是第五次更改的值。

5. 数据定时迁移

数据定时迁移是通过数据库的定时任务或操作系统提供的定时功能,定时调用函数或专用程序实现数据同步,必要时还可以使用 FTP 等功能。与其他几种数据同步技术相比,数据定时迁移更加灵活、稳定。特别是网络不稳定、源端和目的端的表结构存在一定差异时,数据定时迁移技术的优势就更加明显。

对于准同步系统而言,控制同步间隔的时间是非常重要的。同步的时间间隔主要由应用的实际需要和同步一次所需的时间决定。同步所能承受的最大刷新间隔,必须能保证这段间隔内产生的增量数据(或者增加的事务量)能够完成同步。否则易造成"积压"。因此,测算增量数据就成为核心任务。如果采用消息队列或数据库复制技术,则增量数据的控制由消息中间件或数据库本身实现;如果采用定时迁移技术,可以先记录数据增加、修改、删除的发生时间,然后在同步时通过比较这个发生时间和上次的同步时间来确定增量数据。

数据同步必须要考虑同步失败后的处理问题。如果是实时同步,一旦失败,需要立即将已经同步成功的站点,包括源站点的数据进行回滚。否则,将造成各个站点的数据不一致。如果是准实时同步,同步失败后可以在下一次同步开始前,自动进行同步重试。但最好限制失败后同步重试的次数,以免不断的失败重试影响日常的交易系统。另外,需要从逻辑上分析两个重要的问题:第一,当一次同步没有成功,是否有必要让下一周期的同步无限期挂起,直到本次同步成功;第二,多次未同步造成的增量数据累积。

6.3.4 数据存储备份

电子商务数据必须进行存储备份,有些系统的重要数据甚至要多套备份,这是保障系统安全运行的唯一方式。数据备份的任务是按照特定的策略、周期性地存储一份或多份在线数据,以便在线数据发生损坏时,使用备份数据恢复到错误发生之前的状态,确保数据的正常访问。数据的"备份"就是在线数据某一时刻的副本,它应当与在线数据分离甚至是异地的。必须强调的是,存储备份不是简单的拷贝,不能单纯把备份看做是更换磁带、光盘、硬盘拷贝的程式化操作过程,还需要包括备份管理。

备份管理的主要内容是:备份计划、存储设备自动化操作、日志记录保存等。对于大容量的备份来说,要求提供高速、大容量的存储设备,将所有的文件(网络系统、应用软件、用户数据)进行全面的复制与管理。一个完整的数据备份方案包括备份硬件、备份软件、备份制度和备份计划四个部分。选择了先进的备份硬件后,不应忽略备份软件的选择,因为只有优秀的备份软件才能充分发挥硬件的先进功能,保证快速、有效的数据备份和恢复。另外,还需要根据企业自身情况制定日常备份制度和恢复措施,并由管理人员切实执行备份制度,否则,数据安全和系统安全将是纸上谈兵。

由于网络的快速发展，以及企业在线数据存储、电子商务等众多需求，传统的以服务器为中心的存储技术已经不适合今天的存储需求，以网络为中心的存储技术得到了快速的发展。目前网络存储技术沿着三个主要的方向发展：NAS、SAN、IP－SAN。另外，数据备份策略也直接影响着存储的效率和效果。

1. 网络存储技术

通过网络及其互联来实现数据、文件和相关资源的共享已是当今电子商务系统的应用主流。从本质上看，这些数据和文件的共享是建立在相关存储资源共享的基础上的。这种通过网络将存储资源按特定方式连接在一起，从而实现存储资源和数据共享的技术，我们称之为网络存储。下面介绍电子商务环境中的几种常用数据存储技术。

(1)联网存储

联网存储(Network Attached Storage，NAS)是以数据为中心的存储模式，NAS 将存储设备通过标准的网络拓扑结构连接到一群计算机上，数据以文件的形式按照网络协议在客户机与存储设备之间流动，利用网络文件系统(Network File System，NFS)实现异构平台的客户机对数据的共享，其基本结构如图 6－6 所示。NAS 方式具有以下优势：

① 可以实现不同操作系统平台下的文件共享，且无需改造现有网络、无需购买不同操作系统下的数据存储设备；

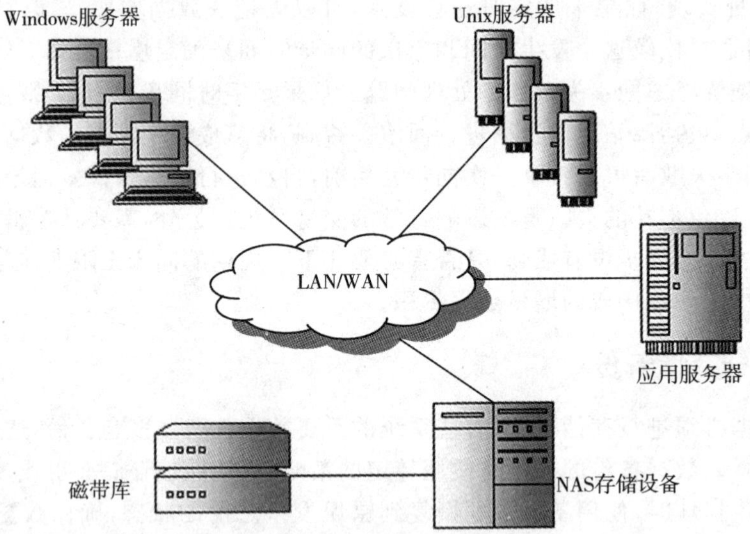

图 6－6　NAS 存储网络结构示意图

② 采用集中式存储结构，网络管理员可以方便地管理数据和维护设备，系统具有良好的扩展能力；

③ NAS 设备内置优化的独立存储操作系统，可以有效地释放系统总线资源，支持 I/O 存储，效率比较高。

但是，当数据发展到一定规模的时候，NAS 就显示出了缺陷，它没有解决与文件服务器相关的一些问题。NAS 使用生产网络进行备份与恢复，LAN 除了必须处理正常的用户传输数据流外，还要处理备份请求，而传统的网络不是为传输大批量数据而设计的，所以有很多传输校验工作会消耗大量的 CPU 资源，增加客户机的负担。

(2)存储区域网络

存储区域网络(Storage Area Network,SAN)是以数据存储为中心的局域网,将存储设备从服务器附属中分离出来,通过通道交换设备与服务器连接,使存储结构的可扩展性和数据共享得到了更大的提升,结构如图6-7所示。SAN采用可扩展的网络拓扑结构,数据的存储和管理集中在相对独立的专用网络中,服务器和存储设备之间具有多路由,使SAN具有很强的数据交换能力。采用存储区域网络有以下的特点:

① SAN能够降低存储成本。网络中的服务器能够直接访问所有用SAN连接的数据,不需要保持多个相同商业数据集的逻辑拷贝。因此,只需购买少量的物理存储。

② SAN消除了冗余的存储容量和不必要的处理步骤,降低了需要管理的对象数目。因为SAN是互联的,所以数据中心的管理与全局的管理能够同时进行。

③ SAN降低了输入、输出带宽的要求,只有数据的一个逻辑拷贝。因此,SAN没有为其他应用程序使用而产生更多的拷贝数据,消除了多余拷贝的时间开销。

④ SAN提高了商业数据的准确度和实时性,使信息传输更及时、商业资源消耗更少、商业过程的质量更好。

⑤ SAN中的存储设备不但独立于服务器,而且可以通过控制台执行管理动作,将其配置服务于其他目的。

SAN系统解决了集中存储、存储管理和存储空间共享的问题,特别是在数据的可用性、系统容量和系统性能的动态可扩展性方面明显地要优于NAS系统。但是,SAN系统的使用复杂,数据共享的粒度过大,难以直接支持文件级的数据共享。

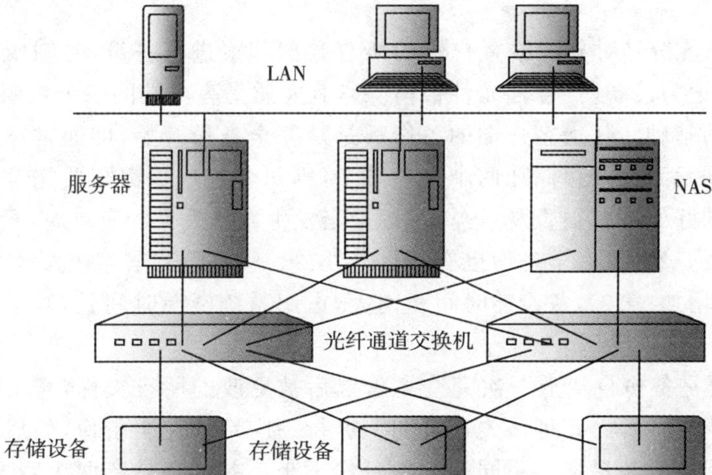

图6-7 SAN存储网络结构示意图

2. 数据备份策略

电子商务系统包括多种数据类型,分布在不同的数据管理系统中,且数据有可能是异地存储,数据的访问频率和安全性要求都比较高。因此,实现数据备份需要考虑一系列因素和策略。

(1)备份数据因素

如果对环境中每台服务器的数据全部备份,则在出现故障或灾难后很难快速恢复数据。不加选择地备份所有服务器中的文件,会使恢复数据的工作量非常大,而且备份的文件越多执行备份所需的时间越长,还原这些文件所需的时间也越长,这对整个网络的性能产生负面影响。

如果有选择地备份部分文件,则可能造成数据不可恢复的潜在危险。虽然部分备份可以节省存储空间、降低网络流量,但是复杂的备份配置增加了人为操作的出错概率,这对备份系统的安全性产生了致命的影响。

综合以上分析,数据备份比较好的办法是利用专用网络,如 SAN 下的完全备份数据,并且设计一个良好的脚本或程序,自动产生备份日志。这样的考虑是基于安全第一的思想,在目前存储介质成本低、带宽增加的情况下,完全备份是一种合理的选择。

(2)备份时间因素

电子商务环境下的数据备份时间点的选择是一个复杂问题,主要是如何确定系统资源相对空闲的时间片。在企业局域网的应用中,系统资源的使用高峰往往在白天的工作时间,而其他时间相对空闲。在电子商务环境中,网络资源使用高峰延续较长,除了白天具有很高的使用率外,从傍晚到凌晨也会维持很高的使用率水平,尤其是客户群可能跨越了多个时区,那么网络资源的空闲时间片会很短。因此,企业局域网的数据备份时间点一般选在夜间,电子商务系统的数据备份需要考虑多时区的因素,以网络业务流量最少为依据。这样的备份时间策略,既可以保证数据的备份质量,又减少了对网络客户的影响。

(3)数据备份策略

① 完全备份:完全备份是对分配给客户端的所有数据元素进行备份,复制所有选定的文件,然后将每个文件标记为已备份(存档属性被清除),其实质是客户端的一个快照。它是后续增量备份和差异备份的基础。任何客户端的备份都是从完全备份开始,即通常在首次创建备份集时执行。如果数据元素分开存储在两个客户端上,则每个客户端都需要完全备份整个数据库。这种备份方式的好处就是很直观,容易理解。当发生数据丢失的灾难时,只要用前一天的备份数据就可以恢复。然而,完全备份也有不足之处:第一,备份数据存在大量冗余,占用了大量的存储空间,成本增加;第二,备份的时间开销大,占用系统资源时间长,对于业务繁忙的系统会影响性能。

② 差异备份:主要是备份自从上一次完全备份以后被更改的所有文件,它不将文件标记为已备份(存档属性不被清除)。管理员先在星期一进行一次系统完全备份,然后在接下来的几天里管理员再将当天所有与星期一不同的文件备份下来。差异备份有两个明显的优点:无需每天都做系统完全备份,所以备份所需的时间短,节省存储空间;数据恢复很方便,系统管理员只需通过最近的完全备份副本与灾难发生前一天的差异备份副本就可将系统恢复。

③ 增量备份:是备份自上一次完全备份或增量备份以来发生变化的数据,它不存在重复的备份数据。增量备份将文件标记为已备份(存档属性被清除)。增量备份平均消耗的介质相对要少得多,对资源造成的负担也比较轻,又缩短了备份的时间。但是,增量备份在发生灾难时恢复数据比较麻烦。例如,系统在星期四的早晨发生故障,丢失了大批数据,需要将系统恢复到星期三晚上时的状态。管理员需要首先找出星期一的完全备份副本进行系统恢复,然后找出星期二的增量备份副本来恢复星期二的数据,再找出星期三的增量备份副本来恢复星期

三的数据。很明显，这比完全备份加差异备份策略要麻烦得多，这种备份策略使各增量备份副本之间的关系就像链条一样，一环套一环，其中任何一个副本出了问题都会导致整条链子脱节。因此，增量备份的可靠性最差。

思考题

1. 简述企业数据模型的特点。
2. 数据模型在电子商务数据整合中有何重要性？
3. 数据仓库具有哪些特征？数据仓库和数据集市有什么区别和联系？
4. 企业 ODS 数据模型的作用是什么？
5. 简述电子商务数据整合的内容和技术。
6. 说说你所了解的电子商务环境下的数据整合技术。
7. 简述 SQL Server 2008 中的数据整合套件的功能。
8. 说说你最了解的关系数据库管理系统是如何实现数据同步的，有几种复制技术，特点分别是什么？
9. 举例说明数据备份策略选择的含义。
10. 结合具体例子，谈谈电子商务环境下的网络存储技术。

第7章　电子商务系统设计的软件工程方法

电子商务系统与传统的信息系统相比既有一定的联系，也有着本质的区别。因此它的开发过程与传统信息系统的开发过程有着很大的不同，各个阶段的主要目标和工作也有很大的变化。传统的信息系统开发工具也需要在电子商务系统的应用中不断改进。由于电子商务系统从目标到流程都有着鲜明的特征，这就使其开发技术成为一项新的研究课题。虽然至今尚未见到电子商务系统开发技术的系统理论体系，但分析已有的信息系统开发技术，把握电子商务系统的特征，借鉴已有的电子商务系统成功应用案例，也不难发现和理解电子商务系统开发技术的进展规律和技术特征。

本章将以软件工程、信息系统开发技术和电子商务系统特征为基础，在阐述和分析电子商务系统生命周期和构建过程的基础上，提出了一个适用于多层次分布式电子商务应用系统体系结构的逻辑模型。该逻辑模型是对未来电子商务系统的一个框架性的、概括性地描述，指出了未来的电子商务系统所要达到的目的和规模，从而为后续的系统分析、设计和实现提供依据。接下来重点介绍了电子商务系统分析与设计的方法、原理和过程。最后较为详细地描述了基于 UML 的电子商务系统建模过程和关键技术。

7.1　电子商务系统的生命周期

电子商务系统的建设一般是一个渐进的过程，可以从简单到复杂，不断发展。电子商务系统作为一类信息系统，它也存在一定的生命周期。

1. 信息系统的生命周期

信息系统的生命周期一般是从系统评估立项开始，经过分析、设计、开发、实施、投产运行，并最终经过升级换代，如图 7-1 所示。

由于信息系统是为企业生产、管理、控制和决策服务的，所以会在这些环节中产生需求。企业一般要对这些需求进行评估和规划，确定系统建设的预期目标和内容，并对可能需要的投入以及信息系统建设可能产生的经济和社会效益等方面进行综合评价。当需求通过评估和规划后，企业才能够着手进行系统立项和建设。

系统分析则主要是对需求作进一步调查和分析，从总体上把握待建系统的规模和总体框架，规避系统建设可能产生的风险。

系统设计则侧重于明确系统的功能和逻辑结构，确定系统实现的方式和方法。换句话说，确定系统“如何实现”。

开发集成则完成系统模型、方案到应用软件实体的转换，将系统的逻辑结构转化为物理结构。也就是与计算机设备、网络设备、应用程序等相关联。

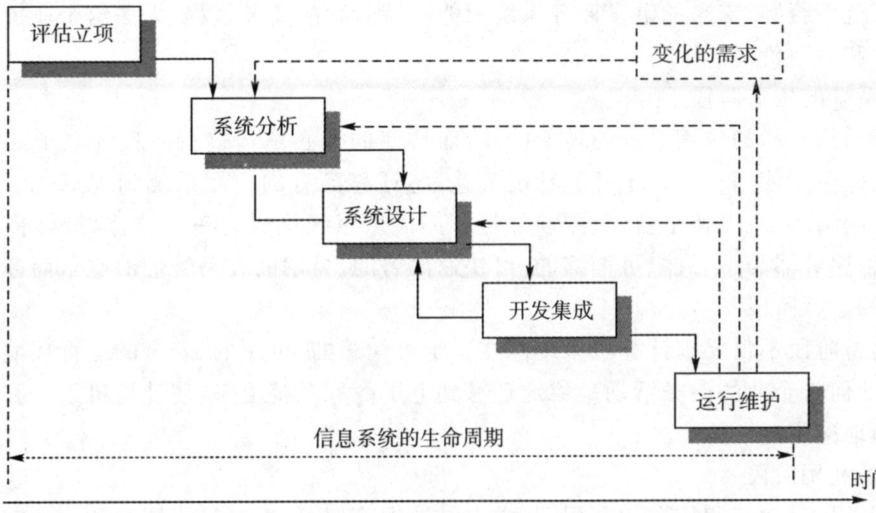

图7-1 信息系统的瀑布模型生命周期

信息系统的运行维护是生命周期的最后一个阶段，它要求系统在交付并投入运行后，对可能出现的新问题或新需求需做进一步的评估，并有针对性地进行纠错性维护、适应性维护、改善性维护和预防性维护，直至系统进入下一个生命周期。

2. 电子商务系统的生命周期

如何描述电子商务系统的生命周期是一个复杂和困难的过程，作为电子商务系统的先驱，IBM公司将电子商务系统的生命周期归纳为四个阶段：商务模型的转变、应用系统的构造、系统的运行和资源的利用。该过程如图7-2所示。

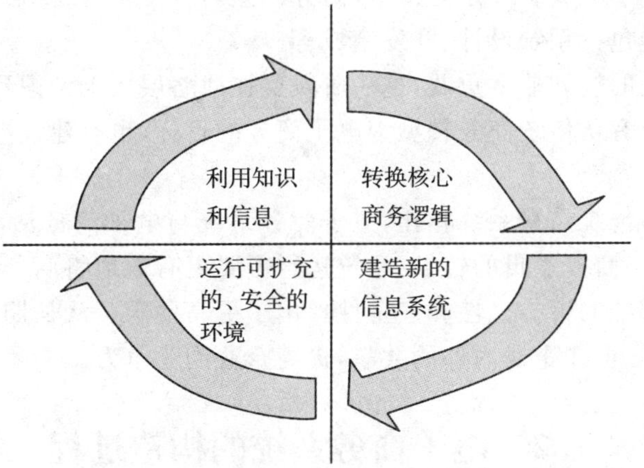

图7-2 电子商务系统的生命周期示意图

(1)商务模型的转变阶段

这一阶段主要任务是转变企业核心商务逻辑，创造电子商务模型。在企业核心商务逻辑转变过程中，需要考虑电子商务技术对商务过程中各项商务活动的影响，并对电子商务系统和企业的内部信息系统、企业与商务合作伙伴之间的信息共享作为一个整体来考虑。这样，构造的电子商务模型才能够真正、全面地反映企业生产经营和管理情况，才能形成紧密联系的、更新的企业价值链。否则,未来的电子商务系统只能支持断续的商务过程,无法给企业带来所期望的客户服务和商务价值。

(2)应用系统的构造阶段

这一阶段是构造新的应用系统的转变阶段,而转变的核心是构造新一代的电子商务应用系统。主要工作包括使用一个基于开放标准的途径,迁移已有的应用系统到 Web 上,并将电子商务系统的网络环境、支持平台、应用软件与外部信息系统集成为一个整体,最终构造一个基于标准的、以服务器为中心的、可伸缩的、可快速部署的、易用的和易管理的电子商务系统。

(3)系统的运行阶段

系统的运行阶段不仅要求计算机系统能在一个可伸缩的、可用的、安全的运行环境中正常运转,也涉及如何将企业的商务活动平稳地迁移到电子商务系统上来,使计算机系统和企业的商务活动和谐地凝聚成一体。

(4)资源的利用阶段

资源利用是指对知识和信息的利用,其重点是知识管理,包括对显式知识和蕴涵知识的管理。传统的信息系统的资源利用是对显式知识的管理,即能写下来并能编程处理,而蕴涵知识是人们知道的,但却没有写下来的东西,是基于直觉、经验和洞察力的。

3. 电子商务系统的生命周期特点

电子商务系统是一类特殊的信息系统。根据 IBM 公司对电子商务系统生命周期的描述,可以看到它具有以下特点:

(1)电子商务系统作为一类信息系统,包括立项规划、系统分析、设计、开发集成、开发维护这样几个阶段。

(2)在电子商务系统的生命周期中,也可以划分为商务模型的转变、应用系统的构造、系统的运行和资源的利用这样四个部分。其中,商务模型转变对应于系统立项规划、系统分析阶段,而应用系统的构造包括系统设计、开发集成等。

(3)电子商务系统的规划非常重要,这一阶段要在战略层次上考虑到企业的商务模式如何变化。换句话说,企业有从传统商务转型为电子商务的目标,也有建设电子商务系统的特定目标,两者必须协调一致。

由此可以看出,与传统信息系统相比,电子商务系统与电子商务活动的关系更加密切,其生命周期更加强调核心商务逻辑的转换,系统运行需要更有效地将商务活动与系统、计算机有机地连接在一起,对系统的可扩充性和安全性提出了更高要求。从长期应用来看,电子商务系统更能够促进信息和知识在企业内外的共享,提高企业的竞争力。

7.2 电子商务系统的构造过程

电子商务系统是商务与信息技术结合的产物,所以在电子商务系统构造的整个过程中,必须充分兼顾商务和信息技术两个方面的因素,以科学、合理的程序展开系统设计、建设和应用工作。一个完整的电子商务系统的建构过程如图 7-3 所示。

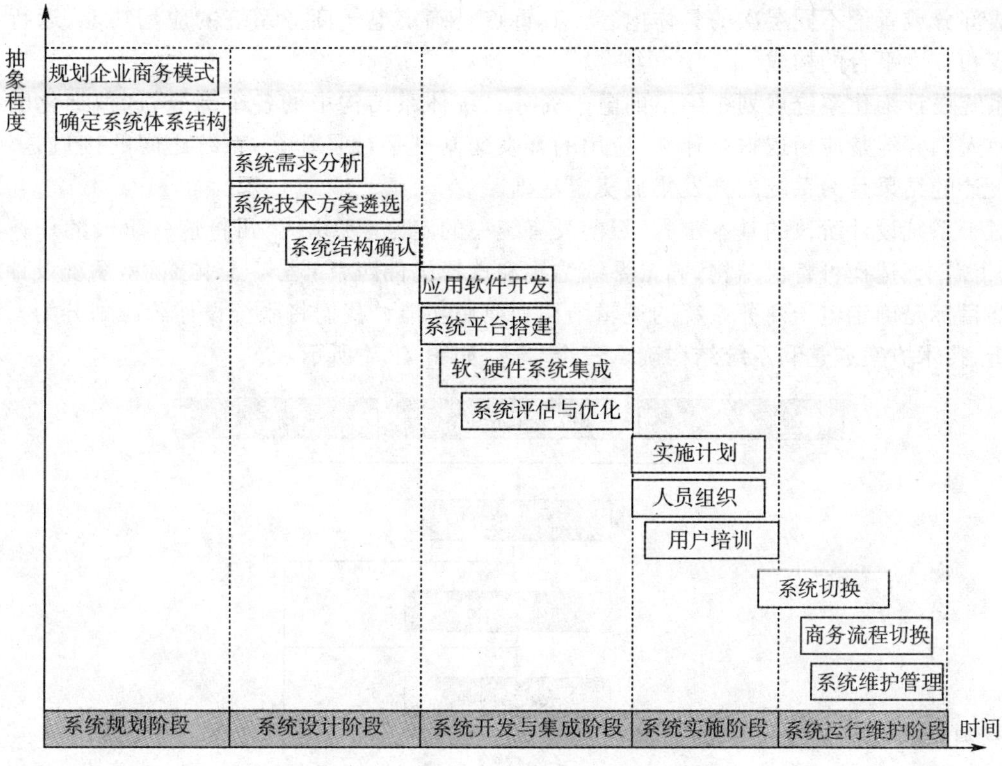

图 7-3　电子商务系统建造的基本过程

7.2.1　电子商务系统的规划阶段

电子商务系统规划的主要内容是描绘企业未来商务发展的蓝图，为企业电子商务系统的实现奠定基础，它的成功与否对企业开展电子商务具有决定性的作用。

电子商务系统规划阶段首先需要确定企业未来电子商务的运作模式，这是整个系统建造的起点，也是电子商务系统设计、开发和集成的基本依据。

在这一阶段还需要确定企业电子商务系统的体系结构，使系统的开发人员能拥有一个可以相互理解的共同基础，同时也使得后续的系统设计、开发工作有一个非常明确的框架。

电子商务系统规划阶段不仅影响系统成败的关键，而且也与传统信息系统规划有所差异，它不是简单探讨如何利用电子商务手段改善企业的价值增值过程，也不是单纯策划可以使用什么样的新技术手段改善企业的效率，而是以企业流程再造（Business Process Reengineering，BPR）为前提，将着眼点集中在如何为企业设计出一种新型的价值链，变革企业的商务流程，将企业与客户、合作伙伴紧密地连接在一起，使企业与合作伙伴能够共享知识，形成虚拟的共同市场。它的关键是如何转变和集成商务过程，更好地为客户服务。

电子商务系统规划阶段的里程碑是给出企业未来的电子商务模型和清晰的电子商务系统体系结构。

7.2.2　系统设计阶段

系统设计的目标是在电子商务系统规划的基础上，确定整个电子商务系统体系结构中各个组成部分或者说不同层次的具体内容。其重点是确定电子商务系统的应用功能、运行平台的构成和开发平台的构成。

系统设计细化系统规划中给出的电子商务系统体系结构中的各个部分，这种细化的结果可以使人们弄清楚应用逻辑是什么；应用的开发的基础平台是什么；系统之间的接口是什么。系统设计的结果是为系统的开发集成奠定基础。

对于系统设计阶段的基本步骤，目前没有统一的定论。IBM 公司将这一阶段的任务归纳为：采集需求、选择可替代结构、确定系统结构和选择组件四个部分。总体来讲，系统设计阶段的最终目标是确定电子商务系统的逻辑结构和应用功能。我们将系统设计阶段划分为系统需求分析、技术方案遴选和系统结构确认三个步骤，如图 7－4 所示。

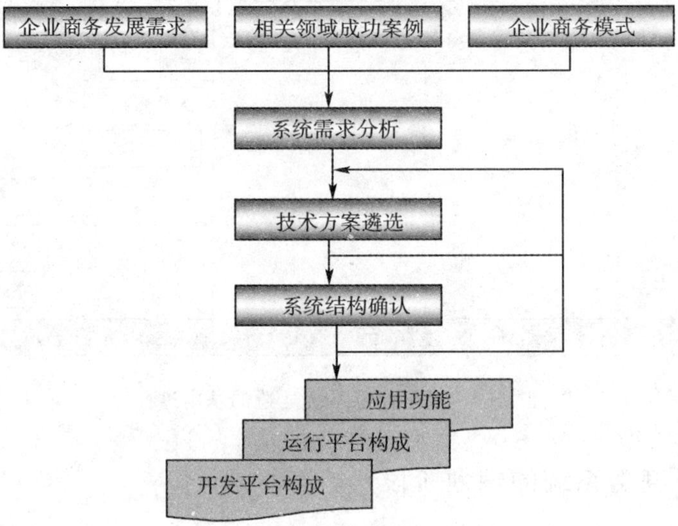

图 7－4　电子商务系统设计阶段示意图

(1)系统需求分析

对企业的需求进行调研，了解企业发展战略目标、商务模式和商务发展的基本要求，吸取相关领域电子商务实施的成功经验，在此基础上为系统技术方案的遴选提供参考依据。

(2)技术方案遴选

电子商务系统一般可以有多种技术平台可以采用，而且它的体系结构中所定义的各个层次都可以利用不同的开发工具和平台来实现。这就要求系统在设计过程中，需要对所有可以采用的技术和产品进行有针对性的比较和分析。此外，由于不同的技术产品都有一定的针对性，而且各具特色，所以，在方案遴选的过程中，可能会出现一些新的问题，也可能会从技术产品中吸收很多有价值的思想，丰富了企业的需求。在经历这一阶段后，对企业需求的理解就不是仅仅停留在企业需要做什么这样一个简单的层面上，而是怎样才能将企业的商务运转升华到更高的层次上，这对于确定企业电子商务系统的最终技术方案是非常有益的。

(3)系统结构确认

这一步骤要确定哪种技术方案是最适合企业的需求。要达到这一目标就需要确定企业未来电子商务系统需要完成的完整功能，各种技术方案与企业所要求的功能的距离究竟有多远，是否与最终的需求相吻合。

系统设计阶段可遵循软件工程的基本思路，首先进行概要设计，说明系统的逻辑特征，然后进行详细设计，说明具体的实现方法。由于电子商务系统仍然是信息系统，所以软件工程中的很多设计方法仍然可以采用，但是，电子商务系统的不同层次有不同的技术实现手段，所以本书并不阐述系统设计方法，而主要立足于介绍各个层次的特点及实现方式。

7.2.3 系统开发与集成阶段

电子商务系统开发阶段的主要内容是根据系统的需求和逻辑结构设计，确定需要哪些产品或者技术来构造电子商务系统的平台，并完成应用软件系统的编码和调试，最终将电子商务系统的应用软件和各种平台集成在一起。

电子商务系统开发与集成阶段的主要任务包括应用软件开发、系统平台的选择和搭建、软硬件系统集成、系统评估和优化四个方面。

(1)电子商务应用软件系统开发

电子商务应用软件开发和传统信息系统软件相比较，在开发方式、手段和工具等方面还存在一定的差异，主要表现在：

① 电子商务系统基本是基于C/S结构(大多数表现为浏览器/服务器，即B/S形式)的信息系统，尤其是其客户端大多采用标准的浏览器加以构造，当然也可以利用移动设备、其他Java客户机等。所以开发的大部分工作集中在服务端，而客户端的应用逻辑不仅非常少，而且用户界面也相对标准，这和传统的信息系统开发是不同的。

② 传统信息系统尽管与外部的其他信息也发生信息交换，但是与电子商务系统相比，一方面交换的信息量和频率不高；另一方面，这种交流主要是在内部网络或者专用网络上传输。然而，电子商务系统只要是完成联机交易活动，必然是在一个开放系统上，它和认证机构、银行都会发生数据交换，且交换的数据格式和内容都必须得到非常可靠的保证，这就涉及很多应用的互操作和异构数据源的处理问题，致使电子商务应用程序的开发更为复杂。

③ 传统信息系统的开发工具不管是编译型的高级语言，还是解释型的工具，都与操作系统和运行环境的关系非常密切，对于电子商务系统来说，尽管这些传统的高级语言仍然可以采用，但是主流的开发工具逐渐走向以面向对象的程序设计语言Java为主，而且走向标准化，并向可重用的组件技术方向发展，如EJB、JavaBean等。

除了以上这些差异外，当然还有一些不同，例如电子商务基本上是利用HTML或XML来表现计算结果、应用运行与分布式环境等。总之，电子商务系统的开发具有一些自己独特的方面，所以在开发阶段需要注意以下问题：

① 由于企业在转型过程中是不完整的，所以电子商务系统的应用需求也可能是不完整的，应当尽量利用快速原型法构造电子商务系统的原型系统，以便与客户进行直观和有效的快速交流。

② 尽可能使用Java、组件技术进行系统开发，这样不仅能保证系统的可移植性，而且可以加快系统的开发速度。

③ 由于电子商务系统未来面对的客户数量是难以预先估算的，所以在开发联机应用系统时，应该充分考虑到应用的并发事物处理能力，避免应用系统在将来不能应付负荷快速增长这一尴尬情况。

(2)系统平台的选择与搭建

电子商务系统应用软件需要运行在一定的软、硬件环境上,即电子商务系统的平台。除了开发应用软件,还需要根据各类技术标准,选择满足需要的产品构造应用软件运行的环境。

(3)系统集成

系统集成的目的是将开发的电子商务系统应用软件和企业内部信息系统、外部信息系统等整合为一体,使之共享资源。对于电子商务系统的集成来讲,系统集成不仅包括将各种不同形式的数据通信网络系统连接在一起、应用之间的数据互操作,更重要的是完成企业商务过程和电子商务系统整合过程。

(4)系统评估和优化

系统评估和优化的主要目标是:测试系统是否满足企业电子商务运作的基本要求,测试并分析系统的主要性能指标,优化系统的性能,提高系统的效率。

系统评估和优化的任务主要包括系统测试、系统优化两部分。测试的目的是为了发现系统存在的问题,而优化则立足于提高系统的性能。

系统测试是为了检查系统的功能是否满足设计的需要,判定应用软件是否存在各种程度错误与漏洞(Bug),如致命性的、一般性的。测试的内容包括:软件整体性能(如覆盖性测试、黑箱测试)、极限性能(如边界测试、压力测试)、可操作性等。对于电子商务系统的测试而言,测试有关系统整体性能的指标参数是非常重要的,例如系统可支持的最大用户数、系统的压力与性能比、系统的安全性指标等。

电子商务系统评估是根据系统测试的结果对系统性能进行的评价。评估过程对电子商务系统的整个生命周期是非常重要的,因为评估的结果有多方面的作用:

① 作为系统设计是否完整的依据;

② 作为未来系统维护和升级的基础;

③ 作为系统进一步优化的依据。

系统评估的结果能够证实系统能否满足设计的要求,能否投入到企业的商务应用中。同时,从评估的结果中能够发现影响系统性能的瓶颈在哪里,这些结论有助于进一步完成对系统性能的改善。

7.2.4 系统实施阶段

实施阶段的主要任务是设计合理的系统实施计划,确定系统实施的组织安排,准备应用培训,完成电子商务系统的在线运行准备。

在实施阶段,不仅需要规划电子商务系统如何取代企业已有的信息系统,而且要为实现这一目标做多方面的准备工作,尤其是实施人员及组织机构的建立、商务流程和数据的切换、用户的培训等。

7.2.5 系统运行和维护阶段

电子商务系统投入运行后,更为重要的是企业商务活动转入一种新的模式下运转。这样,系统的运行过程除了使其正常使用外,还包括相应的维护、管理以及企业基于这样一个系统的市场、销售、客户服务等基本商务环节的运作和组织。

电子商务系统经过测试评估后,如果达到系统的性能指标,就可以投入生产中使用。运行阶段需要注意以下几个问题：

(1)运行包括系统运行和商务运行两个部分，中间有一个切换过程。对于前者的切换，可以按照软件工程或者相关系统集成方面的工程手册，通过设计切换方案进行；对于后者，必须在企业和企业的商务合作伙伴之间达成协议后才能进行。应当说，没有商务切换，仅仅实现计算机系统的在线运行是没有实际意义的。

(2)电子商务系统的运行必须有相关的实施组织及维护队伍，而且在系统运行前，就要制定好与系统运行相关的管理制度和条例。

(3)这一阶段一定要防止只考虑信息系统实施，不考虑配套环境的建设。同时，如果系统运行切换不是一步到位的话，必须尽量考虑切换过程中，企业商务流程可能会在新、旧系统中同时使用一段时间。此外，对于连续工作的实时系统，在切换过程中一定要考虑好故障恢复等应急措施。

在以上几个阶段中，商务模型和商务系统的规划是关键，它们对整个系统的影响最大，而且在系统的实施过程中所占的开销比例也很大。

7.3 电子商务系统的体系结构

确定一个合理的电子商务系统的体系结构是成功设计一个企业级电子商务解决方案的先决条件，因为它是电子商务解决方案的基础和系统规划的主要内容，以便在建设电子商务系统之初就在较高层次上为后续开发工作提供一个清晰的思路。一个合理的电子商务系统的体系结构通常应当满足以下几点要求：

(1)对于业务、平台、基础网络这样纵向的系统构成应该有清晰的描述；

(2)各个层次之间有明确的分工，形成各部分设计和开发人员之间有相互理解的基础；

(3)该体系结构要求能够满足整个系统概括性的描述，对各部分之间的接口、可重用性部件提供技术指导；

(4)在这种体系结构中应当包容应用软件、服务平台、商务中间件，例如 SCM、CRM 等基本内容；

(5)该体系结构应当是可扩展和可伸缩的。

图 7-5 就是一个典型的满足上述要求的多层次分布式电子商务应用系统体系结构逻辑模型，其中每个低层次负责向上一个层次提供服务和支持。

(1)安全保障环境

安全保障环境主要是通过各种技术手段，例如主机监控、网络监控、身份验证、数字签名、访问控制、攻击监测、审计跟踪等为电子商务系统提供安全保障。

(2)基础设施

基础设施层是电子商务系统的运行环境。它包括计算机系统、网络等硬件环境，操作系统、数据库管理系统等软件环境，同时还包括各种网络协议。

(3)基础支持平台

基础支持平台也称为基础支持层，其作用是使应用系统的性能、效率和数据得到保证。它对商务应用提供四种基本的支持，即系统开发与维护环境、系统性能优化、系统可管理性及可靠性、应用的互操作性。

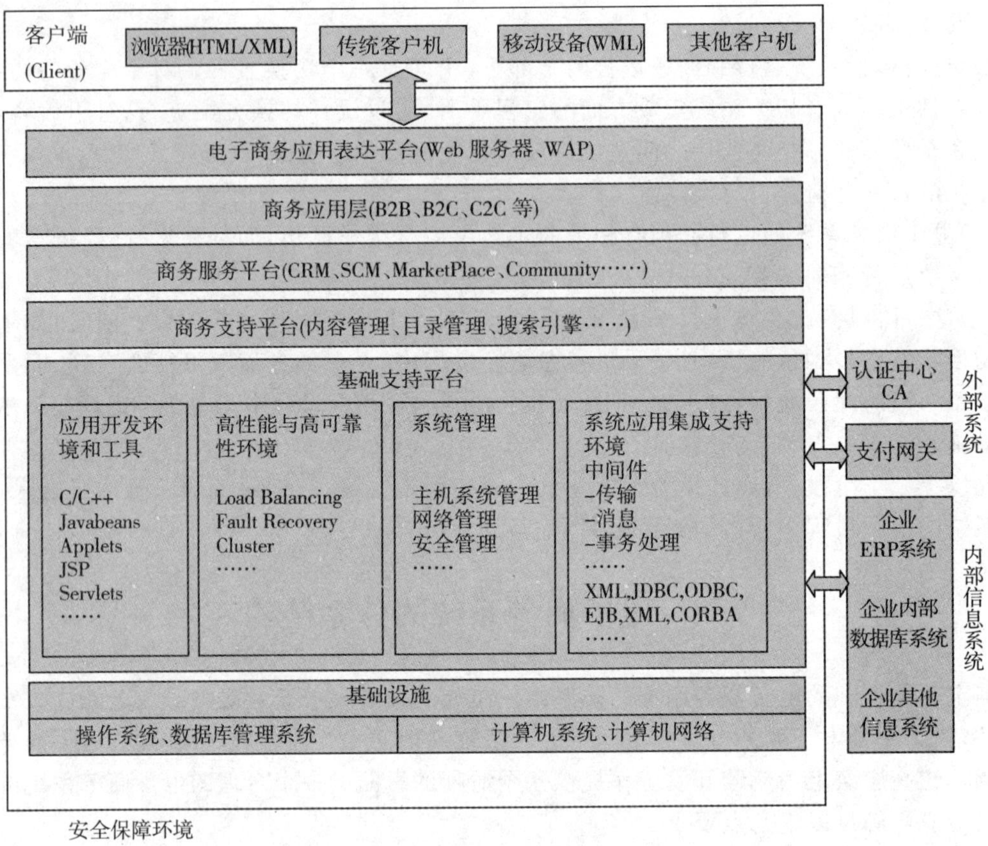

图 7-5　电子商务系统的体系结构

(4)商务支持平台

商务支持平台也称为商务支持层。这一层的作用是为商务系统的应用提供辅助支持功能,包括内容管理、知识管理、目录管理、搜索引擎和用户管理等。

(5)商务服务平台

商务服务平台也称为商务服务层。这一层是对商务应用层的必要补充,直接为商务应用系统提供服务,并对商务应用层的功能进行必要的优化。它主要包括的内容有:供应链管理(SCM)、客户管理(CRM)、电子市场(Market Place)、社区(Visual Society/Community)、协作服务(Work Flow/Group Ware)等。

(6)商务应用层

商务应用层是电子商务系统的核心部分,它实现了整个系统的核心商务逻辑,是软件开发过程中需要编写的应用程序。

(7)电子商务应用表现平台

电子商务应用表现平台的主要作用是为商务应用提供客户端表现支持。它将商务应用层的各种商务逻辑处理结果以不同的形式提交给客户端,并负责完成电子商务系统与其服务客户之间的交互。

(8)客户端

客户端负责对商务系统处理的结果做最终解释,是客户接受服务的终点。客户端可分成不同的种类，包括浏览器(支持HTML或XML的瘦客户机)、支持WML的移动终端、Java客户机和传统的胖客户机。

(9)外部系统

这一部分主要是指与电子商务系统发生数据交换的其他信息系统。它包括三个方面：银行的支付网关(Payment Gateway)、认证中心和企业的其他合作伙伴。该部分负责完成两个任务：第一个任务是与电子商务系统配合完成联机交易的支付过程；第二个任务是通过信息交换完成企业间的协同，进而在相关企业之间形成以Internet为基础的虚拟商务电子市场。

(10)内部信息资源

内部信息资源是指企业内部的生产与管理实现计算机化管理的部分，它负责完成企业内部的电子商务。内部信息资源与企业电子商务系统之间形成信息共享与协同关系，并在此基础上完成企业的业务流程重组。该部分主要包括企业ERP系统、企业内部数据库系统和其他企业信息系统。

7.4 电子商务系统的分析

电子商务系统分析是系统设计的基础，也是设计之前必须开展的一个步骤。由于电子商务系统是一种以企业的商务活动为基础的特殊信息系统，所以其分析与一般的信息系统分析存在一些差异。电子商务系统分析是一种创新性的分析过程，它是以企业的特定需求和各类电子商务的一般需求为基础的活动。系统分析人员在做分析时需要了解企业存在的各种核心商务活动和需求要点，以及在电子商务条件下可能产生的潜在需求。

7.4.1 电子商务系统分析概述

1. 电子商务系统分析的基本概念

企业的商务目标就是为了最大限度地扩大利润空间，增加收入。为了达到这一目标，企业需要不断地完善和提高核心竞争力，扩大产品的市场份额，这是企业建设电子商务系统的最直接和最原始的动机。基于这一点，在设计电子商务系统之初，就必须准确地、完整地了解企业电子商务的需求。只有掌握企业在开展商务活动中的有关数据及其处理过程，才能在设计阶段有针对性地设计电子商务系统软件的功能，使所构造的系统最终能与企业的建设动机相吻合，这些工作就是系统分析所要完成的任务。因此，系统分析是系统建设的基础，是电子商务系统建设中的一个重要阶段。

电子商务系统分析就是在系统规划确定的原则和目标指导下，结合电子商务系统的特点，对企业商务活动进行调研，全面地了解企业的经营目标、组织结构、数据流程和业务处理过程，结合不同电子商务活动的基本需求，进而确定企业的详细需求定义或者系统功能需求说明书，为系统设计奠定基础。

2. 电子商务系统分析的特点

电子商务系统与一般的信息系统分析相比较，既有相似的地方，也有不同之处。具体表现为：

(1)系统分析的目的是相同的

无论是电子商务系统还是其他信息系统，系统分析的目的都是为了给企业未来建设的新系统提出明确的、细致的需求，使系统的设计做到有的放矢，具有明确的针对性。

(2)系统分析的方法是类似的

系统分析的所有方法都是为实现其目标服务的。无论是面向数据流的结构化分析方法、还是面向对象的分析方法，虽然表现形式不同，但是目标都是为了从不同层次、不同角度描述企业的业务过程和业务模型。电子商务系统作为一种特殊的信息系统，仍然可以利用这些传统的分析工具来对企业的现行业务模型进行描述，也可以利用这些分析工具来刻画未来系统的特征。

(3)系统分析的对象不尽相同

传统信息系统的系统分析着重于从企业业务的手工处理过程，或者企业既有信息系统入手，分析其中的不足或缺陷，进而提出新系统的需求。例如，在对订单处理过程的分析中，分析人员发现，手工查询过程费时费力，故对新系统提出的要求是建立订单数据库，利用计算机来查询。所以，这种系统分析的过程，具有相对明确的参照物，而且分析的对象(手工处理系统或既有系统)是存在的，业务处理过程也是相对明确的。

电子商务系统的系统分析尽管也是为了给未来的新系统提出需求，但是由于企业电子商务活动还没有实施，企业不可能在没有技术支持的条件下开展电子商务，所以目标系统的参照物并不存在。例如，在企业的商务活动中，没有电子化社区管理这一过程。但是，要实现客户关系管理，建立电子社区恰好是未来新系统的需求。而对企业现有业务处理过程进行分析，无论如何是无法发现这一需求的。所以，电子商务系统所要分析的对象并不完全是手工处理过程，最多可以说企业现有系统只是未来电子商务系统分析对象的一个组成部分。

(4)系统分析的任务不同

传统的信息系统分析主要包括系统调研、系统业务分析、新系统的需求这样几方面。但是，对于电子商务系统而言，很难直接通过分析企业既有系统或手工作业的不足，进而提出电子商务系统的需求。所以，电子商务系统分析的任务除了对企业业务流程进行调研、分析老系统的不足之外，最重要的一部分工作是在分析老系统的基础上，结合电子商务的特点和不同电子商务模式需求的共性，创新性地提出企业尚未开展、而目标系统将应当满足的一部分需求。企业信息门户网站建设就是这样一个例子。企业在开展网上电子商务活动之前，企业的业务是通过手工处理的，那么单纯地分析既有业务的需求，就不可能明确地提出信息门户网站的用户需求。但是，如果结合电子商务系统的基本需要，就不难发现，应当将信息门户的建设作为目标系统建设的一个重要需求。

总之，电子商务系统分析与传统信息系统分析的目标是一致的，主要是分析并提出未来新系统的业务需求。但是电子商务系统分析不仅需要分析和描述企业既有的业务处理过程，而且要结合电子商务的特点，创造性地描述未来新系统应当满足的需求和需要实现的功能。

7.4.2 电子商务系统分析的过程

1. 信息系统分析的基本思路

在信息系统分析阶段，系统分析人员需要全面、准确地了解企业的现状和对未来系统的要求，解决系统到底要“做什么”的问题，至于“怎么做”的问题，等到系统设计阶段去完成。因此，在系统分析阶段需要对企业生产、经营过程中数据的收集、存储、加工、处理、传递等信息处理过程进行调查分析。此外，系统分析阶段还要调查和分析企业的主要商务活动的功能，如数据处理、预测、计划、辅助决策、公共信息服务等。系统分析完成后，技术人员应能够明确企业商务活动的内容、数据和处理过程，以及企业各项业务活动之间的相互关系。从某种意义上讲，系统分析的结果就是建立起表述企业运作过程的清晰的、准确的、动态的模型。

那么，怎样才能建立起这种清晰、完整的企业商务活动模型呢？在一个企业中有不同的业务，即使是一项相对独立的业务活动，其处理过程所涉及的对象也是种类繁多，且存在复杂的内在联系。企业中有不同的商务活动，例如，市场、销售、订货、交付、服务等。以商品销售为例，可能处理的对象包括产品、顾客、订单等。面对这样一个复杂的问题，人们从不同的角度提出了很多不同的方法，有代表性的分析方法主要有面向数据流的结构化分析方法、面向对象的分析方法以及面向数据的分析方法。

尽管每一种分析方法都有其各自的特点，但是这些系统分析方法的共同思路和原则可以归结为："自顶向下、从静到动、去伪存真、循环迭代"。

所谓"自顶向下、从静到动"主要指系统分析过程的层次和顺序。"自顶向下"意味着系统分析首先从比较宏观的抽象层次上进行分析。在面向数据流的结构化分析方法中，它体现在数据流和加工处理过程不断细化；在面向对象的分析方法中，它体现为对象的层次不断丰富，识别抽象出超类后，再考虑子类和派生类等细节。

"从静到动"则意味着系统分析过程可以先从孤立的个体出发，然后再考虑不同个体的联系。首先考虑业务的静态特征，然后再考虑其动态行为。在面向数据流的结构化分析方法中，它体现为先独立地分析企业商务活动中的外部实体、处理过程、数据流，然后将外部实体与数据流、数据流与处理过程联系起来；而在面向对象的分析方法中，则体现为先识别独立的对象，然后考虑对象之间的关系，先进行静态分析，然后进行动态分析等。

"去伪存真、循环迭代"主要指系统分析的过程。所谓循环迭代表明系统分析过程是一个不断深入的过程。由于系统分析是自顶向下在不同抽象层次上可以不断地、重复地利用相应的分析方法。另外，在实际的系统分析过程中，不见得通过一次就能了解清楚企业的所有需求，可能需要重复若干次系统分析后，才能明确地把握企业对目标电子商务系统的要求。在这种情况下，每次分析过程都可以用同样的方法，去除不确切的地方，了解企业商务活动的真实状况。

2. 电子商务系统分析的思路

我们知道，电子商务系统与传统信息系统在做系统需求分析时有很大区别。电子商务系统部分功能需求是原有业务中并不包含的，而传统信息系统通过描述业务数据及其处理过程后就可以得出目标系统的需求。所以，电子商务系统的分析过程中还需要包括一个创新性的综合加工过程。这一过程的目的是在了解企业商务活动过程的基础上，通过分析、综合、创新提出新系统应该满足的而原有业务中不具备的需求。一般来讲，这种需求实际上是老系统没有、而新系统需要的需求，用户很难清楚地表述，需要有电子商务系统的分析设计人员来提出，是一种"无中生有"的需求。

那么，如何才能提出这样的需求呢？事实上，提出这种需求的过程是一种创新性的活动，其基础主要包括以下几个方面：

(1)了解企业商务活动以及电子商务可能对企业商务活动的改进方式；

(2)掌握企业商务活动的详细特征；

(3)了解典型的电子商务活动的基本需求。

了解电子商务系统对企业商务活动的改进方式，可以有针对性地分析企业在诸多的商务活动中，哪些方面是可以作为电子商务加以改进的；掌握企业商务活动的特征，可以使得分析设计人员掌握企业的现状、企业商务活动的个性；典型电子商务活动的基本需求，则是掌握电子商务需求的共性。在对共性和个性都有充分把握的基础上，通过分析、评估和综合，就能完成电子商务系统的需求分析。

所以，将这一思路归纳起来，电子商务系统分析的过程如图 7-6 所示。

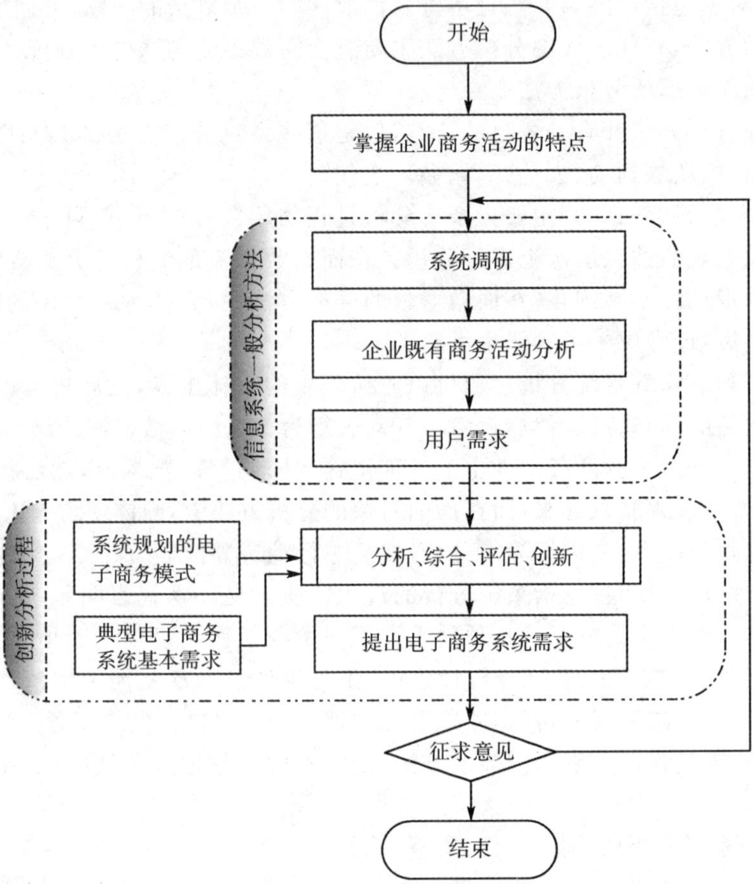

图 7-6　电子商务系统分析过程

从图 7-6 可知，电子商务系统分析的任务主要包括：

(1)掌握企业商务活动的特点

这一任务的主要内容是了解企业商务运作过程中有哪些基本的商务环节，其基本特点是什么，在开展电子商务活动中的重点和要点是什么。目的是为了在系统调研之前，使系统分析人员能够做到心中有数，进而在调研过程中有针对性地和企业相关人员进行交流，做到有的放矢。

(2)系统调研

这一任务的主要内容是对企业的组织机构、主要业务、各项业务活动的数据流程和相关的处理过程等进行详细的调查。目的是获取原始资料，了解企业的运作情况，为后续的企业商务活动分析做好准备。

(3)企业既有商务活动分析

这一任务的目标是通过对系统调研获取的资料进行分析,建立系统的模型,分析模型中的各项活动要求,提出系统的用户需求。其任务主要包括以下内容:

① 分析评估:针对需求调研获得的大量资料进行整理、分类和加工,对各个数据对象评估其信息流的处理和内容,分析业务流程、数据和数据流程、业务功能和数据之间的相互关系。

② 系统建模:在分析评估的基础上,利用选定的建模方法,详尽地描述出系统的数据、处理功能和行为特征,以便可以更好地理解数据和控制流、处理功能和操作行为。总之,系统建模就是概括出企业既有手工处理过程或既有系统的逻辑模型。

③ 提出需求:针对系统的模型进行分析评价。分析模型中处理流程、功能等方面的不足或者缺陷,提出需要完善或者改进的地方,给出未来系统的需求。完成这一任务通常可以使用结构化分析、面向对象分析、基于 UML 的分析等方法来加以描述。

(4)分析、综合、评估和创新,提出电子商务系统需求

该部分的内容是针对前一步骤的结果进一步进行分析综合,结合系统规划给出的企业商务模式,并参考典型的电子商务模式的一般性需求,再次进行审查,在上一步需求的基础上,补充如何利用电子商务手段改善企业竞争能力方面的相关需求,给出未来电子商务系统的需求,描述未来电子商务系统需要实现的功能。

最终的需求功能可以使用多种方法表达,例如,系统功能需求说明书,当然也可以使用相关的分析建模方法进行描述。这些工作的主要依据包括:

① 企业电子商务系统规划中有关内容,例如企业未来电子商务模式、系统商务目标等。

② 针对企业既有商务活动进行分析,给出系统业务需求描述或老系统模型。

③ 典型的电子商务系统的基本需求。

在分析和评估过程中,还可以参考国内外同类系统的特点,或者通过网络考察类似电子商务系统的功能和业务处理过程。

7.4.3 面向数据流的结构化分析方法

面向数据流的结构化分析方法的基本出发点是:一个计算机的信息处理系统是由数据流和一系列的处理转换过程构成的。处理转换过程将输入数据流转化为输出数据流,即计算机数据处理过程可以归结为“输入数据(Input)→处理转换(Process)→输出数据(Output)”这样的 IPO 过程,所以面向数据流的结构化分析方法将分析的重点集中在数据及其处理过程中。

面向数据流的结构化分析方法采用数据流图(Data Flow Diagram,DFD)作为刻画数据流及其处理转换的工具,通过一些简单的图形符号表示数据源、数据流、处理转换和外部实体等。此外,面向数据流的结构化分析方法采用数据字典(Data Dictionary,DD)来描述数据流的各个数据具体含义,可以通过判定表、决策树的方式描述处理转换过程的细节。

1. 数据流图

数据流图是一种描述数据流和加工的图形表示,当数据输入到系统后,经过一系列的逻辑转换(或称加工),最后输出新的数据。需要注意的是,数据流图和程序设计中的程序流程图或程序框图有着本质的区别。数据流图只描述“做什么”,不描述“怎么做”和做的顺序,即关心的是企业业务系统中的数据处理加工的客观过程,而并不关心未来电子化处理的加工过程。数据流图中流动的只是数据,并没有控制过程,但程序流程图表示的是对数据进行加工的次序和

细节，必须有控制逻辑。

数据流图的基本元素包括外部实体、处理转换、数据流、数据存储，它的基本元素的图形符号和顶层流程图如图 7－7 所示。

(1)外部实体

位于软件系统边界之外的信息生产者或消费者。

(2)处理转换过程(处理加工过程)

转换数据流的处理过程。处理过程通常包括：通过转换数据结构、提取输入数据的信息形成新数据。一般来讲，处理过程主要完成数据的分类、排序、转换、归并。

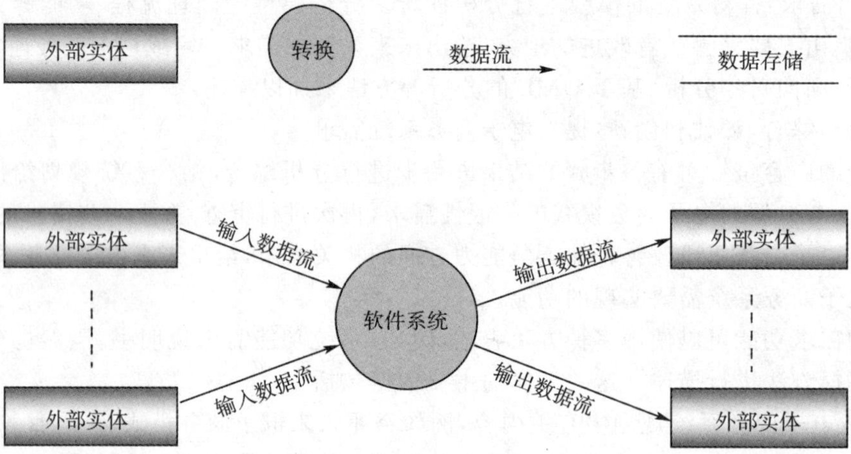

图 7－7　数据流图的图形符号和顶层流程图

(3)数据流

在转换之间有向流动的数据项或数据项的集合，反映了外部实体和处理转换过程、数据存储和处理过程之间的相互关系。

(4)数据存储

为一个或多个转换提供数据源或数据存储服务的缓冲区、文件或数据库。

数据流图是用来刻画数据流和转换的信息系统建模技术。它提供层次结构让分析人员能够方便地表示任意级别上的信息系统或其子部分，并支持问题分解、逐步求精的分析方法。以批发流通企业信息系统中的商品销售信息流为例。开始时，整个信息系统可以用如图 7－8 所示的顶层数据流图表示。随着需求活动的逐渐深入，较高抽象级别上的复杂转换可以精化。

在进行逐层精化的过程中，必须维护层间数据流的平衡，即被精化的输入、输出流必须与精化它的数据流子图的初始输入流和最终输出流一致。这是确保需求模型一致性的一条重要原则。同时，要注意逐层精化必须适可而止，因为需求分析活动只求对问题的全面、清晰的理解，并不关心软件的设计细节。

2. 数据字典

在面向数据流的结构化分析方法中，单纯采用 DFD 很难表示出数据的详细内容，例如，在批发流通企业销售信息系统的例子中，订货单的内容究竟是什么，DFD 无法回答这个问题。所以，面向数据流的结构化分析方法又采用数据字典描述数据的细节。有了数据流图和数据词典，才算是较完整地描述了一个系统。数据流图和数据字典是需求规格说明书的主要组成

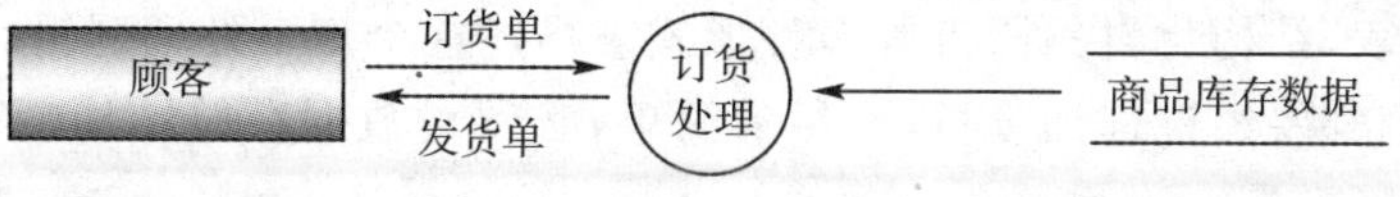

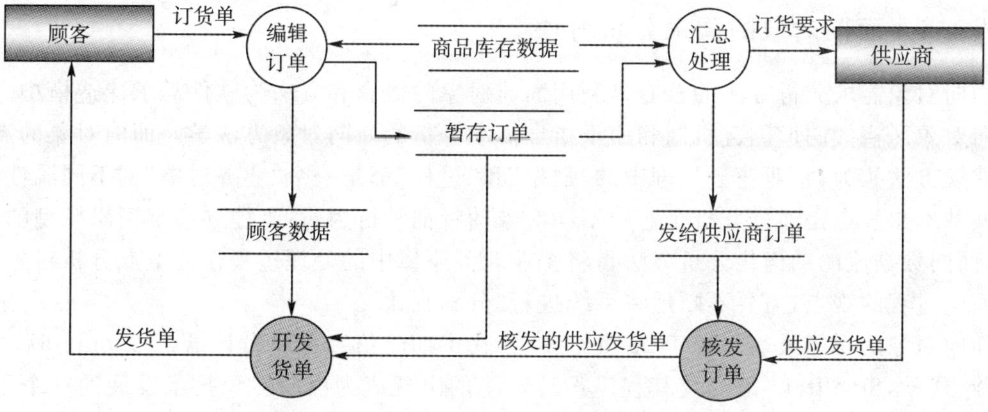

图 7-8　商品销售信息系统的数据流图

部分。

数据字典对数据流图中出现的所有名字(数据流、加工处理、数据存储)进行定义。因此,我们可以像日常查词典一样,借助数据字典就可以查出某个名字的具体含义。数据字典也像普通字典一样,把字典中所有条目按照一定的次序排列起来,方便人们查找。数据字典的数据条目是由三大类组成,即数据流条目、加工处理条目和数据存储条目。

现以定义数据流的数据流条目为例,定义的方式一般是列出该数据流的各组成数据项。在定义数据流时,通常借助于一些简单的符号。如:

＋　表示"与"　　［|］　表示"或"　　{}　表示重复

()　表示选择　　m. . n表示界域

在图 7-8 的批发流通企业销售信息系统的例子中,订货单数据流条目为:

订货单 ＝ 订货单标识 ＋ 顾客详情 ＋ 商品详情 ＋ 到货详情

同 DFD 的逐步求精类似,数据字典中的数据也可以逐步求精,例如该订货单可以进一步细化为:

订货单标识 ＝ 订货单号 ＋ 订货日期

顾客详情 ＝ 订货单位 ＋ 订货人 ＋ 联系电话 ＋ 开户银行 ＋ 账号

商品详情 ＝ 产品名称 ＋ 规格型号 ＋ 计量单位 ＋ 数量

到货详情 ＝ 到货地点 ＋ 到货时间

3. 建模过程

在面向数据流的结构化建模过程中,数据流图表达了系统的数据来源和去向,指出了系统的各个逻辑功能,同时也说明了一个逻辑功能可以通过一组数据元素和另一个逻辑功能联结起来。在数据流图中还表达了每一个要进行数据访问的数据存储,在对其中的每个数据流详细分析以后,要把所有的数据元素以及由这些元素组成的数据结构明确定义出来,并把它记录到数据字典中,作为对数据流图的补充和解释。对数据流图中的每个逻辑功能都可以采用"自顶向下"的方法逐级分解成更为详细的数据流图,直到每个逻辑功能不可再分为止。这样就可以用判断树、判断表、结构化自然语言等多种形式来描述这个加工处理逻辑。对数据流图中的每个数据存储内容都要经过仔细分析，要尽量简单，必须对数据存储结构规范化，以保证数据的一致性。

7.4.4 面向对象的需求分析方法

面向对象需求分析方法的核心是利用面向对象的概念和方法为软件需求建造模型。它包含面向对象风格的图形语言机制和用于指导需求分析的面向对象方法学。面向对象的需求分析与建模方法认为，企业业务处理中的“数据”和“过程”都是一个“业务对象”的不同属性而已，所以其基本出发点是通过分析企业中不同对象的特征和行为，达到建立系统逻辑模型的目的。相反，面向数据流的结构化分析方法是将企业业务逻辑中的处理过程作为重点分析对象，它是一种面向过程的观点，需要不断地将系统进行“分解细化”。

面向对象的思想最初起源于 20 世纪 60 年代中期的仿真程序设计语言 Simula 67。20 世纪 80 年代初，Smalltalk 语言及其程序设计环境的出现成为面向对象技术发展的一个重要里程碑。到 20 世纪 80 年代中后期，面向对象的软件设计和程序设计方法已发展成为一种成熟的、有效的软件开发方法。目前，面向对象的需求分析方法发展很快，主要的面向对象的分析方法包括：Coad/Yourdon 方法、OMT 方法和 Jackson 的 OOSE 方法，这些方法都各具特色，并都在大规模软件开发实践中有成功的应用案例。

1. 面向对象的概念与思想

面向对象(Object-Oriented，OO)的需求分析方法是以客观世界中系统的实体为基础，将客观实体的属性和操作封装成对象，通过提供对象、对象间消息传递的语言机制，让分析人员在解空间中直接模拟问题空间中的对象和行为，从而削减了语义断层，为需求建模活动提供了直观、自然的语言支持和方法学指导。

为了在解空间中逼真地模拟现实问题空间并与人类的思维习惯相一致，面向对象方法学包容了以下核心的概念：

(1)对象：是现实世界中个体或事物的抽象表示，是其属性和相关操作的封装。属性表示对象的性质，属性值规定了对象所有可能的状态。对象的操作是指该对象可以展现的外部服务。例如，一张订单可视为对象，它具有订货单号、订货日期等属性，对该对象可施行增加、修改、删除、作废等编辑处理操作，这些操作将或多或少地改变订单的属性值。

(2)类：是某些对象的共同特征(属性和操作)的表示，对象是类的实例。

(3)继承：类之间的继承关系是现实世界中遗传关系的直接模拟，它表示类之间的内在联系以及对属性和操作的共享，即子类可以沿用父类(被继承类)的某些特征。

(4)消息：消息传递是对象与其外部世界相互关联的唯一途径。对象可以向其他对象发送消息以请求服务，也可以响应其他对象传来的消息，完成自身固有的某些操作，从而服务于其他对象。

简而言之，面向对象＝对象＋类＋继承＋消息。而面向对象分析方法正是将企业实体作为分析对象。该方法认为：

(1)所有事物都是由对象构成的，任何复杂事物都可以通过对象的某种组合结构构成；

(2)对象包括属性和方法两方面内容；

(3)对象之间的联系主要是通过消息的传递来完成；

(4)对象可以按照属性进行归类。类和类之间可以有继承、派生等多种关系。

2. 面向对象分析建模的过程

面向对象分析方法的核心思想是利用面向对象的概念和方法为软件需求建造模型,以使用户需求逐步精确化、一致化、完全化。因此,面向对象分析方法的大致步骤不外乎是识别对象、属性和外部服务,识别类及其结构,定义对象之间的消息传递等。值得指出的是,对于实际应用问题,特别是大型问题,面向对象分析方法的各步骤应该以某种交织、迭代或并行方式进行。因为不可能一次性完成复杂软件需求的对象、类、消息等的识别和描述。面向对象的分析过程主要包括以下步骤:

(1)识别对象

对象是实际问题域中有意义的个体或概念实体,它是面向对象分析过程中的核心,对象的识别是面向对象分析的起点。在识别过程中,要根据具体的应用问题及其背景,对企业的各类业务实体和特征进行分析调查,识别和筛选需要的对象。对象的命名要遵循以下原则:

① 使用单个名词或名词短语;

② 对象名称必须简洁、精确、易于理解;

③ 尽量使用用户熟悉的标准词汇。

(2)识别对象属性

属性是对问题域中对象性质的刻画,属性的取值决定了对象所有可能的状态。为了识别问题域中对象有意义的属性,分析人员需要确定用哪些数据描述可以刻画出对象的信息特性,可以进行哪些操作。此外,还需要了解其归属层次,即它有无父类和子类,由哪些对象构成。

(3)识别对象结构

所谓结构是指对象的组成方式。一般将对象组成结构分成两类:分类结构和组装结构。分类结构主要反映了对象之间的从属、继承关系,例如,交通工具类可以具体分为飞机、汽车、火车、轮船等;组装结构则反映了事物的整体与部分之间的关系,例如,将飞机当成一个整体,其组装结构中包括发动机、导航系统、轮胎、座舱、机翼等部分组成。

(4)定义方法

定义方法主要是确定一个对象与哪些消息、操作相关联。一般来说,一个对象产生某种操作都是由消息触发的。例如,当一个汽车对象收到红灯消息后,其操作就是停车。在定义方法的过程中,首先需要确定每一种对象可能接收的消息、接收消息后的动作;其次,还要定义对象之间需要传递哪些消息。

完成面向对象的分析后,就清楚地描述了企业中存在的实体、实体属性、实体之间的关系以及消息传递和处理方法,这就为后续的面向对象的设计奠定了基础。

7.5 典型的电子商务业务需求

企业电子商务应用的覆盖范围相当广泛,有 B2B 和 B2C 等几种典型的商务模式。就某个具体的企业而言,通常由于生产的产品和服务的对象不同,需求会千差万别,但从几种典型的商务模式的业务整体需求来看,还是具有一定的共性的。了解这些典型商务模式的业务需求共性,对于具体企业的电子商务系统的需求分析会有帮助。

7.5.1 B2C的网上零售系统的基本需求

B2C的网上零售系统是零售企业为最终的个体用户提供的网上销售企业产品的系统，也是目前零售企业应用的最为广泛的一种电子商务模式。支持这种电子商务模式的电子商务系统应当具有先进完备的网上购物功能和强大的后台管理功能。零售企业可以构建具有网上销售、网上支付、运费计算和订单跟踪等先进功能的电子商务销售系统，满足消费者在网上购买过程中的各种需要，帮助消费者更好地做出购物的选择。同时可利用网上销售的后台管理系统维护和运作网上商务，为零售企业提供操作简便、灵活维护的网上产品销售工具。

B2C电子零售系统的基本需求主要包括：

(1)用户管理需求

① 用户注册：用户可进行在线注册，免费成为会员；

② 注册用户信息管理：管理用户的注册信息，添加、更改、删除用户登录的信息。

(2)前端客户需求

① 提供电子产品目录，帮助用户分类搜索，直到发现所需要的商品；

② 进行同类产品比较，帮助用户进行购买决策；

③ 商品的评估；

④ 在线订货(购物车)，提供添加、删除、更改等功能，可以让用户方便地对已订商品进行管理；

⑤ 为购买产品下订单；

⑥ 撤销和修改订单；

⑦ 在线支付系统，提供与银行之间联系的接口；

⑧ 对订单的状态进行跟踪；

⑨ 售后服务请求。

(3)后端销售商的需求

① 管理员账户管理；

② 检查客户的注册信息；

③ 处理客户订单；

④ 完成客户选购产品的结算，处理客户付款；

⑤ 能够进行电子拍卖；

⑥ 能够进行商品信息发布；

⑦ 能够发布和管理网络广告；

⑧ 商品库存产品管理；

⑨ 产品折扣管理；

⑩ 能够跟踪产品销售情况；

⑪ 能够和物流配送系统建立接口；

⑫ 与银行之间建立接口；

⑬ 实现客户关系管理；

⑭ 客户售后服务管理。

不难发现，B2C的电子零售系统的构成至少包括以下三个部分：

(1)商品管理子系统:商品信息管理、发布。

(2)商品交易子系统:订单处理、电子支付。

(3)客户关系管理子系统。

7.5.2　B2B 电子商务的基本需求

1. B2B 电子商务的业务流程

电子商务发展的真正突破是 B2B 商务模式,即企业对企业的电子商务,它主要是进行企业间的产品批发业务,因此也称为批发电子商务。从参与企业的数量、涉及的金额、交互信息的规模上来说,B2B 都将成为电子商务的主体。在这种环境下,企业不仅要协调企业内计划、采购、制造、销售的各个环节,还要与包括供应商、承销商等在内的上下游企业紧密配合。

传统上,基于 EDI 技术的 B2B 电子商务由于其昂贵的开销,成为大企业、银行的专用系统。但是,目前基于 Internet 的 EDI 技术的出现和各种网络支付手段的建立和完善使得中小型企业进入这一领域成为现实。这种技术使用户从根本上改变了企业的计划、生产、销售和运行模式,甚至改变整个产业的基本生存方式。B2B 电子商务的业务流程如图 7-9 所示。

2. B2B 电子商务中的主要参与实体

B2B 的电子商务活动中,主要参与的实体包括卖方企业、买方企业、中介机构(如银行、认证中心)、物流企业(如运输、仓储、包装等)、政府机构(如税务、海关等)。

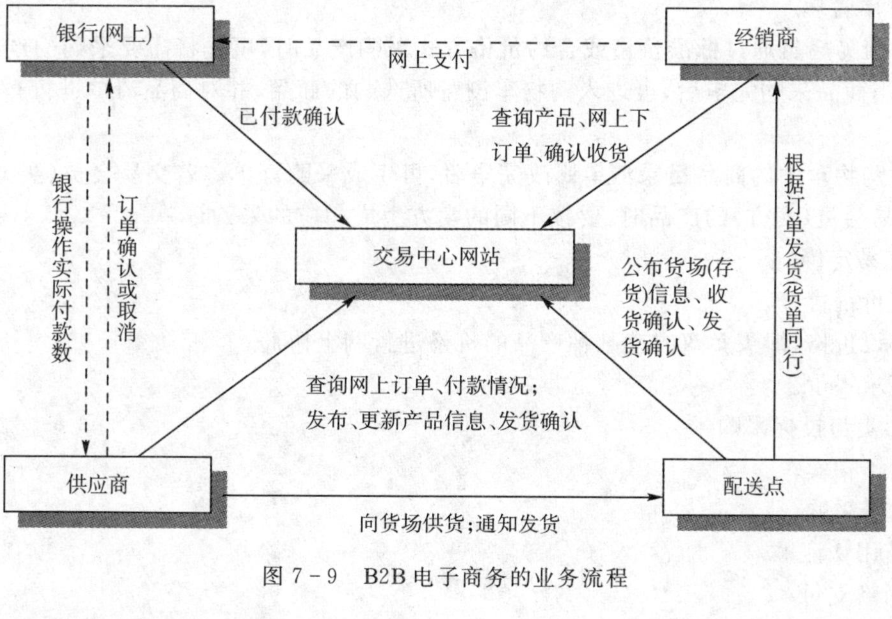

图 7-9　B2B 电子商务的业务流程

3. B2B 电子商务的基本需求

(1)会员管理

所有参与交易的机构都必须先在线填写注册表,经系统审核后实时成为注册会员。注册后的会员可在网上进行产品信息的发布、浏览,还可以实现产品的销售和购买。同时,系统还提供完善的会员管理机制,主要包括会员身份管理、会员资料管理和权限控制等。

① 会员身份管理:在一个会员机构中,通常将只有一个机构管理员负责对注册会员进行角色分配、产品目录管理、组织管理和一些日常分类查询等事务管理工作。当然,机构管理员

可以定义多个交易操作员，这些操作员可具有不同权限，执行所委托的授权交易操作。管理员也可依据一定规则设定会员级别，系统支持会员级别按规则自动升级。

② 会员资料管理：包括审批交易会员及其成员的注册申请；增加新的交易会员；注销会员资格；修改交易会员信息；删除交易会员信息。

会员注册允许新的成员（用户或组织）进入交易市场进行交易，并在注册过程中收集成员信息，这些信息可用于以后的用户个性化定制服务。

非注册用户也可以进入交易市场，但他们的交易行为要受到限制，如只能浏览产品目录，无权进行交易操作。

③ 权限控制。

(2)产品目录管理

① 目录管理：交易会员（卖方）可在平台上发布自己的信息，包括创建新的产品目录信息、修改产品信息、删除产品信息、设置交易方式。

② 目录视图：包括目录浏览、管理产品、我的目录。

③ 目录查找用户可按产品名称、品种规格、交易类型等进行查找。

(3)流程管理

① 购买流程管理；

② 卖方流程管理。

(4)订单管理

① 当交易会员通过标准价格或合约价格方式采购产品时，可先将需要采购的产品放入购物车中。当商品采购完毕后，可进入购物车浏览所选购的商品，并对商品清单进行必要的补充修改。

② 对购物车中的商品目录清单修改完毕后，可生成采购订单。若交易会员（买方）采购的是多家交易会员（卖方）的产品时，要按不同的卖方生成相应的采购订单。

(5)交易定价

① 定价销售；

② 协议价格，即买卖双方就某种产品的价格进行网上协商；

③ 请求报价。

(6)拍卖与投标采购

① 电子拍卖；

② 电子采购。

(7)信用认证

(8)网络支付

(9)顾客中心

为顾客进行网上购物提供帮助信息，例如，如何进行商品的查询、如何注册成为会员、如何进行付款等。同时，为了维护商家与购物者两方的合法权益，在此购物者能详细的了解到购物后出现问题的解决方式。

(10)物流配送

7.5.3　企业信息门户平台的基本需求

企业信息门户平台(Enterprise Information Portal)是指在Internet的环境下,把各种应用系统、数据资源和互联网资源统一集成到企业信息门户之下,根据每个用户使用特点和角色的不同,形成个性化的应用界面,并通过对事件和消息的处理把用户有机地联系在一起。它不仅仅局限于建立一个企业网站,提供一些企业、产品、服务信息,更重要的是要求企业能实现多业务系统的集成、能对客户的各种要求做出快速响应,对整个供应链进行统一管理。与面向公众的信息门户相比,企业信息门户肩负着投资增值和提高效率的重要使命,其功能和特性都围绕着企业间竞争的需要,满足信息交流的实时双向性的要求。企业信息门户是电子商务系统的一个重要组成部分,如果只对企业业务活动进行分析,很难完整地提出有关信息门户的用户需求。所以,在系统需求分析的创新分析中必须考虑这一特点。

一般而言,企业信息门户平台的主要功能有:

(1)对于企业内部是管理和查询日常业务的公用平台:员工可以访问企业的客户信息、销售信息、生产信息、库存信息、财务信息,以最低的成本共享和利用企业的所有信息。

(2)对外则是企业网站:通过企业门户及时向客户和合作伙伴提供产品、服务的信息。开拓新的网上业务,推动企业走进电子商务。

(3)使企业能够释放存储在内部和外部的各种信息。

(4)使企业员工、客户和合作伙伴能够从单一的渠道访问其所需的个性化信息。

因此,企业信息门户平台的需求主要包括:企业基本信息发布;企业动态与新闻;企业产品与服务;搜索与索引;个人事务处理;文件管理;信息交流;工作流处理;电子邮件与客户反馈;用户访问统计;网站访问分析与统计;个性化服务;电子社区;相关链接。

7.5.4　电子商务下的物流配送系统需求分析

物流(Logistics)是电子商务活动的基础,物流的发展为电子商务的发展创造了条件。另一方面,电子商务的发展给物流提出了更高的要求,客观上促进了物流技术的发展。同时,电子商务的应用,也提高了物流运作的水平。

一般认为,物流是指物质资料从供给者向需求者的物理移动,它由一系列创造时间价值和空间价值的经济活动组成,包括运输、保管、配送、装卸、流通加工和物流信息处理等多项基本活动。物流系统是指在企业活动中的各种物流功能,系统大致可由作业系统、信息系统组成,如图7-10所示。

电子商务下的物流配送是指物流配送企业采用网络化的计算机技术和现代化的硬件设备、软件系统和先进的管理手段,根据用户要求所进行的分类、编配、整理、分工、配货的工作,它是完成电子交易的重要环节。大型流通企业在构建电子商务系统时,必须要考虑物流配送方面的需求。物流配送系统的主要需求如下:

1. 合约议定

合约议定的过程是物流服务中一个极为重要的环节。传统上,物流服务商和货主都会在每一季或每一年中要重新议定物流合约,他们之间的谈判大多是基于直觉或短期的印象,并无实际的数据分析来辅助。再者,由于合约谈判的过程耗时耗力,货主往往无法寻找更多的物流服务商进行议价和比价。合约议定就是为物流服务商和货主之间提供一个价格协商平台。

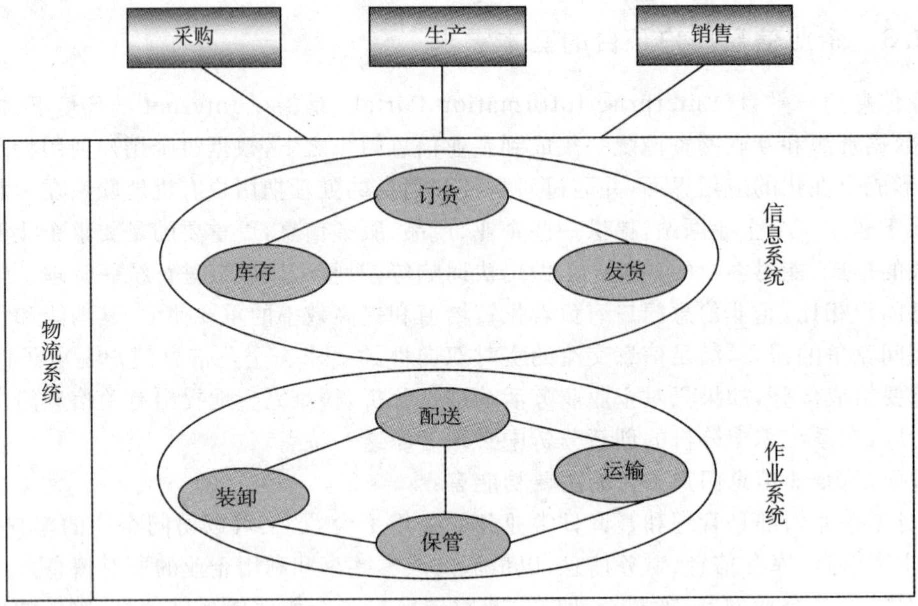

图 7－10　物流系统组成示意图

2. 仓储管理

(1)入库管理

仓库管理员可以在有验收凭证(到货通知单和采购订单)或没有验收凭证的情况下收货入库。仓储管理系统可接受通过终端键盘输入、电子数据交换或是网络传输方式由相关业务部门输入的采购订单和到货通知单等验收凭证信息。

(2)存放位置管理

仓库的库位分为普通区、临时区、分拣区、理货区、退货区等。通过出入库和移库操作管理商品的库位。仓库管理员在接收货物进入仓库后,必须确定货物的存放位置,以方便货物的入、出。存放位置的安排可以根据货物的特性、出入库频率、货主要求、商品编号预先指派,或根据到货当时的仓库空置位置由仓库管理员机动指派。

(3)出货通知单

仓储管理系统可以利用终端键盘输入、电子数据交换或是网络传输方式来接收出货通知。经由 EDI 或网络传输方式,可分为定时批次或单笔自动作业两种模式。

(4)拣货管理

仓储管理系统根据出货通知单和装载运输计划,编制拣货计划,安排将货物从仓库中挑选出来。

(5)循环盘点

为了确定存货实际数量与系统所计算的存货数量相吻合,仓库将依照事先确定的固定周期,根据货物品种规格进行盘点。盘点工作的分派,则可依据货物类别或储位区域安排。

(6)实物盘点

实物盘点的目的在于对在库货物进行全面清点。一般而言,这项作业需要安排两组各自独立的员工来执行。通过比较两组员工盘点的结果,查找并改正其差异,再将此结果与仓库管理系统的账面数量做比较,再次查找与改正差异,最后将此最终盘点结果登录到仓库管理系统中。这项作业能确保实际库存数量与仓库管理系统的账面数量能够相符合。

(7)报盈报亏

若盘点的实际库存数量与仓库管理系统的账面数量不相符合，则要进行报盈报亏处理。

3. 货物跟踪

不论货物是在仓库内或在运输途中，物流业主或货主均能跟踪了解货物的状态。物流企业可以授权客户，直接通过仓库管理系统与运输管理系统进行查询，使客户实时掌握自己货物的信息。在追求效率的同时，要保障信息系统的安全，严格限制客户仅能查询与其自有货物的仓储与运输相关的信息。

(1)运输管理

① 运输订单。运输订单是运输管理系统为客户安排运送货物的依据。运输订单的内容包含货主名称、地址、货物明细、运送日期、到达日期、运送路线等。当客户的出货通知单输入到仓库管理系统后，系统自动生成运输管理系统的运输订单，再由运输管理系统进行货物装载计划编制。

② 装载计划编制。装载计划编制是运输管理系统接收到运输订单(单笔或多笔)的需求后，进行货物装运计划安排的过程。装载计划编制可以由人为判断来进行，亦可以运用软件自动编制。

③ 装载计划确认。装载计划确认是运输管理系统向货运单位提出装载计划后，对货运单位决定接受或拒绝装载计划的确认。这是一个来回交涉的过程，可能牵涉到不止一家货运单位。运输管理系统将货运单位所接受的装载计划传送至仓库管理系统，仓储管理系统根据装载计划和运输订单进行拣货计划编制。

④ 装载确认及装载组合更改。仓储系统在完成拣货计划后，装载确认的信息将会从仓储管理系统传送到运输管理系统，以提供给货运单位制定派车计划进行实际装载。在装载确认的过程中，运输管理系统可以对最后实际的装载组合进行查核，或是做必要的更改。装载确认通常用来确定实际货物的重量、数量等相关信息。

⑤ 运输状态更新。运输管理系统将采集和更新货物的运输状态，并提供给相关单位或货主。当货车司机向仓库回报货物接收单位和个人签收货单的信息时，仓储管理系统将此货物送达交付信息上传到运输管理系统，系统会将自动更新货物的运输状态为“已送达”。

(2)客户管理

对于第三方物流企业，其客户可能为买方、卖方或运输单位。除了客户的基本资料，如名称、地址等，尚有许多与客户有关的资料需要加以管理，如商品信息(编号、规格、计算单位等)、装箱方式(依重量或数量等而定)、储位信息(储存区、拣货区等)。

(3)费率管理

由于面对各种不同的客户，专业第三方物流企业必须有能力通过不同的方式来管理费率，以配合客户的需求。可根据合约形态定义各式费率，如基本费率(收货、储存、运送等)、加值费率(如包装、装配、贴卷标等)和其他特殊费率等。

(4)账务管理

账务管理能产生业务系统的应收账款、应付账款、总账和明细账，供财务部门的账务系统自动调用。

(5)报表管理

报表管理能产生详细的报表,供物流企业和客户进行有效的仓储管理与运输管理。各种标准的报表可从仓储管理系统和运输管理系统处取得。除此之外,由于所有资料均存放于关联性数据库中,因此可轻易开发一个自定义的报表生成器,以满足用户的各种特殊需求。

7.6 电子商务系统设计

7.6.1 电子商务系统设计概述

电子商务系统设计是指根据系统规划的内容,界定系统的外部边界,确定整个电子商务系统体系结构中各个组成部分,或者说不同层次的具体内容及其功能和相互关系,并描述系统的处理流程。重点是确定电子商务系统的功能、平台的基本功能和系统平台的构成,以及系统中的各个组成部分是如何相互配合来共同完成企业电子商务需求的。

电子商务系统设计细化了系统规划中给出的体系结构中的各个部分,这种细化的结果可以使人们清楚应用逻辑是什么,应用开发的基础平台是什么,系统之间的接口是什么。系统设计的结果是为系统的开发集成奠定基础。系统设计阶段所要完成的主要内容包括:

(1)系统总体结构设计;

(2)系统信息基础设施设计;

(3)支持平台的设计;

(4)应用系统设计。

由于每个企业电子商务活动的内容和目标不同,规模大小也不等,所以,在系统设计阶段所要做的工作和可能详尽程度也就不一样,但是所要做的工作内容是大同小异的。例如,若一个企业的电子商务系统采用租用方式构建,那么它的信息基础设施部分的设计内容可能会相对较少,而把设计重点放在应用系统设计方面。

此外,应用系统设计是每个电子商务系统设计的重点。但是不同应用系统差异较大,所以本章中只简单地说明应用系统设计的原则,而不打算对这一部分进行详细的描述。

7.6.2 电子商务系统设计的原则

电子商务系统的设计是受到多方面的因素影响,例如技术条件、业务的规模、设计人员对系统的理解程度等。同样,即使是在电子商务系统规划中明确了系统的目标和规模的前提下,由于设计人员不同的考虑,所给出的系统结构也可能有所差异。这也说明了在目标明确的情况下,可能存在达到统一目的的不同手段。如何在没有统一的衡量标准情况下来表明一个系统的设计结果是否完美,就必然涉及系统设计所应遵循的原则是什么。一般而言,电子商务系统设计应当满足以下原则。

(1)技术先进性

技术先进性是指采用业界领先的开放的系统结构和技术体系,采用当今主流电子商务系统开发平台,确保用户享受到安全可靠的高质量服务。系统设计之所以要强调技术先进性,原因在于电子商务系统的实现技术发展很快,而系统的建造过程需要一定的时间。当技术成为企业保持竞争优势的一个重要因素时,如果在设计伊始,就没有采用先进的技术作为保障,那么将会对企业实现电子商务后的竞争能力产生不利影响。

此外，应当注意的是电子商务技术发展得很快，对采用的技术是否是先进的评判依据可能不一样，这时应当注意从是否满足标准、是否是未来发展的方向加以判定。考察时如果没有国际标准，那么就要考察是否有事实上的工业标准，可选择的技术或产品是否符合未来技术的发展方向。例如，当考察一个面向对象的软件产品是否易于集成、是否具有可重用的特征时，在这一方面确实没有国际标准，但是至少会发现 J2EE、CORBA 和 COM 已成为事实上的行业标准，它们也被公认为未来产品发展的方向。所以，在选择时可以采取的策略就是尽可能地选择主流的、有代表性的产品，这样才可能保证未来构造的系统有生命力。

(2)符合企业信息化的整体技术战略

很多企业在电子商务系统建设时并不是白手起家的，我们经常遇到的情况是：企业为了提高生产和管理的需要，已经制定或者建立了信息技术政策，并建立了相关的信息系统。由于这样的背景，在进行系统设计时，需要考虑到未来的系统作为企业信息化的一部分，符合企业的整体技术战略。

例如，从操作系统的体系结构上看，目前主流的产品分成 Unix 和 Windows 两大家族，产品所要求的硬件环境、开发手段和维护都有所不同。假如企业在制定整体技术策略时，已经选定以 Unix 系统作为企业信息系统的主要操作系统环境，那么在建设电子商务系统时是否采用 Windows 平台，就需要充分考虑企业在这一系统上的支持能力、维护成本等方面的开销，反之也是一样。一般来说，企业支持不同的平台、不同的应用系统所要付出的开销比单纯支持一个平台要多得多，主要是在系统移植、技术人员培训、系统维护方面。SUN 公司就是一个很好的例证，早期 SUN 公司同时支持 SUN OS 和 Solaris 两个操作系统，尽管这两个操作系统的核心相似，但是还是有很多不同点。在支持过程中 SUN 必须配置两套技术支持人员。最终的结果是 SUN 公司将 SUN OS 和 Solaris 统一在一个版本中。

(3)开放性与可扩充性

如果所设计的系统满足开放性的要求，不仅意味着电子商务系统可以独立于硬件、操作系统，系统开发建设中能够获得更多的技术支持，容易升级，而且开放的系统结构易于和企业已有的信息资源集成。

产品的可扩充性好则意味着原有的投入得到有效的保护，从而在整体上得到良好的投入产出效益。电子商务系统投入运行后，如果对系统提出了更高的要求，系统应能够尽快地得到扩充。例如，在选择 Web 服务器时，如果候选的产品支持服务器集群，那么当计算机资源不足以满足性能要求时，仅仅需要扩充硬件资源，而 Web 及 Web 上的应用不需要变化，这样可以免去应用上的升级开销。

(4)兼容性和适用性

在改进旧的业务流程时，考虑到给企业带来的管理方面的转变和传统商务习惯，应在过渡时期内重视与传统业务的兼容。对现有的应用系统，未来的电子商务系统应与之具有良好的兼容性，这样可以有效地利用现有信息资源，节约投资，在更大程度上实现信息的增值。

例如，企业内部通过 Lotus Notes 建立了工作流(Work Flows)系统，而在实现电子商务系统的过程中，又需要进一步将原有的基于工作流的应用扩充到 Web 平台上，而选择的平台能够和已经建立的系统兼容，共享已有的数据，那么在两者之间就不需要进行数据的转换，从而节省了数据共享方面的开销。

(5)安全可靠性

电子商务系统是通过 Internet 进行各种商务活动,而 Internet 是一个标准开放的网络,随时都有可能面对黑客的攻击,病毒的侵袭等。因此,如何确保企业网上商务活动中的交易、营销等关键的敏感数据安全显得十分重要,直接关系到企业能否为客户、合作伙伴所信任和电子商务交易活动的成败。所谓安全性就是指保证电子商务系统的物理实体(主机、网络、存储等)和交易过程具有抗攻击、不受侵害的能力。安全不仅仅是一个技术的问题,还涉及系统的管理、法律法规的保障等。为此,在系统设计时,至少在技术上要从两个方面考虑系统的安全,即从物理实体安全方面考虑主机系统、操作系统、网络、数据存储与备份等安全问题,另一方面从电子交易方面考虑身份认证、数据加密等安全措施。

另外,在系统设计时,希望要注意到不同的企业对系统安全的关注程度是不同的,要将电子商务带来的效益与系统不安全可能带来的风险反复做比较,对一些大的企业,例如银行、证券行业来说往往会更关心后者。

(6)标准性和成熟性

所谓标准性和成熟性是指系统在设计中选用的技术、工具、平台应当是符合开放的国际标准和规范,如果还没有形成标准,也应该使用受到市场欢迎并得到广泛认同的技术、工具和平台,以使系统在硬件和软件上都有良好的兼容性,同时也便于和别的系统进行互操作。

由于电子商务系统建设是一个复杂的工程,强调技术的标准化和成熟性对企业未来发展是十分必要的。如果不注重技术的标准化、成熟程度,建设的系统有可能给企业造成损失,给企业的发展、服务、形象等方面带来不好的影响。例如,FreeBSD 是一种运行在 Intel 平台上、可以自由使用的 Unix 系统,它可以从 Internet 上免费获得,而且具备极其优异的性能,得到了计算机研究人员和网络专业人士的认可。但是,这一产品缺乏足够的技术支持,若在一个金融机构的电子交易系统设计中采用这一技术,那么可能的风险是故障发生时难以得到有效的技术支持,直接造成系统的可用性降低,最终影响企业的形象。

目前得到较为广泛认同的一些标准或事实标准见表 7-1。

7.6.3 电子商务系统总体结构设计

1. 总体结构设计

电子商务系统的总体结构设计是系统设计的一个重要部分,是在系统体系结构的基础上,针对企业电子商务的目标,界定系统的外部边界和接口,刻画系统的内部组成及其相互关系,确定未来的电子商务系统的逻辑结构。

电子商务系统的体系结构包括较多的内容,既有网络、主机设备,也有支持平台软件和应用软件,这些内容位于不同的层次,并对系统有不同的贡献,而系统的总体结构则进一步明确目标系统的各个组成部分是什么,都有什么样的作用,其相互关系是什么。如果说系统规划中给出体系结构是一个宏观战略层次上的说明,那么系统的总体结构则是一个战术层次上的描述,如图 7-11 所示。

表 7-1 电子商务系统设计与开发中常见的技术标准或事实标准

技术及服务	协议或标准	API 接口
Web 应用开发环境		
Web Server	HTTP,HTML,XML	Servelets,Web 专用 API(如 NSAPI 和 ISAPI),Plug-Ins
Web Browser	HTTP,HTML,XML,WAP	Applets,COM,COM++
组件(Component)	CORBA,IIOP	JavaBeans,EJB,RMI
脚本(Script)	ECMAScript	ASP,JSP 等
工作流(Work Flow)	CORBA WFM/IIOP,WFMC	
应用服务器		
邮件	SMTP,POP3,IMAP	
社区(Community)	IRC,NNTP,FTP	
数据库	ODBC,SQL	JDBC
事务处理	CORBA,OTS/IIOP	EJB,JTS,JTA
安全与管理		
目录服务	LDAP	JNDI
安全	CDSA,SSL,X.509	JSSL,JCE
网络	TCP/IP	JDKjava.net
文件服务	AFS/DFS	JDKjava.net
无线信息处理	WAP/WML	
网络管理	SNMP	ARM

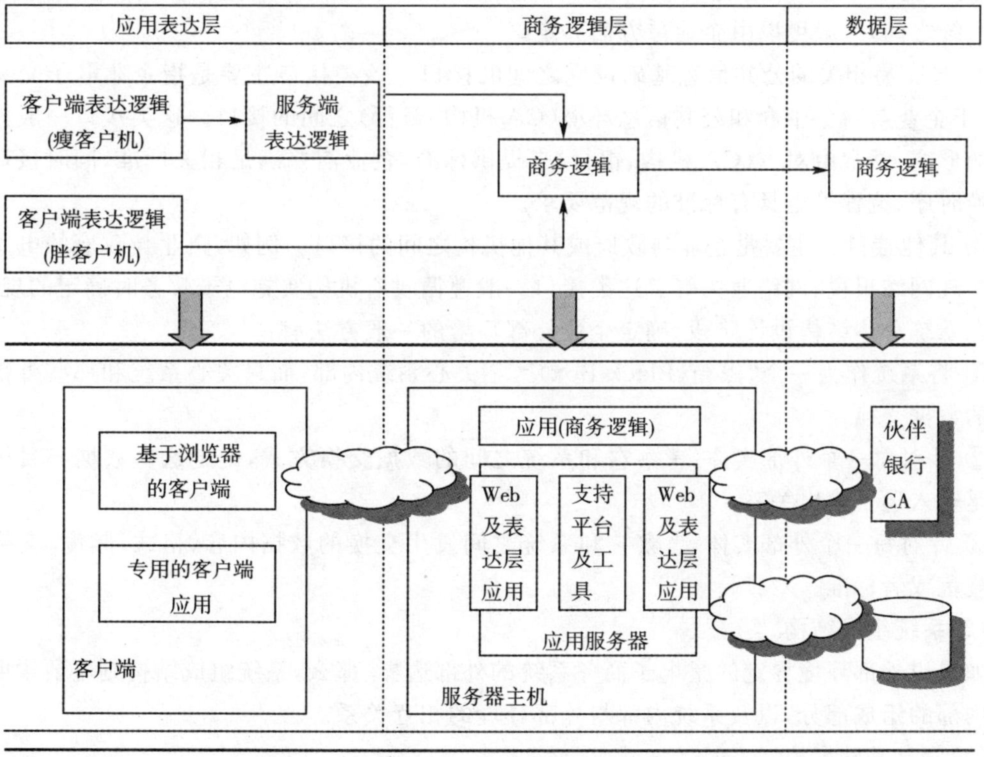

图 7-11 电子商务系统体系结构与系统总体设计

系统总体结构设计完成后，要给出设计方案。这一方案要明确构成整个电子商务系统的外部接口和内部组成，是后续细化设计（基础设施设计、系统平台设计、应用软件设计等）的基础。所以，有了系统总体结构设计后，我们不仅对系统的结构能够较为清晰地把握，而且还能对各个部分的设计有所侧重。从项目管理的角度看，完成系统总体结构设计也使后续的设计分工有了依据。从某种意义上讲，如果将电子商务系统比作一台由若干部件协调运转的机器，那么总体结构设计则类似于这台机器的设计总图。

2. 体结构设计的内容

系统总体结构设计不强调系统的细节，但是需要阐述清楚系统的组成情况，其主要内容包括以下几方面。

(1)外部环境

企业商务活动发生于企业与客户、合作伙伴之间，所以电子商务系统不是一个封闭系统，与其他系统之间存在着数据交换和接口。在总体结构设计中，首先应当确定系统的外部边界，即通过分析，将电子商务系统与其外部环境区分开来，从而使总体设计有一个明确的范围。一般来讲，系统与外部环境的接口包括以下内容：

① 与企业合作伙伴之间的接口。该类接口主要存在于企业与有业务往来的商务合作伙伴之间，目标系统将与这些企业之间发生数据交换。有些接口可能是标准化的，例如企业之间采用 EDI 方式实现票据交换，或者利用基于 XML 的电子商务数据交换标准 eb-XML 的形式来开展交易；也有相当部分是不标准的，需要企业与其伙伴之间进行协商确定。

② 与企业内部既有信息系统的接口。该类接口存在于电子商务系统与企业内部既有的信息系统之间，一般可以由企业单方面界定。

③ 与交易相关的公共信息基础设施之间的接口。该类接口主要是指企业电子交易过程中，介于企业与商务中介和公共信息环境（CA 机构、银行）之间的接口。这类接口一般具有标准化的形式，常常由对方（CA 机构、银行）来提供标准，企业需要满足相关标准，同时接口的数据交换时序、流程等也具有标准的规范要求。

④ 其他接口。主要是企业与政府或其他机构之间的接口。例如，企业与政府的电子政务之间实现网络报税、网络通关等。这类接口一般遵循政府机构实施电子政务时确定的规范。

在系统总体结构设计阶段，确定企业外部环境的一般方法有：

① 将系统作为一个“黑箱(Black Box)”，不关心系统内部，而只关心系统和那些外部实体发生的数据交换；

② 针对每一个外部实体，考察它和系统之间的数据交换方式，确定这些数据与目标系统之间是输入还是输出关系；

③ 针对每一个外部实体，考察它和系统之间发生交换的数据内容、格式、频度、交换时遵循的规范或者标准。

(2)系统组成结构

如果说外部环境界定的是电子商务系统的外部边界，那么，系统组成结构则主要说明目标系统内部的组成部分，以及系统内部与外部环境的相互关系。

(3)信息基础设施

信息基础设施主要指支撑目标系统运行的计算机系统、网络，以及保障网络交易顺利进行的认证中心等。在系统总体结构设计中，应当说明整个系统中计算机系统分成哪些部分，系统的网络有哪些部分组成，采用什么样的联机交易认证方式和认证机构。

(4)应用软件结构

应用软件是电子商务系统的核心，在系统总体结构设计中，应当给出应用软件的主要功能，说明系统应用软件的构成，即应用软件有哪些子系统组成，各个子系统的主要功能和相互之间的关系。

需要注意的是在系统总体结构设计中，对应用软件系统的子系统的划分，及其所要完成的核心功能进行描述是重要的，而在应用软件系统设计部分则需要进一步描述每个子系统具体由哪些模块组成。

(5)系统软件平台

在系统规划一章中曾经指出，在电子商务系统的体系结构中，系统的核心业务逻辑最终由电子商务应用软件实现，而应用软件是在诸如商务支持平台、服务平台等基础上构造的。这些平台物理上表现为系统软件、组件软件等形式。在系统总体结构设计中，应当明确说明支持电子商务应用软件运行的平台软件主要包括的内容。

7.6.4　系统信息基础设施设计

电子商务系统的信息基础设施设计涉及的领域主要包括计算机网络环境、计算机系统、系统集成和开发方面的有关标准以及产品的设计与选择。

这一部分主要是和电子商务系统体系结构中的基础支持层相对应，企业在完成该部分工作时，所要做的主要工作是选用合适的产品来实现。以下对其中各个部分设计中要注意的问题进行简单介绍。

1. 网络环境设计

电子商务系统不是一个孤立的系统，而是一个需要和外界发生信息交流的大系统。因此，它的网络环境包括 Internet、Intranet 和 Extranet 三个组成部分，其网络环境示意如图 7－12 所示。一个良好的电子商务系统的网络环境应当满足以下要求：

(1)支持网络的互联和应用的互操作；

(2)能够隔离和控制对系统的访问，保证网络设备的安全；

(3)网络环境是可以管理的。

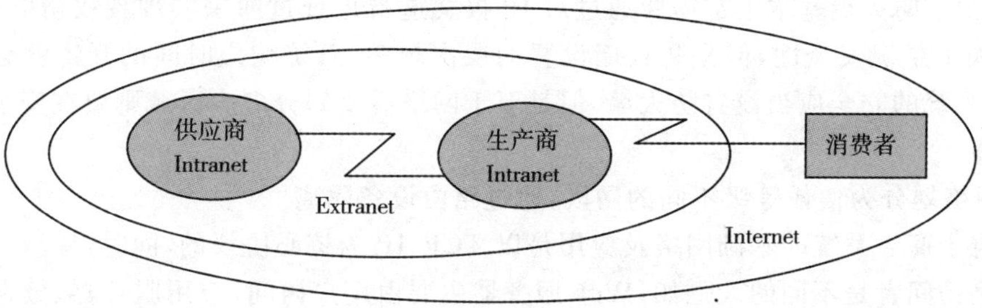

图 7－12　电子商务网络环境示意图

电子商务系统的网络环境设计的主要内容和注意事项包括：

(1)Internet 部分

Internet部分是企业电子商务系统的用户访问接口，换句话说，Internet是企业与客户之间相互交流的通道。建设电子商务系统Internet部分的主要目的是实现企业Intranet和Internet之间的互联，它的主要内容是完成接口方式、接口规格的设计，实现两个部分的连接。所以这一部分涉及的主要技术是网络互联技术和网络互联设备。

电子商务系统与Internet的互联方式很多。目前常见的方式是通过公共电话网、数字数据网DDN(如China DDN)、分组交换网(如China PAC)等方式将企业电子商务系统接入Internet。

(2)支持电子商务系统的局域网

除了与Internet连接外，由于电子商务系统本身的Web服务、邮件服务等都是在一个分布环境下运行的信息系统，所以其本身也还需要有自身运行的网络环境。支持电子商务系统的Web服务器、应用服务器等运行的网络环境一般是局域网。该局域网一般需要满足以下一些要求：

① 由于在局域网中的计算机主机设备的用户访问流量是难以估计的，而且用户通过Internet访问服务器时，要求比较高的响应速度，除配置高性能的服务器外，网络能够具备较高的带宽是非常必要的。因此，该局域网一般通过LAN Switch(交换器)构造，以实现较高的速度。

② 电子商务系统的局域网必须具备隔离措施，提供可靠和安全的网络环境。由于电子商务系统的局域网不仅和Internet互联，而且为了存取企业内部数据，该局域网还和企业的内部网络连接。这种情况下，局域网上的主机设备、应用系统和企业内部信息系统在理论上都存在被非法用户入侵的可能，而且商务应用系统一旦遭到恶意攻击，那么企业的商务活动就可能受到影响，所以强化网络的安全是非常必要的。

从网络安全角度看，如果系统试图减少系统遭受破坏的可能，那么可以通过以下措施来加以实现。

■ 设置防火墙(Firewall)，将网络隔离成敏感程度不同的区域

一般而言，对于企业的电子商务系统局域网和Internet、局域网和企业内部网络之间可以划分为两个信任程度不同的区域。局域网上的应用允许Internet用户访问，而企业内部的信息资源仅能得到授权的内部用户访问。所以这样可以设置两道防火墙，分别隔离电子商务系统与Internet、电子商务系统与企业内部信息系统。

但是，由于防火墙基本上都需要通过对IP报文进行地址过滤来实现授权访问，所以防火墙虽然增加了系统安全性，但是防火墙设置的层次越多，系统响应时间的开销就会越大。因此，为保证系统的安全应当设置防火墙，但是至于网络需要划分多少区域则要在安全和效率之间求得平衡。

■ 将网络划分为信任等级不同的网段，通过路由设备隔离

由于电子商务系统的基础网络及应用是以TCP/IP为核心协议的，同时，局域网上的各类设备的网络访问者是不同的。例如，Web服务器主要由用户访问，应用服务器、数据库服务器则主要由系统中的应用来访问。所以可将必须直接面对用户的设备和应用作为一个网段，而将其他的设备配置在其他网段上，在两个不同的网段之间设置路由设备来实现不同安全级别主机的隔离。

事实上，可以将需要保护的IP主机设备的IP配置为虚拟IP(例如10.0.0网段)，使Internet 用户无法直接访问，这样也对提高网络的安全性有所帮助。

(3) Intranet 和 Extranet

Intranet 和 Extranet 都不是指具体的物理网络，Intranet 是企业内部需要和电子商务系统局域网互联的计算机网络的总称，而 Extranet 则是企业外部需要与电子商务系统进行互联的其他网络的集合。

Intranet 和 Extranet 设计的关键都是互联问题，但这种互联体现在两个方面：

低层互联：低层互联是指企业内部信息系统或者外部信息系统与电子商务系统之间通信子网的连通。Extranet 互联的通信子网是一个 VPN(Virtual Private Network)，可以在多种数据通信网(DDN、PSDN、PSTN、F. R 等)的基础上构造。

高层互联：高层互联是指 Intranet 或 Extranet 上的应用系统和电子商务系统的应用之间能够相互通信，交换数据。所以这方面主要涉及的是应用的互联操作及数据共享问题。

对于 Extranet 而言，高层互联至少需要解决三个方面的问题。

① 银行支付网关接口。利用该支付网关接口，电子商务系统完成在线支付请求。

② 认证中心接口。利用该接口，电子商务系统与认证中心之间完成电子证书及认证结果的传递。

③ 企业合作伙伴的接口。该接口主要实现电子商务系统的应用程序和企业重要客户(VIP)、企业供应商等的电子数据交换。传统的 EDI 部分也属于这样一类接口。

此外，必须说明的是：我们之所以在这里使用网络环境设计而不是计算机网络的建造，是因为尽管电子商务系统各个层次的逻辑结构需要设计开发者独立建造，但是对于网络的物理实现来讲，不见得必须从零开始。电子商务的网络环境很多情况下是通过租用的方式或者以 VPN 的方式实现的。正是基于这样一种理念，基础网络的运营服务商才提出所谓主机托管、数据中心等模式来帮助企业实现电子商务基础网络环境保护的建造。

主机托管是企业电子商务环境外包建设的最原始的形式，它的主要特征是电子商务系统的拥有者将主机系统安装在数据通信网络运营提供商的环境中，由网络运营商提供高速网络和维护接口，并由其负责进行硬件维护。

数据中心或者智能数据中心 IDC(Intelligent Data Center)可以说是主机托管业务之后，网络运营商为企业提供的一种新的基础网络环境。数据中心将宽带网络、高性能设备及系统运行管理软件等集成在一起，为需要将基础网络环境进行外包建设的电子商务系统经营者提供一揽子服务。

所以，对于电子商务系统的设计来讲，其基础网络环境设计有两种方案可以选择，一种是依靠自身的力量建立自己的完整的计算机网络环境。另外一种就是利用数据中心实现外包建设。

2. 选择服务器主机

电子商务系统的服务器主机是应用系统运行的主要环境。对传统的信息系统而言，主要根据系统未来支持的应用、负荷及运行环境等基本参数来选择服务器主机的配置参数。但是，对于电子商务系统而言，它所面临的是用户对系统响应时间的苛刻要求、动态变化和难以预估的负荷、未知的升级周期等特殊问题。所以在选择服务器主机的时候，一般除了遵循高性能、网络吞吐量大、可靠性和可用性好这样一些基本原则外，还应当注意以下问题：

(1)可靠性高和安全性好

电子商务系统所支持的企业商务活动要求 7×24 小时不间断地工作，而且系统处理的数据很多是企业敏感的商务数据。为此，电子商务系统的服务器必须具备非常良好的安全性，尤其要注意服务器是否具有支持诸如自动系统恢复、动态系统重新配置、模块化结构、冗余、热插拔更换关键部件和在线升级等特性。

(2)可扩展性

当系统的负荷增大到一定程度时，可能需要对系统进行扩展。这种扩展可以通过两类方式实现，一种方式是增加系统的配置，例如增加内存、更换 CPU、增加系统外部存储设备等；另外一类是通过增加服务器，建立服务器集群来满足需求增长的要求。不管是哪种方式都需要硬件本身具有可扩展的体系结构，例如冗余插槽、托架、电源等。

(3)网络吞吐量及网络接口能力

服务器的计算能力和网络吞吐能力不一定是线性关系，例如应用于计算机仿真领域的某些高性能计算机，它的 CPU 运算能力和图形处理能力都很强，但其网络接口及网络吞吐量却非常有限。由于支持电子商务系统的服务器必须在大量用户访问的情况下，仍然能够具备良好的响应时间，所以在选择服务器时，对其吞吐量能力的要求甚至比对其计算速度要求可能更高。

此外，服务器的网络适配器类型和插槽的数量差别也很大，在选择过程中，需要注意选择网络适配器类型和接口都较多的产品。

(4)开放的体系结构

服务器是否具有开放的体系结构直接影响到系统日后的升级换代和维护问题。专用体系结构的服务器，例如 IBM AS/400、Compaq Tandam 系列并不是不好，这些服务器通常具有良好的整体性能，但是专有的体系结构本身就意味着用户在进行系统升级时，只能选择生产商来完成。另一方面，由于熟悉专用服务器体系结构的人员通常是有限的，所以系统维护也存在一定的风险。

7.6.5 电子商务系统平台的选择与设计

电子商务系统的系统平台对应于体系结构中的商务逻辑层和应用表达层，其设计内容一般包括：操作系统、数据库管理系统、应用服务器、中间件软件、开发工具和其他系统软件。其中需要说明的是，中间件软件是电子商务系统设计中一个非常突出的特点。电子商务系统一般采用典型的 B/S 结构，如图 7－13 所示，而且是一个多层结构系统。这样，在系统的前端和后台之间的中间层上，有可能应用中间件软件以简化系统的开发难度、提高系统的性能。所以，与其他信息系统的设计相比较，系统软件中的中间件软件设计就成为一个重要的内容。

在进行电子商务系统软件设计时，如何选择合适的操作系统、数据库管理系统和中间件软件，主要是根据电子商务应用的需要进行。

1. 网络服务器操作系统平台的选择

在电子商务系统设计时，操作系统选择应考虑的因素主要包括：操作系统的安全性、可靠性、并发操作性、开放性、标准性、可维护性以及操作系统所提供的各种支持开发工具等。

目前市场上支持电子商务系统运行的操作系统很多，但主流操作系统主要有 Windows 系列、Unix 系列和 Linux 系列。

(1)Microsoft Windows 系列是最流行的商务操作系统，它主要运行于 Intel 生产的 CISC

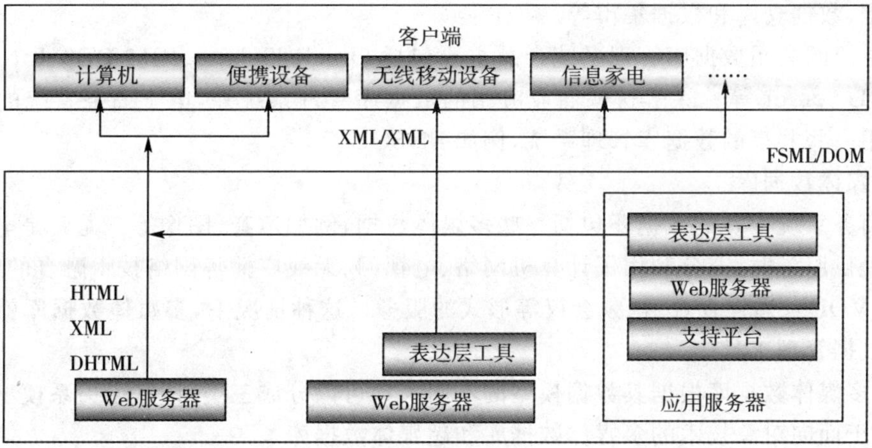

图 7－13 客户端及表达层实现方式示意图

芯片的 CPU 上。目前各种 PC 服务器均支持 Windows，主要包括 Windows NT、Windows 2000 Server、Windows 2003 Server 等。

（2）Unix 操作系统主要运行于 RISC 结构的 CPU 上，目前主流的 Unix 操作系统主要包括 IBM 公司的 AIX、SUN 公司的 Sun OS 和 Solaris、HP 公司的 HP－UX 和 OSF/1、FreeBSD。

（3）Linux 操作系统的核心与 Unix 相似，具有很多版本，例如 Turbo Linux、Core Linux、Red Hat Linux、Open Linux 等。Linux 操作系统即可运行于各种 PC 服务器上，也可以运行于某些 RISC 结构的 CPU 的小型机上。目前各个版本的 Linux 试图走向统一，统一到 United Linux 这样一个版本上，相信不远的将来这一点能够实现。

这三大类操作系统各有特点：从企业级电子商务系统应用来看，由于 Unix 操作系统众所周知的稳定性、可靠性，用来提供各种 Internet 商务服务的计算机操作系统很多是 Unix。Linux 是一个免费的平台，没有专业的技术支持，所以尽管利用 Linux 可以节省费用，但是如果系统出现问题，那么只能由用户自行解决，使用该平台需要承担一定风险。Windows 操作系统以界面图形化 、多用户和多任务、网络支持良好、出色的多媒体功能、硬件支持良好、众多的应用程序以及系列产品的配套等特点而闻名，在中小系统的应用领域有广阔的市场。

2. 数据库管理系统的选择

随着 Internet 的发展，电子商务环境对数据库提出了更新的挑战和要求。单从管理的内容来看，电子商务系统所处理的数据种类繁多，一般包括两种类型，一种是结构化的数据，例如，文本信息（表格或报表），这类数据可以使用传统的数据库管理系统进行结构化的存储管理；另一种是非结构化的数据，例如，超文本、图形、图像、声音、动画等，在电子商务系统中这一类数据所占的比重很大。该类数据一般是以文件等形式进行管理，但目前已有不少大型的商用关系数据库系统也能够对这类数据进行管理。

在电子商务系统设计时，对数据的管理可以采取以下方式。

（1）关系数据库

关系数据库管理系统具有易于管理结构化数据、数据冗余度较低、有比较丰富的开发工具等特点。此外，关系数据库一般还支持联机事务处理、联机事务分析等，部分关系数据库还支持数据挖掘、数据仓库和数据集市等。

目前主流的关系数据库管理系统产品主要包括 Oracle、Sybase、IBM DB2、Informix、Microsoft SQL Server 等。除了这些商业应用的数据库管理系统外，电子商务系统的数据管理还可以利用一些共享的数据库管理系统，例如 MySQL 等。

(2)多媒体数据库

电子商务系统处理的数据还包括一些多媒体数据，例如声音、图像等。尤其是电子商务系统向客户提供服务时，充分利用了计算机网络、电视网、无线广播等网络技术融合的特点，开展视频点播(VOD)、远程教育、视频会议等形式的服务。这种情况下，多媒体数据库就是比较适用的一种数据管理工具。

目前，多媒体数据库根据其数据模型的不同大致可以分成三类，即基于关系模型的多媒体数据库、基于面向对象技术的多媒体数据库和超媒体数据库。

基于关系模型的多媒体数据库以传统的关系模型为基础，在数据类型方面进行了扩充，增加了诸如语音、图像等新的数据类型，例如 Oracle 9i、DB2 等。该类多媒体数据库和传统的适应关系型结构化管理数据库兼容，所以在开发方式、开发工具等方面相对较为成熟。目前构造电子商务系统时，如果需要多媒体数据库，那么这种 DBMS 是一种相对较为实用的选择。

面向对象的多媒体数据库将各种数据抽象为不同的数据对象，由于利用了面向对象的建模和管理工具，所以在多媒体数据的表达方面比较好。面向对象的多媒体数据库厂商有 Objectivity、Object、Design、Ontologic、Versant、UniSQL 等。

超媒体数据库的基本特点是利用所谓的关系链来表示多媒体数据片段。尽管这种数据库在理论方面有了很大发展，但是目前在产品方面还不是很成熟。

(3)非结构的数据管理方式

在电子商务系统中除了结构化的数据外，还大量存在着许多非结构化的数据，例如网页、声音、图像、图形甚至一些脚本。这些数据一般是采用文件方式，通常使用 XML 文件来表达，尤其是大量采用全文检索或者全文数据库的方式进行存储和管理。因此，在设计这类数据的管理模式时，应当注意其检索问题，使用“以关系数据为存储手段，以 XML 为交换载体”。

3. 应用服务器

电子商务系统是一个多层分布式体系结构的系统，应用软件需要一定的系统软件平台支持，除了数据库、操作系统外，还有一个重要的部分就是应用服务器。应用服务器(Application Server)是最重要的一类中间件软件，已经成为电子商务应用中一种非常关键的中间件技术。

(1)应用服务器的概念和由来

从发展过程来看，基于 Web 的应用开发大致经历了三个发展阶段。

在第一阶段，主要使用 Web 服务器提供的服务器扩展接口，使用 C 或者 Perl 等语言进行开发，例如 CGI、API 等。这种方式可以让开发者自由地处理各种不同的 Web 请求，动态地产生响应页面，实现各种复杂的 Web 系统要求。但是，这种开发方式的主要问题是对开发者的素质要求很高，往往需要懂得底层的编程方法，了解 HTTP 协议，此外，这种系统的调试也相当困难。

在第二阶段，开始使用一些服务器端的脚本语言进行开发，主要包括 ASP、PHP、Livewire 等。其实现方法实质上是在 Web 服务器端放入一个通用的脚本语言解释器，负责解释各种不同的脚本语言文件。这种方法的首要优点是简化了开发流程，使 Web 系统的开发不再是计算机专业人员的工作。此外，由于这些语言普遍采用在 HTML 中嵌入脚本的方式，方便实际开发中的美工和编程人员的分段配合。对于某些语言，由于提供了多种平台下的解释器，所以应用系统具有一定意义上的跨平台性。但是，这种开发方式的主要问题是系统的可扩展性不够好，系统一旦比较繁忙，就缺乏有效的手段进行扩充。另外，这种方式也不利于各种提高性能的算法的实施，不能提供高可用性的效果，集成效果也会比较差。

为了解决这些问题，近年来，出现了一个新的 Web 应用开发方法，也就是应用服务器的方式，这是第三阶段。由于应用服务器本身是一个正在不断发展的概念，加上开发者的背景和具体的产品特征也不尽相同，所以很难给应用服务器下一个完全确切的定义。但是，专家一致认为：应用服务器可以归于对象中间件的范畴。应用服务器软件是一个运行在中间层的软件，位于基于 HTML 的客户端和后台商务应用之间。它在操作系统之上将一些通用的、与企业核心商务应用无关的环境和软件包集成在一起，作为一个软件包向开发者提供，这样，在软件包中可以预装部分功能，从而简化用户的接口，减少开发的难度。

如今，各人主要软件厂商纷纷将应用服务器作为其电子商务平台的基础，IBM 的 Websphere 便是典型例子，Oracle 的 Internet Application Server 也成为其平台产品的重要部分，Sybase 的 Enterprise Application Server 更是其门户产品的基础。

(2)应用服务器的体系结构

应用服务器作为支持商务应用的一个运行、支持和开发环境，它为商务系统的核心——应用软件提供服务。应用服务器为应用软件提供的服务主要体现在以下几个方面：首先是预安装的部分商务功能，如搜索引擎、内容管理等，以减少应用的开发工作量；其次是系统管理部分，例如服务器管理用以提高系统的效率；另外，还提供集成与开发工具，便于与其他系统进行集成。一个典型的应用服务器的体系结构如图 7－14 所示。

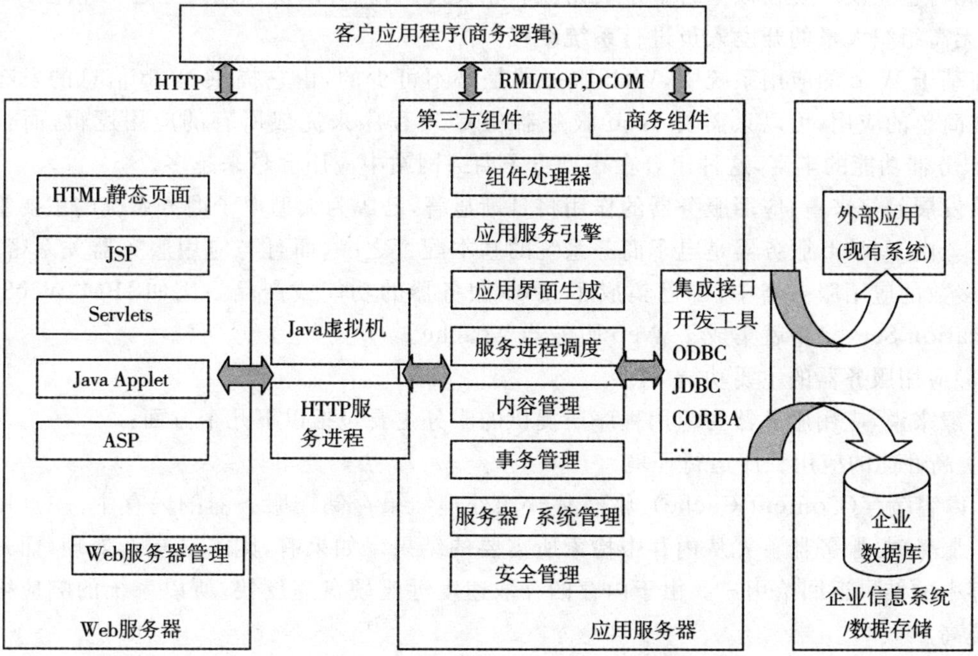

图 7－14 一个典型的基于 Web 的应用服务器体系结构

但是，从目前的实际软件产品中来看，应用服务器软件的基本结构主要包括两个部分：一个部分是增强型的 Web 服务器，它以 HTTPD 为核心，向系统开发者提供了动态页面脚本、服务器管理功能、Web 开发接口等增强功能；另外一个部分是专门为应用提供服务的应用服务器。这两部分在某些产品中是合并在一起的，例如 IBM Websphere 和 BEA 的 Weblogic。在有些公司是将这两部分作为两个独立的产品分别提供，例如 iPlanet。因此，在很多场合所说的应用服务器指的是包含 Web 服务器的服务器软件包。

从逻辑角度看，应用服务器与 Web 服务器是既相对独立，又相互配合共同完成商务逻辑。Web 服务器向应用服务器提供用户请求，并表达处理的结果。而应用服务器及其上层的应用负责完成商务逻辑的处理，并反馈处理的结果。

应用服务器和 Web 服务器有很大差别，主要体现在以下几个方面：

① Web 服务器只能将应用程序处理的结果以 HTML 页面的形式发布给用户，而并不能给应用程序提供更多的帮助。例如，如果应用程序需要和 IBM 3270 这样的专用主机系统进行交互并提取数据，单靠 Web 服务器是无能为力的；而有了应用服务器则不然，它可以提供访问 IBM 大型机的中间件接口，这样用户的应用程序就可以很容易地存取数据。

② 应用服务器一般可以为企业级的应用提供一种可靠的、高性能的运行环境；而 Web 服务器是无法做到这一点的。

③ 应用服务器和 Web 服务器的另外一个差异在于应用服务器可以提供很多预先安装的（或者预置）服务，例如搜索引擎、内容管理等，这样开发人员实现这些功能时，可以直接通过系统调用来实现，不必要额外地开发类似的功能，从而提高了工作效率。

④ 很多应用服务器是预先配置和快速构造商务模型的组件，企业可以迅速地建立商务逻辑。例如，一个企业试图构建一个 B2B 的虚拟电子市场，选用 Oracle 的 iExchange 作为技术平台，此时企业仅需要在该平台上定义角色和相关规则，就可以快速地建立起一个电子交易市场，而无需组织大量的开发人员进行系统编程。

在基于 Web 的应用系统中，Web 服务器是必不可少的，由它提供 Web 信息的发布。对于一些简单的应用，可以只需要 Web 服务器和 CGI 程序来完成所有的应用逻辑，而且随着 Web 服务器功能的丰富，这种组合在小型电子商务网站中应用会越来越多。

从发展趋势来看，应用服务器的作用将日渐显著，已成为大型电子商务系统的主要组成部分之一。由于 Web 服务器是电子商务系统的基本配置之一，而且与应用服务器关系密切，所以，大多数的应用服务器中，都已集成了 Web 服务器的功能或产品。比如 IBM WebSphere Application Server 中就集成了 Web 服务器 Apache。

(3)应用服务器的主要功能

一般来说，应用服务器为应用程序所提供的服务主要包括以下几个方面：

① 高性能的应用程序运行环境

■ 内容缓存(Content Cache)：将经常性的处理结果存储在服务器的内存中，一旦用户请求某一服务时，服务器首先从内存中检索所需要的结果。如果有，则不必重新处理，而是直接将内存中的结果返回给用户。由于内存的存取速度远比硬盘速度快，所以系统的响应得到大大地提高。

■ 数据库连接缓存(Database Cache)：通常用户通过 Web 服务器访问数据库时，Web 上的应用程序和数据库服务器之间需要首先建立连接，然后才能存取数据。处理结束后，这种连接将被关闭，每次用户访问都需要重复同样的步骤。由于数据库连接过程比较消耗系统的资源，所以数据库连接缓存在应用和数据库之间保持了经常连接，从而提高了数据库访问的效率。

■ 支持进程的多线索(Multi-Thread)执行：将一个进程分解成多个可以并行运行的独立线程，从而提高应用程序的运行效率，缩短运行时间。

■ 大量用户访问情况下的负载均衡：该功能将根据用户访问量及服务器的处理能力，动态调整每个服务器的负载，使服务器的处理能力和负载之间保持平衡，提高系统的可靠性和整个系统的性能。

■ 支持分布式联机事务处理。

■ 标准的应用开发环境和应用分布环境。

② 为应用提供可扩充性

由于电子商务系统在规划设计阶段难以精确预测未来服务的客户数量和增长速度，所以，电子商务应用系统应当具备良好的可扩充性。应用服务器主要通过以下三种方式来提高系统的可扩充性：首先，利用集群服务器所具备的均衡负载的能力，将系统压力分摊在集群服务器中的各个设备上；其次，应用服务器大多支持对称多 CPU 系统，从而在系统访问压力增加时，通过增加服务器 CPU 来提高系统的并行处理能力；最后，一些优秀的应用服务器还提供应用的动态负荷均衡，使服务器的性能和访问压力之间得到匹配。

③ 会话管理

用户一般通过和电子商务系统进行对话完成商务活动。以一次网络购物的过程为例，用户需要经过多次挑选才能够确定购物清单，每次挑选货物并将其放入购物车的过程就是一次会话过程。用户最终确定付款时，如果计算机系统无法记录用户的购物清单，那么就必须要求用户一边在线挑选商品，一边要用纸和笔作记录，否则在付款时可能发现自己并不知道在整个购物过程中到底都买了些什么商品，这是一件非常令人尴尬的事情。

因此，会话管理的作用是非常重要的，它记录和管理了客户的每次人机会话过程。如果应用服务器支持会话管理功能，那么在用户重复上述的购物付款时，电子商务系统会自动地提供购物清单，这就大大方便了用户的网上购物过程。

④ 目录及内容管理

应用服务器一般提供目录管理和管理工具，利用这些工具可以完成用户访问内容的控制、分层数据组织、目录更新及控制等服务。

⑤ 商务引擎

商务引擎主要是为商务系统提供业务支持，它所提供的服务主要包括个性化服务(例如 BEA 的 WebLogic Personal Server)、客户关系管理 CRM(如 BroadVision，Oracle 公司的产品)、供应链管理、电子交易市场(如 Oracle iExchange)等，但不同的应用服务器产品在这一方面的差异很大。

⑥ 系统管理

要使电子商务系统应用能够正常的运行，必须要保证应用程序的运行环境能够得到有效的、方便的管理。目前，应用服务器都提供了相应的系统管理工具，具体功能包括以下几个方面：

■ 性能配置管理：主要是为商务应用配置合适的系统资源。例如，对服务进程数的调整、结果缓存大小的调整等。

■ 存取控制管理:也可以称为访问控制,目的是对系统资源的访问权限进行控制,保护特定内容的安全。例如,只有特定权限的用户才能访问系统中的某些资源或者页面等。

■ 系统日志管理:这一功能对系统访问、应用运行、存取失败等情况进行记录,从而为系统的故障诊断、分析和性能优化提供依据。

(4)主流应用服务器产品简介

目前应用服务产品很多,它的选择决定着电子商务的成败。下面就几种主流的应用服务器软件产品给予简单的介绍。

① BEA WebLogic

BEA Weblogic Application Server 是一款满足 Web 站点对性能和可靠性要求很高的产品,它同时符合最新标准。安装 WebLogic 非常容易。WebLogic EJB Deployer Tool 提供了对管理多个 EJB. jar 文件和配置 WebLogic Server 部署特性和资源的控制。Deployer Tool 支持两级 EJB 部署的合法性检测,它自动检查特性和引用以确保它们包含正确的值,并检验关键 EJB 所需的类是否符合 EJB 1.1 规范。

名为 WebLogic Zero Administration Client(ZAC)发布向导的图形实用程序使你可以创建、发布和管理包括应用程序、小程序或 Java 代码库的软件包。ZAC 使你可以开发客户端 Java 应用并将这些应用打包分发。

② IBM WebSphere

IBM 的 WebSphere 强调其在应用开发(WebSphere Studio 和 VisualAge for Java)、数据库(DB2)和消息服务(MQseries)的集成性。这些产品构成了该公司总体电子商务产品战略的基础。

WebSphere 安装简单易行。对 WebSphere 服务器以及它运行的应用控制是在 WebSphere 高级管理控制台中执行的。由于 WebSphere 可以运行多个服务器,因此,你必须从控制台分别地启动每一个服务器进程。如果你必须重新引导系统的话,WebSphere 可以记住目前每个不同服务器的状态并自动地重新启动运行的服务器。

IBM 提供了像 WebSphere Studio 和 VisualAge for Java 这类专为开发基于 Java 应用而设计的其他产品。WebSphere 的高级版和企业版在发送时附带了 IBM 的 DB2 数据库产品和 SecureWay 轻型目录访问协议服务器。企业版包括用于连接到外部数据库、CICS、IMS 或 MQSeries 应用的一个组件代理应用适配器。

WebSphere 以对多种平台的支持和符合最新的 Java 标准,提供了开发电子商务应用的可靠平台。

③ iPlanet Application Server

作为 Sun 与 Netscape 联盟产物的 iPlanet 公司生产的 iPlanet Application Server 6.0 版满足最新 J2EE 规范的要求,并通过了全套 J2EE 证书测试套件的测试。

iPlanet Application Server 的基本核心服务包括事务监控器、多负载平衡选项、对集群和故障转移全面的支持、集成的 XML 解析器和可扩展格式底稿语言转换(XLST)引擎以及对国际化的全面支持,包括 Directory Server、Web Server 和用于 Enterprise Application Integration 的一些附件在内的其他 iPlanet 产品之间实现了紧密的集成。

只要你的服务器满足基本的软硬件要求,在 NT 4.0 服务器上安装该产品很简单。如果你没有安装 iPlanet 的 Directory Server,安装程序还会加载它。

iPlanet Application Deployment 工具是基于 Java 的程序,它可以指导你完成一个应用的部署过程。iAS 提供了一款独立产品 iPlanet Application Builder,它可以与 WebGain Studio、Inspire JBuilder、IBM VisualAge 以及 Java 企业版的 Sun Forte 这类第三方工具集成在一起。

④ Oracle Internet Application Server 8i

Oracle 公司在客户安装基础方面占有特殊的地位。Oracle 的数据库产品毫无疑问是多种平台上的市场领先产品。Oracle 的 Internet Application Server(iAS)具有独特的优势:它与其余 Oracle 产品相互交融,例如,可以利用 Oracle iAS 向 Web 部署任何基于 Oracle Forms 应用的 Oracle Forms Service。

Oracle 利用进行了一些扩展的 Apache Web Server 作为进入 Oracle iAS 的入口点。Oracle 为 Apache 开发了插件模块来处理 Java 小服务程序、Perl 程序、PL/SQL 程序以及安全套接层上的安全网页。Oracle iAS 企业版配置了 Oracle Portal ,它提供了部署企业信息用户所需的工具。

Oracle iAS 是该公司将应用推向 Web 战略的关键组成部分。Oracle 的客户可比较容易地将他们的 Oracle Forms 和 Oracle Reports 放到 Web 上运行。但是,Oracle iAS 价格也比较昂贵。

⑤ SilverStream Application Server

SilverStream Application Server 不仅为开发者创建 Web 服务和 J2EE 应用提供了一个集成的开发环境,而且符合最新标准。

安装 SilverStream 产品简单直观。SilverStream Application Server 包括一个集成的 HTTP Web 服务器。SilverStream Application Server 参数的控制是利用 SilverStream Management Console 完成的。

SilverStream Designer 是一种开发全套 Web 应用(包括为观看 Web 网页生成 HTML 的应用)的全功能设计环境。这种特性使这款产品与众不同,它实现了同一设计环境内部的 Web 应用的不同部分的连接。大量的向导使创建具有静态信息或输入数据格式的新网页成为一项简单的工作。

SilverStream Designer 利用相似的基于向导的方式使开发客户端 Java 应用成为可能。格式向导使你可以从连接数据库中的表格中选择列以及预定义的查询。一旦你设计好基础网页,Designer 使你可以像使用 Microsoft Frontpage 那样在一个浏览器中预览设计的结果,甚至可以利用拖放界面来添加 Java 对象。

SilverStream 还提供了另一款开发工具 Workbench。Workbench 通过特有的可视化开发工具和项目管理,能够快速开发和部署符合标准的应用,并且能够自动部署到所有主流的 J2EE 应用服务器上,它包括 Web 服务编译器和 Web 服务引擎。

⑥ Sybase Enterprise Application Server(EAServer)

Sybase EAServer 将 Sybase 的 Jaguar CTS 和 PowerDynamo 紧密集成并加以发展,是同时实现 Web 联机事务处理(Web OLTP)和动态信息发布的企业级应用服务器平台。它对各种工业标准提供广泛的支持,符合基于组件的多层体系结构,是支持所有主要组件模型的应用服务器产品,并且在它的最新版本中加强了对 PowerBuilder 组件和 Enterprise JavaBeans

(EJB)的深层支持。这样,用户可以运用它提供的灵活的开发能力,充分利用多样化的计算环境,建立更加高效的企业 Web 应用系统。

EAServer 支持多种组件模型,同一应用中可以结合使用各种组件,支持标准脚本语言和任意客户类型,集成了 PowerSite 开发环境,使 Web 应用开发和提交方便快捷。除了优良的性能之外,EAServer 还支持多种数据库访问方式,提供给用户可靠的安全性。

4. 中间件软件

在电子商务的系统软件设计和开发中,还可能要考虑到使用中间件软件。在此需要说明的是:使用中间件软件能够大幅度提高系统的性能,简化开发的流程,但在系统设计过程中,是否一定选择中间软件来充实和强化系统的性能需要根据电子商务应用软件的具体需要,从系统的性能指标,投资费用,开发难度等多方面进行综合考虑。

5. 电子商务应用软件设计

电子商务系统应用位于电子商务系统体系结构的最顶层,在电子商务系统中处于最为重要的地位,其优劣直接关系到企业的电子商务活动是否能够顺利和有效的开展。由于电子商务应用软件和企业的商务活动相关,而企业的电子商务活动无论从形式上还是业务内容方面,都没有固定的模式,并且电子商务已经在各个行业都得到了全面的应用,所以电子商务应用软件的功能、应用软件处理的流程是千差万别的。电子商务应用软件设计包括模块设计、输入输出设计、数据库设计、代码设计、可靠性设计等。

(1)模块设计

模块设计主要是从计算机应用软件编程实现的角度出发,对系统内部进行层次分解,将应用分解为功能不同,且相对独立的(低耦合)子系统,在此基础之上,对每个子系统进一步细化,最终映射到可编程的应用程序模块,确定模块的调用和模块之间数据流与控制流的传递关系。

在具体子系统划分时,一般可以采用如下的方法:

① 按照业务逻辑划分,将相似的业务处理逻辑集中在一个子系统中。例如,对于一个网上商店,其中包括网上订单管理、客户关系管理和存货管理等几个业务,可以将涉及订单处理部分都集中在一个子系统中。

② 按照过程划分,即按照系统的处理逻辑划分。

③ 按照企业的业务部门划分等。

需要说明的是,系统与子系统的划分目前还没有统一的标准,但在应用软件的子系统划分后,一般要看一下划分的结果是否能满足以下要求:

① 各个子系统相对比较独立,能满足明确的业务要求;

② 各个子系统之间的耦合比较少,也就是说子系统之间的数据依赖、数据联系较少;

③ 划分后的结果应当使数据的冗余较少;

④ 划分后的结果便于后续的开发实现。

(2)数据库与数据结构设计

数据库与数据结构设计的目的是针对应用软件中所要处理的数据对象,按照其性质、用途、要求等特征,组织成为满足一定标准的数据库规范化形式。

数据库设计的主要内容是在需求分析的基础上,确定数据的存储方法和存储结构,进行满足应用要求及符合语义的逻辑设计,进行具有合理的存储结构的物理设计,实现数据库的运行等。其设计方法主要是利用 BNF 范式、实体模型等。

(3)输入输出设计

输入输出设计主要是对应用软件的人机界面进行设计,它包括输入输出方法的选择,输入输出设备的选择,输入输出格式设计及输入有效性检查等,其目的是要保证应用软件所要处理的输入数据是合法的、准确的和无二义性。需要注意的是,有关的统计资料已表明了一个有趣的现象:与应用软件核心业务逻辑处理相关的代码占总代码的20%,而输入与输出相关的代码占80%。

① 输入设计

主要包括输入方式和输入界面设计两个主要内容。电子商务主要应用软件的数据输入形式一般包括:用户的键盘输入、其他系统的输入、自动识别输入等。

键盘输入主要是用户通过客户端的键盘录入,由网络传输到应用软件系统中。在电子商务系统中,该类输入主要用于小批量输入,除非必要,应尽可能避免用户利用键盘一次性输入大批量的原始数据。

自动识别输入主要是客户通过条形码、射频识别等输入设备进行数据录入。这种数据输入方式在物流、运输、零售、海关等部门得到了大量应用。从发展的角度看,由于该技术与商业自动化的关系非常紧密,所以前景广阔,在电子商务系统输入设计中应当充分认识到这一点。

其他系统的数据主要是来自企业内部信息系统、企业合作伙伴或用户的数据。例如,来自贸易伙伴的EDI、来自用户的电子邮件等。这类数据一般数据量较大,页面设计量较小。

② 输出设计

输出设计主要是设计系统输出的结果。一般来说,电子商务系统的输出数据根据其标准化的情况可以分为两类:一类是必须满足特定标准范围的数据,例如,满足EDI和SET协议要求的数据;另一类是非标准数据,例如,不同用户所要求的输出数据。

输出设计中需要注意的问题是:电子商务系统输出的形式多种多样,尤其是HTTP协议的应用为系统的输入提供了非常大的灵活性,可以充分利用多媒体数据的特点,使得输出数据的形式直观并易于理解;另一方面,在B/S结构的电子商务系统中,由于客户端形式的多样,在输出设计时,应当考虑到不同客户端的特点。

(4)代码设计

电子商务系统一般采用B/S的分布式多层体系结构,数据的输入/输出是通过前台浏览器,中间经过电子商务基础平台与电子商务系统后台服务器交互实现的。在这种情况下,代码设计实际上就是网页设计,它已成为电子商务系统设计中的一个重要的内容。

网页设计的目标是对电子商务系统中网站的整体风格、页面组织结构进行设计,完成页面内容组织与框架结构。该部分的主要任务包括:

① 站点设计与策划

电子商务网站设计的目标是确定站点所要表达的内容,以及如何能够使用户通过网站有效地理解企业的商务活动过程。它的核心是对站点内容的组织、页面/超链接、导航设计、站点风格等关键问题进行有效的决策,并充分反映网站的商务性、服务性、集成性、可扩展性、安全性、协调性等特色。

由于站点的组织初始可能是一种网状的结构,但从设计角度看,最终是需要将其抽象成为可以由各类静态、动态页面表示成为一个树状结构。这样,才能够对站点的页面内容进行分解,进而分配给不同的HTML编写人员。

站点的风格直接影响到整个网络站点的效率、客户对站点的忠诚程度等方面，所以站点的结构与风格设计是非常重要的。

② 页面设计

页面设计主要是利用 HTML 及其他图形、图像表达工具，建立能够正确和准确表达商务服务的、对客户视觉有冲击力的页面。

页面设计的主要任务包括两个部分：一是界面行为的表达，该任务需要完成页面布局设计、素材搜集和 HTML 页面编写；另一个任务是集成动态页面当中需要嵌入的脚本。

(5) 可靠性设计

可靠性设计包括系统的安全保密性能设计、系统与文件的备份与恢复等，具体为预防对策的设计和恢复对策的设计。

7.7 基于 UML 的电子商务系统建模

7.7.1 UML 的基本概念

统一建模语言(Unified Modeling Language，UML)是一种定义良好、易于表达、功能强大且普遍适应的可视化图形建模语言。它融合了 Booch，OMT 和 OOSE 三大面向对象方法中的基本概念，而且这些基本概念与其他面向对象技术中的基本概念大多相同，是一种简单统一的分析建模语言。UML 已被 OMG(Object Management Group)接受并推荐使用，成为事实上可视化建模的业界标准。作为一种建模语言，UML 的定义包括 UML 语义和 UML 表示法两个部分。

(1)UML 语义

UML 语义描述了基于 UML 的精确元模型定义。元模型为 UML 的所有元素在语法和语义上提供了简单、一致、通用的定义性说明，使开发者能在语义上取得一致，消除了因人而异的表达方法所造成的影响。此外，UML 还支持对元模型的扩展定义。

(2)UML 表示法

UML 表示法描述了 UML 的符号，为开发者或开发工具提供了系统建模的标准。这些图形符号和文字所表达的是应用级的模型，在语义上它是 UML 元模型的实例。

从应用的角度看，当采用面向对象技术分析与设计系统时，首先是描述需求；其次根据需求建立系统的静态模型，以构造系统的结构；第三步是描述系统的动态行为。主要表述各个对象实例在一定消息触发下，状态变化的行为。最终目的是要各种静态对象活动起来，使静态对象能够执行。其中在第一步和第二步中所建立的模型都是静态的，包括用例图、类图(包含包)、对象图、构件图和配置图等五个图形，是标准建模语言 UML 的静态建模机制。第三步中所建立的模型或者可以执行，或者表示执行时的时序状态或交互关系。它包括状态图、活动图、序列图和协作图等四个图形，是统一建模语言 UML 的动态建模机制。因此，统一建模语言 UML 的主要内容也可以归纳为静态建模机制和动态建模机制两大类。

7.7.2 UML 静态建模

任何建模语言都以静态建模机制为基础，标准建模语言 UML 也不例外。UML 的静态建模机制包括用例图(Use case diagram)、类图(Class diagram)、对象图(Object diagram)、包图(Package)、构件图(Component diagram)和配置图(Deployment diagram)。

(1)用例图

用例图用于显示若干角色以及这些角色与系统提供的用例之间的连接关系,它的主要元素是用例和角色,如图 7-15 所示。用例是系统提供的功能,即系统具体用法的描述。用例图用于需求分析阶段,它的建立是系统开发者和用户反复讨论的结果,表明了开发者和用户对需求规格达成的共识。首先,它描述了待开发系统的功能需求;其次,它将系统看作黑盒,从外部执行者的角度来理解系统;第三,它驱动了需求分析之后各阶段的开发工作,不仅在开发过程中保证了系统所有功能的实现,而且被用于验证和检测所开发的系统,从而影响到开发工作的各个阶段和 UML 的各个模型。

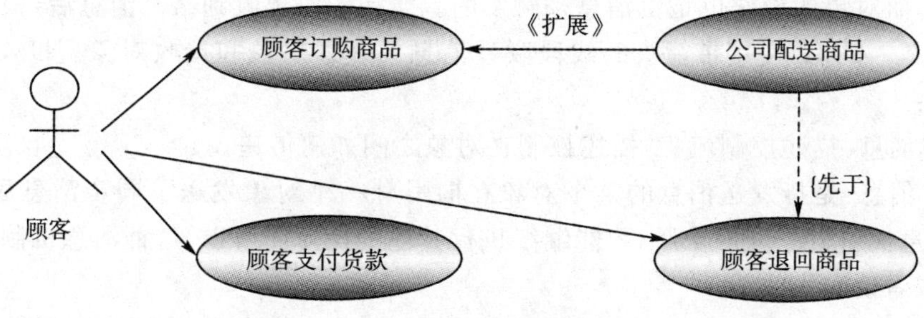

图 7-15　订单管理的 UML 用例图

(2)类图

类图描述类和类之间的静态关系,包括类名、属性和方法。类图不仅显示了系统静态的信息结构,同时还描述了系统的行为。类图是定义其他图的基础,在此基础上,由状态图、协作图等进一步描述系统其他方面的特性。类的关系则包括关联、依赖、聚合、继承等。

(3)对象图

对象图是类图的变体。两者之间的差别在于对象图表示的是类的对象实例,而不是真实的类。对象图常用于表示复杂的类图的一个实例,它及时、具体地反映了系统执行到某处时的工作状态。

(4)包图

一个最古老的软件方法问题是:怎样将大系统拆分成小系统。解决这个问题的一个思路是将许多类集合成一个更高层次的单位,形成一个高内聚、低耦合的类的集合。这个思路被松散地应用到许多对象技术中。UML 中这种分组机制叫包。包图表示类与类之间、类与包之间的相互关系,用于描述系统的分层结构。

(5)构件图和配置图

构件图和配置图显示系统实现时的一些特性,包括源代码的静态结构和运行时刻的实现结构。构件图显示代码本身的结构,配置图显示系统运行时的结构。

① 构件图显示软件构件之间的依赖关系。一般来说,软件组件就是一个实际文件,可以是源代码文件、二进制代码文件和可执行文件等。可以用来显示编译、链接或执行时组件之间的依赖关系。

② 配置图描述了系统硬件的物理拓扑结构以及在此结构上执行的软件。配置图可以显

示计算结点的拓扑结构和通信路径、结点上运行的软件组件，软件组件包含的逻辑单元(对象、类)等。配置图常常用于帮助理解分布式系统。

7.7.3 UML 动态建模

在 UML 的动态建模过程中，需要描述清楚系统中各个对象是如何操作的，各个对象在外界消息的触发后如何发生变化。在 UML 的动态建模过程中，主要使用消息(Message)、状态图(State diagram)、序列图(Sequence Diagram)、协作图(Collaboration diagram)、活动图(Activity diagram)来进行描述。

(1)消息

根据面向对象的分析设计的基本概念，对象之间的交互合作是通过它们之间的消息传递机制完成的，而对象的操作也是由消息来触发的。当一个对象收到某个消息后，根据消息来改变自身的状态。UML 使用带箭头的线段联系消息的发送对象和接收对象。UML 定义了三种消息类型：

① 简单消息：描述控制流程，描述控制在对象之间如何传递。

② 同步消息：是指发送消息的某个对象在向另外一个对象发送了同步消息后，要必须等待发送的消息被对方处理确认后，才能继续执行其他的操作。所以，这种消息机制类似于一种调用关系，或者说顺序关系。

③ 异步消息：是指发送消息的对象在发送消息后，不必等待消息被处理，可继续执行下一步的操作。因此，异步消息实际上描述的是对象间的并发处理关系。

(2)状态图

一般说来，状态图是对所描述事物的补充说明，它显示了类中的所有对象可能的状态以及引起状态变化的事件。也就是说，状态图描述了类中一个特定的对象在其生命周期中的变化活动情况，包括对象的一系列状态和状态变化过程。状态图中有两个核心的概念：

① 状态：每个对象都可能处于不同的状态。而状态实际上是对象执行某种操作后的结果。当一个事件发生后，对象的状态就会发生变化。

状态图中对于对象的状态分别定义了初态、终态、中间状态和复合状态。其中，每一个状态可以细分为不同的子状态，而进一步细分后的状态称为复合状态。

② 状态转移：转移状态是对象状态的迁移过程。状态的转移过程通常包括两种形式，常见的是由于消息触发而导致状态变化，还可能是对象自身内部活动执行完毕后自动触发转移的。

(3)序列图

序列图用来反映若干个对象之间的动态交互关系，也就是随着时间的流逝，对象之间是如何交互的。序列图主要反映对象之间已发送消息的先后次序，说明对象之间的交互过程，以及在系统执行过程中的某一个具体位置将会有什么事件发生。

(4)协作图

协作图和序列图的作用一样，可以用来描述相互合作的对象之间的相互关系和链接关系。和序列图比较，协作图着重描述合作对象在合作过程中是如何被创建、删除等，而序列图则着重描述两个合作对象在时间上的先后次序关系。所以在建模时，如果需要强调时间和序列，最好选择序列图；如果需要强调对象和它们之间的关系，最好选择协作图。

(5)活动图

活动图反映的是一个连续的活动流,描述的内容主要是对象的操作(也就是其方法)行为、对象内部的工作过程。图 7－16 给出了一个活动图的例子。

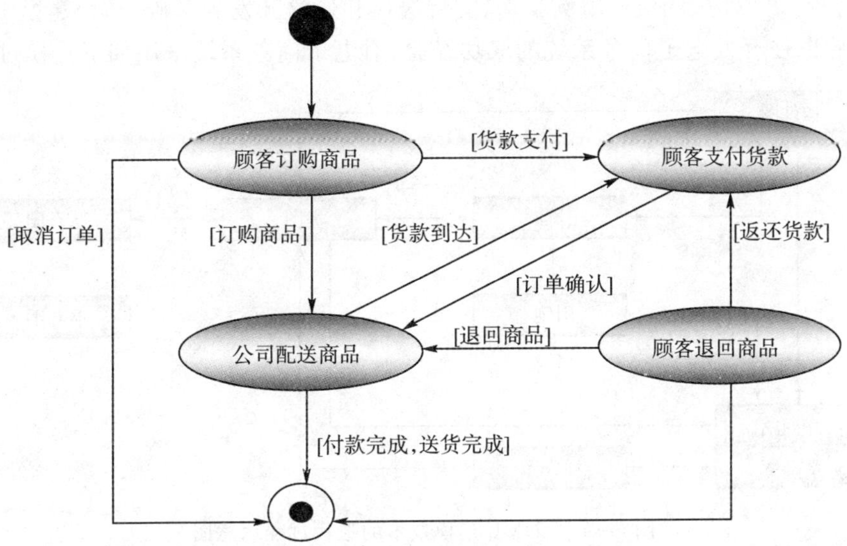

图 7－16　订单管理的 UML 活动图

7.7.4　UML 的视图

UML 中用视图来表示被建模系统的各个方面,从不同的目的出发为系统建立多个模型,这些模型都反映同一个系统,具有一致性。视图由多个图构成,它不是一个图片,而是在某一个抽象层上,对系统的抽象表示。视图包括用例视图、逻辑视图、构件视图、并发视图、展开视图等五种。用例视图是从系统的外部用户角度出发,描述系统应该具有的功能,包含若干个用例。逻辑视图用来显示系统内部的功能是怎样设计的,它利用系统的静态结构和动态行为来描述系统的功能。静态结构用类图和对象图描述,动态行为用状态图、序列图、协作图和活动图描述。构件视图用来显示代码构件的组织方式,描述了实现模块和它们之间的依赖关系。并发视图用来显示系统的并发工作状况,由状态图、序列图、活动图、构件图和展开图等描述。展开视图用来显示系统的物理架构,由展开图表示。

7.7.5　基于 UML 的电子商务系统建模过程

UML 是标准的面向对象建模语言,而不是标准的开发过程。尽管 UML 的应用都是以系统的开发过程为背景,但由于不同的组织和不同的应用领域需要采用不同的开发过程。在使用 UML 开发电子商务系统时一般都采用迭代增量式的开发过程,这种方法不是在项目结束时一次性提交软件,而是分块逐次开发和提交。由于迭代式软件开发方法可以尽早发现项目的风险,并在软件开发过程中对这些风险进行有效的控制,迭代式软件开发方法目前已得到肯定,并被广泛所采用。如图 7－17 从更深一层表明了面向对象建模的基础,UML 不同模型之间的关系反映了面向对象建模的迭代特性。箭头表示“输入”关系。

面向对象的软件开发过程目前主要有 RUP(Rational Unified Process)统一过程和

OPEN(Object-Oriented Process,Environment,and Notation)。其中,RUP 是由 UML 的发起人提出,与 UML 能很好地结合。RUP 既可以作为软件开发组织级的过程,也可以精简作为软件项目级的过程。由于国内软件开发的组织模式和开发环境与国外有所不同,本章采用 RUP 统一过程,以架构为中心,用例驱动、支持迭代和递增开发为基础,结合建模工具 Rational Rose,借鉴以往开发电子商务系统的成功经验,对电子商务系统采用如下建模过程。

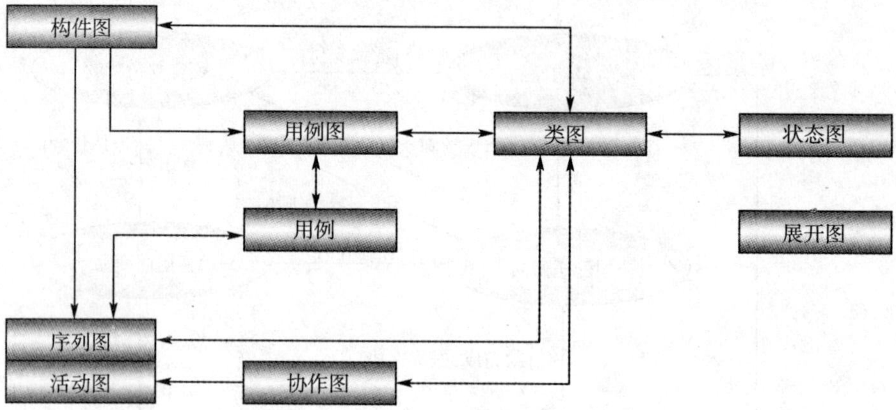

图 7-17 UML 建模技术的迭代过程示意图

1. 面向对象的需求建模

在需求阶段要理解需求、抽象和求精概念,并明确客户的要求。其中需求规格说明文档是开发的基础,也是最终衡量系统是否满足用户需要的依据。

(1)需求建模的主要过程

主要采用系统用例模型来描述系统的需求。可用系统的高层用例图描述系统的功能性需求,并增加描述非功能性需求的补充说明。对于比较复杂的系统需求,可增加活动图显示活动流程和并发行为。

(2)在 Rose 工具中的实现步骤

在用例视图中建立电子商务系统级用例图,描述系统的静态功能。建立活动图描述系统的动态行为,添加文档描述非功能需求的补充说明。针对用例图和活动图中的每个用例、角色和活动状态,可在相应文档窗口编写说明。

2. 面向对象的分析建模

在分析阶段主要通过定义系统中的领域和关键类,逐步求精地分析系统需求,建立分析模型,描述电子商务系统中所有对象,以及各种各样的结构关系和通信关系。分析模型通常被划分为如下五个层次:对象-类层、属性层、服务层、结构层、主题层,且一般由类图、序列图、活动图和状态图等来描述。

(1)分析建模的主要过程

① 根据子系统将需求阶段的用例模型中的用例进行分类。

② 建立各子系统的类模型。根据系统需求,类和它的属性被抽象出来,主要抽取三种类:边界类、控制类和对象类。

③ 建立各子系统的动态模型。主要是决定每一类需做的操作,包括用序列图描述各子系统的用例,说明类的动态协作,并将序列图中发现的新操作加进类中。对于复杂的类,建立活

动图或状态图。

④ 合并各子系统的分析模型。

(2)在 Rose 工具中的实现步骤

① 在逻辑视图中添加类并建立类图；

② 在逻辑视图中为用例视图的用例建立序列图和协作图；

③ 对于复杂的类、浏览器中所要的类创建一个或多个状态框图；

④ 利用 Import 功能将各子系统的分析模型进行合并，利用 Export 将分析模型输出。

3. 面向对象的设计建模

在设计阶段是对分析阶段的模型进行扩充、细化和完善，转变为设计模型。设计阶段又分为架构设计和详细设计两个部分。在架构设计中，需要定义包(子系统)、包间的相关性和基本的通信机制。在详细设计阶段要将包的内容进一步细化，即尽可能详细地描述每一个类，使编程人员能根据它们很容易地编码。

(1)设计建模的主要过程

① 定义包。包是将具有一些共性的类组合在一起。对基于浏览器/服务器体系的子系统按版型组合类，即将客户端页类放入一个包，将服务器页类放入一个包。对基于客户机/服务器体系的子系统按功能组合类，可以得到相互独立的包，从而可重用。

② 细化类。根据类的版型机制，可将类划分为：用户接口类、业务对象类、数据实体类和物理存储类。要细化和扩展包中定义的业务对象类描述，产生新的类图、状态图、序列图、协作图和活动图，建立构件图和展开图。这些图与分析阶段是一样的，但在设计阶段定义更详细，涉及更多的技术细节。分析阶段的用例描述被用来验证用例在设计中的处理。序列图被用来说明技术上如何在系统中实现每一个用例。

(2)在 Rose 工具中的实现步骤

① 将分析阶段建立的用例图、类图、序列图、活动图和状态图按共性组成包放在逻辑视图中；

② 在用例视图的序列图基础上建立设计阶段的序列图，在复杂类的基础上建立该图的状态图；

③ 在逻辑视图的分析阶段的类图基础上建立设计阶段的类图，定义类的属性、操作和数据类型，并确定类之间的关系；

④ 对于复杂的操作，建立活动图描述操作的实现过程；

⑤ 在构件视图中设计构件和构件图，并将类图中的类赋予构件，说明软件的组成模块、动态链接库和执行代码是由哪些类构成的，确定构件之间的关系；

⑥ 由于展开视图和展开图是一张图，可以在展开视图中设计节点，建立节点间的连接关系。

4. 代码实现

代码实现指编程实现电子商务系统类。在设计建模完成后，开发人员可利用 Rose 工具，根据模型生成程序代码框架，并对代码框架进行必要的修改和补充，形成完整的高级语言编码。而且，随着需求的改变，开发人员可能直接修改代码而不是模型，再根据代码逆向导出 UML 模型，从而保持模型和代码的同步。在 Rose 工具中，代码生成框架实现步骤是：检查模型一致性；创建构件；将类映射到构件；设置代码生成属性；选择要生成代码的类和构件；自动生成高级语言代码框架。

5. 系统测试和配置

系统测试必须贯穿整个电子商务系统软件开发全过程中。对每个阶段都要用所建立的模型进行测试,这样才能保证开发的质量,减少开发的风险。测试的过程首先用已建立的用例来测试,检查系统是否支持这些用例,以及系统是否按照用例中所描述的那样运行。同时还需要将系统交给用户进行测试。由于电子商务系统规模非常庞大,需要形式化的描述和错误报告。

7.7.6 基于 UML 的电子商务系统建模的关键技术

1. 支持混合体系建模

当前大型电子商务系统通常采用以客户机/服务器体系为基础,浏览器/服务器体系为发展方向的混合体系结构,实现信息的共享和开放性,即对局域网客户端软件采用客户机/服务器结构,对远程或移动客户端软件采用浏览器/Web 服务器/数据库服务器结构。这就要求 UML 建模工具在电子商务系统建模时,必须同时支持以客户机/服务器和浏览器/服务器体系两种模型,并且两种模型的建模程序要相似。在 Rose 中通过加入件支持浏览器/服务器应用程序代码生成和逆向导出工程代码。在用 Rose 工具建立电子商务系统浏览器/服务器模型时要使用瘦客户机模式,而不要使用肥客户机模式。这是由于企业电子商务系统对速度和移植性要求高,很少(或几乎没有)有 ActiveX 控件、小程序或其他构件下载到客户机浏览器和在客户机器上运行。因此,在建立电子商务系统浏览器/服务器模型的序列图和协作图时,不能使用太多的客户端构件。另外,服务器页一定要设置为 Server Page。

2. 支持软构件的开发方法

电子商务系统的软件开发过程是,首先完成了一个基于面向对象和软构件技术的通用开发平台 GECTool,并在此基础上完成了整个电子商务系统的开发。

GECTool 中构件遵循 Microsoft 的 COM/DCOM/ActiveX 构件标准,可分为以下两类:

(1)用户软构件

用户软构件又可分为通用处理软构件和专用处理软构件。其中用户引用前者时,通过给出适当的参数,系统将生成相应的功能构件。后者是用户自己使用的软构件,相当于固定功能构件。

(2)控制软构件

控制软构件是指标准的控制功能构件及界面构件等。

GECTool 中的软构件是由软构件超类组成的,存在形式包括原代码级和 ActiveX 控件两种形式,电子商务系统软件在集成时可根据需要灵活运用。

在用 Rose 的构件视图建立电子商务系统构件模型时,要着重考虑电子商务系统的实际结构。在构件规范中,构件版型使用 ActiveX 版型。模型语言客户机/服务器体系部分用 Rose 的 Visual C++的加入文件和 Delphi 的插入件。浏览器/服务器体系部分用 Java 和 Web Modeler 的加入文件。一个 GECTool 的构件框图如图 7-18 所示。

3. 集成图形化建模语言和形式化建模语言

图形化建模语言虽然在描述大型复杂的软件系统框架方面有较强的优势。但由于表示缺少精确的定义,易于产生二义和不一致,在描述某些细节方面存在着一定的局限性,且在对系统的并发性和不确定性的描述上存在着不足。形式化建模语言虽有精确的语法和语义定义,但可能使建模者把主要精力放在掌握语言表示本身而不是系统的模型上,导致创建的系统模

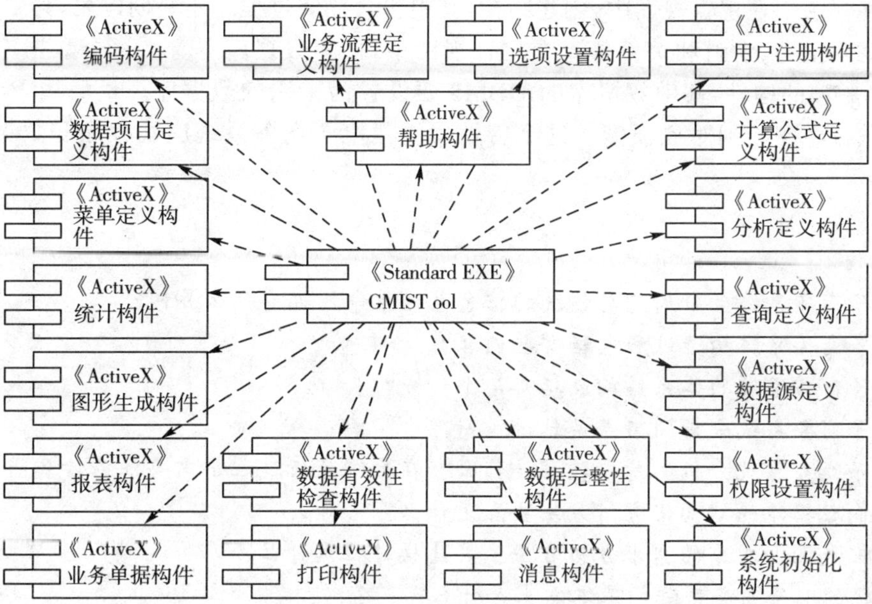

图 7-18 一个 GECTool 的构件框图

型不能恰当地反映系统。

UML 是一种通用的图形化建模语言，采用类图、对象约束语言(Object Constraint Language,OCL)和自然语言来描述 UML 的抽象语法和语义。由于 UML 不是形式化建模语言，缺乏精确的语义描述，因此会导致以下问题：

(1)对模型理解的不一致性；

(2)难以实现逐步求精的开发过程；

(3)难以对模型分析以保证其正确性。

但是，鉴于面向对象技术与形式化技术具有较高的相容性，在电子商务系统建模时，主要是基于 Rose 强大的可视化统一建模语言 UML 来建模，对所建的系统类模型中并发操作和需求不确定性的描述，采用扩展定义用 Z 语言来进行形式化描述。

4. 映射 UML 模型和大型关系数据库模型

电子商务系统的数据库采用大型关系数据库，为了在数据库领域利用面向对象技术带来的益处，需要采用 UML 得到面向对象的数据模型。由于 UML 模型与大型关系数据库之间存在差异，需要做一些技巧的处理，用对象-关系方法映射 UML 模型和大型关系数据库模型。映射过程中要解决好参考一致性的问题、触发器问题、存储过程问题和数据库访问接口问题等。

Rose 不仅可以建模电子商务系统的应用程序，而且可以建模电子商务系统的数据库。Rose 支持从数据模型生成对象模型，以及从对象模型生成数据模型。数据模型和对象模型有很多不同，这主要由模型本身的性质决定的。对象模型的重点是行为和数据，而数据模型的重点是数据。大多数语句中的对象模型支持继承，而数据模型不支持继承。为了处理这些本身差别，在创建电子商务系统数据模型时把创建对象模型和创建数据模型分开。由于企业的电子商务系统开发是从现有 MIS 数据模型开始的，为此，要首先用 Rose 中的数据模型包括逻辑视图与构件视图。在逻辑视图中，创建结构，其中包含存储过程。还要创建表，其中包含字段、限制、触发器、主键、索引和关系等。在构件视图中，创建数据库本身。每个数据库都建模成《database》版型的构件，其中数据库的 DBMS 要设置为采用的数据库。最后用 Rose 的新特性自动从数据模型转到对象模型。这个特性对重建电子商务系统应用程序和数据库时特别有用。

思考题

1. 电子商务系统生命周期与传统的信息系统生命周期有什么异同？
2. 电子商务系统构造过程包括哪些内容？
3. 电子商务系统的体系结构包括哪几个部分？
4. 电子商务系统分析的特点是什么？
5. 电子商务系统分析的基本过程是什么？在系统分析过程中需要注意什么问题？
6. 面向数据流的结构化分析方法要点是什么？
7. 什么是面向对象的需求分析方法？其建模过程是什么？
8. B2C 的电子商务系统的基本需求是什么？
9. 为什么要进行电子商务系统设计，其主要内容是什么？
10. 电子商务系统总体设计的原则是什么，包括哪些内容？
11. 电子商务系统信息基础设计都包括什么内容？在网络环境设计中应当注意什么问题？
12. 基于 UML 的电子商务系统建模过程包括几个阶段？其主要的建模关键技术是什么？

第8章　客户关系管理系统

客户关系管理(Customer Relationship Management,CRM)是一个既古老又充满新意的话题。人类自从有了商务活动,客户关系就一直是商务活动中的一个核心问题,也是商务活动成功与否的关键因素之一。而今,信息化赋予了客户关系管理全新的内涵和理念,成为企业运营的核心技术。

本章从客户关系概念入手,初步介绍了CRM系统的功能模块,在此基础上比较深入地分析了CRM中的信息交互方法,即呼叫中心和短信息平台的解决方案,并引入了客户关系整合的基本概念。

8.1　客户关系管理系统概述

8.1.1　客户关系管理概念

1. 客户的概念

客户的概念有狭义和广义两种。狭义的客户通常是指产品和服务的最终消费者,如个人和家庭,而广义的客户是指任何接受或可能接受产品和服务的对象。

作为企业最宝贵的资源之一,准确理解客户的概念有助于企业加深对客户关系管理的理解和提高CRM实施的效率。广义的客户既包括消费领域的客户(产品或服务的最终消费者),也包括生产领域的各级代理商和合作伙伴。另外,在企业内部按照工艺过程或生产流程形成了服务与被服务的关系,我们也将这种被服务的对象纳入客户范畴。

2. 客户关系管理

客户关系建立的基础是产品和服务,而维系和影响客户关系则存在大量的复杂因素。首先,产品和服务本身的因素,包括质量、价格、性能、售后服务、时间、空间等;其次,客户自身的因素,包括性格、爱好、年龄、性别、消费水平等;再次,接触客户方式,可以通过现场交流、电话、传真、电子邮件、网站等手段建立与客户的联系,挖掘出客户的深层次需求及潜在客户;最后,客户关系的管理方法是将客户相关信息整合在一起,利用数据库存储、维护各种信息。

客户关系管理源于"以客户为中心"的市场营销理论,它是一种旨在改善企业与客户之间关系的管理机制,将市场营销的科学管理理念融合到计算机应用软件上,在企业与顾客之间建立了一种数字的、实时的、互动的交流平台。

关于CRM的定义,不同的机构有着不同的理解和表达。ERP(Enterprise Resource Planning)的奠基人Gartner Group认为,所谓的客户关系管理就是为企业提供全方位的管理视角,赋予企业更完善的客户交流能力,客户的收益率最大化。美国著名的研究机构Hurwitz

Group 认为,CRM 的焦点是自动化并改善与销售、市场营销、客户服务和支持等领域的客户关系有关的商业流程。IBM 所理解的客户关系管理包括企业识别、挑选、获取、发展和保持客户的整个商业过程,并将其分为关系管理、流程管理和接入管理三类。我国学者认为,CRM 是企业通过与顾客充分的交互,来了解、影响顾客的行为,提升顾客的忠诚度、留住率和利润贡献率的一种经营模式;CRM 是企业从各种不同的角度来了解和区别顾客,开发出适应顾客个别需要的产品和服务的一种企业程序与信息科技的组合模式。CRM 的目的在于管理与老顾客的关系,同时有效地吸引新顾客。

事实上,客户关系管理并不是全新的概念。它在计算机、网络技术发展的今天,被赋予了新的内涵。客户关系管理的核心仍是以客户为中心的管理模式。简单地说,CRM 系统是利用信息技术,实现市场营销、销售、服务等活动自动化,使企业能更高效地为客户提供满意、周到的服务,以提高客户满意度、忠诚度为目的的一种管理经营方式。

面对不断增加的竞争压力,企业越来越关注他们的客户,认识到忠诚、持久而稳定的客户群是企业最宝贵的资源,是企业成功和更具有竞争力的最重要的因素。客户关系管理正是为帮助企业获取这一资源而采取的管理方式。

3. 客户关系管理与电子商务

CRM 是企业电子商务的重要组成部分。随着信息技术的发展和经营理念的改变,个性化服务成为优质企业的追求目标。客户关系不仅仅对商品的售前和售后环节产生直接影响,而且也对商务过程的生产环节起着越来越大的作用,已经成为连接企业内部、外部经营的纽带和桥梁,并作用于销售、营销、客户服务、生产、财务等部门。另外,在电子商务环境下的 CRM 系统给企业和消费者带来了全新的体验,如在线销售、在线服务、呼叫中心、电子邮件等等。因此,CRM 系统的实施更加完善了企业电子商务的过程。

8.1.2 客户关系管理类型

在信息技术和网络技术的支持下,客户关系管理的内涵和外延得到了丰富、拓展,CRM 系统的解决方案也呈现出多样化。为了系统全面地了解 CRM,我们从三个不同视角对 CRM 进行分类梳理。

1. 按企业规模分类

根据企业规模来分类是大多数 CRM 的基本分类方式:

(1)跨国公司或者大型企业实施的客户关系管理系统;

(2)200 人以上、跨地区经营的企业实施的客户关系管理系统;

(3)200 人以下的中小企业实施的客户关系管理系统。

在 CRM 应用方面,大型企业与中小企业相比有很大的区别。前者在业务方面有明确的分工,严格的流程管理,业务规模大,致使其信息量巨大;后者在组织机构方面要轻型简洁很多,业务分工不一定明确,运作上更具有弹性。因此,大型企业所用的 CRM 软件比中小企业的 CRM 软件要复杂、庞大得多。

2. 按应用集成度分类

企业处于不同的发展阶段,对 CRM 整合应用和企业集成应用有不同的要求。也就是说,随着企业业务量的增加,应当有一个与之相适应的客户关系,对应以下三种不同集成水平的 CRM 系统。

(1)CRM专项应用

CRM系统在销售或服务的应用中,重点关注客户和销售人员本身的信息,以及商品销售过程中的某一项服务,如销售自动化、客户服务代表管理、客户信息查询等等。这些应用所产生的信息流、资金流和物流并不与其他相关系统发生交互。

(2)CRM销售应用

CRM系统可以跨越售前、售中和售后的环节为客户提供综合服务,这种全程服务必须将零散的专项应用系统集成在一起,并使多部门、多业务协同运行,形成“水平”方向的集成应用。但是,这种“水平”的应用还没有对生产过程产生直接影响,仍然是企业电子商务的局部应用。

(3)CRM经营应用

CRM系统成为企业电子商务的有机组成部分,它与ERP、SCM系统集成在一起,形成了业务流程紧耦合、软件系统松耦合的企业信息化系统,也可以说是“垂直”方向的集成应用。这种应用使得CRM系统的信息流对生产规模具有一定的控制作用,直接影响了企业的经营过程。

3. 按系统功能分类

(1)操作型CRM

操作型CRM主要是通过业务流程的定制实施,让企业员工在销售、营销和服务的最佳方法支持下提高效率,如销售自动化(Sales Force Automation,SFA)、营销自动化(Marketing Automation,MA)、客服自动化(Service & Support Automation,SSA)、移动销售(Mobile Sales,MS)等,这些都是属于操作型CRM的范畴。简单来说,操作型CRM是“快速并正确地做事”,也就是按照规章制度的要求和流程标准高效率工作。

(2)协同型CRM

协同型CRM整合了企业内部和外部的信息渠道,使用包括呼叫中心(Call Center)、网站、电子邮件、即时通讯等工具,加强了企业与客户的沟通能力和互动关系,提高了服务时效性和质量。

(3)分析型CRM

分析型CRM从ERP、SCM等系统,以及操作型CRM、协同型CRM等不同渠道收集到各种与客户相关的信息,再通过统计方法系统地分析计算出宏观规律,帮助企业全面了解客户的分类、行为、满意度、需求和购买趋势等。企业可利用上述资料拟定正确的经营管理策略。所以,分析型CRM就是“做正确的事、做该做的事”。

8.1.3 客户关系管理应用

1. CRM垂直应用

CRM垂直型应用是行业应用的另一种形象说法。软件开发商针对行业特点进行客户化定制,形成一种垂直整合的特殊版本软件。例如,Siebel System公司提供了针对生命科学、公共部门和财务服务等领域的特别版本产品,共有约二十种面向不同行业的CRM垂直整合产品;Dendrite和Synavant公司专门从事为医药界服务的CRM产品;Reynolds and Reynolds专门提供为汽车行业服务的CRM软件。这些垂直整合的软件在客户管理、销售、营销、服务等业务流程上都非常专业化,使企业摆脱了复杂的用户配置或二次开发的工作,且易于和其他系统集成,所以具有很好的亲和力。

2. CRM水平应用

CRM水平应用是相对于垂直应用而言的。它并不注重行业的业务流程特点，而只是按照功能进行划分，具有较大的通用性，如操作型、协同型和分析型CRM软件。从历史发展的角度看，早期的CRM系统是不分行业的，软件在企业的应用深度是有限的，开发商的目标是要让更多的企业都使用同一套软件，所以给用户带来许多不便。

8.2 客户关系管理系统设计思想

8.2.1 客户关系管理系统设计的基本特点

1. 系统架构的可伸缩性

目前，CRM系统的开发缺乏一个"严谨"的理论基础，不但CRM概念本身无法统一，其应用边界也不容易确定。这些不确定因素使得在构建CRM应用系统时要留有足够的余地，强调系统的可伸缩性。另外，系统的构建要尽量靠近"国际标准"或通用标准，尽量减少专用技术的使用，以免影响系统未来的发展。

2. 组件的可移植性

如今的软件开发已经是"组件接插"(Plug and Play)时代，长线开发过程已经无法满足时代对速度的要求。为了提高各种软件资源的重用性，可以将每个组件包装得像"集装箱"一样，发布应用到多种不同的系统中，而不需要做大量的重复性工作。因此，注重组件的移植性和重用性是CRM系统设计的一个特别要求。

3. 业务流程的灵活性

CRM应用系统的一个重要特点就是业务流程的多变性。不同企业或同一个企业在不同时期，对业务流程的要求会有较大改变。过去ERP系统的流程"死板"给用户带来了很多不便，因此，CRM应用必须注重流程配置设计，使系统具有更好的适应性。

4. 多种技术的综合性

CRM系统需要得到多种技术的支撑，涉及的技术领域很宽，包括流程管理、网络通信、系统设计、计算机硬件和软件等。另外，对于不同的应用对象，系统包含不同的领域知识。所以，一个CRM系统是多种技术综合运用的成果。

8.2.2 客户关系管理模型

客户关系管理模型的构造可以从三个方面入手，即交互手段、业务功能和关系数据，如图8-1所示。模型主要反映了CRM的功能、数据和业务之间的一般关系。

在市场营销过程中，通过对客户市场的细分，确定目标客户群，制订营销计划和宣传策略。产品销售的任务是执行营销计划，包括发现潜在客户、与客户交流、推销产品和服务、收集信息等，最终形成销售订单，实现销售额。实现产品销售后，企业必须提供相应的服务和技术支持，以维持良好的企业信誉和客户关系。

企业要真正做到以客户为中心，满足客户多样化、个性化的需求，且要及时掌握客户需求的变化，信息交流渠道是非常重要的。因此，CRM系统中要将各种现代化通信手段集成在一起，实现多元化的互动平台。

随着企业商务过程的长期进行，CRM 系统将积累大量的繁杂数据，它们是实现业务功能和交互手段的重要基础，也是企业宝贵的资源财富。如果要能很好地利用这些数据，就必须对其进行科学分类，并保证数据的完整性，使数据之间具有良好的约束性和关联性。

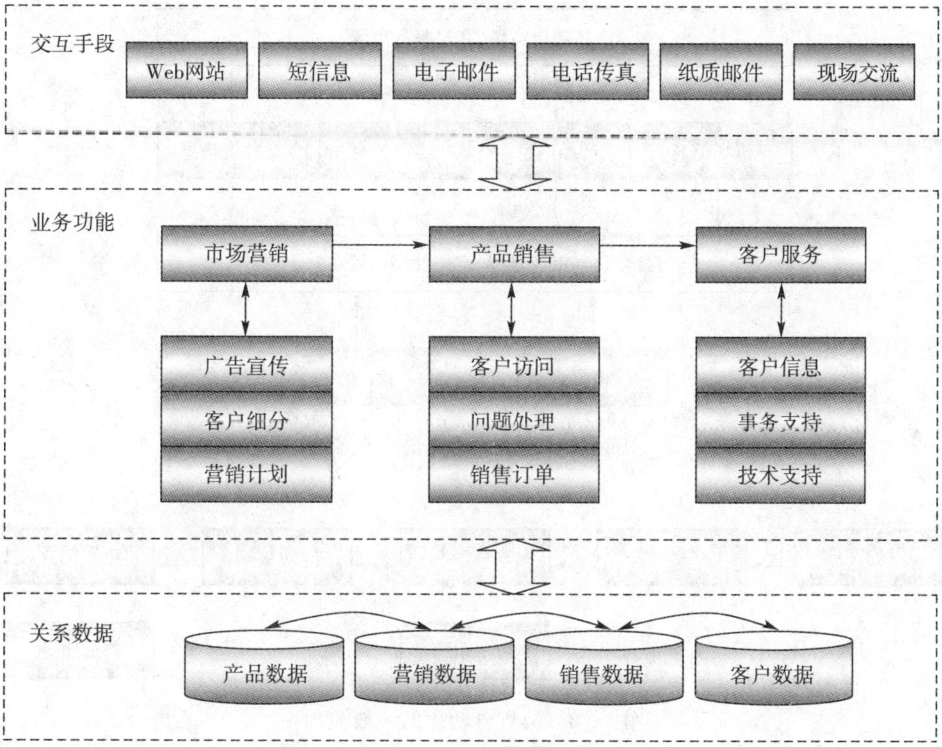

图 8-1 客户关系管理系统模型图

8.2.3 客户关系管理业务流程设计

营销自动化(MA)、销售自动化(SFA)和客户服务与支持自动化(SSA)是绝大多数 CRM 系统存在的三大基本流程。其中，每个流程都有下层的细分结构，而且不同类型企业的流程细节存在较大差别。

1. 营销自动化流程

营销工作主要包括市场信息处理、竞争对手调研、客户信息跟踪、潜在客户分析、营销组合管理等。通过市场调研和销售服务的反馈渠道获取区域、市场容量、发展趋势、客户类型和喜好等信息，对其加以分析处理，得到购买力、购买倾向等重要参数。以同样的方式获取竞争对手的各种信息，比较各自的优势，及时调整营销组合策略。在营销自动化流程中，数据采集和营销组合方法是关键步骤，可以利用数据仓库和数据挖掘技术实现企业经营的上层决策管理，如市场目标、市场定位、市场细分等。营销自动化的一般过程如图 8-2 所示。

2. 销售自动化流程

销售业务流程涉及发现客户、洽谈、签订合同(协议)、订单跟踪、发货、结算、用户回访等环节，如图 8-3 所示。这些环节均以客户为中心，在 IT 技术的帮助下超越了时空限制，为客户提供最方便的服务，同时也改变和优化了传统的销售流程。

发现客户是销售过程的起点，主要工作是寻找潜在客户，并将他们转换为真正的消费客户。首先，建立网站宣传企业及其产品；其次，构造多种信息传输渠道，采集大量客户信息，利用数据仓库技术分析客户特征和需求。值得注意的是，发现客户的细节会因不同产品而异。

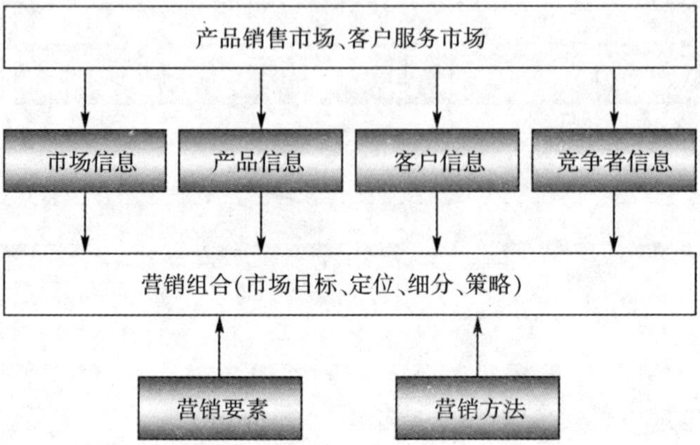

图 8-2　营销自动化的一般流程

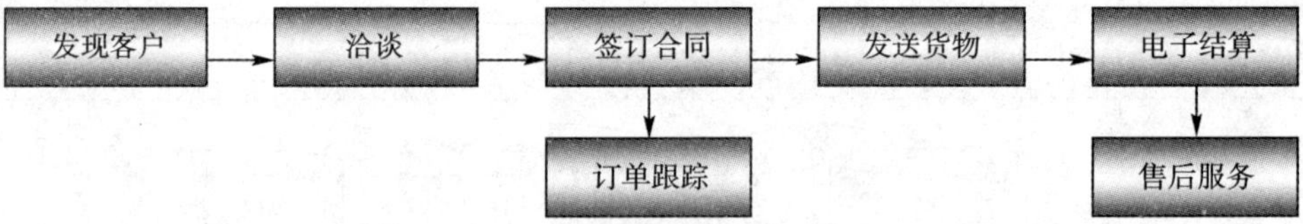

图 8-3　销售自动化的一般流程

洽谈和签订合同可以合并到一个信息处理过程中。对于小规模企业可以在公共交互平台上实现信息交流，如普通电子邮件等，而大型企业则可以建立自己的客户服务中心，通过呼叫中心、电子邮件、BBS 等多种手段进行贸易洽谈。这一过程应该得到 PKI 系统的支持，以完成交易双方的身份认证和合同的电子签名。

发送货物通常采用卖方或第三方送货。根据合同中的运输条款，形成运输单，确定运输计划，并及时通报客户。对于信息产品，卖方可以直接在网上配送，或者发布在网站上由买方自助下载。

电子结算可以通过公共的支付平台实现，通常买方选择银行卡或电子支票，完成支付后形成开票信息。企业一般不需要设计自己的支付系统，而应当将支付网关的功能集成到电子商务的过程中。

3. 客户服务与支持自动化流程

客户服务与支持自动化流程如图 8-4 所示。主要涉及客户信息、客户需求记录、客户需求处理、客户服务记录。实现良好的客户服务的关键是要建立两条信息渠道，对内能够迅速获得相关技术部门的服务信息，对外能够及时反映客户的需求信息。所以，集呼叫中心、电子邮件、Web 网站于一体的客户服务中心在这一流程中起着非常重要的作用。

客户信息是 CRM 中的宝贵资源，这些真正客户和潜在客户的资料是通过不同方式获取的，包括电话、传真、订单等，信息杂乱，甚至是不准确的，所以客户信息的规范、抽取是一项比较复杂的工作。客户需求是通过各种通信手段传达的信息，CRM 系统应当提供自动或人工的接入服务，且将需求转到相关的服务部门，同时详细记录需求产生的过程和内容。需求处理是提供客户服务与支持的实际动作，最终响应也是通过自动或人工的方法实现。需求分析是对客户及其需求信息的深层次利用，在数据库系统的支持下，将会得到更加贴近客户的服务方式，进一步提高服务水平。

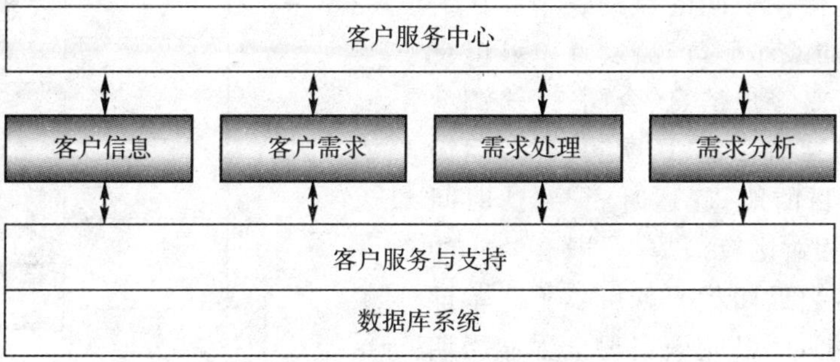

图 8-4 客户服务与支持的一般流程

8.2.4 客户关系管理基本功能模块

结合 CRM 模型和业务流程设计，我们可以对客户相关的各方面信息进行详细管理、分类、统计，并规划 CRM 系统的基本功能。尽管不同企业在流程和规模上有所差异，使许多垂直应用的 CRM 系统带有明显的行业特点，但是软件功能还是存在很多相同之处，通常包括客户管理、单证管理、营销管理、销售管理、客户服务中心等，这些模块协同工作，实现客户关系管理的信息化。

1. 客户管理模块

客户是企业最重要的资源之一，应该包含消费者、潜在消费者、销售代理商等，客户管理功能模块结构如图 8-5 所示。

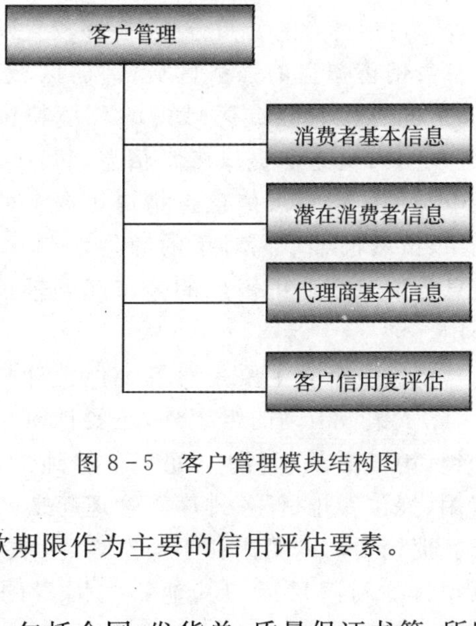

图 8-5 客户管理模块结构图

客户信息主要分两大类，即消费者、销售代理商，应当尽量完整地保存他们的基本资料，包括名称、地址、联系方式、生日、嗜好等。除此以外，这两类信息管理的重点不同：对于消费者来说，系统特别要关注消费水平及潜在消费者，以便为销售折扣的控制提供基础信息；对于代理商来说，系统要对代理级别和销售区域进行严格的管理，这些信息与产品价格、利润空间、服务支持水平直接相关。客户信用度评估是一个复杂的问题，一般在 CRM 中采用简化的处理办法，将消费者的付款额度、付款期限作为主要的信用评估要素。

2. 单证管理

CRM 中的单证主要是销售过程中产生的文件，包括合同、发货单、质量保证书等，所以有些系统将这些单证放在销售流程中管理也是可以的。我们在这里将单证管理划分成独立的功能模块,结构如图 8-6 所示。

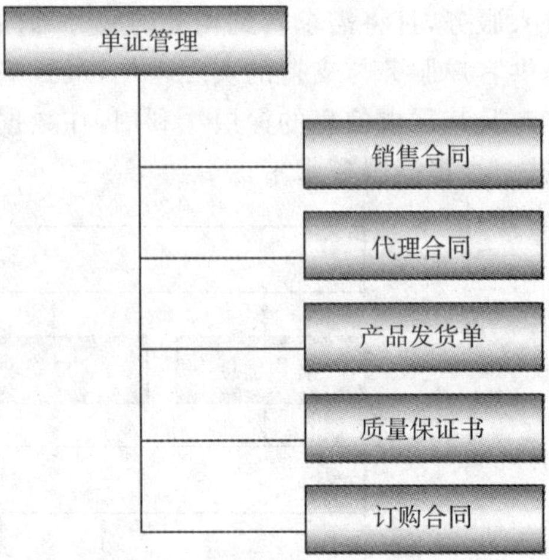

图 8-6 单证管理模块结构图

销售合同、代理合同、订购合同在内容和形式上都是不一样的,因此可以分类管理这三种合同,将数据存储在不同的数据表中。在信息化水平相当高的条件下,产品发货单可以自动生成,数据来源是客户信息、合同、运输调度系统,主要信息包括消费者、所购买产品、运输方式、运输线路、目的地、起运时间、到达时间等。质量保证书相对比较简单,一般有固定的格式,只要收到客户返回代码就可以了。单证是企业的重要数据,所以应该实现全生命周期管理。另外,单证数据还要能够导出,转换成 Word、Excel 等格式文件。

3. 营销管理

营销管理承担着两项重要职责,一是销售渠道管理,二是营销组合策划。优秀的营销管理需要得到许多信息和软件功能的支持,模块结构如图 8-7 所示。

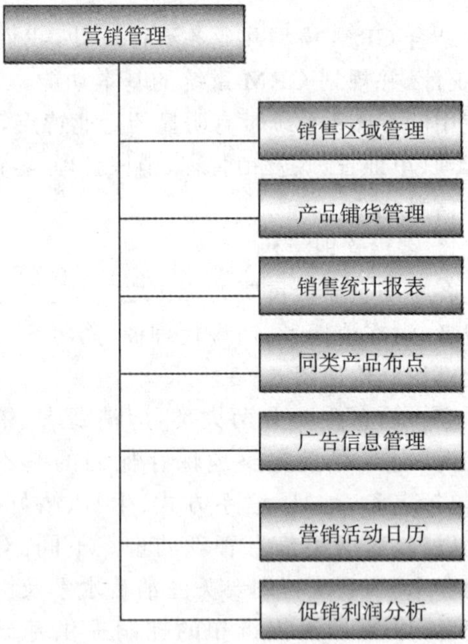

图 8-7 营销管理模块结构图

销售渠道的实质是产品铺货点的建设,至于是企业自己的销售部门还是代理机构,可以根据销售区域的战略地位确定。所以,销售渠道的管理重点是根据销售状况实时控制铺货情况。通过销售点的分布分析,能够较直观地找出自身销售覆盖的强势区域、薄弱区域、盲区,如果配合位置点或区域内的环境特征分析,可以为渠道选点提供参考信息。另外,主要竞争对手的销售点信息也是销售渠道的管理对象,虽然很难掌握对手的铺货细节,但这些信息可以对企业销售点的分布起到辅助决策作用。

营销组合策划主要是对各种促销计划的设计,除了销售活动的组织外,还要计算出成本开销、销量增长、利润空间等。单纯的产品宣传活动比较简单,如广告和展览会,只要将费用、展位安排、任务排序等管理起来就可以了,而涉及产品价格变动的促销活动就很复杂了。促销活动既要让利于消费者,又要使企业获得一定的利润,促销利润分析模块能够根据拟订的利润目标和其他相关因素测算出最佳销售量,并给出各环节的让利幅度和手段。

4. 销售管理

销售管理是按照事先确定的流程对产生的单证和状态信息进行管理和控制。它是CRM中非常重要的部分，销售流程覆盖面宽，与其他功能模块的交叉多。因此，销售管理主要是对销售系统运行参数进行合理配置，并对销售计划、销售量实行精细管理。功能模块结构如图8-8所示。

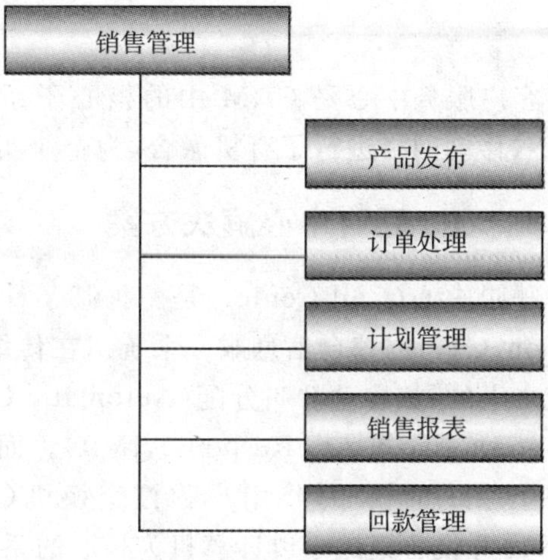

图8-8 销售管理模块结构图

产品发布的主要工作是多媒体宣传材料的制作，应能够准确地反映产品的形态特征和性能参数，我们可以将其发布到企业自己的网站上，也可以通过广告交易平台发布到指定的其他门户网站。订单处理控制着销售过程中的各个状态，如订单确认、发货、到款等，系统可以通过设置客户级别来确定订单处理的优先级，并且自动产生优惠价格的参考值。销售计划管理是一个比较复杂的功能，它需要根据订货量、生产量、资源能力、前期销售量等多种因素来确定，将销售计划配置到各个销售点或代理商。销售报表可以按照自定义的时间段和栏目来产生，通常会分成月度、季度和年度。回款管理除了一般的监视作用外，还可以设定欠款警戒阀值，对超出该阀值的用户给予重点关注或停止发货。

5. 客户服务中心

客户服务中心的核心功能当然是与用户的信息交流，它将Internet与PSTN集成在一起，形成了一个全方位的互动交流平台，Web网站、电子邮件、短消息系统、呼叫中心是主要的交流手段，其解决方案和功能我们将在下一节做详细描述。另外，信息自动回复、服务项目设定、服务任务调度都是系统需要实现的重要功能，模块结构如图8-9所示。

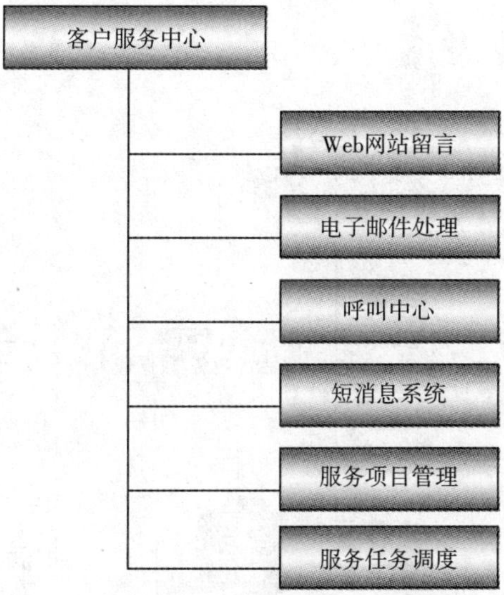

图8-9 客户服务中心模块结构图

服务项目管理提供了服务内容和服务方式的设置功能：企业可以根据产品特点确定服务的数量，每一项服务的具体内容是什么，由哪一个部门负责；具体的服务方式可以是现场服务、网络在线服务、客户自助服务，所以系统要及时将帮助信息或升级软件上载到网站中。服务任务调度功能的设计与企业组织机构相关，有的企业设有专门的服务部门，而有的企业则将服务分散在各个相关部门，这种不同导致服务任务的调度存在较大区别。总之，服务任务调度主要是对人员工作分配的管理，每个人在系统的帮助下可以方便地排定工作计划。另外，系统可以记录服务完成的时间、质量等信息。

8.3 客户服务中心

客户服务中心是 CRM 中的核心子系统，它综合运用了先进的通信技术，将 Internet、PSTN、移动网络进行了有机融合，为企业实现以客户为中心的经营理念提供了物质基础。

8.3.1 呼叫中心解决方案

呼叫中心(Call Center)是一种基于计算机与电话集成技术(Computer Telephone Integration,CTI)的综合信息服务系统。在传统的客户呼叫系统中，各种应用功能是构筑在交换系统之上的，如自动呼叫分配(Automatic Calling Distributor,ACD)功能、交互式语音应答系统(Interactive Voice Response,IVR)。而 CTI 则将计算机技术应用于呼叫中心之中，且成为整个系统的核心，将用户程控交换机(Private Branch Exchange,PBX)、IVR、座席(AGENT)等设备集成于以计算机为核心的系统中。基于 CTI 的呼叫中心使语音流和数据流能够同步传输，利用公用电话网(PSTN)实现了客户覆盖，利用计算机局域网实现了工作区或座席覆盖。呼叫中心的主要功能包括呼入/呼出电话处理、Internet 回叫、软电话、电话转移、路由选择、信息发送、报表统计分析、呼叫中心运行管理等。

1. 呼叫中心的一般组成

呼叫中心一般采用模块化设计，企业可以根据自己的实际情况，对各功能模块进行扩充和重组，在系统配置上可以从小规模到大规模平滑升级。如图 8-10 所示是一个基于 PSTN 的呼叫中心结构。由于不同场合使用的呼叫中心在功能上有些不同，所以采用的技术及系统组成也有一定的差异。

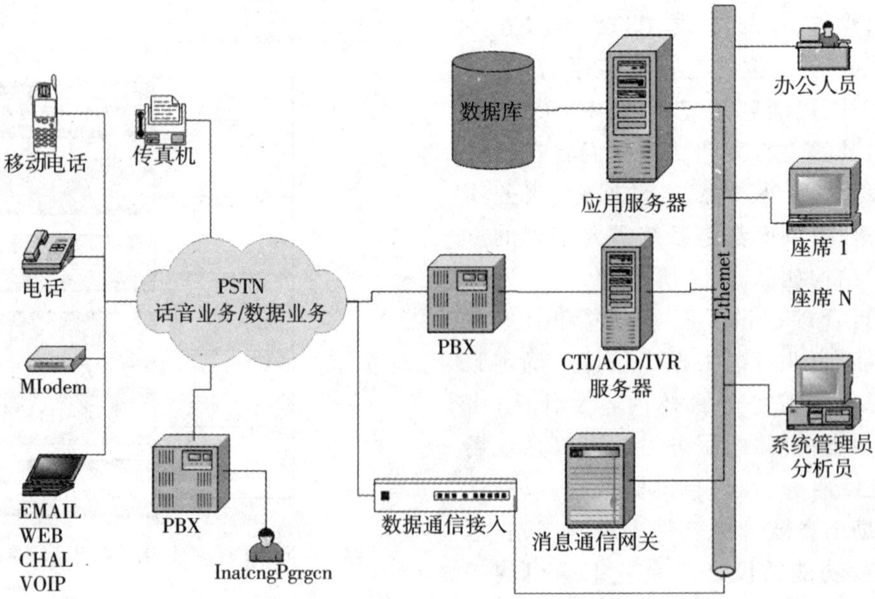

图 8-10 典型现代呼叫中心的基本构成

系统大致可以分为前端和后端两层结构。PBX 和 CTI 服务器是系统前端的核心部件，通过程控交换机的 CTI Link 获取交换机的状态，实现 CTI 服务器对程控交换机的控制，同时将计算机网络与 PSTN 紧密联系在一起。系统后端主要是各种数据库应用系统，如账务系统、业务管理系统。用户的呼叫在 ACD 交换机排队之后，被引导到不同的人工受理席，然后以语音或传真等不同方式给予用户相关的业务答复。

呼叫中心的一般组成包括：用户程控交换机、ACD 系统、CTI 中间件、IVR 系统、呼叫管理系统（Call Management System，CMS）、座席管理软件、座席同步录音系统、计费软件、数据库服务器、Web 服务器、E - mail 服务器、Fax 服务器、消息通信网关等。

2. 呼叫中心的关键技术

（1）自动呼叫分配

自动呼叫分配（ACD）是现代呼叫中心的核心系统，是区别于一般热线电话和自动应答系统的重要标志，也是决定呼叫中心规模和系统质量的重要部分。目前生产 ACD 系统的主要厂商有华为、北电、西门子、AVAYA 等。

ACD 系统能够按照预先设定的策略工作，将包括电话呼叫、Fax 呼叫、E mail 呼叫、Web 文本交谈、IP 电话、手机短信等大量并发的呼叫进行统一排队，并合理地分配到相应的座席上去，极大地提高了呼叫中心的工作效率。高级的 ACD 能够定义优先级队列，根据座席员不同的技能等级进行分配。

通过设置，系统可以实现重要客户优先排队、排队状态提示、座席分组、座席选择服务等功能。ACD 的排队功能可以支持以下排队方式：

■ 采用通信平台的硬件 ACD 排队；
■ 线性排队；
■ 循环排队；
■ 按 ACD 优先级排队；
■ 按最少接答次数排队；
■ 按最大空闲时间排队；
■ 按呼叫记忆功能分配来话。

（2）CTI 服务器

CTI 服务器是一台与程控交换机相连的计算机，它接收来自交换机的事件/状态消息，实现同步语音与数据的传送、智能路由等功能，对电话、呼叫、分组、引导和中继线进行全面控制，管理整个呼叫中心协同工作。同时，CTI 服务器屏蔽了程控交换机与计算机之间复杂的通信协议，提供统一的编程接口，使开发人员能够方便地开发呼叫中心的各类应用。

CTI 服务器的重要突破是将 Web 技术引入呼叫中心，为客户提供了一个从 Web 站点直接进入呼叫中心的途径，使交互形式从传统的“拨号到交谈”扩展到“点击到交谈”。另外，CTI 服务器实现了复杂路由的计算，可以根据多种复杂的组合条件将呼叫传递给最合适的业务代表，如业务代表类型、服务范围、时间、前次服务人员等。CTI 技术支持呼叫中心的典型功能如下：

■ 客户信息实时弹出显示；
■ 计算机键盘软摘机、软挂机；
■ 支持语音呼叫和有关数据在业务代表之间传递；
■ 支持个性化的呼叫路由，允许系统根据条件分配呼叫；

■ 支持预览呼叫，在呼叫发生前显示出客户的有关信息；

■ 支持预拨呼叫，按预定拨号方案由计算机自动完成呼叫处理。

(3)交互式语音应答

交互式语音应答系统实际上是一个“自动的业务代表”。通过IVR系统，客户可以在普通的电话上通过按键输入其服务请求及相关信息，而IVR系统则根据客户的服务请求和提供的信息，自动访问呼叫中心或企业后台业务系统中的资源，完成客户的服务请求，并将执行结果通过电话、传真等方式提供给客户。

IVR服务器一般与PBX直接相连，呼入电话首先接入PBX，然后转到IVR系统。作为ACD的前端，IVR可以通过提问获取更多有关呼叫者的信息，这将有助于ACD系统准确无误地传送来电呼叫。同时，呼叫方也可以利用IVR自行完成诸如邮件追踪、查对存款余额、订购产品、服务预约等多项程序化工作。

IVR服务器主要完成自动语音导航、传真服务器等功能。通过对自动语音流程进行简单描述，IVR按规定实现放音、收号、录音、转人工、收传真、发传真的操作序列。传真服务包含了传真回复、传真接收、传真发送、传真广播等功能，系统可以接收用户传真，并将其转给业务代表处理。人工座席可以通过工作站检索传真文件、发送传真。

(4)呼叫管理系统

呼叫管理系统(CMS)负责管理与呼叫相关的各种数据。它和自动语音应答系统、互联网呼叫中心、呼叫预拨系统、录音系统等一样，是呼叫中心重要的组成部分。根据被管理呼叫中心的结构组成，可以分为单点呼叫管理系统(为集中式呼叫中心服务)和组网呼叫管理系统(为分布式呼叫管理系统服务)两种。标准的呼叫管理系统能够提供以下几类功能：

■ 监控、记录和统计各种呼入、呼出的相关数据，包括次数和时间等；

■ 监控、记录每个座席的工作情况，包括每一次操作的细节，以及对座席工作表现的总结，显示出每个座席实时的工作状态，如通话、空闲、忙碌等状态；

■ 监控、记录每个ACD组的整体工作情况，包括工作强度和服务质量；

■ 监控组网呼叫管理系统，记录、统计每个独立呼叫中心的呼叫量、座席人员表现等。

通常情况下，一个呼叫管理系统还要包括诸如大屏幕、信息公告牌、信息滚动条等电子系统进行管理信息的公布。

(5)自动对外拨号系统

自动对外拨号系统是呼叫中心实现主动呼出的重要业务。呼出一般分为预览呼出和预测呼出。预览呼出是指呼叫中心座席员先在计算机上预览呼出电话的情况，如电话号码、客户资料等，然后再由系统呼出电话；预测呼出是系统根据预先设置的条件生成呼出电话队列，以及当前的系统状态(如中继线的忙闲程度、座席的空闲情况等)自动进行拨号，然后将接通的电话转移到空闲的呼叫中心座席员分机上，同时通过CTI将该电话的信息同时显示在呼叫中心座席员的屏幕上，业务代表可根据系统显示的内容直接开始和客户进行交谈。系统可以自动侦测忙音、无人接听等状态信号，按照设定的重拨次数进行自动重拨。普通的呼叫中心较多采用第一种方式，而一些专业的呼叫中心，尤其是规模较大的呼叫中心，通常采用预测呼出。自动对外拨号系统主要分为两大单元。

① 活动管理。活动管理可以规划对外呼叫操作，使用者自行设计销售、推广、调查等相关活动内容，系统自动形成呼叫列表，规定呼出时间和条件。

② 对外拨号。对外拨号处理通过预览呼出和预测呼出两种方式完成呼叫工作。系统可以对客户资料进行一定的对比分析，掌握客户消费习惯，区分客户等级，实现更有针对性的呼叫处理。

(6)消息通信网关

消息通信网关主要负责与其他应用系统之间的联系，它分别处理各种特定格式的消息，并统一提交给 CTI 服务器或其他相关服务器。同时，也可以将呼叫中心的消息传送到其他应用系统中。

3. 基于 Internet 呼叫中心的解决方案

这种呼叫中心利用了 Internet，并将其中的丰富信息集成在系统之中。与早期的呼叫中心相比，它在两个方面取得了很大进步：客户可以从 Web 站点直接进入呼叫中心，通过点击主页上特定的呼叫按钮，选择合适的通信方式，包括电子邮件、文本交谈、电话自动回复、Internet 电话(VoIP)，实现与业务代表的交流；企业对客户关系的管理更加科学，使客户需求与企业的生产、销售、配送、服务形成一个互动整体。

通常 Internet 呼叫中心会将基于 PSTN 呼叫中心集成进来，系统结构如图 8-11 所示。其中的关键设备是 Internet 呼叫管理器(ICM)和 Internet 电话网关(ITG)。

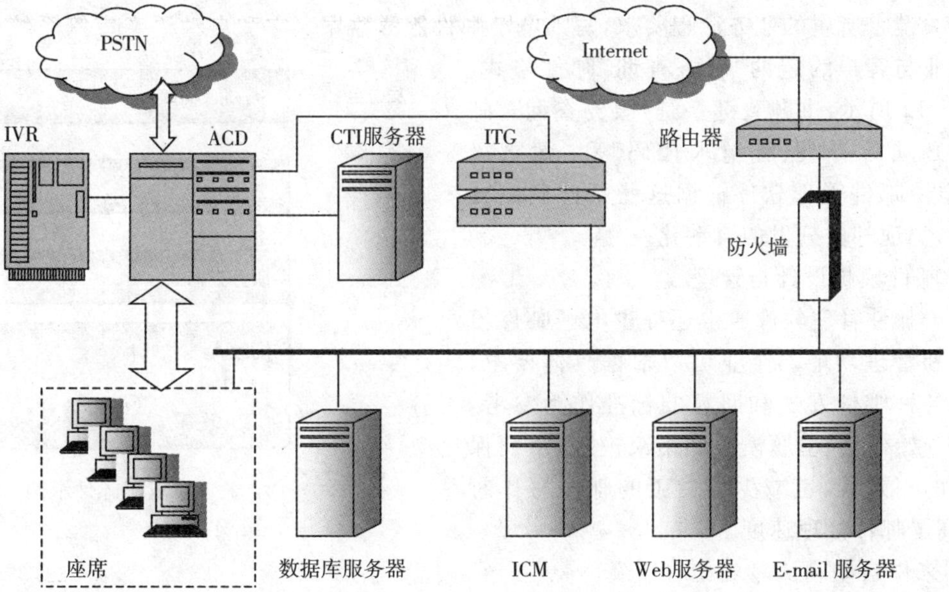

图 8-11 Internet 呼叫中心结构图

8.3.2 客户电子邮件管理

电子邮件已经成为大家生活和工作不可或缺的通信工具，当然也可以作为客户服务的有效手段，大多数工作人员每天上班的第一件事就是处理电子邮件。在许多工作场合，使用电子邮件甚至优于传统的电话，因为它不必实时在线，给信息的发送方和接收方提供了某种灵活性，同时也能够传递比较丰富的信息内容。

客户服务中心的电子邮件管理功能类似于呼叫中心，可以称之为“邮件处理中心”，但它管理的对象是电子邮件而不是语音信息。邮件处理中心集中接收并分发客户的服务请求、咨询请求的电子邮件，实现状态信息的自动回复。由于电子邮件主要传输的是非格式化数据，而且自然语言的语意自动识别还不能达到实用水平，完全做到邮件内容分析的自动化是很困难的。因此，客户的电子邮件还需要采用人工的方法进行阅读，然后转发给相关部门的人员进行处理。邮件处理中心主要有以下几个基本功能。

1. 邮件信箱监控

电子邮件管理的第一步是对客户的电子邮件进行实时监控。人工查询是最普通的监控方式，其实时性很差，但是系统简单、工作成本低。另一种方式是将邮件服务器与短信平台绑定，只要有电子邮件到达，可以短信的形式及时通知相关人员，这种方式的优点很明显，是目前邮件监控的常用手段。

2. 邮件识别方法

电子邮件的自动识别一般采用关键字法，要求客户邮件中含有特别的字样，如在邮件题目上必须含有诸如“请求帮助”、“维修进展”、“联系人更新”、“服务查询”等信息，可以通过与客户的事先约定或企业定制基于 Web 网页的邮件格式来署上这些关键字。电子邮件管理软件利用邮件接口函数自动识别主题行和邮件内容的关键字、发件人邮件地址、抄送邮件地址，并根据每个关键字所属的业务流程要求，写入电子邮件服务器中。

企业与客户约定的“服务查询”邮件格式，如图 8－12 所示，主题关键字是“服务查询”，邮件内容必须含有“服务请求代码”和“请求级别”。电子邮件管理软件根据这些条件确定处理流程，实现邮件分发的自动化。

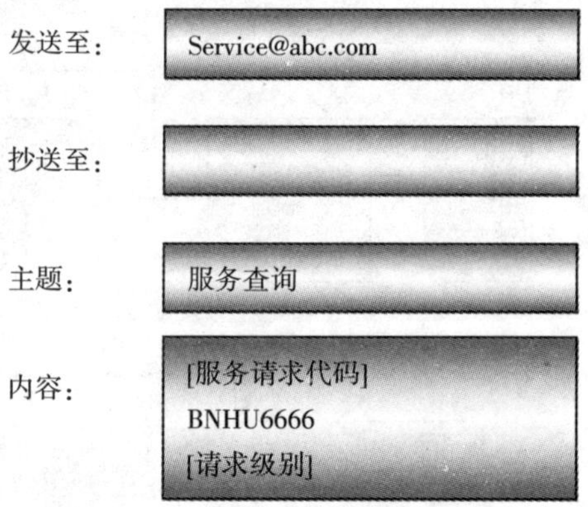

图 8－12　关键字电子邮件示例

3. 邮件模板设计与管理

电子邮件管理软件通常还提供电子邮件模板设计和管理功能。企业可以根据具体要求，设计出各种邮件发送和回复的标准作为参考，如邮件开始模板、主题模板和结束模板，从而保持通信的一致性，也减少了员工的邮件写作时间，提高了邮件处理速度。

4. 来件自动确认

来件确认功能是电子邮件管理软件的常有功能。每当系统对电子邮件信息做好记录和妥善分发后，系统可以利用确认模板自动回复“来件确认”邮件，让客户知道他们所发送的邮件已经成功地被对方接收。

8.3.3　短信息系统

短信息以其方便、快速、经济等显著的优点赢得了各行业人士的青睐，成为大多数消费者愿意使用的信息交互方式。因此，在客户服务中心里加入短信息系统可以为移动状态下的客户提供更快、更及时的服务。

1. 短信息的客户服务功能

短信息的用途极为广泛，在电子商务、电子政务、社会公益、企业管理等活动中都起到了独特的作用。就通信技术而言，短信息系统实现的功能并不复杂，但它与不同系统的集成却构成了丰富多彩的应用系统。下面我们仅对与客户关系管理相关的短信服务功能做一般介绍。

(1)短信息的应用功能

① 短信息广告。短信息广告不受时间和地点的限制，企业可以将产品或服务信息直接发送到大量消费者的移动终端上，受众能够立刻看到信息，很好地体现了电子商务"端到端"的服务本质。另外，短信息广告打破了传统媒体广告的定价规矩，其发布成本由企业按照支出预算进行控制，是一种廉价的宣传工具。

② 交易提示。在商品交易的过程中，有许多状态信息需要与消费者及时交互，如短信报价、订单确认、支付确认、到货通知、交费提示、服务提示等，这些信息文字不多，而对于消费者非常重要，特别适合采用短信的方式。交易提示是业务流程中配置的重要步骤之一，短信息系统需要从CRM中提取客户信息、交易信息、状态信息，按照设定的规则自动完成信息发布，保证整个交易过程的连续性。另外，每一笔交易的提示不一定是相同的，所以，短信的内容、发布时间完全是动态确定的。

③ 移动秘书。移动秘书是利用短信息系统帮助销售和服务人员处理相关交易工作的工具，其最大特点是短信息面向内部业务流程和工作人员。例如，客户的投诉短信可以被短信息系统识别，然后自动转发到相关人员的手机上，提示他及时处理。移动秘书还可以管理会议、洽谈、接待等工作计划，通过短信准时发出通知。

(2)短信息的系统功能

短信息系统应当具备自动发送、接收、转发和回复信息的基本功能。此外，还要实现以下主要功能，以满足客户关系管理的需求。

① 批量群发。短信息系统能够成批量地向外发送信息。系统根据设定的条件取出客户的手机号码，顺序发送，短信内容可以是完全相同的，也可以是不同的。

② 定时发送。短信息系统能够按照规定的时间向外发送信息。这种时间并不仅仅是人为设定的，更主要的是它与业务流程密切相关，根据交易过程中的某些状态发出对应的信息。例如，银行短信系统中的支付确认，一旦客户完成了网上支付，系统就往支付人手机上发送银行卡号、订单号、消费金额等信息。

③ 短信编辑。短信息系统支持在客户机上编辑短信内容和发送时间，包括输入、修改和删除短信息。

④ 短信定制。短信定制是指获取现有网络资讯或特别信息的功能。短信息系统接收到定制的短信，其中包含特服代码，它标识了所需信息的网络链接和发送方式，系统将按照规定的方式把得到的信息发送到订阅人的移动终端上。例如，客户定制股票信息：将特服代码50和股票代码600001一起发送到短信息系统中，客户会在每个交易日的9:40、11:40、15:10收到600001的行情和动态股评，18:40收到评述。

⑤ 短信管理。短信息系统对于发出和接收的短信都有详细记录，支持分类查询、汇总统计，实现短信息的清理和转移备份等功能。

⑥ 号码管理。短信息系统可以分群组管理用户手机号码，并对其设置多种属性，如身份、

服务等级、黑名单等，提供号码查询、号码导入、号码过滤的功能。

2. 短信息系统的解决方案

(1)GSM - Modem 方式

GSM - Modem 俗称“短信猫”，它是构建短信息系统的经济、简单的解决方案。将 GSM - Modem 与计算机连接，利用短信开发接口，可以建立短信服务器，实现短信收、发等功能。一台计算机能够连接多个 GSM - Modem，或连接多口 GSM - Modem(插入多张 SIM 卡)，从而提高短信吞吐量。短信服务器通过数据库接口访问数据库服务器，实现与 CRM、OA 等系统的集成应用。

(2)短信网关方式

短信网关(Internet Short Message Gateway，ISMG)是服务提供商(Service Provider，SP)与短信息中心(Short Message Service Center，SMSC)之间的数据交换通道，采用 CMPP (China Mobile Peer to Peer)协议与 SP 进行连接，采用 SMPP3.3 协议与短信中心连接。当用户发送一条短信息(MO 业务)时，如信息点播，短信中心将短信内容以 SMPP 协议发给连接的短信网关，短信网关根据短信发送号码(即 SP 的服务代码)将短信内容以 CMPP 协议发给相应的 SP，由 SP 进行处理；当用户接收一条短信息(MT 业务)时，如铃声下载，提供此项业务的 SP 将短信内容以 CMPP 协议发给连接的短信网关，由短信网关根据用户手机号段以 SMPP 协议发给用户归属的短信中心。ISMG 是一种比较复杂的解决方案，它将 SP 处丰富的信息提供给手机用户，弥补了 SMSC 信息不足的缺陷。

短信网关与短信中心之间应采用专线方式互联。对短信中心应进行改造，在原来的 SMPP 3.3 的基础上扩充功能，使短信网关能够得到短消息发送成功与否的结果，以便短信网关进行计费记录，并采用 CMPP 将发送成功的信息传递给 SP。

短信网关与提供信息的各 SP 通过 Internet 连接。由于短信网关需要负责到 SP 的路由查询，原则上一家 SP 的业务只能从一个短信网关接入，以免短信点播业务的上行短信发送到 SP 时出现路由混乱的情况。对于特大型 SP，如新浪网等，允许其接入多个短信网关，以分流短信业务量。在这种情况下，SP 对信息点播业务将采用分区提供服务的方式。例如，假设新浪分别连接了北京、广州两处短信网关，则北京网关负责北方的业务，广州网关负责南方的业务。当天津的短信网关向汇接网关查询新浪的路由时，汇接网关将返回北京短信网关的地址作为前转网关的地址，当广西的短信网关向汇接网关查询新浪的路由时，汇接网关将返回广州短信网关的地址作为前转网关的地址。

8.4 CRM 与其他应用系统的整合

8.4.1 企业应用集成的基本概念

企业应用集成(Enterprise Application Integration，EAI)最初的理解是企业内部不同应用系统之间的互联，以便实现数据在多个系统之间的同步和共享。随着 EAI 技术的不断发展，使这一概念有了更深刻的内涵和更宽阔的外延，EAI 已经被理解为业务整合的范畴。也就是说，信息系统的集成将会直接影响业务流程。

由于技术发展的阶段性，企业内部的各个 IT 系统基本上是以企业某个部门或基于一个或几个功能为设计目标的，因此企业就可能拥有多个独立的应用系统。这种“应用碎片”、“信息孤岛”现象一直伴随着 IT 技术的整个发展。所以，EAI 对于一个现代化企业而言是非常重要的。

1. EAI 的基本概念

EAI 是将基于各种不同平台、采用不同方案建立的异构应用系统集成在一起的方法和技术。通过建立底层结构，来联系横贯整个企业的异构系统、应用、数据源等，完成企业内部的 ERP、CRM、SCM，以及其他重要系统之间的无缝连接和数据共享、交换。同时，实现内部应用系统之间及与其他合作伙伴之间的端到端的业务流程管理，并将企业核心应用和 Internet 融合在一起。尽管 EAI 常常表现为对一个商业实体的信息系统进行业务应用集成，但是，当多个企业系统之间进行商务交易的时候，EAI 也表现为不同公司实体之间的企业系统集成，如 B2B 交易。

2. EAI 的基本内容

EAI 的实施涉及硬件、软件、网络、数据以及业务流程各个层面，其基本内容如下：

(1)系统平台集成

系统平台主要包含了计算机设备、交换设备、网络、操作系统、数据库，这是企业信息化系统的基本运行环境，无论平台内部是同构的还是异构的，都要能够通过集成实现数据的无障碍交换。

(2)系统数据集成

为了完成应用集成和业务过程集成，必须首先解决数据和数据库的集成问题。在集成之前，对数据进行分类、标识、确定元数据模型。这三步完成以后，数据才能在数据库系统中分布和共享。

(3)业务过程集成

业务过程集成包括业务管理、进程管理、组织管理、工作流配置，以及业务处理中所需要的工具。业务过程集成的操作主要是在各种业务系统中定义、授权和管理各种业务信息的交换。

(4)应用系统集成

应用系统集成是将多种完成不同工作任务的子系统连接在一起，实现网络环境下的任务协同，其主要工作就是上述的平台集成、数据集成和业务过程集成。另外，数据表现也是应用系统集成的内容，其本质是不同系统界面风格的统一问题。

3. EAI 的三个整合层次

(1)数据层整合

数据层的整合是 EAI 的初始起点，主要考虑以下几个方面的问题：

① 数据共享。数据共享是整合的基本目标。首先，列出不同系统需要使用的共享数据，如订单信息是 CRM 和 ERP 系统中都要使用的数据。其次，分辨这些共享数据是否存在冗余。最后，确定消除冗余、实现共享的方法。

② 数据迁移。在实施 EAI 的过程中，有可能要完全废弃某些系统或功能模块，但以前的用户数据是不能丢掉的。所以，数据迁移就是将有用的数据导入新的系统环境中。通常会设计一个特别的软件来实现这一过程。

③ 格式转换。数据格式转换是一个非常复杂的问题。由于各个系统的设计目标不同，所

以同一种数据在不同的系统中就有不同的格式和属性，消除这种差异是数据整合的基本要求。一种方法是，制定数据格式标准，修改所有相关系统的数据读写操作；另一种方法是，增加数据接口层，每一次数据交换都通过该接口层进行处理。

(2)业务功能整合

业务功能整合可以通过应用提供商开发的 API 调用、基于组件方法的调用和基于服务(如 Business Service、Web Service)的功能调用三种方式实现。

① 应用提供商开发的 API 调用：API 是应用系统提供商为了实现自身产品的开放性而开发出的应用接口。调用 API 的目的是为了"借用"系统的部分底层功能，实现企业内部应用系统"紧耦合"类的整合。对于很多基于组件标准的应用不能直接使用，而必须对 API 做适当的改造。传统的 API 调用环境如图 8－13 所示。

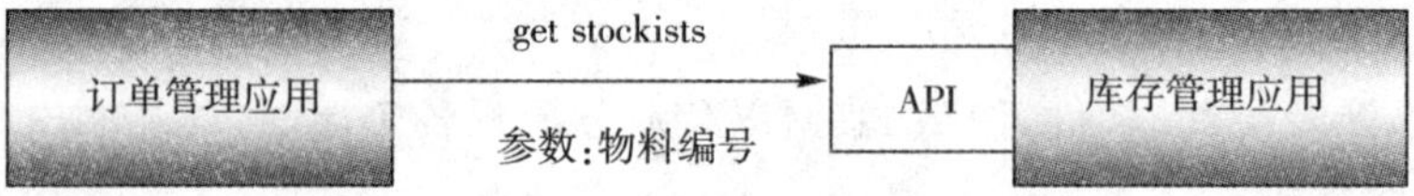

图 8－13　传统的 API 调用环境

② 基于组件方法的调用：基于组件方法的调用是通过对现有功能打包，安装上符合现代组件标准的各种属性和方法，使之"改头换面"，成为一个新的虚拟业务组件，供其他符合组件标准的应用调用，如图 8－14 所示。当然，对于已经符合组件标准的应用就不必经过这个打包过程了。

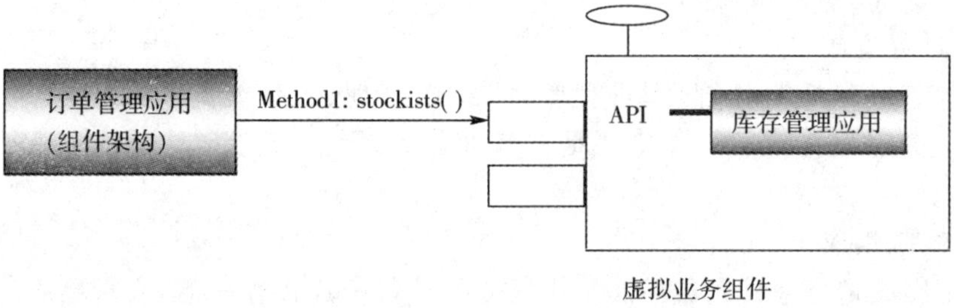

图 8－14　基于业务组件方法的调用

在技术实现上，有微软的 COM、DCOM、COM＋，由对象管理小组(OMG)发布的分布式对象定义 CORBA，以及在 J2EE 平台上由 SUN 系统公司推出的基于 EJB 的组件标准。所有这些功能组件技术都可以用来对带有 API 或不带有 API 的应用进行打包处理，使之可以被基于组件标准的应用直接调用。

③ 基于服务的功能调用：服务分为企业内部的业务服务和供互联网共享的 Web 服务。前者主要供企业内部流程使用，后者则可以为全球范围内的用户提供广泛服务。一个组织可以将内部功能组件或业务服务按 Web 服务标准(XML、WSDL)打包成 Web 服务组件，然后将其向服务黄页注册。服务请求者查找服务，返回具体服务的 URL 地址，并按使用协议将服务绑定到自己的业务流程里，从而实现功能的调用，达到企业到企业整合的目的。基于服务的功能调用基本过程如图8－15所示。

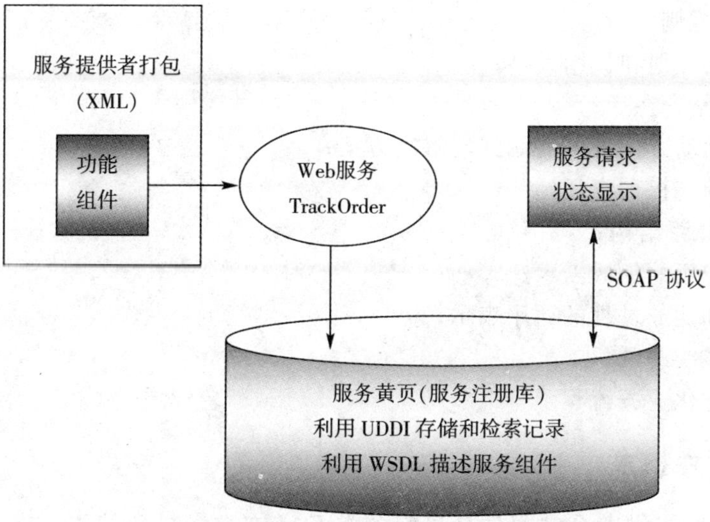

图 8　15　基于服务的功能调用

(3)统一用户界面

统一用户界面是使整合后的系统具有一致的操作风格,并对系统的界面做适当的增加和删减。这一工作具有很大的挑战性,同时,也赖于下层数据和业务功能的成功整合,否则无从谈起。

原有的各个应用系统都有自己独立的用户界面。随着数据和业务功能的整合,原有系统的数据获取方式和事务逻辑可能会发生变化,必须对界面进行统一调整。当然,对于没有受到系统整合影响的特定单一功能的系统,可以保持原有界面。也就是说,用户界面的改变并非一定要做,要视用户具体的工作要求而定。

统一用户界面的结果就好像建立了一个全新的系统。由于只是通过对原有应用的整合来实现的,企业并没有安装新的应用,如数据库、新业务逻辑,所以,从这个意义上说,用户并不知道 EAI 的实际存在。企业信息门户就是一个通过对现有各个应用系统在 UI 层面的整合而开发出来的一个 EAI 实例。当然,其基础是数据层和业务层的整合。由于门户本身并未针对企业某个特定的业务领域,因此,它本身不是一个独立的企业应用系统,而是一个 EAI 的具体实现。这一点也是很容易混淆的。企业门户集成的一般过程如图 8－16 所示。

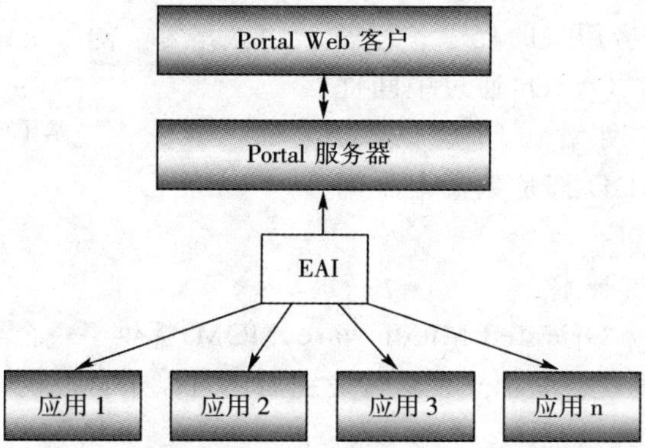

图 8－16　企业门户集成的一般过程

4. EAI 的实施准则

(1)制订出短期计划和长期策略;

(2)联合为先,整合在后;

(3)采用流程驱动方式来开发端到端解决方案;

(4)确定明晰的产权和责任;

(5)明确 EAI 体系结构;

(6)考虑后期应用的集成需求;

(7)建立数据和业务过程的通用表示;

(8)反复进行系统测试;

(9)通过实践优化业务流程。

8.4.2 中间件技术

为应用系统之间提供整合中间件是目前各类 EAI 方案提供商的主要方式。也就是说,如果 CRM 应用要同别的应用进行成功整合,可以采用中间件方案,使 CRM 软件适配器围绕着中间件技术进行开发。因此,了解常用的中间件技术及其功能和接口特性是很有必要的。

中间件是基础软件的一大类,属于可复用软件的范畴。顾名思义,中间件位于硬件、操作系统、网络和应用程序之间,其结构如图 8-17所示。在众多关于中间件的定义中,比较流行的是:中间件泛指能够屏蔽操作系统和网络差异,为异构环境之间提供通信服务的软件。中间件能够满足大量的应用需要,运行于多种硬件和操作系统平台上,支持分布式计算和标准的接口、协议,提供跨网络、硬件和操作系统的透明应用和服务。常用的中间件有以下类型。

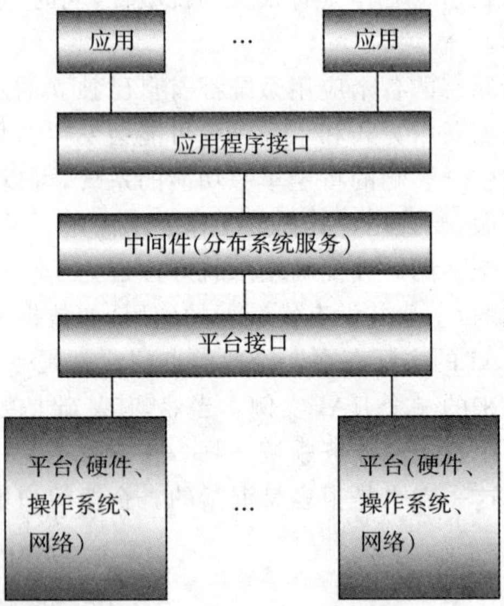

图 8-17 基于中间件的系统结构

1. 数据访问中间件

数据访问中间件实现了对不同厂商数据库的直接访问,不必改变应用层的程序。它提供了一系列应用程序接口(API),通过中间件而不考虑操作系统和网络访问数据库。ODBC、JDBC、JDO 和 ADO 都是数据库中间件的标准。

2. 基于消息的中间件技术

消息中间件(Message Oriented Middleware,MOM)提供了一个异步传送机制,实现了异构平台之间的通信。它的优点是消息发送者发完后就可以干自己的事,不需要知道消息是否被接收,消息以队列的方式处理。

3. 远程过程调用中间件

远程过程调用(Remote Procedure Call Middleware,RPCM)是一种广泛使用的分布式应用程序处理方法。一个应用程序使用RPCM来"远程"执行一个位于不同地址空间里的过程,并且从效果上看和执行本地调用相同。事实上,一个RPCM应用分为两个部分:Server和Client。Server提供一个或多个远程过程;Client向Server发出远程调用。Server和Client可以位于同一台计算机,也可以位于不同的计算机,甚至运行在不同的操作系统之上。它们通过网络进行通讯。

在这里RPCM通讯是同步的,即要等待接收方的回复才继续自己的工作,减少了出错概率,但等待会使速度变慢。当采用线程时可以进行异步调用。

4. 事务处理监控中间件

事务处理监控中间件(Transaction Processing Monitors,TPM)是现代应用服务器的雏形,它主要用于监控和管理客户端和多个后台应用之间的交易状况,考虑负载平衡,将客户的请求映射到各个应用。TPM最早出现在大型机上,为其提供支持大规模事务处理的可靠运行坏境。随着分布计算技术的发展,分布应用系统对大规模的事务处理提出了需求,如商务活动中大量的关键事务处理。事务处理监控介于Client和Server之间,进行事务管理与协调、失败恢复等,以提高系统的整体性能。

5. 对象请求代理中间件

对象请求代理中间件(Object Request Brokers,ORB)是用来专门替应用转交功能组件的"代理"。它是业务功能整合层次的中间件,可以整合基于COM、COBRA、JAVA远程调用的标准组件。ORB提供一种通信机制,透明地在异构环境中传递对象请求,这些对象可以位于本地机或远程机器,且对象之间的Client和Server的角色可以互换。ORB拦截请求调用,负责找到可以实现请求的对象、传送参数、调用相应的方法、返回结果等。Client对象并不需要知道同Server对象的通讯、激活或存储机制,也不必知道Server对象位于何处、是用何种语言实现的、使用什么操作系统或其他不属于对象接口的系统成分。

6. 应用服务器中间件

应用服务器中间件又称为"应用服务器软件平台",是当代软件的基础设施,是最为重要的一类中间件。应用服务器可以把不同的应用软件作为构件整合到一个协同工作的环境里,并为应用提供了名字、事务、安全、消息、数据访问等服务,此外它还提供应用构件的开发、部署、运行和管理功能。

8.4.3 CRM与ERP的整合

随着计算机应用和信息化水平的不断提高,企业关注的重点由提高内部效率向尊重外部客户转移,这是CRM受到重视的根本原因。传统的ERP系统着眼于企业后台的管理,提高了内部业务流程(如财务、制造、库存、人力资源等诸多环节)的自动化程度,使员工从日常事务中得到了解放,提高了生产效率,但它对客户管理的功能偏弱。企业在实现了生产管理信息化的任务后,可以有更多的精力投入到与外部相关利益者的互动方面,将运营中心转向客户服务。那么,要保证不同阶段的软件系统在一个企业中协同运行,则CRM与ERP的整合势在必行。

企业ERP系统专注于生产管理,而CRM则专注于销售、营销、客户服务和支持等方面。

CRM通过建立基于网络的信息互动平台，努力减少销售环节，降低销售成本，发现新的市场和渠道，提高客户价值、客户满意度、客户利润贡献度、客户忠诚度，最终实现业绩的提高。所以，CRM的价值在于突出了销售管理、营销管理、客户服务与支持等方面的重要性，其客户和订单信息直接影响ERP中的主生产计划、BOM表的生成。从某种意义上说，CRM是广义ERP的一部分。另一方面，CRM要求企业完整地认识客户全生命周期，提高员工与客户接触的效率和客户反馈率，实现前台业务与后台业务领域的整合。因此，将CRM与ERP整合为无缝的闭环系统是企业级管理系统中最重要的命题之一。Gartner Group的分析师Michael Bernstein指出，能够把Front-Office和Back-Office的软件完全整合在一起的公司会是未来几年最成功的赢家，因为企业知道，如果不能把销售和服务部门的资讯和Front-Office联系在一起，那他们会流失许多潜在的营业额。

CRM与ERP在业务流程上具有较为紧密的耦合关系，所以在分别独立设计系统时必然出现部分功能的重叠。显然，这种重叠造成了功能和数据的冗余，甚至业务流程的不合理，给系统整合带来了困难。

1. 整合的范围

(1)客户信息管理

CRM与ERP系统中都需要利用客户基本信息开展业务、进行决策，因此二者必须首先围绕客户信息管理进行整合。CRM的客户合作管理子系统和数据分析管理子系统都将为ERP系统提供信息支持和管理功能，ERP系统则借助CRM先进而完整的客户信息管理，提高生产制造系统、物流供应系统的响应速度和服务质量，加强财务管理系统和人力资源配套的辅助功能。

(2)业务流程管理

CRM的业务操作管理主要集中在销售、营销和客户服务与支持三大方面，在业务流程上与ERP整合的重点是，如何提供并管理与生产制造、物流供应系统的无缝接口。业务流程整合的原则是以信息共享和交换为中心，提升产品销售与生产制造的协同能力。在营销、销售、客户服务和支持方面，ERP应当逐步实现对CRM相关业务操作功能的集中管理；在生产制造、产品设计、订单管理、物流配送等方面，CRM应逐步实现依靠ERP系统的相应功能完成工作。

(3)信息管理与商业智能

CRM系统实现了企业业务信息的全面收集、传递、交流和使用，所采用的数据仓库和企业级MIS系统将保证企业信息管理以最高效率、最佳质量进行。ERP系统应当逐步把相关的销售和客户信息逐步转移到CRM系统中，并根据客户和销售需求进行信息管理和资源配置。CRM提供了完整的商业智能解决方案，运用数据挖掘和OLAP技术，实现了基于BI的决策支持系统。因此ERP系统的辅助决策应完全交由CRM的商业智能来完成。

2. 整合的方法

CRM与ERP的整合有两种情形：一种是两个系统存在同构的紧耦合关系，另一种是两个系统存在异构的松耦合关系。第一种情形的整合相对容易些。因为在设计初期就对系统运行平台、数据表示、业务流程进行了统一考虑，或者是在ERP基础上的进一步扩展。例如，Oracle公司的ERP系统在许多企业得到应用，而现在该软件巨头也提供CRM的解决方案，在原有ERP和CRM运行的基础上打开相应的集成参数，共享客户和订单等数据，所以，整合工作的重点是对业务流程进行适当的调整。第二种情形的整合，需要得到更多的系统开发技术的支持，主要有以下几种手段：

(1)提供中间件

中间件是解决系统集成的常用技术，它可以屏蔽异构系统之间的差异，支持数据源的互操作。有许多知名公司的中间件能够很方便地与 ERP 系统兼容，实现 CRM 与 ERP 的无缝集成，如 Siebel Enterprise Connector、Oracle Application Interconnect 为各自的 CRM 与 SAP R/3 整合提供了可靠保证。

(2)数据同步复制

在 CRM 与 ERP 之间建立一种数据同步复制机制，保证重叠数据(冗余数据)的一致性，如可以使用 Sybase 提供的 Replication Server 和 SQL Remote 复制技术。但是，这种方法的效率比较低，应当根据具体运行环境的特点选择使用。

(3)二次开发

二次开发方法的整合效果最好，能够最大限度地满足客户要求，保证系统的优良性能。但是，这种方法的技术难度大，需要掌握 CRM 和 ERP 系统的设计文档和 API 接口。二次开发的方法需要重新设计业务流程，特别要对 CRM 和 ERP 系统的边界和重叠区域进行重点分析，并且要适当修改数据的组织结构。

总之，CRM 与 ERP 的整合促进了企业全面执行以客户为中心的经营理念，使得 ERP 系统中的物料、资金、人力等资源围绕着客户进行配置，全面优化企业的业务流程和组织机构，实现了销售与生产的协同。

8.4.4 Siebel CRM 与 SAP R/3 的整合

1. Siebel CRM 与 SAP R/3 的整合要求

一般意义上我们可以认为，CRM 是一个面向客户的“前台系统”，即客户的所有接触首先入口到 CRM 应用，而 ERP 是一个“后台系统”，负责订单后续处理和财务结算等。显然，两者之间只有良好集成才能实现电子商务对前后台处理的快速、准确等业务要求。下面列举 Siebel 系统和 SAP 之间的主要整合点。

(1)数据同步要求

在 CRM 与 ERP 两种应用中，有些数据的描述对象是一样的，如客户、订单和产品等。在系统中数据有主数据(很少或没有外键)和非主数据(带有很多外键)之分。被其他数据链接得最多的是主数据，如客户数据、物料/产品数据，而像订单数据则属于一般数据。对于两个系统中存在的相同或实质相同的数据，在整合过程中必须进行同步处理。

数据同步有实时同步和批处理同步两种。前者随时监控某个事件的发生，然后触发一系列整合服务程序，完成两个系统之间某个数据的同步，即记录的添加、修改和删除立刻在另一个系统中得到反应；后者用于对时间要求不高以及数据同步量大的场合，按照事先确定好的同步规则大批量复制数据。在实际应用场合中，实时数据同步的例子有客户信息同步、订单信息/状态同步、产品库存信息同步、客户信用信息同步和价格同步等。

(2)业务操作/流程整合

CRM 的某些业务操作必须同 ERP 的业务操作整合、联系起来，使得它们共同完成某个业务流程。例如，Siebel 应用中，当客户订购新的产品，用户只要单击“提交”按钮就可以触发一系列服务程序，将这个订单信息自动地传递到 SAP 的订单管理模块中。对于 SAP 系统来说，这个订单同其本身用户提交的订单在格式上没有什么不同，所不同的是订单的来源。Siebel 和 SAP 应用之间业务流程同步主要反映在订单和客户信息上。

① 订单管理。新订单信息在 Siebel 系统中生成，将其传送到 SAP 系统的订单管理模块，传递的参数包括客户信息、产品名称、订购数量、价格、交货期和联系人等。SAP 得到新订单的参数后生成 SAP 订单，然后将订单确认信息实时发回到 Siebel 系统，使 Siebel 系统用户立刻获得订单状态。

② 客户管理。Siebel 系统将一个潜在客户"升级为"新客户，形成客户资料，提交给 SAP 系统，由 SAP 客户管理模块在相关数据表中增加新的记录。同样，Siebel 中客户信息的变更会同步引起 SAP 系统中对应数据的变化。

2. Siebel CRM 与 SAP R/3 的整合过程

在 Siebel 产品中提供了专用的 SAP R/3 接口，称为 Siebel eBusiness Connector for SAP R/3，即 SAP R/3 连接器，适用于 SAP R/3 客户。这个连接器提供了标准的数据对应关系，也可以根据具体需要对这些数据进行适当的修改。目前，这个连接器提供 SAP IDoc（Intermediate Document）和 SAP BAPI（Business Application Programming Interface）两种方法，实现 Siebel CRM 与 SAP R/3 的整合需要。如图 8-18 所示是 Siebel 从 SAP 截获单个或一批 IDoc 数据的同步过程和步骤的说明。如图 8-19 所示是基于 SAP BAPI 的 Siebel 业务操作（提交订单）整合步骤及其说明，其他业务操作整合的过程是类似的，区别在于调用不同的 API。Siebel CRM 与 SAP R/3 的主要整合办法如表 8-1 所示。

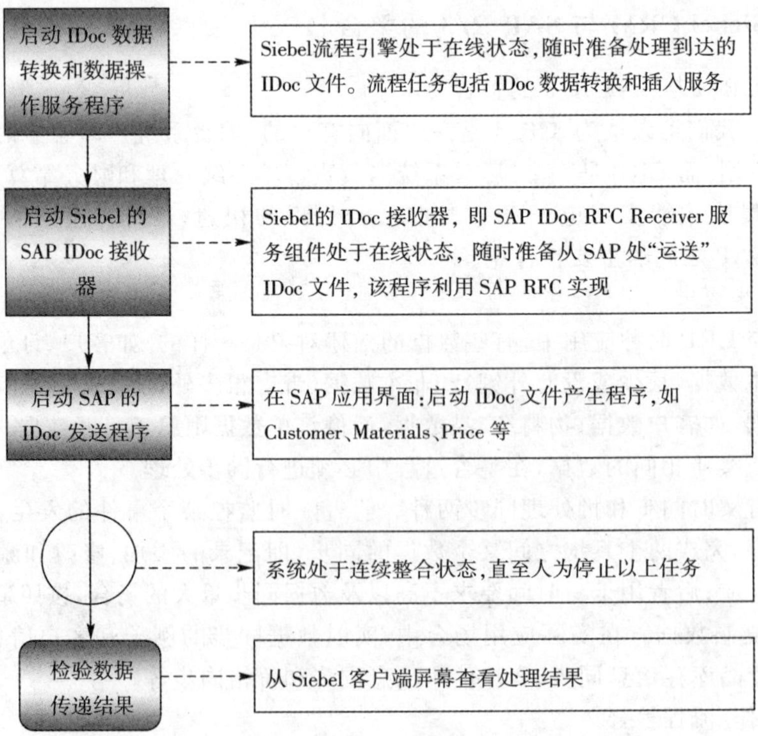

图 8-18 IDoc 的批处理过程

应该指出，Siebel CRM 与 SAP R/3 都提供了丰富的整合功能，用户可以根据需要在此基础上添加相应的整合流程，或者修改现有的对应数据，以上仅简单介绍了两者之间的基本整合范例。另外，除了采用 SAP RFC 调用途径外，Siebel 还提供其他流行中间件的标准接口，如 IBM MQSeries 的消息中间件。一般来说，整合过程的难易程度取决于整合双方所提供的支持程度，系统越开放，整合过程就越相对容易些。反之，对封闭型的应用，除了直接访问数据库外没有其他合适的方法。

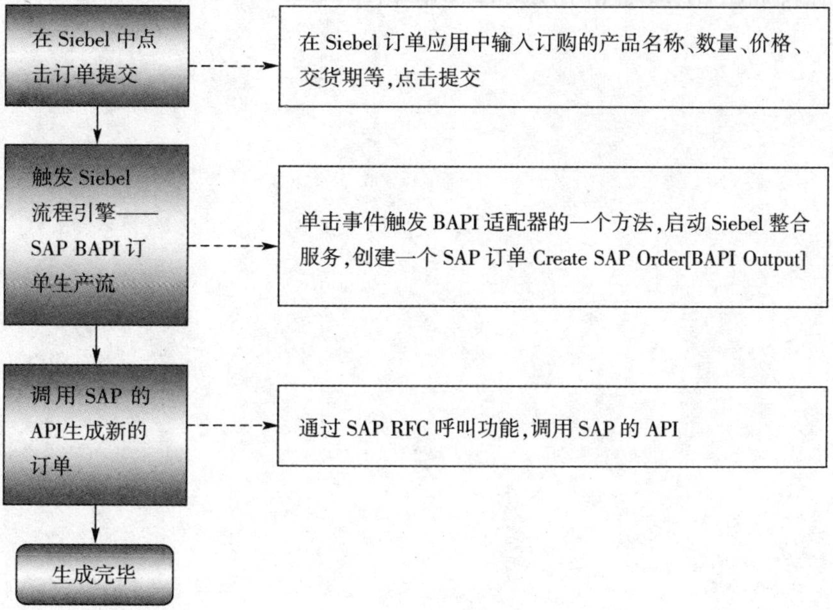

图 8－19 基于 SAP BAPI 的 Siebel 业务操作(提交订单)整合步骤

表 8－1 SAP IDoc 接口主要整合办法

操作整合要求	Siebel 操作	Siebel 服务流程	SAP IDoc	SAP BAPI
更新 Siebel 客户信息	自动	Account-Receive SAP Customer	DEMAS02 IDoc	…
更新 Siebel 产品信息	自动	Product-Receive SAP Material	MATMAS02 IDoc	…
从 SAP 输入客户订单(历史)	单击	Get list of SAP Orders for a Siebel Account	…	BAPI SALESORDER _GETLIST
从 SAP 处获得订单状态	单击	Order-Get SAP Order Status	…	BAPI SALESORDER _GETSTATUS

思考题

1. 客户关系管理的核心思想是什么?
2. CRM 系统如何分类?
3. 呼叫中心有哪几个核心部件?
4. 试分析呼叫中心在 CRM 系统中的作用。
5. 试分析比较短信息平台两种解决方案的优劣。
6. 中间件技术在 CRM 整合中起到何种作用?

第 9 章　现代物流与供应链管理系统

目前，随着我国市场经济的发展，企业面临的竞争环境也日趋严峻。人们认识到，要想提高企业在电子商务时代的竞争力，就必须从整个供应链的管理入手，只凭单个企业的管理工作已不适应当今的竞争要求了。在这种情况下，企业对供应链管理有了越来越强烈的要求。供应链管理是一种新型的管理思想，体现了合作、协同、信息共享、全程优化、利益均沾、风险分担的营利伙伴关系。作为供应链管理的一部分，现代物流的效率、效果、质量和速度直接影响到供应链的运作流畅性。

本章首先介绍了现代物流的概念和内涵，以及现代物流系统的构成和配送模式，对物流系统各环节涉及的技术基础做简要分析，重点是阐述现代物流系统的体系结构，然后介绍了供应链管理的基本概念和方法，并对电子商务环境下的供应链管理系统进行了探讨。

9.1　现代物流基本概念

9.1.1　现代物流的含义

当社会出现了商品交换，便有了物流活动。伴随着物流活动的发展，物流概念也经过了从传统物流、后勤管理到现代物流概念的发展历程。20 世纪 30 年代前，传统意义上的物流概念主要以实物分配的概念出现，在物流和市场营销中与实体分配有关，即和商品的实体流动相联系。第二次世界大战期间，由于庞大复杂的军需物资供应组织工作的需要，出现了后勤管理的概念，此时的后勤包含了生产过程和流通过程中的物流，因而是一个包含范围更广泛的物流概念，已经等同或接近于现代物流。进入 20 世纪 80 年代以后，随着社会经济的高速发展，物流所面临的经济环境有了很大变化。1984 年美国物流管理协会正式给出了现代物流定义："为了符合顾客的需求，将原材料、半成品、完成品和相关信息从发生地向消费地流动的过程，以及为使保管有效、低成本地进行而从事的计划、实施和控制行为"。

这个定义的特征是强调顾客满意度、物流活动的效率，以及将物流从原来的销售物流扩展到了采购物流和企业内部物流。此后物流的概念又不断得到进一步的发展，1991 年 11 月，荷兰乌德勒支市举办了第九届物流国际会议，在这次会议上，人们对物流的内涵进行了更多的拓展，不仅接受了欧美的现代物流概念，认为物流应包括生产前和生产过程中的物质、信息流通过程，而且还向生产之后的市场营销活动、售后服务、市场组织等领域发展。显然，物流概念的扩展使物流不仅包括了与销售预测、生产计划的决策、在库管理、顾客订货的处理等相关的生产物流，还延伸到了与顾客满意相关的各种营销物流活动。最近，美国物流管理协会又扩展了原有的物流领域，将其修正为"物流是指为了符合顾客的必要条件所发生的从生产地到销售地的物质、服务和信息的流动过程，以及为使保管有效、低成本的进行而从事的计划、实施和控制行为”。使用“物质”和“服务”的概念表明物流活动是从商品使用、废弃到回收整个循环过程。

综上所述，所谓现代物流是指为了实现顾客满意，利用现代信息技术将运输、仓储、装卸搬运、包装、流通加工、配送、信息处理、需求预测、为用户服务等活动有机地结合起来，克服空间和时间阻碍，经济、有效和快速地将原材料、半成品和成品由生产地送到消费地的所有流动经济活动过程。

现代物流作为一种先进的组织方式和管理技术，在国民经济和社会发展中发挥着重要作用，被广泛地认为是企业新的利润增长方式。物流是商务过程中必不可少的环节，直接服务于最终顾客，物流服务水平的高低对于顾客的满意度有很大影响，也决定了商品交易是否能够成功。此外，现代物流是电子商务的重要组成部分，对电子商务的发展起到很大作用：提高了电子商务的效率与效益；扩大了电子商务的市场范围；实现了基于电子商务的供应链集成；加强了电子商务中与信息流、资金流的协同性。

9.1.2 现代物流系统与构成

现代物流贯穿于社会物质的生产、分配、交换、流通，以及消费、废弃的全过程，具有包装、运输、仓储、装卸搬运、流通加工、配送、信息处理等环节，也称为物流的各个子系统。因此，用系统的观点来研究物流活动是现代物流科学的核心问题。

所谓现代物流系统，就是指由这些子系统构成的大系统，它是在一定的时间和空间里，将包装、运输、仓储、装卸等环节有机地结合在一起，将物流事务及其全过程作为一个整体来处理，用系统的观点、系统工程的理论和方法进行分析研究，以实现其空间和时间的经济效用。系统的输入是各个环节所消耗的劳务、设备、材料等资源，经过处理转化，变成全系统的输出，即物流服务。

整体优化的目的就是要使输入最少、消耗的资源最少，即物流成本最低，而作为输出的物流服务效果最佳。概括起来，现代物流系统由物流硬件系统、物流作业系统、物流管理系统、物流信息系统和输入、输出构成，其总体框架如图 9－1 所示。

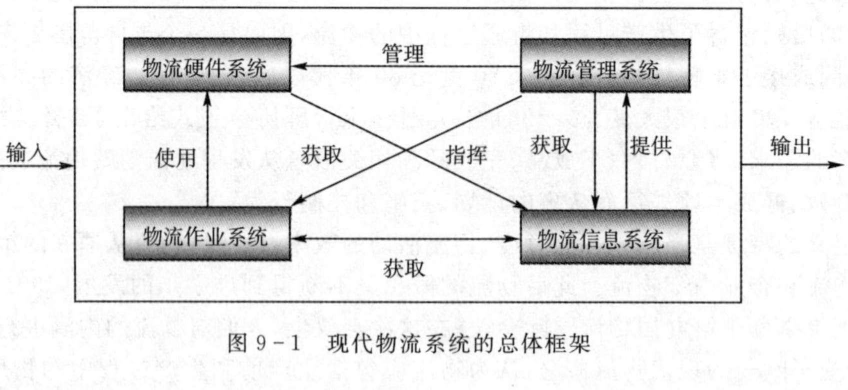

图 9－1　现代物流系统的总体框架

1．现代物流硬件系统

(1)运输基础设施：公路、铁路、航道、港口、机场等；

(2)运输工具：货运汽车、铁道车辆、货船、货机等；

(3)物流配送中心：仓库、装卸搬运机械、仓储货架、托盘、货箱、自动化设施等；

(4)信息基础设施：通信设备及线路、计算机及网络等。

2. 现代物流作业系统

现代物流作业系统是由物流的功能要素构成的，它包括包装、运输、仓储、装卸、流通加工、配送等基本作业。

3. 现代物流管理系统

现代物流管理系统是由管理组织、规章制度、业务流程、评价指标、经营活动和管理活动等要素构成。

4. 现代物流信息系统

物流信息是反映物流各种活动内容中有关的知识、资料、图像、数据、文件的总称。现代物流信息在企业的经营战略中有着越来越重要的地位，建立现代物流信息系统，提供迅速、准确、及时、全面的物流信息是企业获得竞争优势的必要条件。

(1)现代物流信息系统的层次结构如图 9-2 所示。

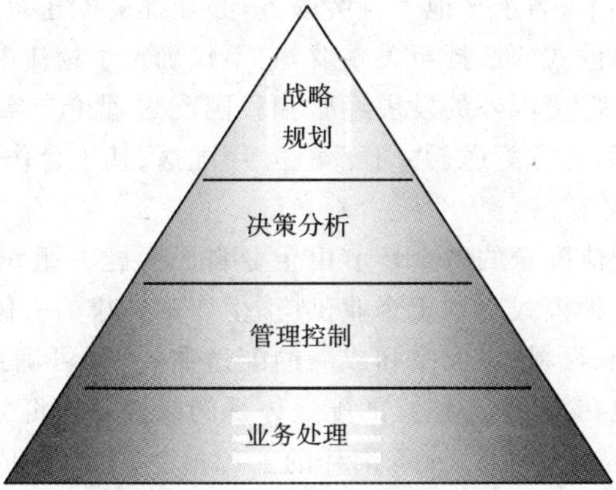

图 9-2　物流信息系统的层次结构

(2)现代物流信息系统的功能结构如图 9-3 所示。

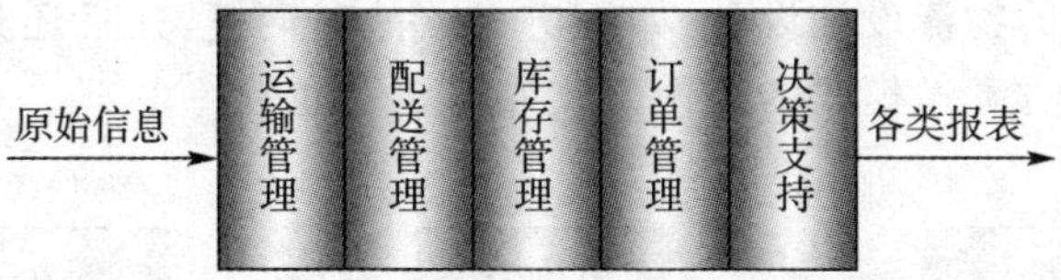

图 9-3　物流信息系统的功能结构

现代物流系统是一个集成化的系统，它通过广泛信息的高度支持，实现了以信息为核心的物流系统化。在整个现代物流系统中，物流作业系统要使用物流硬件系统，在物流管理系统的指挥下，进行物流的具体作业，其目的是力求物流作业的高效率，而这种指挥的有效发挥则完全得益于物流信息系统的信息提供。所以，物流信息系统就是为了实现物流全过程的高度信息化。

近年来，随着供应链管理思想逐渐进入到企业的管理理念中，以及现代信息技术的飞速发展，现代物流系统呈现出以下特征：

(1)以实现顾客满意为第一目标；

(2)以供应链整体最优为目的；

(3)涵盖整个流通渠道的物品流动，包括供应物流、生产物流、销售物流、回收物流、废弃物物流；

(4)更加强化信息流的控制作用。

9.1.3 电子商务环境中的物流配送模式

在电子商务体系中，物流配送是最为重要的环节之一。配送是配和送有机结合的形式，是一种先进的现代物流形式，它几乎包括了所有的物流功能要素，是物流在一定范围中全部活动的体现。电子商务下的物流配送主要是以计算机通信网络、先进的电子设备和软件系统为管理手段，针对社会需求，严格按照用户的订货要求，进行一系列的配货工作，定时、定点、定量地送交各类用户，以满足其对商品交易的需求。

现代物流配送要低成本、高水平地为顾客服务，必须提高配送效率、优化配送路线，确保配送准确、及时。那么，配送模式的选择至关重要，它不仅确定了物流配送的基本战略和方式，而且还影响了库存环节。根据国内外的发展经验和我国配送理论与实践，配送模式可以按照配送主体划分为企业自营、第三方配送、共同配送、互用配送、基于合作的配送等几种方式。

1. 企业自营配送模式

企业自营配送是指物流配送的各个环节由企业自己筹建并组织管理，实现对企业内部和外部货物配送的模式。这种模式有利于企业供应、生产和销售的一体化作业，系统化程度相对较高，既可满足企业内部原材料、半成品和成品的配送需要，又可满足企业对外进行市场拓展的需求。其不足之处表现在：企业为建立的配送体系的投资规模将会大大增加，在企业配送规模较小时，配送的成本和费用也相对较高。

2. 第三方配送模式

第三方物流(Third Party Logistics，TPL)是指在电子商务时代由物流劳务的供方、需方之外的第三方去完成物流服务的运作方式。也就是说，第三方以签订合同的方式在一定期间内为供方提供满足需方要求的物流服务，并依靠信息的集成产生增值，从而获取利益。第三方企业一般拥有一定规模的物流设施设备，如库房、站台、车辆等，并且还具备储存、运输方面的专业经验和技能。第三方配送模式的运作方式如图 9-4 所示。

图 9-4　第三方配送模式的基本形式

随着物流产业的不断发展以及第三方配送体系的不断完善，第三方配送模式已成为工商企业和电子商务网站进行货物配送的一个首选模式和方向。

3. 共同配送模式

共同配送是物流配送企业之间为了提高配送效率以及实现配送合理化所建立的一种功能

互补的合作机制。共同配送的核心在于充实和强化了配送的功能,其优势表现在有利于实现配送资源的有效配置、弥补配送企业功能的不足、促使企业配送能力的提高和配送规模的扩大,更好地满足客户需求,提高配送效率,降低配送成本。

4. 互用配送模式

互用配送模式是几个企业为了各自利益,以契约的方式达成某种协议,互用对方配送系统而进行的配送模式。其优点在于企业不需要投入较大的资金和人力,就可以扩大自身的配送规模和范围。但是,这种模式需要企业有较高的管理水平和组织协调能力。互用配送模式比较适合于电子商务条件下的B2B交易方式。

5. 基于合作的配送体系

纯粹的在线电子商务经营者(虚拟企业)没有传统商店的实体,所有交易商品都必须配送。如果企业仅有网络在线功能,是不能独立完成完整的商务过程的。在以顾客服务为中心的环境下,虚拟企业可以与实体企业进行战略联盟,形成"互补",利用现有的配送系统为顾客提供服务。

现代物流配送系统是建立在网络化、信息化和自动化基础上,目前在我国正处于初期阶段。鉴于国内企业的电子化程度和物流水平参差不齐,不同规模和经营状况的企业应结合自身特点,采用适合自己的电子商务配送方式。表9-1中列出了几种配送模式各自的优缺点及适用范围。

表9-1 几种配送模式的比较

配送模式	优 点	缺 点	适用范围
自营配送	有利于企业供应、生产和销售的一体化作业,系统化程度相对较高	增加投资负担,抵御市场风险能力弱;配送规模较小的情况下很难实现规模效应,成本较高;专业化程度较低	大型集团公司或连锁企业;产品单一且物流控制能力强的企业
第三方配送	集中精力于核心业务,减少固定资产投资,提供灵活多样的顾客服务	不能直接控制物流,不能保证供货的准确和及时,难以维护与顾客的长期关系	物流业务处理能力较低的企业
共同配送	提高物流作业效率,降低企业营运成本,企业可以集中精力经营核心业务,可实现社会资源的共享和有效利用	各商品的特点和配送要求不同,使用共同配送存在一定的难度;企业间的规模、经营意识、客户圈等存在差异很难协调一致;在配送组织、费用分摊方面存在难度,有泄露商业机密的可能	运输企业和家电连锁店的联合;物流企业与中小型连锁公司的合作
互用配送	不需投入较大的资金和人力就可扩大配送规模	需有较高管理水平和组织协调能力,稳定性较差	电子商务下的B2B交易方式
合作的配送	利用各自的业务优势,双方互补、互利、双赢	需明确的合作目标和责任分配,较高的协调管理能力	纯电子商务企业与物流企业的合作

9.2 现代物流信息系统体系结构

现代物流信息系统体系结构描述了各要素的相互作用和层次结构，反映了系统各要素之间的信息传递、实现的相互依赖关系，定义了系统总体设计框架，包括顶层的社会物流信息系统的构建、中层的公共物流信息平台的构建和底层的企业物流信息系统的构建。

9.2.1 社会物流信息系统

社会物流是指在全社会为范围内面向广大用户的超越一家一户的物流。由于社会物流所涉及的是大社会领域，物流服务形成于社会、面向社会又在社会环境中运行。因此，社会物流系统是一个复杂的大系统，它涉及了政府不同层次的多个管理部门、多个环节的物流企业和货物的供需双方。

在物流信息系统规划过程中，一方面要处理好物流信息系统所涉及的各行业的信息系统规划和各类不同层次的标准；另一方面要为整个物流信息系统的开发提供一个规范化的标准与框架，使其具有标准性、开放性和适当的柔性，确保各类参与者在物流信息平台的构建中保持一定的灵活性。

结合社会物流信息系统的需求特点，可得到如图 9－5 所示的体系结构。按照功能划分，社会物流信息系统的体系结构有如下五大子系统组成。

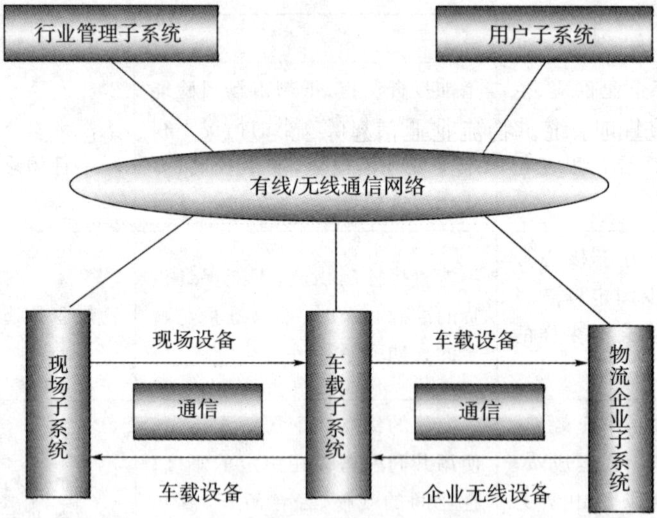

图 9－5　社会物流信息系统体系结构

1. 行业管理子系统

行业管理子系统主要是从政府相关部门和物流枢纽行业管理的角度来定义的。该系统主要是在各种物流模式下为物流企业提供信息支撑，具体包括：交通管理与控制系统、交通事故紧急求援管理系统、车辆收费管理系统、车队与货运运政管理系统、营运货车车辆管理系统、船舶交通管理系统、机场货运综合管理系统、火车车辆跟踪与识别系统、铁路货运综合管理系统、港口综合管理系统、商品综合信息系统、税务综合管理系统、银行结算系统、海关报关清关系统等。

2. 现场子系统

现场子系统是分布于道路、仓库和站场，用于信息采集、车辆和货物管理，并提供与行业管理子系统、车载子系统间的信息交流的物流设施和管理系统等。

3. 车载子系统

车载子系统是由安装于车上的信息接收、发送及采集设备组成，主要用于以下几种情况：

(1)与现场了系统的通信，如通过专用短程通信系统与路边的信标完成车辆收费，通过传感器检测车辆潜在的安全问题；

(2)与行业管理子系统的通信，如通过车载 GPS 接收机实现与车辆管理中心的实时联系；

(3)与物流企业子系统的通信，如车载扫描系统用于扫描条码信息，通过车载电脑用无线数据通信网络传至物流企业子系统的主机、车辆调度中心。

4. 物流企业子系统

不同物流模式下的物流企业子系统，通过整合相应系统组成，完成供应链中的物流系统功能。一般包括订单管理、库存管理、车辆调度管理、财务结算、报关管理、物流配送、综合信息查询等系统。

5. 用户子系统

用户子系统是提供给用户进行查询的部分，通常有分为一般用户和联盟企业(制造商和大规模的需方)两类。

(1)信息查询子系统。提供一般远程用户物流服务委托、信息查询和货物跟踪等服务。

(2)制造商信息及查询系统。从供应链的角度，物流企业信息系统必须与制造商信息系统进行整合，并为制造商提供各类、各层次的信息共享服务。

(3)需方信息及查询系统。物流企业信息系统与规模大的、稳定的需方客户进行信息系统的整合，并为需方提供各类、各层次的信息服务。同时，从需方得到最新的需求信息，为物流配送提供服务。

9.2.2 公共物流信息平台

建立物流公共信息平台，实现信息资源的充分共享和交换，是当前物流信息化的核心与关键，也是物流企业信息化发展的客观要求。公共物流信息平台是通过对共用信息的收集、分析和处理进行的，如交通流背景资料、物流枢纽货物跟踪信息、政府部门间共用信息等，它对物流企业信息系统完成诸如车辆调度、货物跟踪和计划制订等功能提供支撑；对政府相关部门的信息沟通起到信息枢纽作用；对政府制定宏观政策提供决策支持。

公共物流信息平台的本质在于为企业提供自身无法完成的基础资料收集和加工处理，同时也为政府相关部门共用信息的流动提供支撑环境。它的功能主要包括综合信息服务、数据交换、物流业务交易、货物跟踪、行业应用服务托管等。公共物流信息平台的服务对象包括生产企业、商贸企业、仓储服务企业、货物运输服务企业、装卸搬运服务企业、货物快递企业、综合性物流企业、物流园区经营管理企业、相关政府部门。公共物流信息平台由政府规划，具体的建设和运营交由具备一定条件的企业来完成。

公共物流信息平台不同于一般企业的内部物流信息系统，它不仅为物流企业内部信息系统提供支持，满足物流企业对公共信息的需求，实现企业物流信息系统的各项功能，而且，通过公共信息平台逐步建立了政府部门之间的面向行业管理与市场规范化的协同工作机制。根据公共物流信息平台所涉及对象功能的不同,可以分为几个不同的层次:增值服务层、共享信息层、管理层和基础设施层,如图 9-6 所示。其中管理层的功能是平台的核心。

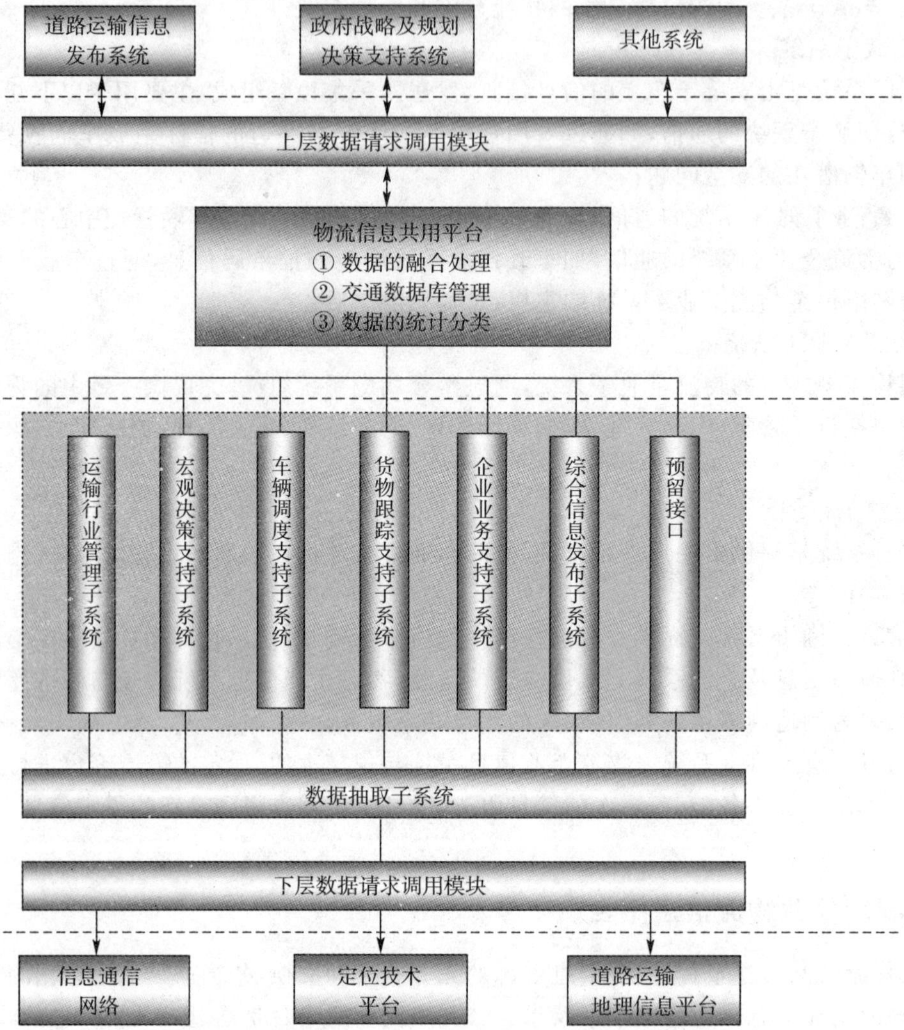

图 9-6 公共物流信息平台结构图

(1)数据抽取子系统。实现了内部系统数据和外部相关数据的抽取,如交通仿真子系统。

(2)运输行业管理子系统。道路运输管理部门对物流工作中涉及的许多审查和审核工作或一些重要社会活动信息的发布。

(3)宏观决策支持子系统。主要是对政府宏观管理进行决策支持服务。

(4)车辆调度支持子系统。通过交通地理信息系统参照模型(GIS-T)进行数据组织,支持车辆运行的计划调度与跟踪,主要数据为交通流背景数据。

(5)货物跟踪支持子系统。通过线性参照模型进行数据组织,支持货物的跟踪查询服务,主要数据为货物跟踪信息。

(6)综合新发布子系统。用于发布一些共享信息,对公众提供物流信息服务,如各国贸易法规、国际贸易信息网站链接等。

(7)企业业务支持子系统。用于支持运输市场交易、仓储交易等各类核心功能的规范化管理,提供信用认证功能。

(8)数据请求与调用功能。

实现公共物流信息平台的前提是规范化,主要包含三方面内容:平台对外信息服务的接口、平台内部数据组织结构、平台获取数据接口。其中公共物流信息平台获取数据接口的规范化程度较弱,主要负责从各子系统提取数据,系统接口传递的数据内容是统一的,但传递数据的具体格式要根据各子系统的具体情况确定。公共物流信息平台对外服务接口是一种标准化的接口规范,需要充分考虑未来交通运输信息系统发展的扩充要求。公共物流信息平台内部数据组织结构的规范化是对外提供规范化信息服务的保障,在采取一定框架将相关数据组织在一起的同时,应根据信息复杂程度按层次组织数据。

9.2.3 企业物流信息系统体系结构

企业物流是从企业角度研究与之相关的物流活动,属于具体的、微观的物流活动领域。企业物流信息系统是由企业根据物流业务运作的具体需求,规划建设并实施运营,政府在其建设和运营过程中提供必要的政策支持,以推动其发展。

根据现代物流企业一体化、信息化的特点,以及现代物流系统设计原理,可以得到塔形层次的企业现代物流信息系统体系结构,如图 9-7 所示。

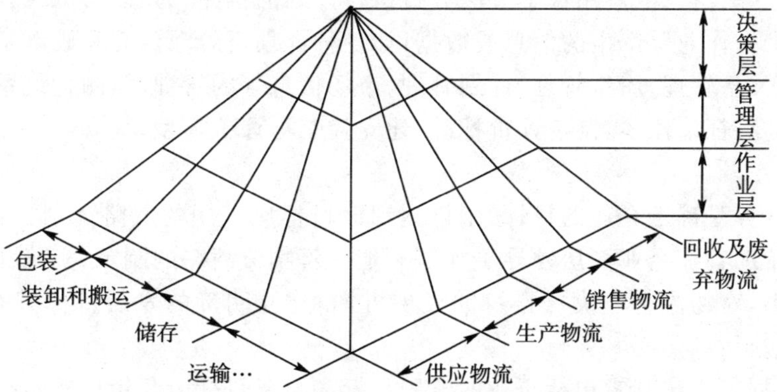

图 9-7 企业物流信息系统的体系结构

在垂直方向企业物流信息系统可以划分为三个层次,即决策层、管理层和作业层;从水平方向,信息系统贯穿于供应物流、生产物流、销售物流、回收及废弃物流的运输、仓储、搬运和装卸、包装、流通加工等各个环节。可见物流信息系统是物流领域的神经网络,遍布物流系统的各个层次、各个方面。

1. 作业层

作业层的任务是有效地使企业现有的人力、物力资源在预算的范围内执行各项活动。它的处理包括事务处理、报表处理和查询处理,所需的数据主要来自企业内部,处理的数据量很大。作业层也是企业管理信息系统的基础。

作业层的事务处理和交易系统及时地处理物品的订货管理、运输管理、采购管理、销售管理、库存管理、运输管理和财务管理等。主要功能如下：

(1)订单处理包括订单准备、订单传输、订单录入、订单履行、订单状况报告等；

(2)配送作业包括产品入库、物料搬运、储存和订货选择，以及制订作业计划并衡量其服务质量等；

(3)运输调度包括执行、管理物品的运输和搬运活动，以及制订日常运输调度计划并衡量其服务表现等；

(4)采购包括跟踪和协调收货与运输活动、提供采购日常计划、指导各种活动、衡量物流表现等；

(5)销售管理包括销售合同管理、订货管理、价格管理、退货管理、销售分析、应收账款管理等；

(6)库存管理包括物品入库、出库、损溢、盘点、预警和综合查询分析；

(7)财务管理包括成本核算、资金核算、利润核算等会计核算，以及固定资产管理、综合财务计划管理等。

2. 管理层

管理层的任务是保证企业经营所需要的人、财、物的调用，综合衡量企业的生产经营情况、检查企业的主要经济技术指标完成情况，将它们与计划值比较，从中观察其发展趋势，找出偏差的原因，提出解决方案。

这些处理包括：根据有关部门的计划或使用预算模型来编制企业的计划和预算，定期提供企业经营情况的综合报告，使用数学方法分析执行计划的偏差，为管理人员提供满意的行动方案。处理需要来自作业层产生的信息或数据，如各种计划、标准、预算和成本指标等，一般包括合同管理、客户关系管理、质量管理、计划管理、市场信息等的管理；监测物流系统的运行状况；建立物流系统的特征值体系，制定评价标准；建立控制与评价模型。

3. 决策层

决策层的任务是确定企业的目标，制订达到该目标应采用的战略计划。物流信息系统的决策功能可以帮助物流企业高层领导更加深刻地了解物流战略的制定、实施和评价，以及它们之间的内在联系，对物流企业决定自身的发展方向，建立明确的发展目标具有重要的指导作用。具体处理包括：

(1)战略计划子系统。它包括企业的营销目标和财务目标。营销目标是指顾客基础、产品和服务的宽度、广度，以及所希望的效果等。财务目标是指销售额、生产水平和相应成本等。

(2)决策分析子系统。能力计划是企业根据其内部和外部可利用的制造、仓库和运输等资源所制订的。然而，运输能力就取决于企业根据内部和外部可利用的配送设施、设备和人力，对来自预测、促销计划、顾客订货和存货状况等制订的物流计划，并且直接影响着制造计划和采购计划。

9.3 现代物流信息系统技术基础

物流信息技术是现代信息技术在物流各个作业环节中的综合应用，是现代物流区别传统物流的根本标志，也是物流技术中发展最快的领域，尤其是计算机网络技术的广泛应用，使物流信息技术达到了较高的应用水平。物流信息技术主要由通信、软件、面向行业的业务管理系统三大部分组成，其中包括了基于各种通信方式基础上的移动通信手段、全球卫星定位（GPS）技术、地理信息系统（GIS）技术、计算机网络技术、自动化仓库管理技术、智能标签技术、条形码技术、射频识别技术、电子数据交换技术等现代尖端科技。在这些尖端技术的支撑下，形成以移动通信、资源管理、监控调度管理、自动化仓库管理、业务管理、客户服务管理、财务管理等多种信息技术集成的一体化现代物流管理体系。在这些技术中，物流信息识别技术和物流信息跟踪技术在现代物流信息系统的建设中会起到举足轻重的作用。

9.3.1 现代物流信息系统的自动识别技术

现代物流已不仅仅是实物的流动，而是一个实物流、信息流统一的综合服务领域。众所周知，信息在计算机及其网络中的“流动”是最有效、最快捷的，但实物往往要通过装卸、配送运输、仓储等许多物理环节才能从源头“流”向终点。实现信息流和实物流“互联”，就需要依靠自动识别技术。

自动识别技术在物流过程中具有信息获取和信息录入的功能，通过自动（非人工手段）获取项目标识信息，并且不使用键盘即可将数据实时输入计算机、程序逻辑控制器或其他微处理器控制设备。自动识别技术解决了物流信息录入计算机的瓶颈，是实现物流管理现代化的基础。自动识别技术家族有一批基于不同原理的自动识别技术，包括条形码技术、射频识别技术、磁识别技术、扫描技术、声音识别技术、图形识别技术、光学字符识别技术和生物识别技术等。各种自动识别技术间没有优劣之分，只能根据具体应用确定最适合的技术。目前，在物流应用中最常用的自动识别是条形码技术和射频识别技术。

1. 条形码技术

条形码是由美国的 N. T. Woodland 在 1949 年首先提出的。近年来，随着计算机应用的不断深入，条形码的应用得到了很大发展。它可以标识出商品的生产国、制造厂家、商品名称、生产日期、图书分类号、邮件起止地点、类别、日期等信息。因此，在商品流通、图书管理、邮政管理、食品安全、银行系统等许多领域得到了广泛应用。

条形码是由宽度不同、反射率不同的条和空、按照一定的编码规则（码制）编制成的，用以表达一组数字或字母符号信息的图形标识符，即条形码是一组粗细不同，按照一定的规则安排间距的平行线条图形。常见的条形码是由反射率相差很大的黑条（简称条）和白条（简称空）组成的，如图 9-8 所示。条形码的符号通常由五部分组成，即一个前静止区、一个起始符、一个可选校验符的数据符、一个终止符和一个尾部静止区。例如，一般商品条形码的信息是由三组数字组成：前 8 位数字是商品厂商识别代码，也就是俗称的企业代码；第二组 4 位数字是商品识别代码，表示每个制造厂商的商品，由厂商确定，可标识十万种商品；第四组 1 位数是校验码，用以校验商品条形码中左起第 1 至 12 个数字代码的正确性。

图 9-8 条形码示意图

条形码系统是由条形码符号设计、制作和扫描识读组成的自动识别系统。条形码识读装置是条形码系统的基本设备，它的功能是译读条形码符号，即把条形码条符宽度、间隔等信号转换成不同时间长短的输出信号，并将该信号转化为计算机可识别的二进制编码，然后输入计算机。识读装置由扫描器和译码器组成。扫描器又称光电读入器，它装有照亮被读条形码的光束检测器件，接收条形码的反射光，产生模拟信号，经放大、量化后送译码器处理。扫描器可以是一支光笔或激光枪，由人手持作业，也可以是一种安装在某部位的自动扫描器，典型的有固定光束扫描器、直线扫描器、逐行扫描器和全方位扫描器。译码器存储了需译读的条形码编码方案的数据库库译码算法。早期的识别设备，扫描器和译码器是分开的，近年推出的设备大多已合成一体，整个设备更加方便、灵巧。

条形码的种类多达四十余种，常见的约有二十多种码制。按照所表示符号的方式可以将条形码分为一维条码和二维条码；按照印制条形码的材料和颜色可以将条形码分为黑白条形码、彩色条形码、发光条形码（荧光条形码、磷光条形码）和磁性条形码等。

不论哪一种条形码，共同的特点是：条形码符号图形结构简单；每个条形码字符由一定的条符组成，占有一定的宽度和印制面积；每种编码方案均有自己的字符集；每种编码方案与对应的阅读装置的性能要求密切配合。目前应用最为广泛的有：交叉 25 码、39 码、UPC 码、EAN 码、128 码等。近年来又出现了按矩阵方式或堆栈方式排列信息的二维条形码。以下是一些常用的条形码。

(1)一维条形码

一维条形码是由一组规则排列的条、空及对应的字符组成的标记。目前应用最为广泛的包括 EAN 码、UPC 码、39 码、Codebar 码等。

① EAN 码。EAN 码是国际物品编码协会（International Article Numbering Association）制定的一种商品用条形码，通用于全世界。EAN 码符号有标准版（EAN－13）和缩短版（EAN－8）两种，我国的通用商品条形码与其等效。我们日常购买的商品包装上所印的条形码一般就是 EAN 码。

② UPC 码。UPC 码是美国统一代码委员会（Uniform Code Council）制定的一种商品用条形码，主要用于美国和加拿大地区，在从美国进口的商品上可以看到。

③ 39 码。39 码是一种可表示数字、字母等信息的条形码，主要用于工业、图书及票证的自动化管理，目前使用极为广泛。

④ Codebar 码。Codebar 码也可表示数字和字母信息，主要用于医疗卫生、图书情报、物资等领域的自动识别。

(2)二维条形码

二维条形码是用某种特定的几何图形，按一定规律在平面（二维方向上）分布的黑白相间的图形中记录数据符号信息。如图 9－9 显示了 PDF417 二维条形码。

图 9－9　二维条形码 PDF417

一维条形码所携带的信息量有限，如商品上的条形码仅能容纳 13 位（EAN－13 码）阿拉伯数字，更多的信息只能依赖商品数据库的支持，离开了预先建立的数据库，这种条形码就没有意义了。因此，在一定程度上也限制了条形码的应用范围。基于这个原因，在 20 世纪 90 年代发明了二维条形码。二维条形码除了具有一维条形码的优点外，同时还有信息量大，可靠性高，保密、防伪性强等优点。

二维条形码可以分为堆积式和矩阵式两大类。堆积式二维条形码形态上是由多行短截的一维条形码堆积而成。矩阵式二维条形以矩阵的形式组成，在矩阵相应元素位置上用点的出现表示二进制“1”，空的出现表示二进制“0”，由点的排列组合确定了代码表示的意义。目前有代表性的堆积式二维条形码包括 PDF417、Code 49、Code 16K 等。有代表性的矩阵式二维条形码包括 Data Matrix、Code one、QR Code 等。二维条形码可以使用激光或 CCD 阅读器识别。

二维条形码作为一种新的信息存储和传递技术，从诞生之时就受到了国际社会的广泛关注。经过几年的努力，现已应用在国防、公共安全、交通运输、医疗保健、工业、商业、金融、海关及政府管理等多个领域。

二维条形码依靠其庞大的信息携带量，能够把过去使用一维条形码时存储于后台数据库中的信息包含在条形码中，可以直接通过阅读条形码得到相应的信息，并且二维条形码还有错误修正技术及防伪功能，增加了数据的安全性。

二维条形码可把照片、指纹编制于其中，可有效地解决证件的可机读和防伪问题。因此，广泛应用于护照、身份证、行车证、军人证、健康证、保险卡等证件上。美国亚利桑那州等十多个州的驾驶证、美国军人证、军人医疗证等在几年前就已采用了 PDF417 技术。将证件上的个人信息及照片编在二维条形码中，不但可以实现身份证的自动识读，而且可以有效地防止伪冒证件事件发生。菲律宾、埃及、巴林等许多国家也已在身份证或驾驶证上采用了二维条形码。在我国的香港特区护照、部分地区的注册会计师证、汽车销售和售后服务等方面，二维条形码也得到了初步的应用。另外，在海关报关单、长途货运单、税务报表、保险登记表上也都有使用二维条形码技术来解决数据输入和防止伪造、删改表格的例子。

2. 射频识别技术

射频识别(Radio Frequency Identification，RFID)技术是 20 世纪 90 年代开始兴起的一种自动识别技术，它是一种利用射频信号通过空间耦合(交变磁场或电磁场)实现无接触信息传递，并通过所传递的信息达到识别目的的技术。

从信息传递的基本原理来说，RFID 技术在低频段基于变压器耦合模型(初级与次级之间的能量传递和信号传递)，在高频段基于雷达探测目标的空间耦合模型(雷达发射电磁波信号碰到目标后携带目标信息返回雷达接收机)。1948 年哈里斯托克曼发表的“利用反射功率的通信”奠定了 RFID 技术的理论基础。

RFID 技术的优点是不局限于视线，识别距离比光学系统远，射频识别卡可具有读写能力，可携带大量数据，难以伪造，且有智能。RFID 技术适用于物料跟踪、运载工具和货架识别等要求非接触数据采集和交换的场合。由于 RFID 标签具有可读写能力，对于需要频繁改变数据内容的场合尤为适用。

RFID 系统一般由电子标签(Tag)、阅读器(Reader)、天线(Antenna)三部分组成。电子标签(即射频识别卡)中一般保存有约定格式的电子数据，附着在待识别物体的表面。阅读器又称为读出装置，可无接触地读取并识别电子标签中所保存的电子数据，从而达到自动识别物体的目的。天线在电子标签和阅读器之间传递射频信号。有些系统还通过阅读器的 RS232 或 RS485 接口进一步通过计算机及计算机网络实现对物体识别信息的采集、处理和远程传送等管理功能。

RFID 阅读器与标签之间的耦合方式有三种，包括静电耦合、感应耦合和微波。静电耦合系统，识别距离在 2mm 以下，常见的“信息钮”就是以静电耦合方式获取信息的，可用于固定货物的巡检等。感应耦合系统，阅读器天线发射的磁场无方向性，可以不考虑货物上射频标签位置和方向，常用于移动物品的识别、分拣。微波射频识别系统，识读微波方向性很强，一般用于高速移动物体，如运输车辆的识别等。

物流过程应用的 RFID 一般是感应耦合方式的系统。感应耦合 RFID 系统的工作过程通常是这样：射频阅读器的天线在其作用区域内发射能量形成电磁场，载有射频标签的物品在经过这个区域时被阅读器发出的信号激发，将储存的数据发送给阅读器，阅读器接收射频标签发送的信号，解码获得数据，达到识别目的。由于 RFID 技术应用涉及使用频率、发射功率、标签类型等诸多因素，目前尚没有像条形码那样形成在开环系统中应用的统一标准，因此主要是在一些闭环系统中使用。

下面举例说明 RFID 技术在一些物流环节中的应用。

(1)智能托盘系统

为高效解决生产原材料在仓库中装卸、处理和跟踪问题，可以使用以 RFID 技术为核心的智能托盘系统。系统中的射频阅读器安装在托盘进出仓库必经的通道口上方，每个托盘上都安装射频标签。当叉车装载着托盘货物通过时，计算机通过阅读器采集到那个托盘货物已经通过的信息。当托盘装满货物时，称重系统自动比较装载货物的总重量与存储在计算机中的单个托盘重量进行比较，获取货物的净重等信息。RFID 技术的应用大大提高了仓库处理货物的效率和信息的准确性、可靠性，解决了原材料流通相关信息的管理问题。

(2)通道控制系统

这是一座汽车制造业的仓库，创造性地使用 RFID 技术“红、绿信号”系统，控制 3500 个仓库进出的包装箱(可重复使用的板条箱、柳条箱)。包装箱上固定着射频识别标签，其中装载着需要特殊标识的原材料。射频标签承载着每个包装箱的唯一的标识，并被固定在包装箱上。在包装箱途径的进出口处安装了射频阅读器，阅读器天线固定在上方。当包装箱通过天线所在处，标签装载的标识信息与主数据库信息进行比较，正确时绿色信号亮，包装箱可通过；如果不正确，则激活红色信号，同时将时间和日期记录在数据库中。该系统消除了以往采用纸张单证管理系统常出现的人为错误，排除了以往不堪重负的运输超负荷状况，建立了高速、有效和良好的信息输入途径，可在高速移动过程获取信息，大大节省了时间。同时该系统采用射频标签还可使公司快速获得信息回馈，包括损坏信息、可能取消的订货信息，从而降低消费者的风险。

(3)配送过程贵重物品的保护

外国的某保税仓库存储着价值昂贵的货物，为防止货物被盗，也为防止装着这些货物的托盘放错位置而导致交货延识，该仓库采用 RFID 技术，保证叉车按正确设置的路线移动托盘，降低在非监控道路货物被盗的可能，公司建造了一个悬浮在上方的阅读器，叉车装备了射频标签。沿途经过的详细资料通过射频联结从中央数据库下载到叉车，这些信息包括正确的装货位置，沿途安装的阅读器将提供经由路径。如果标签发现错误，叉车会被停止，有管理者重新设置交通路径，同时自动称重也实时提供监控信息。

(4)气瓶防盗系统

在该系统运行的每个气瓶上都装有射频标签。装有气瓶的卡车通过装有射频阅读器的出口时，阅读器可同时识别每个气瓶上的标签信息，如有非注册气瓶，可认为是被盗气瓶，被限制运出。该系统还同时获取气瓶的年检信息，充分利用了射频识别系统可识别高速移动物体及可同时识别多个标签的特点，实现了运输过程多气瓶的实时监控和防盗。

9.3.2 现代物流信息系统的跟踪技术

现代物流企业需要采用各种服务创新手段去满足客户需求,而快速反应的基础是及时、准确、可靠的信息,对货物进行全程实时跟踪则显得越来越重要。物流信息系统的跟踪技术主要包括全球卫星定位系统、地理信息系统等现代技术。

1. 全球卫星定位系统技术

全球卫星定位系统(Global Positioning System,GPS)是利用分布在约2万公里高空的24颗卫星对地面目标的状况进行精确测定,提供定位、定时、测速、导航服务。GPS系统是美军20世纪70年代初在"子午仪卫星导航定位"技术上发展起来的,它由空间卫星系统、地面监控系统、用户接收系统三个部分构成,具有全球性、全能性(陆地、海洋、航空与航天)、全天候的特点。

目前,GPS已广泛应用于军事和民用等多个领域。特别是在现代物流系统,GPS可以实现汽车自定位、跟踪调度和铁路运输等功能。

(1)在汽车自动定位、跟踪调度方面的应用

利用GPS和计算机网络可以实时采集公路汽车所运货物的动态信息,实现汽车和货物的追踪、调度管理。

一个典型应用场景是采用GPS卫星定位接收装备与汽车行驶记录仪的组合,通过互联网实现信息共享,从而实现车辆使用方、运输公司和接货方三方都能对物流中的车货位置及运行等情况了如指掌,并利用三方协调好的商务关系,获得最佳的物流流程方案,取得最大的经济效益。一方面,运输公司将自己的车辆信息指定开放给合作客户,让客户自己能实时查看车与货的相关信息,能较为直观地在网上看到车辆分布和运行情况,找到适合自己使用的车辆,省去不必要的交涉环节,加快车辆的使用频率,缩短运输配货的时间,减少一定的工作量。在货物发出之后,发货方可随时通过互联网或手机来查询车辆在运输中的运行情况和所到达的位置,实时掌握货物在途的信息,确保货物运输时效。另一面,运输公司通过互联网实现对车辆的动态监控式管理和货物的及时合理配载,以便加强对车辆的管理,减少资源浪费,减少费用开销。同时,将有关车辆的信息开放给客户,既方便了客户的使用,又减少了不必要的环节,提高了公司的经济效益与社会效益。

(2)在铁路运输方面的管理

利用GPS和计算机网络实时收集全路列车、机车、车辆、集装箱和所运货物的动态信息,实现列车和货物的追踪管理。只要知道货车的车种、车型和车号,就可以在近10万公里的铁路网上从流动着的几十万辆货车中立即找到该货车,还能得知这辆货车现在何处运行或停在何处,以及所有的车载货物发货信息。铁路部门运用这项技术可大大提高路网及其运营的透明度,为货主提供更高质量的服务。

(3)用于军事物流

全球卫星定位系统首先是因为军事目的而建立的,在军事物流中应用相当普遍,如后勤装备的保障等方面。通过GPS技术及系统,可以准确地掌握和了解各地驻军的数量和要求,无论在战时还是在平时都能及时、准确地实施后勤补给。

2. 地理信息系统技术

地理信息系统(Geographical Information System,GIS)是一种为地理研究和地理决策服

务的计算机应用系统，它以地理空间数据为基础，采用地理模型分析方法，适时地提供多种空间的和动态的地理信息。GIS 的基本功能是将表格型数据（无论它来自数据库、电子表格文件或直接在程序中输入）转换为地理图形显示，其显示范围可以从洲际地图到非常详细的街区地图，显示对象包括人口、销售情况、运输线路等内容。

GIS 应用于物流配送系统的物流分析，可大大加强对物流过程的全面控制和管理，实现高效率、高质量的物流配送服务。把 GIS 技术融入物流配送的过程中，就能更容易地处理物流配送中货物的运输、仓储、装卸、送递等各个环节，并对其中涉及的诸如运输路线的选择、仓库位置的选择、仓库容量的设置、合理装卸的策略、运输车辆的调度和投递路线的选择等问题进行有效的管理和决策分析，这样才符合现代物流的要求，有助于物流配送企业有效地利用现有资源，降低消耗，提高效率。实际上，随着电子商务、物流和 GIS 本身的发展，GIS 技术将成为全程物流管理中不可缺少的组成部分。

GIS 应用于物流分析，主要是指利用 GIS 强大的地理数据功能来完善物流分析技术。国外公司已经开发出利用 GIS 为物流分析提供专门分析的工具软件。

完整的 GIS 物流分析软件集成了车辆路线模型、最短路径模型、网络物流模型、分配集合模型和设施定位模型等。

（1）车辆路线模型

用于解决一个起始点、多个终点的货物运输中如何降低物流作业费用，并保证服务质量的问题，包括决定使用多少辆车，每辆车的路线等。

（2）网络物流模型

用于解决寻求最有效的分配货物路径问题，也就是物流网点布局问题。如将货物从 N 个仓库运往到 M 个商店，每个商店都有固定的需求量，因此，需要确定由哪个仓库提货送给那个商店，所耗的运输代价最小。

（3）分配集合模型

可以根据各个要素的相似点把同一层上的所有或部分要素分为几个组，用以解决确定服务范围和销售市场范围等问题。如某一公司要设立 X 个分销点，要求这些分销点要覆盖某一地区，而且要使每个分销点的顾客数目大致相等。

（4）设施定位模型

用于确定一个或多个设施的位置。在物流系统中，仓库和运输线共同组成了物流网络。仓库处于网络的节点上，节点决定着线路。对于如何根据供求的实际需要并结合经济效益等原则，确定在既定区域内设立仓库的数量、每个仓库的位置和规模，以及仓库之间的物流关系等问题，运用此模型均能很容易地得到解决。

9.4 供应链管理的基本概念与方法

随着经济全球化趋势的不断发展，资源在全球范围内的流动和配置也在不断加强。作为市场竞争主体的企业必须从战略层次上来管理物流，通过先进的管理来获取竞争优势。供应链管理的思路正是在上述背景下应运而生，并成为电子商务环境下指导企业参与竞争的有力武器。

9.4.1 供应链的概念、结构及其特征

供应链的概念是在20世纪80年代末提出的一种业务流程模型。与物流不同，供应链不仅仅只是对物流概念的进一步扩充，而且与企业生产环节的业务流程息息相关。供应链目前尚未形成统一的定义，许多学者从各种角度给出了不同的定义。

(1)早期观点

供应链是制造企业中的一个内部过程。它是指把从企业外部采购的原材料和零部件，通过生产转换和销售等活动，再传递到零售商和用户的一个过程。传统的供应链概念局限于企业的内部操作层上，注重企业自身的资源利用，忽略了与外部供应链成员企业的联系，往往造成了企业间的目标冲突。

(2)近期观点

供应链是围绕核心企业，通过对信息流、物流、资金流的控制，从采购原材料开始，制成中间产品以及最终产品，由销售网络把产品送到消费者手中，并将供应商、制造商、分销商、零售商、直到最终用户连成一个整体的功能网链结构模式。它是一个范围更广的企业结构模式，包含所有加盟的节点企业，从原材料的供应开始，经过链中不同企业的制造加工、组装、分销等过程直到最终用户。它不仅是一条连接供应商到用户的物料链、信息链、资金链，而且是一条增值链。物料在供应链上因加工、包装、运输等过程而增加其价值，给相关企业都带来收益。根据近期的供应链定义，其结构可以用图9-10所示模型进行描述。

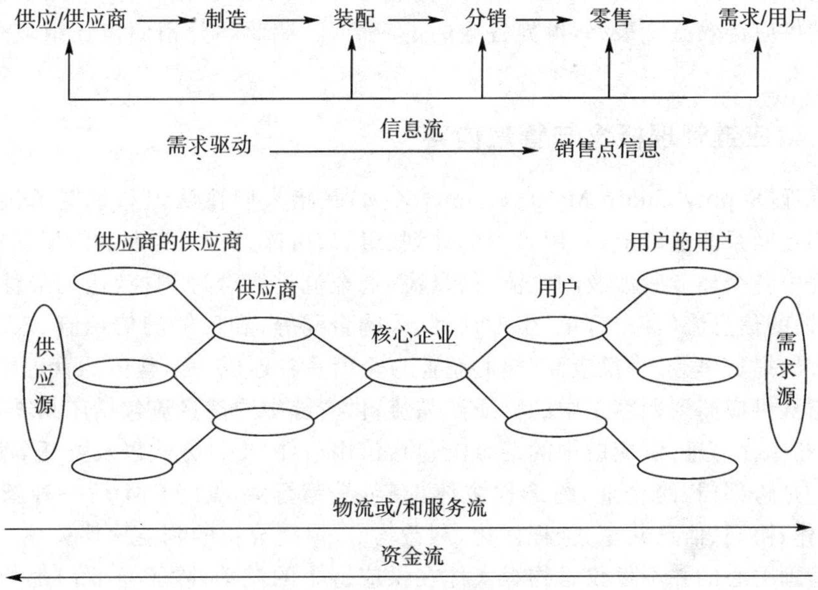

图9-10 供应链的网络结构模式

从图中可以看出，供应链是由围绕核心企业、供应商、供应商的供应商和用户、用户的用户组成的一个网链结构，所有节点企业之间是一种需求与供应关系。节点企业在需求信息驱动下，通过供应链的职能分工与合作，以资金流、物流为媒介实现整个供应链的不断增值。供应链主要具有以下特征：

(1)复杂性

因为供应链节点企业组成的跨度(层次)不同,供应链时常由多个、多类型的企业构成,所以供应链结构模式比一般单个企业的结构模式更为复杂。

(2)动态性

供应链管理因企业战略和适应市场需求变化的需要,供应链的成员通过物流和信息流联结起来,它们之间的关系是不确定的,其中节点企业需要动态地更新,这就使得供应链具有明显的动态性。

(3)面向用户需求

供应链的形成、存在和重构,都是基于市场需求而发生的,并在供应链运作过程中,用户的需求拉动是供应链中信息流、产品/服务流、资金流运作的驱动源。

(4)交叉性

节点企业可以是这个供应链的成员,同时又是另一个供应链的成员,众多的供应链形成交叉结构,增加了协调管理的难度。

(5)多级性

随着供应、生产和销售关系的复杂化,供应链的成员越来越多。如果把供应链中相邻两个业务实体的关系看作供应-购买关系,那么这种关系是多级的,而且涉及的供应商和购买商也是多个。

(6)跨地域性

供应链网中的业务实体超越了空间的限制,在业务上紧密合作,共同加速物流和信息流,创造了更多的供应链效益。最终,世界各地的供应商、制造商和分销商被连结成一体,形成全球供应链。

9.4.2 供应链管理概念与管理内容

供应链管理(Supply Chain Management,SCM)是指人们在认识和掌握了供应链各环节内在规律和相互联系的基础上,利用管理的计划、组织、指挥、协调、控制和激励职能,对产品生产和流通过程中各个环节所涉及的物流、信息流、资金流进行合理调控,达到最佳组合和最高效率,通过前馈的信息流(客户订单、生产计划、采购合同等)和反馈的信息流(入库单、完工报告单、库存记录、提货单等)将供应商、核心企业直至消费者连成一个整体的管理模式。供应链中的物流是指从供应商到顾客手中的物质产品流;供应链中的信息流包括产品需求、订单的传递、交货状态和库存信息;供应链中的资金流包括信用条件、支付方式以及委托与所有权契约。这些"流"通常是跨部门、跨企业、跨产权主体,甚至是跨行业的。SCM是一种新型的管理思想,体现了合作、协同、信息共享、全程优化、利益均等、风险分担的利益伙伴关系。

供应链管理关心的并不仅仅是物料实体在供应链中的流动,除了企业内部与企业之间的运输问题和实物分销以外,供应链管理还包括以下主要内容:

(1)战略性供应商和用户合作伙伴关系管理;

(2)供应链产品需求预测、计划和管理;

(3)供应链的组织结构设计,如供应商、制造商、经销商和用户的选择,信息网络的建设等;

(4)企业内部与企业之间物料供应和需求管理;

(5)基于供应链管理的产品设计与制造、生产集成计划、跟踪和控制;

(6)基于供应链的用户服务和物流管理,包括运输、库存、包装等;

(7)企业间资金流管理,如汇率、成本等问题;

(8)基于 Internet/Intranet 的供应链交互信息管理等。

供应链管理系统能够随着形势的发展和变化不断修正和强化计划的内容,直到计划执行的最后时刻。它是确保顾客满意的一个主要环节,即保证在正确的时间把正确的产品或/和服务送到正确的地方。供应链系统总体设计目标如下:

(1)在供应商和客户企业之间建立供应链业务管理,能够对商品供应和需求的波动做出快速反应,减少企业库存和资金压力,获得更多的收入和利润。

(2)建立智能化、高效的业务承诺管理和商品订货管理系统,可以保证企业经营和发送货物的可靠性,提高客户忠诚度,同时也能保证企业的利润和运营目标。

(3)在企业内部、供应商和物流运输企业之间实现信息共享和同步,可以最大限度地利用企业的现有资源,保证发送货物的效率,提供更好的客户服务。

(4)通过供应链管理系统,企业可以与原材料供应商建立长期的良好业务合作关系,减少采购中不必要的中间商、存储和运输环节,降低企业经营成本。

如图 9-11 所示是一个典型的供应链管理系统结构图。

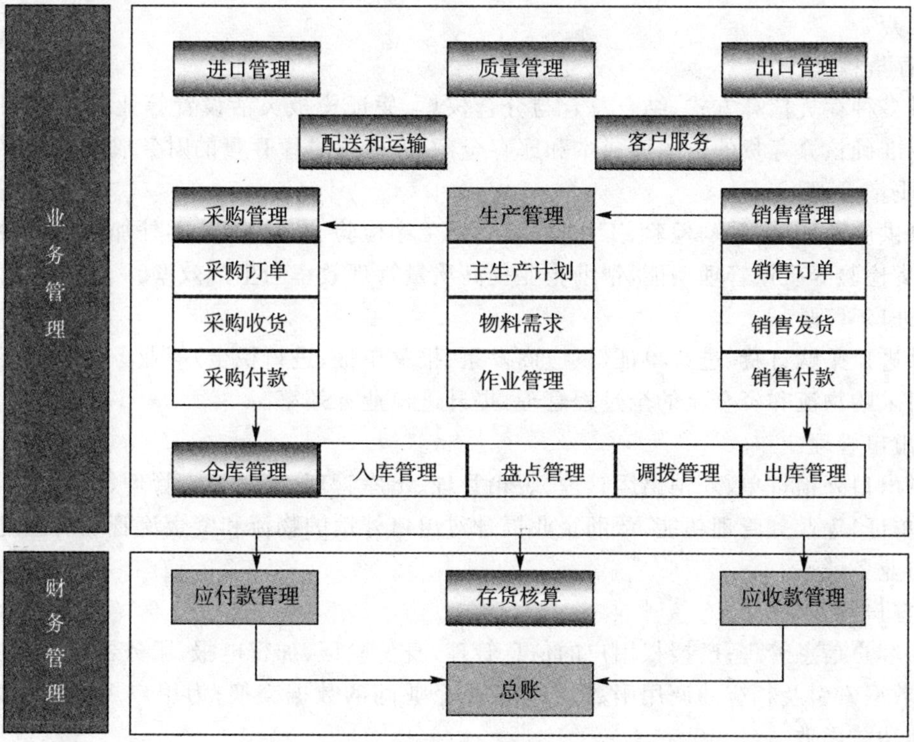

图 9-11　一个典型的供应链管理系统结构图

供应链管理系统面向企业采购、销售、库存、配送运输、质量管理和客户,提供采购管理、销售管理、仓库管理、配送和运输、存货核算、质量管理、进口管理、出口管理、客户服务等业务管理功能,帮助企业全面管理供应链业务。其主要功能如下:

(1)采购管理

提供从采购申请、订单、收货/入库、退货到付款的业务管理功能,支持供应商、价格、批号等多种采购业务处理,帮助企业实现采购业务全过程的物流、资金流和信息流的有效管理和控制。

(2)销售管理

提供从订单、发货/出库、退货、发票到收款的业务管理功能,支持信用赊销、价格、折扣、促销等多种销售业务处理,帮助企业实现销售业务全过程的物流、资金流和信息流的有效管理和控制。

(3)仓库管理

提供入/出库业务、仓存调拨、库存调整、虚仓等业务管理功能,支持批次、物料对应、盘点、即时库存校对等管理功能,帮助企业建立规范的仓存作业流程,提高仓库库存的运作效率。

(4)配送和运输管理

对配送中心的发货进行监视,对货物运至仓库进行跟踪,同时实现对配货、补货、拣货和流通加工等作业管理,使配送的整个作业过程实现一体化的物流管理。此外,通过对运输资源、运输方式、运输路线的管理和优化,对运输任务进行有效的组织调度,降低运输成本,并实现对运输事项和货物的有效跟踪管理,确保指定的货物能够在指定的时间运送到指定的地点。

(5)存货核算

提供多种存货核算方式,结合总仓与分仓核算、凭证模板灵活设置等业务管理功能,可以帮助企业准确核算存货的出入库成本和库存金额,实时提供库存量的财务成本信息。

(6)质量管理

提供供应商评估、采购检验、工序检验、委外工序检验、产品检验、委外加工入库检验、发货检验、退货检验等质量管理功能,帮助企业提高质量管理效率与生产效率。

(7)进口管理

提供进口采购订货、进口单证(供应商发票、报关单证、进口税金)等业务管理功能,帮助企业对进口采购物流和资金流的全过程管理,提升进口业务效率。

(8)出口管理

提供出口外销订单、外销出运管理、装箱管理、出库管理、外销客户管理、出口单证(形式发票、报关单证)等业务管理功能,帮助企业提升对出口外销的物流和资金流管理的全过程管理,提升出口业务效率。

(9)客户服务

提供客户信息管理;已授权用户的信息管理;身份验证、加密电报、服务器代理和安全监测等;离散数据索引及相应的调用函数;不同成员企业间的数据交换;为用户规模的扩大及调整提供一组功能函数。

9.4.3 供应链管理基本方法

供应链管理理论的产生远远落后于具体的技术与方法。供应链管理最早多是以一些具体的方法出现的。如快速反应、有效客户反应、企业资源计划、电子订货系统等,这些方法的出现都是与特定环境下的企业管理需求相对应的,并随着企业的实践在不断完善和发展。

1. 快速反应

快速反应(Quick Response,QR)是美国纺织与服装行业于20世纪80年代发展起来的一种供应链管理策略。QR是指在供应链中,为了实现共同的目标,零售商和制造商建立战略伙伴关系,利用EDI等信息技术,进行销售点的信息交换和订户补充等经营信息的交换,用多频度、小批量的配送方式连续补充商品,以实现缩短交换周期,减少库存,提高客户服务水平和企业竞争力的供应链管理方法。

QR体现了这样一种管理思想:物流企业面对多品种、小批量的买方市场,不是储备了"产品",而是准备了各种"要素",在用户提出要求时,能以最快速度抽取"要素",及时"组装",提供所需服务或产品。

QR要求零售商和供应商协作工作,通过共享POS信息来预测商品的未来补货需求,不断地监视销售趋势,探索新产品的机会,以便对消费者的需求能更快地做出反应。具体策略有待上架商品准备服务、自动物料搬运等。

QR的实施可概括为三个阶段:第一阶段,对所有的商品单元条码化,利用EDI传输订购单报文和发票报文;第二阶段,在第一阶段的基础上增加与内部业务处理有关的策略;第三阶段,与贸易伙伴密切合作,采用更高级的QR策略,对客户的需求做出快速反应。

随着电子商务的出现,传统的供应链转变为基于Internet的开放式网络供应链,而且电子化交易手段大大扩展了客户的选择空间和时间,要求企业以更快的速度来适应这种变化。通过QR,电子商务企业可以方便地共享整个供应链的需求信息,加强合作。Internet也可以被用来共享供应链的计划和预测信息,有助于降低整个供应链的成本,使供需更一致。QR成功地整合供应链的各系统,使信息处理成本也会降低。

2. 有效客户反应

有效客户反应(Efficient Consumer Response,ECR)是1992年从美国的食品杂货业发展起来的一种供应链管理策略。ECR是以满足顾客要求和最大限度降低物流过程费用为原则,能及时做出准确反应,是提供的物品供应或服务流程最佳化的一种供应链管理战略。

ECR的最终目标是建立一个具有高效反应能力和以客户需求为基础的系统,使零售商和供应商以业务伙伴方式合作,提高整个食品杂货供应链的效率,而不是单个环节的效率,从而大大降低整个系统的成本、库存和物资储备,同时为客户提供更好的服务。

要实施"有效客户反应"这一战略思想,首先,应联合整个供应链所涉及的供应商、分销商以及零售商,改善供应链中的业务流程,使其最合理有效;然后,再以较低的成本,使这些业务流程自动化,以进一步降低供应链的成本。具体地说,实施ECR需要将条码、扫描技术、POS系统和EDI集成起来,在供应链由生产线直至付款柜台之间建立一个无纸系统,确保产品能不间断地由供应商流向最终客户。同时,信息流能够在开放的供应链中循环流动。这样,才能满足客户对产品和信息的需求,即给客户提供最优质的产品和适时准确的信息。

ECR系统要求及时配送和顺畅流动。实现这一要求的方法有:连续库存补充计划、计算机辅助订货、预先发货通知、供应商管理库存、直接转拨和店铺直送等。

(1)连续库存补货计划

连续库存补货计划(Continuous Replenishment Program,CRP)是利用即时准确的POS数据确定销售出去的商品数量,根据零售商或批发商的库存信息和预先规定的库存补充程序确定发货补充数量和发送时间。以小批量、多频率的方式进行连续配送,补充零售店铺的库存,可以提高库存周转率,缩短交货周期。

(2)计算机辅助订货

计算机辅助订货(Computer Assisted Ordering,CAO)是利用计算机对库存和需求信息进行汇总而进行自动订货的系统。

(3)预先发货通知

预先发货通知(Advanced Shipping Notice,ASN)是生产厂家或者批发商在发货时利用电子通讯网络提前向零售商传送货物的明细清单。这样零售商事前就可以做好货物进货准备工作,同时可以省去货物数据的输入工作,使商品检验作业效率化。

(4)供应商管理库存

供应商管理库存(Vender Managed Inventory,VMI)是生产厂家等上游企业对零售商等下游企业的流通库存进行管理和控制。具体地说,生产厂家根据零售商的销售和库存信息,判断零售商的库存是否需要补充。如果需要补充,自动地向本企业的物流中心发出发货指令,补充零售商的库存。VMI 方法包括了 POS、CAO、ASN 和 CRP 等技术。在采用 VMI 的情况下,虽然零售商的商品库存决策主导权由生产厂家把握,但是在决定店铺的空间安排、商品货架布置等管理决策方面仍然由零售商主导。

(5)直接转拨

直接转拨(Cross Docking,CD)是在零售商的流通中心,把来自各个供应商的货物按发送店铺迅速进行分拣装车,直接向各个店铺发货。在交叉配送的情况下,流通中心仅是一个具有分拣功能的机构,这样有利于交货周期的缩短,减少库存提高库存周转率,从而节约成本。

(6)店铺直送

店铺直送(Direct Store Delivery,DSD)方式是指商品不经过流通配送中心,直接由生产厂家运送到店铺的运送方式。采用店铺直送方式可以保持商品的新鲜度,减少商品运输破损,缩短交货周期。

9.5 电子商务环境下的供应链管理系统

9.5.1 电子商务与供应链管理的关系

电子商务模式的出现已经逐渐对宏观经济发展、微观企业运营的各个层面和环节产生了重要影响,为供应链管理创造了一个崭新的运行环境,提供了更高级的信息技术支持,并进一步促进了供应链管理的发展和完善。供应链管理的思路和模式也更加丰富、完善了电子商务活动的内容,两者相互促进、相互依赖,共同推动了企业管理向更高水平发展。电子商务环境下的供应链管理,强调对所有节点企业的资源进行集成、协同,共同实现快速市场响应,为终端用户创造价值。

1. 电子商务使供应链管理思想得以实现

供应链管理思想强调核心企业与最杰出的企业建立战略合作关系。通过合理的业务流程设计,各自做好本企业最擅长的业务工作,使整条供应链的竞争力大大地提高,同时也能获得更大的经济利益。电子商务环境是一个强化了信息流的系统,它使资金流和物流更加快捷,为供应链的形成和节点企业之间的有效配合提供了有利条件,所以在客观上允许企业将自己的非核心业务外包,将资源投入到利润增值空间最大的商务环节。

2. 电子商务促进了供应链管理的发展

传统的供应链管理一般建立在专用网络上,资金投入量大,系统柔性差,而且只有一些大型企业才有能力建设。电子商务系统实现了 Internet、Intranet、Extranet 三个不同层次的商务活动,使中小型企业可以用较低的成本共享全球化网络、加入全球化供应链中。由于采用了电子商务的方法,供应链的一些重要概念和规则已经得到了更高效率的应用。这些概念包括信息共享、多方合作、供应链管理设计、大规模定制的延迟、外包和合作、延伸或联合业绩度量等。因此,电子商务已经成为贯穿众多产业供应链中的强制性因素。

3. 供应链管理是实施电子商务中不可或缺的重要环节

供应链系统维持了上下游企业的供应与被供应的关系,显然,节点企业之间的合作大都是电子商务活动的具体体现。所以,供应链管理伴随着许多 B2B 交易,它是电子商务的一个重要组成部分,也是企业提高经营管理水平的重要手段。在激烈的市场竞争及经济全球化的形式下,供应链之间的竞争取代企业个体之间的竞争已经越来越明显,这种供应链形式的实体将成为社会经济的主体,而且供应链的作用在整个商务过程中非常重要。因此,实现供应链管理的信息化是电子商务发展进程中的重要环节。

9.5.2 电子商务环境下的供应链系统整合

电子商务环境下的供应链系统是先进管理理念与信息技术的有机结合,作为企业提高竞争力的两大"利器",电子商务和供应链管理具有很强的黏合性,在实践过程中互相渗透,相互结合,所以出现了基于电子商务的供应链管理概念。它是一种优化的供应链管理系统,有机地将供应链管理思想与电子商务技术结合在一起,实现了成员间的有效连接,也是价值链集合体与终端用户之间连接的手段,系统特点在于集成化、网络化和电子化。

发展基于电子商务的供应链管理的关键,在于建立先进的网络通信系统和应用先进的预测技术。通过 Internet 传递销售、库存、顾客购买方式、交付等方面的信息,使成员企业共享信息,结合成为价值链,共同获取市场竞争优势。可以预见,独立的企业无论规模多大,实力多强,也很难在未来的市场竞争中获胜。

在具体实施基于电子商务的供应链管理时,考虑到电子商务将使企业价值链呈现虚拟化新特征,人们提出了虚拟供应链的概念,即合作伙伴根据专门的信息服务中心提供的技术支持和服务而组建的动态供应链。虚拟供应链的概念提出以及在实践中的应用,为供应链和电子商务的整合提供了前提和条件,并要求在如下三个方面开展必要的整合工作。

1. 企业内部流程的整合

企业通过虚拟供应链系统设计模式,借助电子商务系统平台,采用业务流程再造(Business Process Reengineering,BPR)的方法对供应、制造、物流和需求四个环节进行有效集成。

具体实现的方式是:企业通过 Internet/Intranet 电子商务系统,获取和了解客户的需求,并进行需求的定义和转化工作,再根据需求来进行研究开发和产品设计与试制工作,之后制定出具体的生产指令和采购订单。企业获得原材料后,必须竭尽所能,最快速、最有效,并以最低的成本提供最符合要求的产品,这两个过程是企业的内部主要工作流程。这一阶段,企业管理的核心问题是内部集成化供应链管理的效率问题,而企业 BPR 是实现这一要求的有效方法。BPR 是指对现有业务流程进行根本性的再思考和彻底的再设计,以大幅度地提高经营业务在成本、质量、服务和速度等方面的绩效水平。BPR有四个基本的观点:过程的观点,即重视过程管理;根本性的再思考;彻底的再设计,进行全面的手段和方法甚至理念的创新;大幅度提高绩效。由于整合是面向网络化、信息化的,因此在企业的流程再造中,必须引入全面的管理信息系统,实现对信息的有效管理。

现代企业管理中,已有成熟的做法可用来进行业务流程的再造。这一阶段可以采用分销需求计划(Distribution Requirement Planning,DRP)系统、制造资源计划(Manufacturing Resources Planning,MRPII)系统管理物料,运用准时化生产(Just In Time,JIT)等技术支持物料计划的执行。JIT在日本的成功应用已经证明,它可以使企业缩短市场反应时间,降低库存水平和减少浪费。而这一切管理成功的关键在于信息流动的畅通性。建立基于Internet/Intranet信息网络构架的电子商务系统,通过在不同部门、机构之间实施在线的实时沟通方式,可保证信息流动的畅通性。

2. 供应商和外部物流公司的整合

企业通过虚拟供应链系统设计模式借助电子商务系统平台,通过实施业务外包和建立供应链的战略合作伙伴关系,来达到对供应商和外部物流公司的整合。

在这一点上,美国许多传统的大企业真实地感受到了电子商务整合传统商务模式所带来的好处。通用电气(GE)公司就是一个例证,GE公司目前通过网络同许多的供应商和快递、运输公司建立了虚拟联盟。目前GE公司通过网络采购价值为每年150亿美元的办公设备,如办公家具、传真机、PC机、纸张等。GE全公司每年与供应商大约要发生400万笔交易。原来每一笔交易成本大约在50~100美元,那么全年的交易成本大约在2~4亿美元之间。但是现在,由于80%的这种交易都在网上完成,每笔交易费用只有5美元,这样GE公司每年仅办公用品的采购费用就从原来的2~4亿元降为现在的2000万~4000万美元。而且,这给GE公司带来的好处不仅体现为成本的降低,还有企业管理效率的大幅度提高。在国内,海尔的"一流三网"同步模式就运作得很好。海尔物流管理的"一流三网"充分体现了电子商务物流的特征:"一流"是以订单信息流为中心;"三网"分别是全球供应链资源网络、全球用户资源网络和计算机信息网络。"三网"同步运动,为订单信息流的增值提供支持,从而极大地提高了企业的营运效益。

此阶段,企业要特别注重战略伙伴关系的建立和管理,管理的焦点要从面向供应商转为面向产品,与供应商建立合理的利益分配机制,从而结成长期的友好关系,大大减少不信任成本的发生,这种"亲密"关系的培养无疑会带来一种"双赢"的局面。信息技术和电子商务技术的发展,正是加强这种"亲密"关系的催化剂。企业采用适当的信息技术实现内部信息系统和外部供应链系统的"无缝"对接,从而达到充分的信息共享和信息交互,达到相互操作的一致性。

3. 顾客关系的整合

企业借助虚拟供应链系统设计模式和电子商务系统平台,通过创造直销模式和加强客户关系管理而实现顾客关系的整合。

随着市场竞争的加剧,顾客需求变得多样化,企业必须同客户建立好关系。戴尔(Dell)公司的供应链管理模式在这方面给其他企业创造了一个典范。

在计算机行业,Dell公司通过建立起一条高速、有效的供应链而成为最成功的范例之一。通过向顾客销售个人电脑,提供按订单生产系统,为本公司产品提供完善的售后服务。Dell公司已经成为世界上最大的计算机生产厂商之一,它在2004财政年度的销售额超过

490 亿美元。以美国德克萨斯州 Round Roch 为生产基地的 Dell 公司，如今利用 Internet 向全球 140 多个国家中包括从大公司、政府机构、商业和教育机构到小公司和个人销售它的产品和服务。

Dell 同时由于它成功地将其直接面向最终用户的销售策略——直销模式推向 Internet 而广为人知。在不断完善供应链系统的过程中，Dell 公司敏锐地捕捉到了 Internet 对供应链和物流将带来的巨大变革，不失时机地建立了包括信息搜集、原材料采购、生产、客户支持及客户关系管理，以及市场营销等环节在内的网上电子商务平台。如今，Dell 公司的网址 www.dell.com 每周被顾客访问的次数超过 80 万次，Dell 公司因此而每天获得平均超过 400 万美元的收入，公司管理层称之为"通过网络得到的收入"。通过减少技术支持要求和业务流水线上的事务，Dell 公司网站提高了公司的其他销售环节的效率。另外，Dell 公司的管理者发现，在访问了 Dell 公司网站后，超过 40% 的顾客会通过打电话购买他们需要的计算机产品。

透过这些数字可以看出，很显然 Dell 公司的网站带来了巨大的商机，并且将会继续在其整个业务中占据越来越大的比重。Dell 公司成功的最大关键在于在供应链中通过 Internet 对顾客的需求快速反应，同时能根据个人电脑的新需求相应地调整发展策略。

客户关系管理是指通过提高产品性能增强顾客服务，提高顾客交付价值和顾客满意度，和客户建立长期、稳定、相互信任的密切关系，为企业吸引新客户、锁定老客户提供效益和竞争优势。现在运用信息技术使 CRM 的实现更加容易和便捷。通过建立在线的客户服务中心，利用 Web 和 E-mail 为客户提供更好的服务，客户可以实时准确地获取企业信息，而营销人员可以及时、快速、大量地收集客户信息并且及时传递给企业内部处理，同时也可以更好的保护和利用客户的信息。这种互动的沟通方式和渠道使"直销模式"成为可能，这样必然会给企业带来财富。因为它减少了成本，同时增加了宝贵的客户资源。实现上述功能，需要充分集成 CRM 和 ERP 等管理系统，利用信息技术整合全程供应链，实现供应链的各节点企业无缝连接，从而构成一个真正的以顾客为中心，快速响应的、透明的、动态的、虚拟的、协同的、全球网络化的完整电子商务供应链体系。

总之，电子商务使得企业间的供应链整合可以更有效的达成，使供应链上的各企业关注自己核心竞争力的培养，并与其他企业成为一个协调发展的有机体，达到全面提高企业竞争力的目的。同时，也应该看到，电子商务模式的引入对供应链产生了相当重要的影响，这就要求在建设电子商务环境下的供应链管理系统时，应找到适合的系统结构和模式，而不能沿用传统的供应链管理模式。电子商务与供应链管理的整合，带来了供应链的变革，使企业在满足个性化服务、改善信息管理、销售渠道和提高决策水平等方面改进企业经营，增强企业核心竞争能力。供应链管理的核心是建立在一个合作理念的基础上，跨越供应链多个节点成功协调企业经营计划，形成集成化供应链管理系统，通过高度信息共享和信息集成来提高企业的运作效率和增强其核心竞争力。

9.5.3　电子商务环境下的供应链系统结构

电子商务与供应链管理的结合，使得供应链的运作方式发生了改变。电子商务对供应链上的信息流、物流、资金流进行优化和整合，促进了企业之间的沟通，有利于新产品的开发，改进流程效率，维持低库存零退货。由于有电子商务的介入，供应链的体系结构相应也发生了变化。

图 9－12 给出了一种基于电子商务的供应链体系结构模型。该体系结构以结算中心、物流中心、虚拟供应链服务系统和 Internet 为支撑平台，通过信息流引导资金流和物流，良好地解决了整个供应链的资金流、信息流和物流问题。通过该支撑平台的支持，企业可以专注于自身竞争能力的提高，并在此平台上构建供应链的动态联盟。

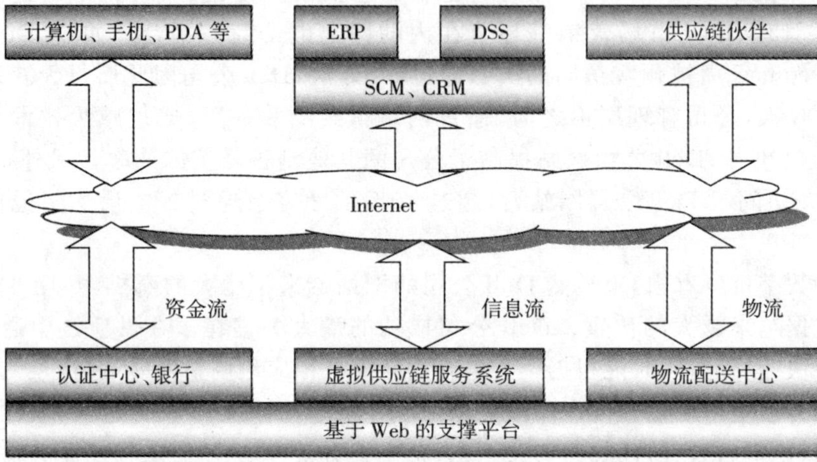

图 9－12　基于电子商务的供应链管理系统结构模型

该体系结构具有如下三个方面的优势：

(1)基于 Web 的供应链支撑平台

电子商务时代的供应链要求有快速的信息传递、资金流转和物流的配送，基于 Web 的供应链支撑平台良好的解决了供应链中的信息流问题，并通过信息流引导资金流和物流，使供应链中的资金快速到位，物流配送的效率也大大提高。

通过中立的支撑平台的支持，供应链中的各个企业可以专注于自己的核心业务，有效利用自身资源提高竞争力，构建竞争优势。同时也极大地加强了各企业之间的交流，保证了关键信息的共享并减少了企业通讯成本。

(2)虚拟供应链的服务系统

虚拟供应链的服务系统由专门的中立的信息服务中心提供技术支持和服务，这样既有利于提高服务质量和效率，降低供应链运作成本，又使供应链合作伙伴感到平等和安全。同时虚拟供应链的服务系统为整个供应链支撑平台的正常运作提供了基础，并通过统一处理供应链中的信息，增加了供应链伙伴之间获得信息的及时性和可见度。

(3)整合了供应链与客户关系管理系统

要密切关注顾客的需求和重视顾客服务，在供应链管理中以顾客需求为导向。因此，有必要将 CRM 与供应链上下游的运作结合起来。通过 CRM 对顾客进行分析，并根据分析结果来指导企业建立自身的目标战略，以及进行动态供应链的构建，同时通过将分析结果在整个供应链中共享，促进供应链伙伴以顾客为中心，为顾客提供令其满意的服务，从而提高顾客的满意度。

思考题

1. 简述现代物流的概念。它的内涵是什么？
2. 什么是物流系统？它包含哪些基本要素？
3. 电子商务物流配送有哪些实现模式？它们之间有哪些差别？
4. 什么是快速响应(QR)、有效客户响应(ECR)？它们之间有哪些区别与共性？
5. 什么是条形码？
6. RFID 相对于条形码技术具有哪些优势？
7. GPS 和 GIS 系统在物流中各有哪些应用？
8. 社会物流信息平台的基本构成有哪些？
9. 什么是公共物流信息平台，其主要功能包括哪些？
10. 简述企业物流信息系统的层次结构。
11. 什么是供应链？它具有怎样的结构？
12. 电子商务与供应链管理有什么关系？
13. 基于电子商务的供应链管理有哪些内容？
14. 简述电子商务环境下的供应链系统结构。

第 10 章　电子商务系统集成

通过前面几章内容的学习，我们已经知道电子商务系统不是简单的装有操作系统和一些应用软件的一台计算机，它是在 Intranet、Extranet、Internet 三网上运行的信息系统。多年来的信息化建设，使很多企业建立了内部局域网，并接入互联网建立了企业网站，也分散开发和引进了一些应用系统，如财务、人力资源、库存、销售等等。但是，如何实现内部系统集成达到信息共享？如何在企业与外部客户、供应商之间建立畅通的信息渠道，开展电子商务活动？这是电子商务系统集成的重要任务。

本章重点介绍了网络集成、服务器集成和协议集成的主要技术。在此基础上描述了电子商务系统中典型应用系统，如 ERP、SCM、CRM 等系统的集成。最后介绍了目前市场上几个典型的电子商务解决方案。

10.1　系统集成概述

随着 IT 技术的发展以及政府和企业信息化的深入开展，基于网络的软硬件产品应用已经成为当前用户关注的焦点，不论应用的范围大小，每一项应用都少不了系统集成。那么，系统集成的含义究竟是什么？当前电子商务用户究竟需要什么样的系统集成？

系统集成应该首先从系统说起。系统就是为某一特定目标、具有特定功能的、相互之间具有联系的多元素有机整体。集成是为了实现系统功能而进行的再创造过程，其任务是完成多元素间的有机连接。但是，系统集成不是简单部件的组合。例如，计算机系统就是由几十个甚至上百个部件组合起来的，而这不能称为系统集成。所谓系统集成，是针对某个应用目标而提出的全面解决方案的实施过程，它与具体的应用密切相关。一般说来，系统集成可以理解为：根据用户需求，优选各种技术和产品，将各个分离子系统连接成为一个完整、可靠、经济、有效的整体，并使之能协调工作，发挥整体效益，达到整体优化的目的。

10.1.1　系统集成的产生和发展

系统集成是信息时代的产物，集成技术是随着计算机技术及其深层次应用而逐步成熟的，我们将其大约分为三个发展阶段。

20 世纪 80 年代是第一代系统集成商的发展时期。在这之前，系统集成业务主要由硬件厂商来承担，所做的工作也仅仅是在一些大型机厂商的软、硬件和数据库产品上，根据用户需求开发一些电算化功能，然后将整个系统移交给用户使用即算大功告成。可以看出，这一阶段的系统集成商还不能算作真正意义上的系统集成商。到了 80 年代初，随着信息技术的广泛普及，用户的需求转移到了如何将现有不同计算机环境组合在一起，形成统一、完整而有效的应用系统。虽然这一阶段的系统集成商已经具备了大量的计算机知识，但它们所扮演的角色往往只是利用自己对信息技术的认识和理解，将各种产品拼装在一起，满足客户的需求。实际上，这时的系统集成大多还停留在"搬箱子"时代。

20世纪90年代是第二代系统集成商的发展时期。网络的兴起使信息产业得到了飞速发展，系统集成服务的内容也发生了根本性的改变。系统集成商逐渐认识到，随着信息技术的普及，计算机技术和产品本身在高质量集成方案中并不是唯一决定因素，而管理理念、经营模式和业务流程都会对一个系统集成是否成功产生重大影响。

第二代系统集成商以提供基于企业业务流程的服务为重要内容。在面向企业的应用中，企业经营管理的改进被提到了第一位，而单元技术则退居第二位。与传统系统集成商相比，第二代系统集成商是"以业务为主导，以开发为中心"，不再局限于仅仅做硬件产品的"代销"，更加注重客户业务，它提供的系统增值服务占据了集成工作的很大一部分。从业务模式来看，第二代系统集成商的主要业务也随着服务方式的改变而发生转变。

(1)系统集成商在做一个系统集成项目之前，会用80%的时间为客户提供改善业务流程的建议，而且这一支持和咨询服务会长期持续下去。

(2)以最低的成本满足客户的要求。传统的系统集成由于主要依赖硬件产品来进行集成，自身创造的价值很小。第二代系统集成商往往从成本控制角度出发，依靠软件的开发，为客户提供更多的咨询服务，在最大限度降低用户的总成本的同时，为自己谋求更高的利润。

(3)面对的系统趋于大型化。例如，企业的电子商务解决方案和政府的电子政务解决方案。这类工程并不是几种软件拼在一起就能解决问题的，而是以业务流程再造为基础，完成一套包括企业网络和作业在内的系统集成。

上世纪末本世纪初是第三代系统集成商的发展阶段。系统集成进一步向深度和广度发展：一是深入挖掘企业内部资源，拓展系统集成的深度，为用户提供从需求评估到信息产品设计、制定解决方案、全面管理生产直至建立决策支持系统的集成服务；二是依托Internet进军电子商务领域，将客户服务、供应商、销售商的整条价值链功能集成到系统中。目前，系统集成改变了过去架构简单、功能单一的特点，转向了多业务的基于Internet架构的集成方式。这就要求系统集成商具有专业化的技术和服务，始终走在网络技术的最前沿，走在用户的前面。

10.1.2 系统集成的内容和特点

1. 计算机应用系统的集成的内容

关于计算机应用系统的集成的内容有许多不同的看法和描述，我们从宏观的视角将其归纳为以下四个方面：

(1) 系统运行环境的集成

主要是指将不同的硬设备(PC机、服务器、各种I/O与存储设备等)、操作系统、网络操作系统、数据库管理系统、开发工具以及其他系统支撑软件集成在一起，形成一个统一的高效协调的运行平台，用户可共享系统软硬件资源。

(2)信息的集成

从信息资源管理出发，进行全企业的数据总体规划和分布分析、应用分析，统一规划设计数据库系统，使客户信息、生产信息、销售信息、合作伙伴信息、政府相关信息形成一个完备的知识链，达到信息资源的高度共享。

(3)应用功能的集成

对于电子商务而言,可以将客户关系管理(CRM)、企业资源计划(ERP)、供应链管理(SCM)、电子支付、决策支持系统(DSS)等系统集成在一起;对工程制造领域而言,可以将计算机辅助设计(CAD)、计算机辅助工艺设计(CAPP)、计算机辅助工程(CAE)、计算机辅助制造(CAM)、产品数据管理(PDM)等应用系统融为一体,建成计算机集成制造系统(CIMS)。

(4)技术的集成

面向行业应用的计算机集成系统是多种先进技术的综合运用。以系统工程理论和某种系统开发方法(生命周期法、信息工程方法、面向对象方法、活性分析建模方法以及原型法等等)作为指导,将网络通信技术、数据库技术、多媒体技术、可视化技术、并行工程、人工智能技术和先进的管理思想等集中体现在一套应用系统中。

2. 网络集成的内容

从计算机应用系统集成的内容来看,系统环境的集成是应用系统集成的基础,尤其是目前网络技术、数据库技术的发展和需求,网络和数据库已在应用系统中显示出它们的重要地位。"以网络为支撑、以数据库为核心"是应用系统集成的必要条件,更是电子商务系统性能的集中体现。因此,对于电子商务系统的集成,网络集成是基础。一个电子商务企业既要建立企业内部网、又要建立企业外部网,并且要接入 Internet。网络集成系统的一般组成如图 10-1 所示。

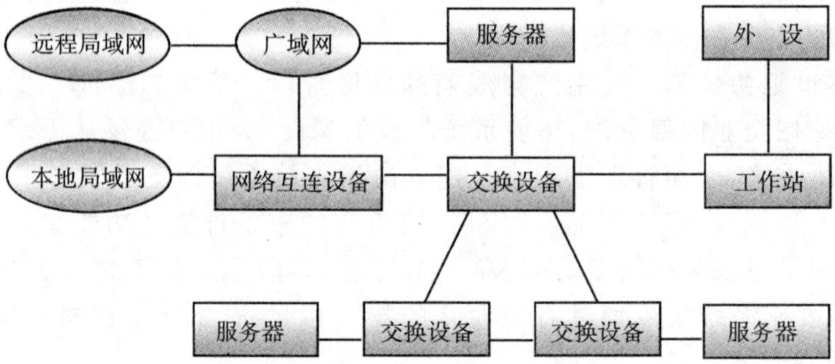

图 10-1 网络集成系统的一般组成

从图 10-1 可看出,网络集成包括局域网的集成、广域网的集成。随着信息化技术的发展和对信息交换速度的需求,目前高速网络的集成显得非常重要。高速网不是一种新型网,而是一种新的技术在局域网、广域网中的应用和体现。因此,网络集成包含三部分技术:局域网集成技术、广域网集成技术和高速网集成技术。

3. 结构化布线

在网络系统集成时,结构化布线系统是整个计算机网络系统集成的最基础部分,它关系到日后网络的性能、投资收益、实际使用效果,以及日常维护工作。结构化布线系统是指在一个楼或楼群中的通信传输网络,能够连接所有的话音、数字设备,并将它们与交换系统连接,构成一个综合的、统一的开放式结构化布线系统,它是计算机网络信息的基础设施。

按照一般划分,结构化布线包括六个子系统:工作区子系统、水平布线子系统、管理子系统、垂直主干子系统、设备子系统和建筑群主干子系统。

(1)工作区子系统

工作区布线子系统是由RJ-45插座和连接设备(终端或工作站)到信息插座的连线(或软线)组成,包括装配软线、连接器和连接所需的扩展软线。工作区子系统所使用的连接器必须具备有国际ISDN标准的8位接口,这种接口能接受楼宇自动化系统所有低压信号以及高速数据网络信息和数码声频信号。

(2)水平布线子系统

水平布线子系统连接管理子系统至工作区,从RJ-45插座开始到管理系统的配线架,结构一般为星形。它与主干线子系统的区别在于:水平布线子系统总是在一个楼层上,并与信息插座连接。在结构化布线系统中,水平子系统由4对UTP(非屏蔽双绞线)组成,能支持大多数现代通信设备。如果需要某些宽带应用时,可以采用光纤。

(3)管理区子系统

管理子系统由交连、互连以及I/O组成。它是连接干线子系统和水平子系统的设备,主要有配线架和HUB(网络集线器)。交连和互连允许将通信线路定位或重定位在建筑物的不同部分,以便能更容易地管理通信线路。I/O位于用户工作区和办公室,使在移动终端设备时能方便地进行插拔,此部分放置电信布线系统设备。

(4)垂直主干子系统

垂直干线子系统提供建筑物的干线电缆,负责连接管理子系统到设备间子系统,一般选用光纤或大对数的非屏蔽双绞线。换言之,垂直干线子系统实现的是计算机设备、程控交换机(PBX)、控制中心与各管理子系统间的连接。

(5)设备子系统

设备间子系统由设备中间的电缆、连接器和有关的支撑硬件组成。它的作用是把公共系统设备连起来。该子系统将中继线交叉连接处和布线交叉连接处与公共系统设备,如PBX连接起来。该子系统还包括设备间和邻近单元入口区的导线。它是系统最主要的管理区域,所有楼层的资料都由电缆或光纤电缆传送至此。通常,此系统安装在计算机系统、网络系统和程控机系统的主机房内。

(6)建筑群主干子系统

建筑群子系统提供外部建筑物与大楼内布线的连接点。该系统将一个建筑物中电缆延伸到建筑群的另外一些建筑物中的通信设备和装置上。建筑群子系统是结构化布线系统的一部分,它支持楼群之间通信所需的硬件,其中包括电缆、光纤以及防止电缆上的脉冲电压进入建筑物的电气保护装置。

针对不同的用户需求,结构化布线系统的实施将会依照以上六个子系统展开,并遵循实用性、灵活性、模块化、扩充性、经济性的共同设计目标。

4. 计算机应用系统集成的特点

(1)真正实现异构互连,软硬件统一协调高效运行,为用户提供统一的应用界面,系统对用户是透明的。

(2)从全局着眼,进行信息资源规划,统一设计数据库,数据冗余得到有效控制,数据库独立于应用又服务于应用,可有效地进行控制和维护,且达到信息高度共享。

(3)决策层、管理层、作业层之间密切结合,对生产设计过程能实施有效控制和管理,信息交换畅通,可共享应用软件和其他系统资源。

(4)用户在系统的任何一个可开放的工作站上,都可以根据系统授权,完成本职工作,可请求并得到应有的系统服务。

(5)系统具有可靠的安全和监督措施,对于非法用户或非法操作能及时识别、实时处理;对于合法用户的请求能及时响应,并能自动生成各层次人员所需要的综合信息。

10.1.3 系统集成应遵守的原则

在进行系统集成设计时要考虑总体规则,所设计的系统必须满足目标要求,遵循系统整体性、先进性和可扩充性原则,建立经济合理、资源优化的系统集成方案。

1. 系统的先进性和成熟性

总体设计上确保设计思想先进、网络结构先进、网络硬件设备先进、开发工具先进。采用开放式体系结构,合理利用当代先进的计算机网络技术。例如,双机热备份技术、共享阵列盘技术、容错技术、RAID技术、多媒体技术,以及网络交换技术、智能网管技术等,实现对计算机网络系统的有效管理与监控。另外,系统的先进性还应该体现在应用软件的现代化管理理念上。

2. 系统的可靠性和稳定性

准确、不间断地传输、处理、存储数据对日常管理十分重要,必须采取有效措施保证系统具有高可靠性和稳定性。可以使用具有容错功能的服务器及网络设备。根据系统要求,选择双服务器或双网的方案,保证出现故障时系统及时切换。系统应当具备数据备份、安全日志功能,并制定出应急预案。

3. 系统的可管理性

无论系统的规模多大,设备的物理位置在何处,管理员都能对系统的整体运行状态,包括设备状态、网络流量进行监控和调整,利用智能设备和网管软件实现对网络资源的有效管理和控制。

4. 系统的扩展性和可用性

一般来说,系统运行的初期规模相对较小,随着应用的深入,用户会在系统的性能、功能等方面提出更高的要求,所以在做整体规划设计时就应该考虑到这一点,使系统可以根据需要随时增加硬件设备和软件模块。例如,采用符合国际标准的网络设备和网管协议,对系统软硬件采取参数化配置的管理方法,各子系统采用模块化设计思想,可以灵活配置、增减。

5. 系统的开放性

采用的标准、技术、结构、系统组件、用户接口等必须遵从开放性和标准化的要求。

6. 系统的安全性

电子商务系统对内采用Intranet,对外接入Internet,而资源的共享和开放是其重要特点,这将容易导致应用系统存在安全隐患。因此,设计与开发保证内部各种信息的安全机制是实现系统可靠运行的一个重要保证。我们可以在软、硬件两个层面上实现安全控制。如在防火墙上设置不同级别的安全策略,对应用层一级的服务器进行保护,除防火墙的应用外,采用一些实时监控软件、系统扫描系统,防止黑客的入侵。

7. 系统的灵活性

系统的灵活性主要表现在软件配置与负载平衡等方面。利用先进的虚拟网技术,整个应用系统可以通过软件快速简便地将用户或用户组从一个网络加入到另一个网络,可以跨越办公室、办公楼，而无需任何硬件的改变，能够方便地应付组织机构的变化。同时，也可以通过用户或用户组的改变来平衡系统的流量，提高系统的性能。

8. 良好的性能价格比

在满足系统需求的前提下，应尽可能选用价格便宜的软硬件资源，节省投资，即选用性能价格比优的资源和设备，以适当的成本来完成计算机应用系统的建设。

10.1.4 系统集成与电子商务的关系

电子商务系统是建立在集成环境之上的，本身就是一个集成的计算机应用系统。系统集成是实现电子商务系统不可缺少的技术手段。企业电子商务系统集成大致分为应用功能和软硬件平台的集成，即系统可以包容多种网络、多种操作系统，并完成从销售到生产的整个商务环节所有的功能。

电子商务系统集成与一般意义的计算机系统集成在很多方面是类似的。例如，构建计算机网络基础设施，将各种服务器、终端设备、交换设备集成到一个基于 Intranet 的局域网中，并通过路由设备、交换网络接入 Internct；建立 Web 应用编程环境，利用 Java Servlet，JSP，EnterpriseJavaServives 和 EnterpriseJavaBean 组件模型，形成一个跨平台的软件运行环境。电子商务系统集成的独特之处在于应用层，在这一层上集成了许多与商务过程有关的应用服务器，例如，电子邮件服务器、传真服务器、商品目录服务、安全认证服务、电子支付服务等等。

电子商务系统集成的另一个重要问题是多子系统的协同工作。这与上述按照网络层次结构的集成有所不同。系统要将完成不同功能的子系统集成在一起，例如，ERP、CRM、SCM、电子支付、物流配送。这些子系统本身就是一种基于层次结构的集成，而它们之间是通过数据流和应用逻辑连接成了一个完整的电子商务系统。

10.2 网络集成

电子商务的发展从某种意义上可以说取决于网络基础设施的发展，高效、快捷、安全的电子商务交易过程需要强大的网络基础设施支持。“要想富，先修路”这句话道出了基础设施建设对于经济发展所起的重要作用。企业构建电子商务系统也是一样的道理，首先要建好系统运行的“路”，这个“路”就是网络平台。电子商务若想在国际互联网这一虚拟的高速公路上驰骋，同样也离不开网络基础设施建设这一基础平台的构筑。

1. 构建电子商务网络平台的技术要求

(1)容纳多种网络技术

一个完整的电子商务系统应能实现企业中和企业间不同应用的集成(Enterprise Application Integration，EAI)，以实行同构或异构网络的互联，达到同构或异构信息资源的融合。如果企业引入 ERP 系统，通过它可以将企业内部各个部门，包括生产、财务、物料管理、品质管理、销售与分销、人力资源管理等信息利用科技整合，通过数据交换平台形成整体信息资源，在电子商务中真正发挥作用。为此构建能容纳多种网络技术的网络通信平台非常必要。

(2)多元化服务的一体网络

随着市场竞争的日趋激烈，企业的需求趋向于多元化。因此，对于系统集成商来说，要能提供多元化服务。目前市场竞争已由价格、质量的竞争转化为服务的竞争。如何满足客户的需求、更好地与客户联系沟通，如何有效地管理并充分利用现有的客户资源，是系统集成商要考虑的一个很重要的问题。所以，许多大企业在电子商务系统中引入客户关系管理系统，以便能通过呼叫中心收集、追踪和分析与客户相关的各种资料和信息，及时了解新老客户的需求。另外，企业对多媒体数据传输的需求越来越广泛，这要求系统建立一个能够提供文本、音频、视频服务的数据交换平台，利用 QoS 和超级容错交换技术，使系统成为一个多元化服务的一体网络。

(3)支持多种协议

在实现电子商务数据报文传送、管理以及报文转换和应用集成的过程中，企业面对的是处理各种需求的报文，这些报文具有不同的格式和标准。另外，还要面对多种计算环境、结构、体系以及各种不同的网络通信协议的差异。这些就要求电子商务网络平台能够支持在 TCP/IP 基础上运行的多种常用协议，如 HTTP、FTP、SMTP、POP3、ASYNC 等。

(4)多层次交换能力

目前多数电子商务系统是基于 Client/Server 或 Browser/Server 模式，每一次的客户机与服务器的对话都在客户机和服务器之间产生一串数据包。这些数据包构成的数据流需分别在第 2、3、4 层进行识别。传统的通讯网络平台只能在第 2 层实现交换。具有第 3 层交换功能的通信网络平台，其交换机在专用集成芯片中集成交换和路由功能，使数据流通过信源和信宿网路地址即能被识别。因此，可用硬件来实现数据交换。随着交换机硬件技术的发展，已经实现了在第 4 层识别数据流、兼顾数据包的转发和数据流的控制功能，即所谓的第 4 层交换。具有多层交换能力的通信网络平台，使网络资源与企业电子商务应用相结合，大大提高了电子商务系统的性能。

(5)高度的可靠性和安全性

随着电子商务系统运作的深入，企业的命运则与电子商务系统的正常运作的联系越来越紧密。任何使系统停止运行或出错的故障都会给企业带来不可估量的经济损失，而通信网络平台所引发的故障则会影响到所有的应用系统。因此，要求通信网络平台一定要具有高可靠性和安全性。应用双机备份或多机负载技术，在出现故障时能够迅速恢复并有适当的应急措施，保证系统安全可靠的运行。

(6)灵活性、简单性、可扩展性

为了保护企业的投资、减少投资风险，要能够保证电子商务系统的性能与时俱进。所以，电子商务系统应能灵活地进行升级和扩充，并且在升级和扩充中能保护原有的投资。组建的系统要简单，这是指通信平台组建简单，实现标准化、模块化、系列化、可堆叠，并且使用简单、升级简单、扩充简单、维护简单。

2. 网络分类

一般按计算机联网后所覆盖地域范围的大小分为局域网(Local Area Network，LAN)和广域网(Wide Area Network，WAN)。通俗地说，局域网就是在较小的地理范围(0.1～25km)内，利用通信线路将许多数据设备连接起来，进行数据传输和实现资源共享的系统，一般是专为一个公司、一家工厂、一所学校或一个行政部门提供服务；实现远距离计算机之间的数据传输和信息共享的计算机网络称为广域网或远程网；随着 Internet 的发展，人们对网速和服务种类提出了更高的要求，出现了高速网的概念，它能够提供至少 100Mbps 或以上数据传输的速率。除了提供大的带宽外，还能提供异步服务、同步服务或定时服务，甚至有能力提供多种服务类型。

10.2.1 局域网的集成

1. 局域网的主要特点

目前局域网开发一般遵循 ISO(国际标准化组织)的 OSI(开放式系统互联)七层协议参考模型,并且 IEEE802 委员会对局域网的最低两层协议(物理层和数据链路层)正式提交了五个标准文件,即 IEEE802.1~IEEE802.5。

局域网具有如下主要特征:

(1)网络覆盖的地理范围有限,通常是 1km~10km,位于一个建筑物或一个单位内;

(2)数据传输率高,4Mbps~2Gbps;

(3)数据传输可靠、误码率低,位错率一般为 10^{-8}~10^{-12};

(4)支持传输介质种类多;

(5)通信处理一般由网卡完成;

(6)有规则的拓扑结构。

2. 局域网的常见类型

目前常见的局域网类型包括:以太网(Ethernet)、光纤分布式数据接口(FDDI)、异步传输模式(ATM)、令牌环网(Token Ring)、交换网 Switching 等,它们在拓扑结构、传输介质、传输速率、数据格式等多方面都有许多不同。以下对 Ethernet、FDDI、ATM 进行简单地介绍。

(1)以太网 Ethernet

早期局域网技术的关键是解决连接在同一总线上的多个网络节点如何有秩序地共享一个信道的问题。以太网络是利用载波监听多路访问/碰撞检测(CSMA/CD)技术提高了局域网共享信道的传输利用率。随着电子邮件数量的不断增加,以及网络数据库管理系统和多媒体应用的不断普及,迫切需要高速高带宽的网络技术。交换式快速以太网技术便应运而生,它基于现有的 IEEE802.3 标准,采用总线型或星形拓扑结构,支持细缆、UTP、光纤介质,是一种简单、经济、安全的选择。然而,以太网络在发展早期所提出的共享带宽、信道争用机制极大地限制了网络后来的发展,即使是近几年发展起来的链路层交换技术和提高收发时钟频率也不能从根本上解决这一问题,具体表现在:

① 以太网提供是一种所谓“无连接”的网络服务,网络本身对所传输的信息包无法进行诸如交付时间、包间延迟、占用带宽等等关于服务质量的控制。因此,没有服务质量保证。

② 对信道的共享及争用机制导致信道的实际利用带宽远低于物理提供的带宽,因此,带宽利用率低。

除以上两点以外,以太网传输机制所固有的对网络半径、冗余拓扑和负载平衡能力的限制以及网络的附加服务能力薄弱等,也都是以太网络的不足之处。但以太网以成熟的技术、广泛的用户基础和较高的性能价格比,仍是传统数据传输网络应用中较为优秀的解决方案。

(2)FDDI 网络

FDDI 是目前技术上最成熟可靠的一种高速网络技术,FDDI 网络技术所依据的标准是 ANSIX3T9.5,采用令牌访问技术,支持优先级访问,可以提供标准的 100Mbps 网络速率。该网络支持多种拓扑结构,传输介质为光纤,具有以下一些优点:

① 较长的传输距离,相邻站间的最大长度可达 2km,最大站间距离为 200km。

② 具有较大的带宽，FDDI 的设计带宽为 100Mbps。

③ 具有对电磁和射频干扰抑制能力，在传输过程中不受电磁和射频噪声的影响，也不影响其设备。

④ 光纤可防止传输过程中被分接偷听，也杜绝了辐射波的窃听，因而是最安全的传输介质。

FDDI 既可用于城域网，也可用于局域网。它采用令牌传递的方式解决共享信道冲突问题，与共享式以太网的 CSMA/CD 的效率相比在理论上要稍高一点。但仍然比不上交换式以太网。采用双环结构的 FDDI 还具有链路连接的冗余能力，因此，非常适合做多个局域网络的主干。然而，FDDI 与以太网一样，其本质仍是介质共享、无连接的网络，这就意味着它仍然不能提供服务质量保证和更高的带宽利用率。在少量站点通讯的网络环境中，它可达到比共享以太网稍高的通讯效率。但随着站点的增多，效率会急剧下降，这时候无论从性能和价格都无法与交换式以太网、ATM 网相比。另外，FDDI 的建设成本高，组网技术没有很好地发展，极大地影响了这一技术的推广应用。

(3)ATM 网络

ATM 不同于 FDDI、以太网等其他网络技术，它可以兼顾各种数据类型，采用基于信元的异步传输模式和虚电路结构，从根本上解决了多媒体的实时性及带宽问题。ATM 实现了面向虚链路的点到点传输，通常提供 155Mbps 的带宽，是一种技术先进、传输效果好的网络互联手段。ATM 网络具有如下一些特点：

① 实现网络传输有连接服务和服务质量保证(QoS)；

② 交换吞吐量大、带宽利用率高；

③ 具有灵活的组网拓扑结构和负载平衡能力，伸缩性、可靠性极高；

④ 可同时适用于局域网和广域网。

3. 常用的传输介质

目前在局域网中常用的传输介质有双绞线、同轴电缆和光纤。双绞线分为非屏蔽双绞线(UTP)和屏蔽双绞线(STP)。局域网中 UTP 分为 3 类、4 类、5 类和超 5 类 4 种。每段传输距离为 100m，使用 RJ－45 接口；同轴电缆分为粗缆和细缆。前者每段的传输距离达到 500m，使用 AUI 接口。后者每段的传输距离达到 185m，使用 BNC 接口，两端需要 50Ω 匹配电阻；光纤分为单模光纤和多模光纤。前者由激光作光源，仅有一条光通路，传输距离达 2km 以上。后者由二极管发光，低速短距离，传输距离在 2km 以内。

4. 局域网的集成

(1)局域网集成应遵循的原则

局域网是所有信息网络应用的基础设施，其设计是否合理对网络的应用和发展非常重要。网络总体设计不仅要考虑到近期目标，也要为网络的进一步发展留有扩展的余地，因此需要统一规划和设计。建设一个性能优越的网络系统，应尽可能采用先进而成熟的技术。在局域网的集成过程中应遵循以下几条原则：

① 实用性原则：网络系统采用成熟易用的技术和设备，达到实用、经济和有效的结合。

② 开放性原则：网络系统采用开放的标准和技术。

③ 可靠性原则：构成网络系统的硬件具有高平均无故障时间和低平均故障率，软件具有一定的容错能力。

④ 安全性原则:对网络设备、操作系统、数据和管理采取全方位的、适当的安全措施。

⑤ 先进性原则:网络系统采用先进的技术、设备和体系结构,符合未来发展潮流。

⑥ 高效性原则:网络系统具有很高的资源利用率。

⑦ 可扩展性原则:网络系统应在规模和性能两方面具有良好的可扩展性。

⑧ 高性价比原则:网络系统具有较高的性能价格比,技术优先,兼顾价格。

(2)局域网集成的网络结构

根据网络系统的建设目标,结合网络技术的发展现状,一般采用 100M 快速以太网为主干网、10M 交换到桌面的星形网络结构。

与其他网络技术相比,以太网具有价格低、可靠性高、扩展性好、易于管理等优点。100M 快速以太网几乎完全集成 10M 以太网技术,使用与 10M 以太网相同的 CSMA/CD 协议,且帧格式及帧大小也与 10M 以太网一致。它也支持与当前的高带宽需求应用程序相协调的特性,而且与日益增强的服务器和 PC 机功能相匹配。

① 骨干连接。承担整个计算机网络的数据交换工作。因此,它必须具备优良性能和高度的安全性、可靠性,采用高性能骨干交换机。它具备 100M 端口连接速率,用于高速连接各功能服务器等。

② 二级连接。承担各办公楼、各楼层或办公室内的数据交换工作,并通过主干交换机与其他二级交换机进行数据交换,采用有光纤上联端口 100Mbps 的以太网交换机,通过光纤连接主干交换机,100Mbps 交换到桌面。

(3)局域网集成的设备选型

交换机是重要的局域网互联设备,工作在 ISO/OSI 参考模型的第二层,即数据链路层,局域网交换机的交换功能和 MAC 地址表的识别处理全部由其内部处理器来完成。目前市场上各网络厂家的交换机产品所采用的处理器有 ASIC 和 RISC 两种。基于 ASIC 芯片的交换机与基于现行 RISC 芯片的交换机相比,出现帧的丢失的情况较少,网络延迟更短,且更为稳定。

交换机对数据包的处理方式可以分为两种:直通式和存储转发式。直通式交换机只在将数据包发送到网络前读取目的地址,延迟很短;存储转发式交换机需要对输入的数据包进行检验,延迟较长,但可以滤除有错的数据包。目前市场上优秀的交换机产品可以同时支持两种数据包处理方式,并可自动切换。如果网络上传输的数据包错误极少则采用直通式,否则采用存储转发式。局域网交换机的选择应遵循以下原则:

① 支持纯链路交换和生成树(Spanning Tree)算法,具备高速的背板交换总线、巨大的数据包吞吐量和稳定的结构;

② 支持多种标准局域网协议;

③ 支持标准的网络管理;

④ 支持直通式和存储转发式两种数据包处理方式;

⑤ 具有较低的帧丢失串和较小的网络延迟;

⑥ 在桥接表中可维持大量活动的 MAC 地址;

⑦ 支持虚拟网络;

⑧ 支持模块功能,具有足够多的 Uplink 插槽。

当然,局域网的主要设备还包括各种服务器、工作站,选型考虑的因素有主机的运行速度、硬盘存储容量、内存空间大小。如果加上系统的可靠性因素，我们可以在服务器双硬盘、双服务器和双网络之间进行选择。

10.2.2 广域网的集成

广域网是通过若干节点交换机和连接这些节点的物理链路将分布在异地的多个局域网或主机连接起来，形成一个范围更广的远程网络。广域网和局域网的主要区别在于网络的规模更大，网络结构更复杂，网络协议更多样化。

1. 广域网的网络结构

广域网的网络结构如图 10-2 所示。广域网由节点交换机以及连接这些交换机的链路组成。相距较远的局域网通过路由器与广域网相连，局域网通过广域网实现与另一个距离较远的局域网进行通信。

2. 广域网的设计原则

同局域网相比，广域网的建设有其自身的特殊性，但二者之间又有许多共同之处。因此，局域网的设计原则也基本适用于广域网，在设计时同样必须首先考虑到网络的开放性、标准化、灵活性、可靠性和高效性。

(1)适当的冗余路由

广域网覆盖的范围较大，远程线路通常需要租用公共数据通信网。由于距离较远，所以线路出现故障的几率较大，而且一旦出现故障，通常在短时间内无法有效地解决。这就要求考虑适当的冗余路由，以保证在某条线路出现故障时，系统能自动转向备份线路，维持数据的正常传输。

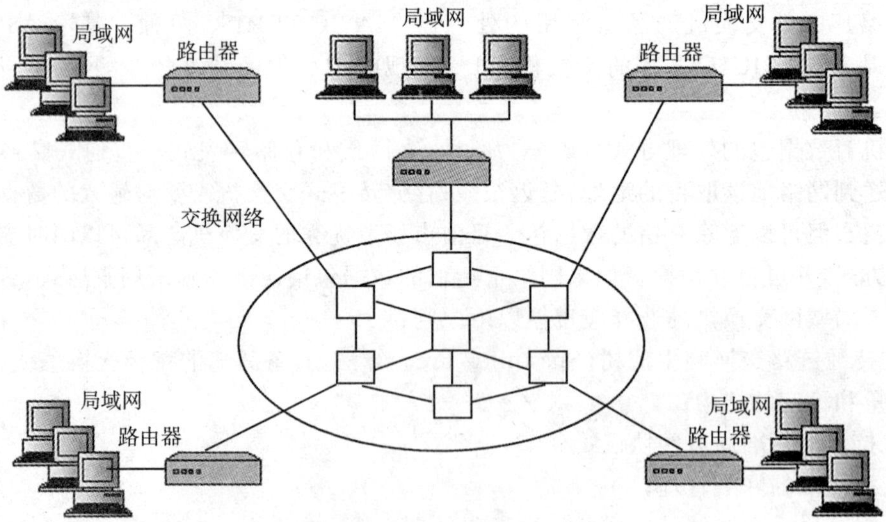

图 10-2　广域网的网络结构示意图

(2)计算通信成本

广域通讯一般会租用公共数据通信网，需要按照通讯时间或传输数据的字节数计费，所以要认真分析网络上数据传输的流向和流量，尽量减少不必要的数据传输。

3. 广域网集成面临的问题

(1)物理上如何将两种异构的网络互联起来；

(2)一种网络如何与另一种网络实现互访与通信，如何解决它们之间协议方面的差别，如处理速率与带宽的差别。

4. 广域网的集成方法

在广域网集成的过程中，主要的工作就是解决上述的两个问题。常用的方法是采用特殊的网间连接设备，包括中继器、网桥、交换机、路由器和网关等。根据实际情况，结合各个局域网不同的网络结构、网络设备、网络协议、网络速率来选择适当的广域网接入设备。

10.2.3 高速网络的集成

伴随着全球信息化高潮，国际网络界极其活跃，新技术、新概念、新问题令人目不暇接，人们对可视图文、声音等综合传输业务需求的增加，尤其是电子商务发展的需求，对网络传输速率、时延等方面的要求也随之增加，高速网络技术也应运而生。高速网络的典型代表是千兆位以太网，它采用 IEEE802.3 标准，在保持与以太网和快速以太网设备兼容的同时，提供1000Mbps 的数据传输。千兆位以太网为交换机到交换机和交换机到节点工作站的连接提供了新的全双工操作模式，可以用光纤、超五类双绞线和同轴电缆实现。千兆位以太网目前主要应用于网络主干上，弥补以太网和快速以太网在带宽上的不足。千兆位以太网的技术成熟、稳定，网络互联灵活，但是对于多媒体业务服务质量不如 ATM 网络。

在传统的企业网络中，以太网络占有绝大部分。根据千兆位以太网的技术特点，它将为企业提供完美无缺的高速网络途径，充分保护在现有网络基础设施上的投资。千兆位以太网将保留以太网帧格式和管理的对象规格，从而将使企业能够在升级至千兆位网络的同时，保留现有的线缆、操作系统、协议、桌面应用程序和网络管理战略与工具。真正保护了用户的前期投资。

1. 高速网络集成时应考虑的问题

高速网络集成时同样要遵守局域网、广域网的集成原则，由于高速网络技术本身就是一个高性能的组网技术，因此，重点要考虑以下几个方面的问题。

(1)网络系统的高性能要求

不管是局域网，还是广域网，其上的信息应用正以前所未有的速度发展，新的多媒体应用及新的数据应用对带宽提出了更高的要求。网络的负载流量主要是从边缘设备到核心的数据交换，通信瓶颈现象发生在核心交换设备上。因此，改善企业局域网的网络数据交换性能，往往是首先扩充核心交换机的交换性能，增加边缘设备到核心的数据通信带宽，以减轻整个网络的瓶颈，使得应用软件的性能和效率得到提高。

(2)网络系统的设备高可靠性要求和系统高可用性要求

网络的可靠性要求是保障企业应用环境正常运行的首要条件，网络要求高可靠性的同时，要求网络具有高可用性。

核心交换机所有关键部件配备冗余部件，可以在线更换(插拔)，故障的恢复时间在秒级间隔内完成。多级容错设计基于单个设备高可靠性的基础之上进一步提高系统的可用性。另外，要求网络的链路冗余，可结合物理层、链路层及第三层技术实现，以保证网络可以在任何时间、任何地点提供信息访问服务。

(3)网络系统的可扩展性要求

在高速网络集成时，首先是满足现有规模的网络用户需求，同时考虑到未来业务的发展和规模的扩大。采用分布式交换结构可以实现并行数据交换处理，减轻核心交换的压力，优化网络性能，是满足这一要求的最佳方案。因此，在设计大规模网络时普遍采用分布式交换机，以提供灵活的模块、端口扩充能力。

(4)网络系统的安全性要求

在系统安全性上，高速网络与其他网络有类似的要求，通过建立合理的安全机制，使应用环境中的信息资源得到有效的保护。对于服务器、核心网络交换设备，只有系统管理人员才有操作、控制的权力。客户端只有访问共享资源的权限，网络应该能够阻止任何的非法操作。利用防火墙系统控制信息的出入，将规模较大的网络划分为若干个虚拟子网，既可以有效地隔离子网内的广播风暴，又可较好地控制资源的访问权限，提高了网络的安全性。

(5)网络的可管理性要求

网络中的任何设备均可以通过网络管理平台进行控制，网络的设备状态，故障报警等都可以通过网管平台进行监控，通过网络管理平台简化管理工作，提高网络管理的效率。

在进行网络集成时，选择先进的网络管理软件是必不可少的。网络管理软件应用于网络的设备配置、网络拓扑结构表示、网络设备的状态显示、网络设备的故障报警、网络流量统计分析以及计费等。网管软件的应用可以提高网络管理的效率，减轻网络管理人员的负担。

2. 高速网络的发展趋势

自 20 世纪 90 年代以来，由于各种应用需求的刺激，高速网络技术的发展十分迅速。越来越多的网络应用要求提供高速可靠优质的网络技术和服务，如：大型数据库系统查询的实时响应、高带宽的网络应用等，要求在传输高密度视频信息时所要求的高速率、高实时性，传统网络很难满足这些服务要求。从未来的发展趋势看，高速网络技术将不断改进网络结构、传输技术及交换技术等，归纳起来有如下特征：

(1)网络带宽不断提高：传输速率要提高到 1000Mbps 数量级，使得在网络上能够更加准确、快速地传输数据、声音、图像等多媒体信息。

(2)网络兼容性增强：高速网络技术的协议和数据格式要能兼容和互相转化，使得各种网络的通信和升级更方便。

(3)信息共享性提高：未来高速网络技术要提供与其他类型网的良好接口，使得网络可以方便地与其他网络实现信息共享。

(4)网络传输距离极大提高：未来的高速网络技术应用，极大地提高了网络的传输距离，使高速网络技术同时应用于局域网和广域网，使网络应用的范围更广。

(5)网络成本不断降低：未来的高速网络应降低其成本，从而增大高速网络技术的应用范围和普及程度。可以对现有的网络技术进行“演进式”改进。

(6)网络服务质量更高：网络应用不仅要求网络有高带宽，能够完成信息的传输功能，而且要求网络系统提供更高的服务质量。

(7)智能化网络管理：运用性能更好的网关工具，对高速网络施行智能化管理，提高网络的运行质量。

目前，网络界又把目光投向下一代以太网——万兆位(10Gbps)以太网。它将使用户能以 10Gbps 的访问速度进入企业内部网，并能以更宽的主干通道访问 Internet。IEEE 已经成立了相关的研究小组确定万兆以太网标准的各项参数，这说明更加先进的高速网络技术正在走向我们。

10.3 服务器的集成

服务器指的是网络环境下为客户机提供某种服务的专用计算机。服务器安装有网络操作系统，如 Windows 2000 Server、Linux、Unix 等，以及各种服务器应用软件，如 Web 服务、电子邮件等。客户机一般安装桌面版的操作系统，如 Windows 9x、Windows 2000。在网络中，服务器承担着数据的存储、转发、发布等关键任务，是网络系统的核心设备。

10.3.1 电子商务系统中的服务器

1. 服务器的硬件特征

(1)机箱大

服务器的机箱一般要比普通 PC 机大得多，这是因为服务器需要安装、连接的设备多，同时还要有一些备用安装位，如磁带机、磁盘阵列、冗余电源、多 PCI 或 PCI－X 插卡等。所以，需要有较大的空间；另外，由于安装、连接的设备多，工作时发热量也非常大，必须有足够的空间来散热，以确保服务器能长时间稳定工作。

(2)磁盘、内存容量大

这一点也很容易理解，服务器要面对众多的用户，接受所有用户的请求，而且还必须安装、保存许多大容量的服务器专用系统、应用软件和数据库系统，并且对用户数据的增长有充分的估计。所以，服务器的硬盘容量要足够大。

内存在很大程度上决定了系统的运行速度，服务器网络越大、越复杂、数据流量越高，内存的需求就越多。因此，为了提高网络用户的访问速度，服务器内存容量要足够大。

(3)具有冗余部件

服务器一般配置电源、硬盘的备用部件，一旦现行的这部分设备出现故障，备用设备马上投入使用。冗余的硬盘要定期对正在工作的硬盘进行备份，只有这样才可以使冗余硬盘接替后立即以当前最新的网络系统配置提供服务。

(4)支持热插拔

目前主要支持热插拔技术的有硬盘、电源、风扇、PCI 适配卡(主要是指网卡)等。目前还有些较高档的服务器支持内存、CPU 的热插拔，凡是支持热插拔技术的服务器都可以在线(不关闭服务器电源)插上新的部件或者从服务器上拔下旧的部件，极大地方便了服务器的维护，确保服务器能够不间断运行，这一点是非常重要的。

2. 服务器的种类

按照不同的分类标准，服务器分为许多种。如按网络规模划分，服务器分为工作组级服务器、部门级服务器、企业级服务器；按照服务器的结构划分，服务器可以分为 CISC 架构的服务器和 RISC 架构的服务器；按照用途划分，服务器又可以分为通用型服务器和专用型服务器；按照服务器的外观划分，可以分为台式服务器和机架式服务器。

随着企业联入互联网，随着电子商务系统的发展，随着宽带应用、VOD、多媒体图像处理等网络应用的不断发展，需要服务器分工和协作的程度越来越高，这就要求服务器必须根据各自不同的分工从硬件、软件等方面采取个性化、定制化的设计，形成新的服务器产品分支，这些分支就是各种各样的功能服务器。功能服务器迎合了互联网越来越普及、用户需求越来越个性化的趋势，满足了各行各业不同的需要。功能服务器，又可以称为“应用服务器”、“专用服务器”，是专为某种特定用途而量身订制的。现有的功能服务器产品有文件服务器、E－mail 服务器、Web 服务器、磁盘服务器、打印服务器、应用程序服务器、FTP 服务器和数据库服务器、光盘镜像服务器、加速服务器、VPN 服务器、信息负载均衡服务器、信息安全服务器等。按照电子商务系统服务器三层体系结构划分，主要有以下三种服务器：

(1)Web 服务器

Web 服务器是 Web 计算环境下产生的新型中间件，为创建、部署、运行、集成和管理事务性 Web 应用提供一个跨平台的运行环境，为电子商务提供了灵活的解决方案。

(2)数据库服务器

数据库系统是电子商务中的核心部分，企业和客户都要频繁的访问数据库。因此，数据库信息的交换速度及其数据库的安全性、可靠性都非常重要。一般应该单独设立数据库服务器，以便保证数据库的安全性、可靠性，并且能够提高数据库的访问性能。

(3)应用服务器

应用服务器是企业实施电子商务的基础设施，用来构造 Internet/Intranet 应用和其他分布式构件应用，屏蔽分布环境中异构的操作系统和网络协议。

应用服务器可以帮助企业架构一个基于 Internet 的电子商务系统，而且拥有极高的稳定性、扩展性和安全性。应用服务器向企业级用户提供了设计、开发、部署、运行和管理一个电子商务应用系统的平台。采用应用服务器技术可大大缩短开发周期、减小风险、降低成本。它在技术上并没有任何标准和规范是为某个商业性公司所独占，全部都基于 Internet 上的开放标准，因而具有极强的生命力。电子商务应用服务器能够让网络应用的开发、部署、管理变得更加容易。

3. 服务器的性能特点

(1)高可靠性

由于许多重要的数据都保存在服务器上，许多网络服务都在服务器上运行，一旦服务器发生故障，将会造成网络服务、电子邮件的失效，而且有可能丢失大量的数据，造成难以估计的损失。因此，要求服务器具有高可靠性。

(2)故障恢复

服务器必须具备自动报警、自动数据备份、在线诊断和恢复系统的功能，以便出现故障时及时恢复系统。

(3)可扩展性

服务器通常备有较大的存储空间和冗余硬件，如磁盘阵列、PCI 和内存条插槽位等。

(4)可管理性

服务器能够灵活地配置系统参数，调整机器性能。另外，可以严格地管理操作人员，并提供完善的日志系统。

10.3.2 服务器的集成方法

服务器的集成首先要考虑系统的体系结构，然后再根据电子商务系统的特点和要求在负载和可靠性等方面进行设计规划。

1. 体系结构方案

在进行服务器集成之前，首先要确立整个电子商务系统应用的基本框架，以便为整个电子商务解决方案提供一个模型。目前，一些大的电子商务解决方案供应商先后推出了自己的电子商务系统体系结构，各有自己的特点。但它们的共同之处是采用三层或多层体系结构。因此，在集成服务器时应优先考虑采用三层或多层的电子商务系统体系结构。

一般来说，对于规模比较大的系统，我们可以采用服务器三层结构，其中 Web 服务器、应用服务器和数据库服务器分别对应了 Web 层、应用层和数据层。应用服务器具有独立的进程，负责业务逻辑处理和相关事务管理，并将其中的数据及其操作转给第三层，也就是数据处理层的数据库服务器。应用服务器处于 Web 与数据库服务器的中间，在电子商务系统中起着非常关键的作用。

随着 Internet 电子商务活动的日益增长，应用服务器已经成为电子商务应用中一种非常关键的中间件技术。如今，各大主要软件厂商纷纷将应用服务器作为其电子商务平台的基础，IBM 的 Websphere 便是典型例子，Oracle 的 Internet Application Server 也成为其平台产品的重要部分，Sybase 的 Enterprise Application Server 更是其门户产品的基础。应用服务器技术不仅具有 N 层架构方式和最新的 Java 标准，而且能够方便地与原有系统集成或对原有系统进行升迁。

2. 负载均衡设计

在开始建立一个电子商务系统时，一般都无法精确预计未来的系统规模，这就需要系统具有良好的扩展性。根据体系结构方案，采用服务器三层体系结构可以满足这种要求。系统扩展的方法有如下两种：

(1)Internet 上的可规模化：在与 Internet 连接的一侧部署多台 Web 服务器，而且有各自的 IP 地址，所有的外部请求都由一台域名服务器调度。系统经这样的扩展可以提高响应客户请求的速度。

(2)Intranet 上的可规模化：在 Intranet 上的中间层部署多台装有同样软件的应用服务器，这样可以提高系统处理事务逻辑的能力。

这种多层结构的规模化不需要进行应用的重新开发，所以操作起来非常方便。增加几台新的服务器，安装相应软件，进行恰当的配置即可，无需对应用进行任何修改。

常用的负载均衡算法有两种：简单顺序调度，即域名服务器将访问请求顺序交给 Web 服务器；智能负载调度，即 Web 服务器将自己的负载状况实时地反映给域名服务器，由域名服务器按需分配访问请求。

3. 高可靠性

我们所说的可靠性，一般是指错误容忍和错误恢复两个特性。错误容忍是指在发生一定的错误，包括硬件错误、软件错误和网络错误的情况下，系统对外仍然可以正常工作，即在几台同类服务器中的一台还在工作。错误容忍有两个等级：第一，发生错误时正在处理的请求将不能被正确处理，用户可以重发请求，通过另一个正常的服务器处理完成；第二，发生错误时故障服务器将未处理完的请求转给其他正常服务器继续处理，用户端没有任何感觉。当然，后一种错误容忍等级提供了较好的服务，但是以系统复杂度为代价的。各个应用可以根据自己的特点，选择某个错误容忍等级。在发现错误和容忍错误的前提下，更加完善的应用服务器还可以进行错误恢复。即错误发生后,如果经过自动或手工的处理,错误被排除了,那么这些应用服务器应当可以恢复工作,继续为用户提供服务。这方面的技术就与提供高可用性的技术相关。

4. 嵌入对象

为了提高服务器的开放性,在服务器集成中的嵌入对象一般可以放置在应用服务器上,也可以放置在应用服务器后端。放在应用服务器上,可以使对象访问成为本地的访问,不需要进行任何网络通信、性能较好,但是这些对象在各个应用服务器上会同时存在。嵌入对象放置在应用服务器上有两种实现途径,一种是全对称的,即各个应用服务器上都安装所有的对象;另一种是非对称的,有些对象只安装于某些服务器上,这样做还需要负载分配程序的配合。如果将嵌入对象放在应用服务器后端,实际上就又增加了一个层次,即嵌入对象层,使整个系统变成四层。这样做会增加网络通信,降低性能,但是对象的设计将比较灵活,而且可以使用各种现有的对象连接接口。当前已经成为标准的对象访问接口主要是 CORBA 和 DCOM。CORBA是由 OMG(Object Management Group)定义的标准接口,在国外已经被广泛地应用,包括 EJB 等都使用 CORBA 标准;DCOM 是 Microsoft 定义的标准,可以直接连接 ActiveX 控件。当前也有一些应用服务器有自己独有的对象访问接口。

5. 高速缓存机制

为了使服务器达到最佳的性能,许多服务器集成时都采用了高速缓存机制。在应用服务器中使用高速缓存一般包括两个地方,即页面的缓存和数据库的缓存。页面的缓存是指将特定的 URL 对应的页面在缓存中予以记录,以便在未来再次访问同一个 URL 时直接使用。这里的缓存可以达到最佳的缓存性能,任何后面的操作都不需要进行了,只需将缓存读出,然后输出即可。但是,由于大多数 URL 对应的页面中,往往都有少量需要变动的信息,这些页面不能使用这种方法进行缓存。数据库的缓存是指系统对数据库的访问结果进行缓存,这样,相同的 SQL 再次去访问数据库时就不需要进行真正的数据库操作,而只需读取缓存即可。这种缓存能够达到良好效果的前提是系统的主要开销在于数据库访问。由于系统依然需要进行有关页面生成等工作,所以缓存效果不如页面缓存,但是适用面比较广。

前面提到的若干技术问题都是当前服务器集成中主要需要解决的问题,当然还有很多其他问题。例如,如何实现跨平台甚至混合平台?如何实现应用的可管理性?这些问题的解决方法都不能简单地判断优劣,而是适用于不同类型的系统。例如,高可靠性和高性能之间总是存在一定的矛盾。如果我们建立面向大众的商业系统,那么高性能的重要性大大增加,我们可以采用某些初步的可靠性策略;如果我们建立的是电子银行系统,那么可靠性的要求就会超过高性能的要求,我们就需要采用更加完善的可靠性策略。因此,用户在应用服务器集成时,需要先充分了解自己的需求到底是什么,然后确定各个主要技术问题的最佳解决方案。

10.4 协议的集成

电子商务作为一种新型的交易方式,要求系统要具有方便性、整体性、安全性、协调性和可靠性,因此企业在系统设计、实施和运行的整个过程中都要遵守一定的规范和标准。而这些规范和标准就体现在与系统相关的数据传输协议及所采用的技术上。

目前，Internet 和 Intranet 都是基于 TCP/IP 协议，按照电子商务系统提供的功能，我们可以得到电子商务系统中主要的协议结构，如图 10－3 所示。需要说明的是，在 SSL 以上的应用协议并不是图示的层次结构，而是将它们大致分类罗列在一起。

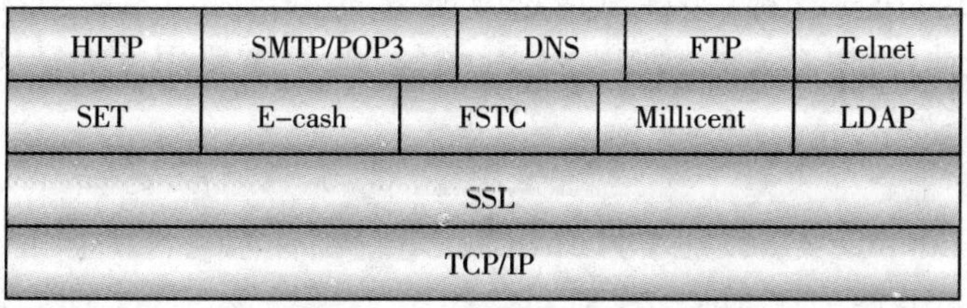

图 10－3　电子商务系统的主要协议

在上述协议中，SET 是支持银行卡的支付协议，E－cash 是支持电子现金的支付协议，FSTC(Financial Services Technology Consortium)是支持电子支票的支付协议，Millicent 是支持微支付的支付协议，LDAP(Lightweight Directory Access Protocol)是轻型目录访问协议。

由于电子商务活动中最重要的是数据传输和交换的安全性，因此这里重点介绍数据传输所遵循的有关安全性协议。

1. Internet 上的安全协议

(1)SSL

SSL 安全套接层协议是在 TCP/IP 上实现的一种安全协议，它采用公开密钥技术，其目标是提供两个应用间通信的保密和可靠性，可在服务器和客户端同时实现支持。SSL 可提供三种基本的安全服务：信息保密、信息完整性、相互认证。SSL 协议独立于应用层协议，因此，在电子交易中被用来安全传送信用卡号码。

(2)SET 协议

SET 为基于信用卡的电子交易提供了安全规则。它采用公钥密码体制和 X.509 数字证书标准，主要应用于保障网上购物信息的安全性。由于 SET 提供了消费者、商家和银行之间的认证，确保了交易数据的安全性、完整可靠性和交易的不可否认性，特别是保证不将消费者银行卡号暴露给商家等优点，克服了 SSL 安全协议的缺点，因此，它成为目前公认的信用卡/借记卡的网上交易的国际安全标准。

(3)SHTTP

SHTTP(安全的超文本传输协议)扩充了 HTTP 的安全特性，增加了报文的安全性。可以采用多种方式对信息进行封装。封装的内容包括加密、签名和基于 MAC 的认证，并且一个报文可以被反复封装加密。它是基于 SSL 技术的。该协议向 WWW 的应用提供完整性、鉴别、不可抵赖性及机密性等安全措施。SHTTP 不仅可以支持多种加密协议，还能为程序员提供灵活的编程环境。

2. Internet 电子邮件的安全协议

电子邮件是 Internet 上使用最多的服务之一，是主要的信息传输手段。为了保护用户邮件的私有性、保密性和可靠性，Internet 工程任务组(IEFT)为扩充电子邮件的安全性能制定了相关的规范。

(1)PGP

PGP(Pretty Good Privacy)是 Hil Zimmermann 提出的方案,从 20 世纪 80 年代中期开始编写的,公开密钥和分组密钥在同一个系统中,公开密钥采用 RSA 加密算法,实施对密钥的管理;分组密钥采用 IDEA 算法,实施对信息的加密。PGP 应用程序的特点是速度快,效率高,而且具有可移植性,可以在多种操作平台上运行。PGP 主要用于加密文件、发送和接收加密的E-mail、数字签名等。

(2)PEM

PEM(Privacy Enhance Mail)是增强 Internet 电子邮件隐秘性的标准草案,它在 Internet 电子邮件的标准格式上增加了加密、鉴别和密钥管理的功能,允许使用公开密钥和私有密钥的加密方式,并能够支持多种加密工具。目前在 Internet 网上得到了广泛的应用,专为 E-mail 用户提供两类安全服务:一类是对所有报文提供诸如验证、完整性、防抵赖等安全服务功能;另一类是提供可选的安全服务功能,如保密性等。PEM 对报文的处理经过如下过程:

第一步:规范化处理。为了使 PEM 与 MTA(报文传输代理)兼容,按 SMTP 协议对报文进行规范化处理。

第二步:MIC (Message Integrity Code)计算。

第三步:把处理过的报文转化为适于 SMTP 系统传输的格式。

(3)S/MIME

S/MIME(Secure Multipurpose Internet Mail Extensions)安全的多功能 Internet 电子邮件扩充,是在 RFC1521 所描述的多功能 Internet 电子邮件扩充报文基础上添加数字签名和加密技术的一种协议。MIME 是正式的 Internet 电子邮件扩充标准格式,但它未提供任何的安全服务功能。S/MIME 的目的是在 MIME 上定义安全服务措施的实施方式。S/MIME 已得到产界业许多机构的支持,并且被认为是商业环境下首选的安全电子邮件协议,目前市场上已经有多种支持 S/MIME 协议的产品,如微软的 Outlook Express、Lotus Domino/Notes、Novell Group Wise 及 NetscapeCommunicator。

(4)PEM-MIME(MOSS)

MOSS(MIME 对象安全服务)很大程度上是以 PEM 协议为基础,并结合了 MIME 的特性。与 PEM 不同的是,使用 MOSS 协议,用户不需拥有证书,仅需要密钥对,另外 MOSS 扩展了邮件发送信息格式的范围。

10.5 企业典型应用系统的集成

企业典型应用系统集成的内容非常丰富,主要是企业资源计划(Enterprise Resource Planning,ERP)与 CRM、SCM 的集成应用。由于 CRM 和 SCM 的概念已经在前面叙述,所以本节仅对 ERP 的概念做初步介绍,并就这三个典型系统的集成应用进行探讨。一般来说,应用层面的集成包含了以下几方面工作:

(1)企业内部不同业务、不同软件的集成;

(2)企业间不同业务、不同软件的集成;

(3)企业与社会化电子商务环境的集成。

10.5.1 ERP 系统

ERP 系统是计算机技术与管理科学的结合产物，经历了30多年的发展，从物料需求计划(MRP)到制造资源计划(MRP Ⅱ)，然后进一步发展为ERP。每一次发展都是质的飞跃，然而又是一脉相承的。MRP 是以产品结构为基础，根据交货日期和物料供应情况确定生产计划，通过对各生产环节物料的控制，确保在正确的时间、正确的地点得到规定数量的物料，避免形成过人的库存量；MRP Ⅱ对生产管理的样本做了扩充，将人工、物料、设备、能源、市场、资金、技术、空间、时间全部作为管理对象，引入了财务管理方法，结合 MRP 中产品结构基础，对经营规划、销售计划、主生产计划、物料清单和需求计划、能力需求计划、车间作业、物料、产品成本进行了全面管理，基本实现了物流、信息流和资金流的集成；ERP 是以 MRPⅡ为基础，充分体现了供应链的管理思想，不仅拓宽了生产管理的外延，也挖掘了生产管理的内涵。主要反映在以下几点：

(1)ERP 扩展了管理范围。它把客户的需求与企业内部生产、供应商的资源整合在一起，并对所有环节进行有效管理。

(2)ERP 吸纳了多种先进管理思想。随着管理科学的发展，各种现代化的管理方法，如准时生产(JIT)、精益生产、并行工程、敏捷制造都在 ERP 系统中得到应用，使其能够支持、管理混合型制造环境，满足企业多元化经营的需求。

(3)ERP 将财务计划和价值控制在整个供应链上实施。

ERP 将企业所有的资源进行了集成、整合，对信息流、资金流和物流实现了一体化管理。它以 MRPⅡ或 MRP 为内核，全面控制着企业的生产经营，包括生产控制(计划、制造)、物流管理(分销、采购、库存)、财务管理(成本核算、账务管理)和人力资源。ERP 的典型功能模块如下：

(1)订单管理

订单是销售环节的开始，有了订单才能得到生产计划，才能确定产品生产的数量和时间。该系统还提供了产品价格和客户信息的管理。

(2)销售管理

通过对销售数量、金额、利润的统计和分析，进一步对销售计划、区域、客户和服务做出全面地分析和评价，以提高企业销售水平。

(3)采购管理

采购管理的重点是确定合理的订购量、选择优秀的供应商、保持最佳的安全储备，主要包括物料请购处理、供应商管理和采购经济核算等功能。

(4)库存管理

库存管理直接影响企业的生产计划和经济效益，主要包括物料档案维护、ABC 分类、日常进出库处理、库存控制、库存分析等功能。

(5)主生产计划

主生产计划是通过模拟的方法对企业的生产进行粗能力平衡。它以生产大纲、客户订单和生产预测为输入条件，经软件处理得到主生产计划报表，包括汇总表和明细表，以及需求的加工单。

(6)物料需求计划

物料需求计划将主生产计划进一步细化，经软件处理得到物料加工单和采购单，产生物料需求报表，包括汇总表和明细表，该模块还提供了各种物料计划核算方法和一些基础数据。

(7)能力需求计划

能力需求计划将所有订单按照工艺要求展开，根据开工日期、完工日期和产品数量来计算进度和能力资源，使用的方法有顺排法和倒排法。该模块分为粗能力需求计划和细能力需求计划，前者是一种长期的、模拟的计划，后者是短期的、当前应用的计划。

(8)车间作业控制

车间作业是根据计划、调度、控制和评估来管理的。该模块主要包括生产计划和作业调度控制，利用顺排法或倒排法生成车间作业计划，可以对加工、装配流程进行维护。

(9)产品数据管理

产品数据是指物料代码、物料清单、工艺路线和工作中心，它们都保存在相关的数据表中。物料代码是关键数据，必须保证其唯一性。物料清单称为 BOM 表，是定义产品结构的技术文件。工艺路线确定了产品加工的标准工序。工作中心反映了加工产品的综合信息，包括工具、设备、人工、成本、时间等。

(10)成本核算

成本是在生产产品过程中的所有花费，直接材料、直接人工和制造费用通常被称为成本三要素。该模块根据产品结构、工作中心、工艺、采购等信息完成成本计算工作，主要包括材料费、人工费和制造费。系统可以设定标准成本、材料计价，估计在制品和库存品的价值，并以此进行成本差异分析。

(11)财务管理

财务管理是一种综合性管理，渗透在企业经营活动的全过程中。该模块具有丰富的功能，包括总账、明细账、现金、应收款、应付款、成本、固定资产、工资等日常会计管理，输出资产负债表和损益表。另外，还可以进行财务预算、财务分析。

(12)分销需求计划

分销需求计划是为了管理多个分厂、销售网点的供应与需求，它能合理地确定这些点的库存量，保持总体库存的最佳分布，解决在什么时间、向什么仓库发送多少产品的问题。

(13)人力资源管理

人力资源管理主要是对员工素质、能力和企业组织的全面掌握，同时还负责人才招聘、人事事务、员工培训等管理。

以上简单介绍了 ERP 系统的功能模块。由于开发商的软件设计思路不尽相同，所以在功能划分上可能存在差别。另外，流程制造业和离散制造业在市场环境、生产过程、计划与控制方面有许多不同，导致这两种类型的 ERP 系统是有区别的。尽管如此，各种 ERP 的原理、逻辑功能和大致流程是基本一致的，其逻辑结构框架如图 10－4 所示。

整个系统的运行起源于客户订单或预测生产量，主生产计划模块建立了一个具体的生产计划，该信息与 BOM 表、库存物料信息一道作为物料需求计划的输入；物料需求计划模块产生了生产令和计划采购单，分别作为车间作业管理和采购管理的输入信息；车间作业管理模块控制产品生产过程，并形成人工和制造费用，进入成本管理；采购管理对外购的物料进行管理，形成财务数据后进入财务管理模块。

随着经济全球化和全球信息化的进程加快，企业与上下游组织的时空关系、与对手的竞争模式都发生了很大变化，资源优化配置已不局限于本地区。因此，对传统 ERP 系统提出了更

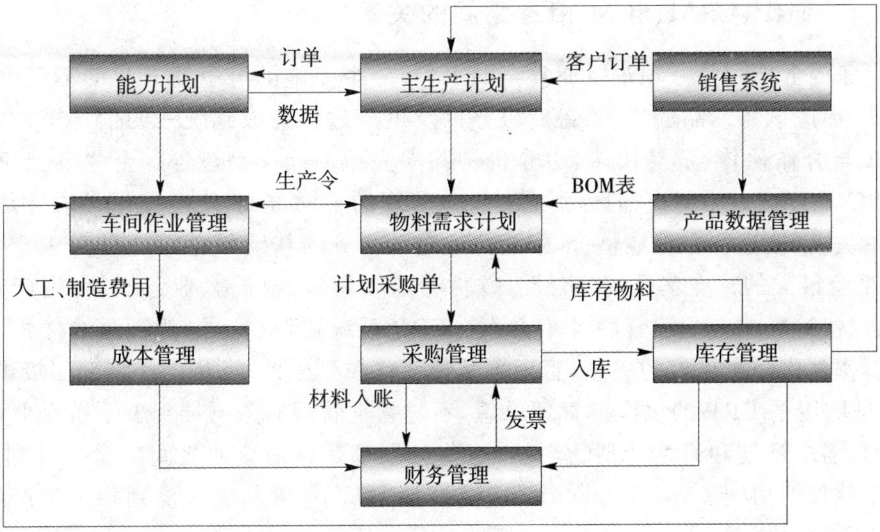

图 10-4 逻辑结构框架

高的要求。2000 年,美国 Gartner Group 公司提出了一个全新的概念——ERPⅡ,即它是通过支持、优化企业内部和企业之间的协同运作及财务过程,以创造客户价值的一种商务战略和面向具体行业的应用系统。ERPⅡ反映了协同商务的思想,企业可以针对客户的某种需求(产品或服务),实现内部人员、合作伙伴、客户之间的电子交互和协同工作。ERPⅡ系统的主要特征如下:

(1)基于动态建模的可配置性

企业模型反映了管理和运行的框架结构。这一特性使系统很容易配合经常改进的业务流程和业务模型,增加了系统的柔性,方便了信息系统的仿真、分析。

(2)基于软构件的可重构性

这一特性非常适合向 ERP 这样大型复杂软件系统的结构变化,通过软件重用提高了系统的重构能力和对环境的适应能力,并提高了软件生产效率和质量。

(3)基于中间件的可集成性

随着软件应用系统的专业化分工,不同厂商的应用系统之间的集成将更多地采用中间件的方式,以保证实现不同应用系统面向客户应用的一体化。

(4)业务处理和决策自动化

包括基于业务流程数据传递的自动化;基于信息分析和知识发现的自动化;计划优化和决策的自动化;数据采集的自动化。

(5)多管理模式的可融合性

多种管理模式能够共存于一个 ERP 系统中,以解决企业深层次的管理问题。

(6)可剪裁的系统自适应性

现代企业的兼并重组的可能性越来越大,这种组织的重组造成了 ERP 系统的重组。因此,系统也应该具备可裁剪的自适应性,以便在新的企业中构造适应新的业务流程的 ERP 系统。

10.5.2 ERP、CRM、SCM相互之间的关系

企业电子商务应用是一项艰巨而复杂的工程，一个完整的电子商务活动不仅仅是在网站上销售产品，而应该将产品的售前、售后服务以及生产过程集成到统一的信息平台之上，并通过 Internet 与合作伙伴、贸易伙伴、中介机构共同完成商品交易过程。企业电子商务的软件主要包括 SCM、ERP、CRM，它们分别侧重企业管理的不同方面，所以我们必须清楚这三种软件之间的关系，以便进行合理地整合，构建企业电子商务的基础环境。

ERP 系统最大的特点就是其综合性，软件覆盖了销售与分销、业务规划、生产安排、车间现场控制、物流等影响企业运营的各个方面。ERP 系统强调企业内部资源的优化，将内部各部门之间看作供应与被供应的关系，管理着从接受订单到生产、发货的小型部门级供应链。

SCM 是应用了 ERP 的供应链管理思想，不过它把管理对象延伸到上下游企业，软件覆盖了生产计划、需求计划和运输计划。当然，这些计划都是针对企业之间的合作计划。SCM 系统强调合作伙伴的协同工作，提高整个供应链的效率，管理着从供应商到相关生产厂、分销网络的大型企业级供应链。

CRM 实现了客户关系的管理，这些客户不仅仅是产品的最终消费者，也正好对应着供应链中的各个节点。因此，CRM 系统加强了供应链上各企业的交流，提高了合作伙伴之间协同工作的质量，是 SCM 系统的很好补充。

一般来说，ERP 是企业实施电子商务的基础，所以应该首先建立好 ERP 系统，管理企业内部的信息流、资金流和物流。然后建设 CRM 系统，疏通对外交流渠道，与 ERP 进行整合，构成一个闭环互动系统。至此，我们基本完成了企业内部的资源优化。在此基础上将系统扩展到 SCM，将供应商、分销商纳入管理范围，实现整个供应链的资源优化。应当说明的是，ERP、CRM、SCM 之间并没有明确的界限，不同应用的边界功能可能划分在不同的系统中。

10.6 典型电子商务解决方案

所谓电子商务解决方案就是利用互联网等现代信息及通信技术来研究商务过程中各环节的商务流程，实现全部或部分商务流程电子化的解决方案。电子商务解决方案的目的是满足企业在开展电子商务过程中各环节的需求，解决全部或部分商务活动中的信息流、资金流和物流所面临的问题，为电子商务系统构建一个整体框架。

下边我们根据有关资料，介绍国外几个典型的电子商务解决方案。

10.6.1 IBM 解决方案简介

作为电子商务的发起者和推动者，IBM 公司一直致力于在全球范围内，向企业提供成熟的产品、服务以及全面的解决方案。IBM 公司拥有先进的电子商务技术、高性能的软硬件平台及全方位的服务队伍。IBM 凭借长期服务企业的成功经验，针对客户不同的需求，为他们提供一步到位的商务解决方案。

IBM 设计的 E－Commerce 方案能适应多种购买过程和交易种类。它具有多种编程接口来支持与其他关键业务体系的集成，其开放结构赋予了用户最大的灵活性，允许用户修改任何基本功能以适应用户特定的要求，用户甚至可以插入其他的 Web 服务器如 Netscape Enterprise 3.63 或其他的数据库如 Oracle。IBM E - Commerce 核心解决方案集 B2C/B2B 应用、开发、运行、管理于一体,集成了多种 IBM 最先进的电子商务软件的综合运行工具包,它可以帮助用户建立、维护和在主机上创建高度安全的并具有复杂分类的在线商店,以使用户在网上实现销售产品和服务客户的目的。另外,它还提供了一个成功经营电子贸易的整体框架,帮助吸引客户和拓展商机。

IBM E - Commerce 方案提供的主要功能模块有:内容(Content)、市场(Marketing)、订单(Ordcr)、实施(Fulfillment)、支付(Payment)、客户管理(Customer)等。

1. 电子贸易解决方案(B2B/B2C)

IBM 电子贸易解决方案为客户提供了全新的功能,包括内容管理、关系市场推广、定购管理、支付管理等。它们涵盖了 B2B、B2C、C2C 三种交易模式。企业利用该解决方案建立起来的 Web 站点能够随着一个电子交易的变化,轻松地集成内部和外部的系统,不仅满足企业电子贸易 Web 站点的可靠、安全、功能强大的需求,同时也赋予企业最大的灵活性,满足企业的个性化要求。

IBM 提供的产品包括:

■ WebSphere Commerce Suite Pro Version(WebSphere™Commerce Suite 市场版)
■ WebSphere Commerce Studio
■ WebSphere Aplication Server
■ WebSphere payment Managent
■ WebSphere Edge Server(边缘服务器)

E - Commerce 以技术为基础,给 B2C/B2B 和电子化市场环境提供了各种能力。这是一个全面的综合软件部件,有助于各种类型和规模的商业在 Web 上建立和管理他们的电子交易站点。利用其核心和可客户化的构件,IBM WebSphere Commerce Suite 解决了各种 B2B 过程,其中包括内容管理、关系营销、动态订单管理、支付、补充货物和企业集成等。IBM WebSphere Commerce Suite 及其附属产品利用 IBM 开发的广泛经验制造,帮助数千家公司建立了成功的电子交易。采用 IBM WebSphere Commerce Suite 作为其 B2B 策略基础的部分电子商务包括 Supervox、Sara Lee、Goodyear、iGo、SciQuest.com 和 Motorola 等。

2. IBM E - Commerce 解决方案的利益所在

对于买方:

(1)提高购买能力(范围、效率、支付);
(2)降低采购成本,节约费用;
(3)随时随地,不受时间及地点的限制;
(4)更多的产品及选择;
(5)得到更多、更有效的服务;
(6)对市场的快速反应;
(7)低成本及风险。

对于卖方:

(1)更有效地利用企业的现有系统及应用,保护现有投资;
(2)降低成本,节约费用;
(3)减少产品销售周期,有效地进行库存管理;

(4)适应动态市场的能力；

(5)更高效的客户服务；

(6)通过 Internet 方式来满足购买者的需要；

(7)提供新的销售选择；

(8)多种定价方式、订单管理及支付方式以适应不同产品及客户；

(9)可实现自身及与合作伙伴间的自动化业务处理；

(10)降低长期的销售和市场费用。

3. IBM E-Commerce 解决方案的特点

(1)领先和久经考验的基础

这一方案是在领先的、久经考验并获得赞誉的 WebSphere Commerce Suite 基础上建立起来的。WebSphere Commerce Suite 本身是一个全面的 B2B/B2C 电子商务解决方案。因此,该解决方案能够利用其先进的机内功能和广泛的工具集。

(2)市场响应时间短

为了满足完整解决方案响应市场的紧急需求,方案的设计保证了只需在几星期内就可以实现技术基础结构并投入使用。基于浏览器的工具、预配置选项和广泛的机内能力使得实现非常迅速方便。

(3)先进的功能

该解决方案是一个有丰富特点的平台,它利用了创新、专利技术,内置了 B2B/B2C 过程中几乎所有的功能特性,因此网站的创建者不需要花费宝贵的时间和资源来专门特制这些功能。

(4)无限的灵活性

除了提供机内、预配置功能外,它具有很强的可配置性和客户特制能力,以支持业界和市场的发展动向。几乎可以以任何方式进行适配和扩展,以支持新特点、业务和商业模型。

(5)全面连续性

客户要求及时访问时间敏感的数据,而不管其物理位置如何。他们需要访问有关信息,以便能够在任何地方、任何时间方便地采取行动。IBM 处于普及计算(Pervasive Computing)的前列,倡议新的计划,来推进全面计算技术的不断发展和进步。

(6)无缝隙集成

该解决方案能与企业几乎任何系统完全集成,例如,购买者采购系统、销售者 ERP 系统、供应链后勤系统、市场创造者商业系统等,利用这一集成,可以建立真正的动态和无摩擦交易环境,向客户提供好的服务。

(7)开放、基于标准的结构

使用业界标准技术,如 Java,XML,PKI,LDAP 和 TPA 等,确保了利用该解决方案建立的电子化市场的长期适应性、扩充性和互操作性。

10.6.2 HP 解决方案简介

HP 公司在电子商务领域一直倡导以客户为中心的理念,并将这种思想贯穿于他们的产品和方案中。HP eMarketplace 是一个市场解决方案,它提供数字化网络市场,为企业用户提供个性化服务,建立客户忠诚度,协助用户动态管理贸易过程,帮助用户在快速的信息化数字交易市场中赢得时间，提高效益，增加创收。

HP eMarketplace 是在创建普通网络应用基础设施基础上向电子商务发展的一个现实应用。鉴于 HP 产品的特点，该方案在高性能、高可伸缩性和高可用特性等方面给用户提供了相应保障，也是全 Java 应用解决方案，而且该方案是独立于硬件平台的端到端连接。同时，该解决方案提供多语言界面，互通性和兼容性强，提供有利于保障 24×7（每周 7 天，每天 24 小时）商务贸易操作的关键服务，为行业联盟、大规模企业用户、中小型企业用户提供全面数字化交易服务，为 Com 公司提供良好的 B2B 解决方案。eMarketplace 方案设计出发点是将用户的客户利益进行了充分考虑，再结合用户本身的特点设计而成的。

1. HP eMarketplace 的主要技术特点

HP eMarketplace 是一个全面数字市场解决方案，是在创建普通网络应用基础设施上向电子商务发展的一个现实应用，其主要的技术特点如下：

（1）该解决方案是建立在普通网络应用基础设施上，通过先进的多进程、多线程体系结构，提供高性能和可伸缩性，允许应用实现动态扩展，支持海量用户，具有很高的应用性能和快速用户反应能力。可以消除任何单一失效点，进而实现最大化应用可用性。其故障克服能力有利于保障在服务器发生故障时，系统继续处理请求。故障恢复特性包括自动检查和自动启动故障服务器与进程。

（2）该方案具有分布式状态和会话管理，有助于保证发生故障时，任何应用和用户资料都不会丢失。这个特点对于一些企业内部 IT 技术能力不强的用户来说，确实很重要。另外，这个方案采用分布式多层应用模型，创建了表现、商务逻辑和数据逻辑部件，这些部件可以跨应用系统集群实现分布。在市场经济条件下，竞争对手和客户的变化都是非常大的，由于需要对瞬息万变的商务和技术需求做出快速反应，HP eMarketplace 方案的多层模型可以简化应用管理，增强应用扩展。灵活的结构可以使用户方便地集成第三方产品，并支持客户开发功能。采用预创建应用模板，可快速地适用于很多行业，诸如食品、纺织、石油、化工、电子、木材、钢铁等。

2. HP eMarketplace 的主要功能

（1）HP eMarketplace 具有“用户分级、目录服务、虚拟办公室”等功能。

HP eMarketplace 能够提供企业用户登录和注册模板，以收集客户概况信息，包括企业经理用户姓名、公司名称、地址、联系电话、所属国家、经营业务范围、公司性质等内容。模板可以定制化，以收集有关客户的其他信息。同时为安全考虑，可以建立登录用户身份认证机制，允许经理级用户修改公司资料，建立和管理不同授权级别的业务组。同时，该方案能够提供目录服务功能，可以按商品的名称、规格、品质等级、信息发布有效时间、买卖性质等不同渠道进行目录查询。另外，该解决方案能够给不同级别的人员提供不同的权限，例如允许普通用户查询获取市场商品简要信息，允许登录用户发布、接收、查询市场商品详细信息，允许登录用户发布新的商品信息或修改已发布的信息。这些功能从某种意义上来说，也是一般用户需要解决的基本问题。

还有，为了满足用户多地点办公和移动办公的需要，方案可以完成虚拟办公室的建立。也就是说，登录用户在任何时间、任何地点，通过 Internet 可以进入自己的网上虚拟办公室。在办公室内，用户具有信息查询、信息发布、自主选择合作伙伴洽谈、建立最佳拍档档案的自由，提供直接与客户 E-mail 接通方式。在虚拟办公室里，用户拥有信息发布台、历史信息活页夹、客户回复活页夹、成交记录活页夹、履约记录活页夹、最佳拍档档案夹和资料统计活页夹，形成自动化文件柜。

(2)eMarketplace 是一个 B2B 电子商务的解决方案

一方面，适用于大企业建立电子商务，建立产品交易数字化网络市场，完成自动化贸易管理，形成采购与销售流水线服务，降低生产和贸易成本，获取最大利润。另一方面，适用于中小企业通过在数字市场中租用虚拟办公室，实现不受地域和时间限制、信息反应快、流通渠道广、交易成本低、效率高的新经济模式。另外，还适用于行业贸易联盟的电子商务应用，建立行业贸易数字化交易市场，遵循行业标准和贸易规则，提供行业专业性服务，实现行业贸易规范化、集中化管理，降低贸易成本，实现新的行业经济增长点。

10.6.3 Microsoft 解决方案简介

Commerce Server 是 Windows Server System 的一员，其在电子商务服务器的技术应用一直领先同行，是协助客户迅速建立企业级电子商务解决方案的好帮手，并提供网站制作者包括使用者设定档、个人化服务、商品货架管理、目录管理、订单处理、多语系支援、先进商业分析等诸多附加功能。

Commerce Server 2000 提供可伸缩的电子商务平台，并可直接应用电子商务应用程序的开发、部署和升级，作为一个可扩展平台，它可以为客户、独立软件供应商、Internet 服务提供商提供符合业务需求的解决方案，这些解决方案能和现有的系统和数据集成。Commerce Server 可伸缩服务器结构与 Microsoft Windows 2000 结合使用，可以满足日益发展的电子商务基础结构不断提高的性能需求。

在考虑升级到 Commerce Server 2002 时，在线企业应该确定是否想将他们的企业扩展到国际市场。Commerce Server 2002 构建于 Commerce Server 2000 之上，增强了现有的功能，并针对国际受众提供了多种语言和货币的更高的灵活性。Commerce Server 2002 提供了评估版、开发版、企业版和标准版以满足各个企业客户的需求。

Commerce Server 2002 包括了众多的新增特性和增强特性，并因此成为构建高可靠、高可伸缩全球化在线商务解决方案的理想平台、Commerce Server 2002 同 Microsoft .NET 技术的无缝集成使您可以比以往更加迅速和经济地开发出基于 XML Web 服务的强大在线商务解决方案。

1. Commerce Server 套件功能

Commerce Server 由五个系统组成：Business Analysics System(业务分析系统)、Product Catalog System(产品目录系统)、Targeting System(目标系统)、Profiling System(配置文件处理系统)和 Business Process Pipelines System(业务处理管线系统)。每个系统的设计都是为了让用户可以轻松地按照各自的业务需求来自定义自己的系统。

业务经理将 Commerce Server Business Desk 与五个 Commerce Server 系统一起使用。例如，他们可以使用 Business Desk 更新目录，给用户制定目标，描述用户和组织机构法以及分析站点的使用情况和效率。系统管理员使用 Commerce Server Manager 配置系统资源以及管理应用程序、数据库和 Web 服务器。

Commerce Server 系统、Business Desk、Commerce Server manager 和 Commerce Server 数据库在解决方案站点中被预先配置并打包。解决方案站点可以生成自定义站点的起点，并与第三方应用程序集成。

如图 10－5 所示为 Commerce Server 体系结构示意图。

Commerce Server 的特点最主要的特点是可与其他.NET 技术实现无缝操作。通常与 Commerce Server 一起使用的.NET 技术包括：

■ COM＋Services；

■ Microsoft Application Center 2000；

■ Microsoft BizTalk Server 2000/2004；

■ Microsoft Host Integration Server 2000；

■ Microsoft SQL Server 2000/2003。

2. Commerce Server 2002 的特点

Commerce Server 2002 为快速构建基于 Web 服务的强大在线商务解决方案提供了更加出色的灵活性和更高的速度，而且所需编写的代码数量比以往任何时候都要少。作为对 Microsoft Visual Studio® .NET 的自然补充，Commerce Server 2002 现在更加易于使用，开发人员可以充分利用它预建的业务组件和工具，这些组件和工具既支持 COM/ASP 也支持 Microsoft ASP.NET。

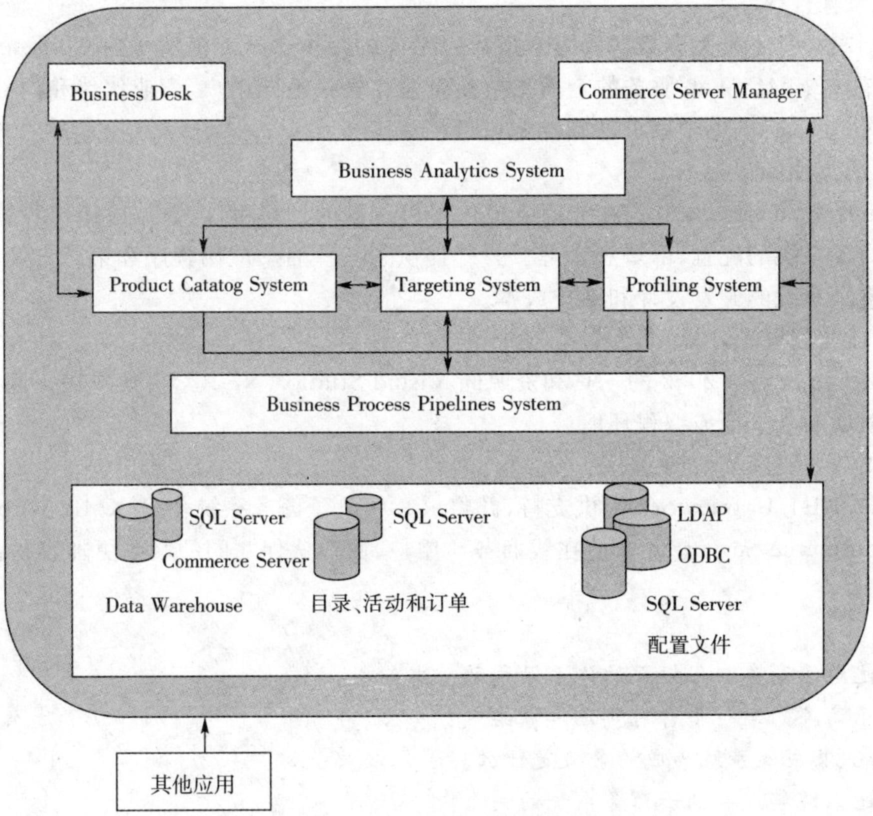

图 10－5 Commerce Server 体系结构示意图

(1)伸缩性

Commerce Server 2002 已被证明具有最高的伸缩性，它可以支持数以百万计的用户和产品以及容量达几 GB 字节的数千个产品目录，并且完全支持硬件伸缩和软件伸缩配置。

(2)高性能

Commerce Server 内置了缓存和性能优化器，可以对 Microsoft Windows 和 SQL Serve 加以充分利用，并且可以保证用户请求迅速得到响应，即使在访问高峰时期也是如此。

(3)可管理性

Commerce Server 2002 提供的强大、可扩展工具可以简化在线商务的配置、部署和管理。

(4)安全性

为保护敏感数据，Commerce Server 2002 支持多种身份验证方式和基于标准的数据加密和基于角色的用户访问。

(5)经验性

站点管理员可以利用 Microsoft TechNet 站点上的 Commerce Server 2002 开发社区获得最佳经验，并使用这些最佳经验部署安全、高性能、可伸缩和可靠的电子商务解决方案。

(6)灵活性

因为 Commerce Server 2002 既支持传统的 COM/ASP 又支持 ASP.NET，开发人员可以根据需要，灵活地选择最适合他们的工具来开发解决方案。

(7)互操作性

“抛弃和替换”不是大多数解决方案所可以考虑的一个选择。模块化的 Commerce Server 2002 以及它对 XML Web 服务的全面支持使企业在轻松地同用户、商业伙伴和内部系统进行集成的同时，对现有的电子商务基础结构进行扩展。

(8)低成本性

Commerce Server 2002 为在线商务提供了可定制的预建组件、数据库架构和管理工具来简化在线商务系统的配置、部署和管理。另外提供了一些启动应用程序和第三方解决方案，从而降低了整个系统的开发设计和维护成本。

(9)集成化的开发环境

Commerce Server 2002 的工具和资源同 Visual Studio .NET 紧密集成在一起，提供了一个直观和集成的电子商务编程环境。

(10)支持在线商务活动

通过向.NET Framework 提供支持，并将核心的电子商务系统作为 XML Web 服务向外界提供，Commerce Server 2002 使在线商务与用户、商业伙伴之间的联系更加容易。

思考题

1. 简述电子商务应用框架的体系结构的基本组成。
2. 电子商务的运行平台有哪几部分组成？
3. 系统、集成及系统集成的含义是什么？
4. 简述系统集成和电子商务系统的关系。
5. 目前局域网集成主要采用什么网络结构？为什么？
6. 目前有哪些高速网路技术？各具有什么特点？
7. 简述服务器集成的方法和原则。
8. 简要说明 ERP、CRM、SCM 三种软件的主要作用及其他们之间的关系。